环境监测常用标准及导则习题集

青海省环境监测中心站 编

中国环境出版社 · 北京

图书在版编目（CIP）数据

环境监测常用标准及导则习题集 / 青海省环境监测中心站编．—北京：中国环境出版社，2013.11

ISBN 978-7-5111-1628-4

Ⅰ．①环… Ⅱ．①青… Ⅲ．①环境监测 Ⅳ．①X83

中国版本图书馆 CIP 数据核字（2013）第 260958 号

出 版 人 王新程
责任编辑 赵惠芬
责任校对 扣志红
封面设计 彭 杉

出版发行 中国环境出版社
（100062 北京市东城区广渠门内大街 16 号）
网　　址：http://www.cesp.com.cn
电子邮箱：bjgl@cesp.com.cn
联系电话：010-67112765（编辑管理部）
发行热线：010-67125803，010-67113405（传真）

印　　刷 北京中科印刷有限公司
经　　销 各地新华书店
版　　次 2013 年 11 月第 1 版
印　　次 2013 年 11 月第 1 次印刷
开　　本 787×1092　1/16
印　　张 33
字　　数 700 千字
定　　价 80.00 元

编委会成员

主　编：韩德辉

副主编：陈黎军　窦筱艳

参加编写人员

编　委：（以姓氏笔画为序）

丁梅梅　马　伟　马　娟　王延花　王雅贞　王海梅　王新忠
毛富仁　白进林　厉凌辉　孙　文　刘　宇　刘文惠　乌成祥
华青卓玛　初　春　许庆民　朱卫平　朱聪玲　李　婷　李红涛
李淑敏　张得发　陈黎军　周东菊　杨永顺　杨辉（女）　祁玉刚
高　静　高海鹏　钱　勇　索有芳　曹海英　韩丽媛　韩福财
强建宁　解利平　崔东阳　魏永邦

审　题：陈黎军

汇　稿：陈黎军

审　定：窦筱艳

前　言

为贯彻落实“十二五”环境监测质量管理规定，提升环境监测人员对各类环境相关标准、导则的综合运用能力，青海省环境监测中心站组织相关技术人员编写了涵盖环境监测全领域常用的相关标准、导则等内容的《环境监测常用标准及导则习题集》(以下简称《习题集》)。全书包含水（含大气降水和废水）、环境空气和废气、噪声、生态与土壤、固体废弃物、自动监测、室内环境空气监测、质量管理及环境信息及其他九个章节，共涉及92个相关标准、导则、规范、指南。本书以试题的形式将环境监测常用标准及导则中的难点、要点直观地呈献给读者，并采取了多种试题形式，填空、判断、选择、简答题、论述题和计算等类型一应俱全，且附有详细的答案，查找方便，是一本环境监测技术人员学习和执行环境监测方法、规范及标准的专业书籍。

本《习题集》的出版正是落实环境保护部在全国环境监测系统开展“科学监测、大力推动环境监测技术规范、标准贯彻落实活动”的一项重大举措，具有现实指导意义，将有助于环境监测人员在日常工作中对标准、导则的准确运用，进一步规范环境监测工作，提升环境监测质量管理水平，促进各级环境监测事业的快速、稳步发展。

由于编写时间仓促，书中不当之处，恳请批评指正。

编　者

2013年8月于西宁

目　录

第一章　水（含大气降水和废水）

第一节　地表水和污水监测技术规范（HJ/T 91—2002）

一、填空题

1.《地表水和污水监测技术规范》（HJ/T 91—2002）校准曲线的斜率与仪器的________有关系。在一定试验条件下，________具有相对的稳定性。

答案：灵敏度　灵敏度

2.《地表水和污水监测技术规范》（HJ/T 91—2002）河流上设置采样垂线数的原则是，水面宽小于 50 m______条；水面宽 50～100 m______条；水面宽大于 100 m________条。

答案：1　2　3

3.《地表水和污水监测技术规范》（HJ/T 91—2002）中垂线上采样点数的设置原则是，水深小于 5 m 取________点。水深 5～10 m 取________点。水深大于 10 m 取________点。

答案：1　2　3

4.《地表水和污水监测技术规范》（HJ/T 91—2002）中以最少的________点位获取最有空间代表性的监测数据是环境监测的重要指导思想之一。

答案：监测

5.《地表水和污水监测技术规范》（HJ/T 91—2002）中________污染物采样点位一律设在车间或车间处理设施的排放口或专门处理此类污染物设施的排放口。

答案：一类

二、判断题

1.《地表水和污水监测技术规范》（HJ/T 91—2002）中综合水样是获得平均浓度的重要方式，因此所有的断面都应该采综合水样。（　）

答案：（×）

正确答案为：在地表水水质监测中通常采集瞬时水样。

2.《地表水和污水监测技术规范》（HJ/T 91—2002）中混合水样在观察平均浓度时非常有用，但不适用于测试成分在水样储存过程中易发生明显变化的水样，如挥发酚、油类、硫化物等。（　）

答案：（√）

3.《地表水和污水监测技术规范》（HJ/T 91—2002）中污水采样的方法与地表水的采样方法不同，测定COD、BOD、DO、硫化物、油类、有机物、粪大肠菌群、悬浮物、放射性等项目的样品不必单独采样。（ ）

答案：（×）

正确答案为：测定COD、BOD、DO、硫化物、油类、有机物、粪大肠菌群物、悬浮物、放射性等项目的样品必须单独采样。

4.《地表水和污水监测技术规范》（HJ/T 91—2002）中削减断面是指工业废水或生活污水在水体内流经一定距离而达到最大程度的混合，污染物受到稀释、降解，其主要污染物有明显降低的断面。（ ）

答案：（√）

5.《地表水和污水监测技术规范》（HJ/T 91—2002）中排污总量是指某一时段内从排污口排出的某一污染物的总量，是该时段内污水的总排放量和该污染物平均浓度的乘积、瞬时污染物浓度的时间积分值或排污系数统计值。（ ）

答案：（√）

三、单选题

1.《地表水和污水监测技术规范》（HJ/T 91—2002）中判断某一区域水环境污染程度时，位于该区域所有污染源上游、能够提供这一区域水环境本底值的断面称________。

A．控制断面　　B．对照断面　　C．削减断面

答案：B

2.《地表水和污水监测技术规范》（HJ/T 91—2002）中受污染物影响较大的主要湖泊河水库，应在污染物主要输送路线上设置________。

A．控制断面　　B．对照断面　　C．削减断面

答案：A

3.《地表水和污水监测技术规范》（HJ/T 91—2002）中地表水采样断面应避开死水区、回水区、排污口处，尽量选择顺直河段、河床稳定、水流________、水面宽阔、无急流、无浅滩处。

A．平稳　　B．漩涡　　C．湍急

答案：A

4.《地表水和污水监测技术规范》（HJ/T 91—2002）中饮用水水源地、省（自治区、直辖市）交界断面中需要重点控制的监测断面采样频次为________。

A．每年至少一次　　B．逢单月一次　　C．每月至少一次

答案：C

5.《地表水和污水监测技术规范》（HJ/T 91—2002）中需要单独采样并将采集的样品全部用于测定的项目是________。

A．余氯　　B．硫化物　　C．油类

答案：C

四、多选题

1．《地表水和污水监测技术规范》（HJ/T 91—2002）中测定废水中石油类的含量，常用的方法是________。

A．红外分光光度法　B．非分散红外法　C．重量法

答案：A　C

2．《地表水和污水监测技术规范》（HJ/T 91—2002）中分析石油类时，应采取的质控方法是________。

A．加标回收　B．做质控样品　C．平行样　D．全程序空白

答案：B　D

3．《地表水和污水监测技术规范》（HJ/T 91—2002）中水体中的重金属污染来源的主要行业是________。

A．冶金　B．电镀　C．机械制造

答案：A　B　C

4．《地表水和污水监测技术规范》（HJ/T 91—2002）中环境中的有毒有害有机污染物的浓度虽然很小，但危害很大，对人体有________的作用。

A．致畸　B．致癌、致突变　C．干扰内分泌

答案：A　B　C

5．《地表水和污水监测技术规范》（HJ/T 91—2002）中为了使监测数据能够准确地反映水环境质量的现状，预测污染的发展趋势，要求环境监测数据具有的性质是________。

A．代表性　B．准确性　C．精密性　D．可比性　E．完整性

答案：A　B　C　D　E

五、简答题

1．《地表水和污水监测技术规范》（HJ/T 91—2002）中碱性高锰酸钾法测定化学需氧量，是在一定反应条件下试验的结果，是一个相对值，所以测定时应严格控制条件，请说明需要严格控制的几个条件。

答案：需要严格控制的几个条件是试剂的用量、加入试剂的次序、加热时间、加热温度、加热前溶液的总体积等。

2．请简述《地表水和污水监测技术规范》（HJ/T 91—2002）中水样中亚硝酸盐的性质及水样保存方法。

答案：亚硝酸盐是氮循环的中间产物，不稳定。根据水环境条件，在微生物等作用下，可被氧化成硝酸盐，也可被还原成氨直至氮气。采样后应尽快分析，必要时冷藏保存。

3.《地表水和污水监测技术规范》（HJ/T 91—2002）中测定水样中总氮时，水样中的六价铬、三价铁、碳酸盐、碳酸氢盐、硫酸盐、氯化物可能对测定有影响。请简述如何消除这些物质对测定的影响。

答案：加入 5%盐酸羟氨溶液 1～2 ml 可消除六价铬、三价铁的影响，加入一定量的盐酸可消除碳酸盐、碳酸氢盐的影响。硫酸盐、氯化物对测定无影响。

4．请简述《地表水和污水监测技术规范》（HJ/T 91—2002）中校准曲线的性质和制作、使用校准曲线的注意事项。

答案：校准曲线是描述待测物质浓度或量与相应测量仪器的响应量或其他指示量之间定量关系的曲线。校准曲线的直线部分所对应的待测物质浓度或量的变化范围，称为该方法的线性范围。使用校准曲线时只能用实测的线性范围，不得将校准曲线任意外延。制作校准曲线时包括零浓度点在内至少应有 6 个浓度点，各浓度点应较均匀的分布在该方法的线性范围内。制作校准曲线的容器和量器，应经鉴定合格。使用的比色管应配套。校准曲线制作应与样品测定同时进行。

5．请简述《地表水和污水监测技术规范》（HJ/T 91—2002）中应急监测的目的。

答案：目的是在已有资料的基础上，迅速查明污染物的种类、污染程度和范围以及污染发展趋势，及时、准确地为决策部门提供处置、处理的可靠依据。

六、论述题

1．我国水资源和水环境的三大问题是什么？

答案：一是淡水资源短缺，我国人均淡水资源占有量仅为世界人均占有量的 28%。二是水资源浪费严重，我国单位 GDP 的耗水量是美国的 15 倍，是日本的 31 倍。三是水质污染严重，我国江河湖库普遍受到污染，污染物主要是高锰酸盐指数、BOD_5、氨氮、总磷、总氮。

2．请论述《地表水和污水监测技术规范》（HJ/T 91—2002）中水样在保存运输过程中，影响水中组分浓度变化的三个因素：

答案：（1）生物因素，微生物的活动会影响许多测定指标的浓度发生变化，主要是 pH、溶解氧、生化需氧量、二氧化碳、碱度、硬度、磷酸盐、硫酸盐、硝酸盐和有机化合物。

（2）化学因素，测定组分可能被氧化或还原，导致沉淀与溶解，聚合与解聚等作用发生。会使测定结果与水样实际情况不符。

（3）物理因素，测定组分被吸附在容器壁上或悬浮物表面上，易挥发组分挥发损失等。

3．全程序空白值测定是实验室质量控制的一项措施，请论述《地表水和污水监测技术规范》（HJ/T 91—2002）中影响空白值的主要因素。

答案：影响空白值的主要因素有试验用水的质量、试剂的纯度、器皿的洁净程度、计量仪器的性能及环境等。

4．试说明《地表水和污水监测技术规范》（HJ/T 91—2002）中准确度及准确度检验方法。

答案：准确度是反映方法系统误差和随机误差的综合指标。检验准确度可采样：（1）测定标准物质，测得值与保证值比较求得绝对误差。（2）测定加标回收率（加标量一般为样品含量的 0.5～2 倍，但加标后的总浓度应不超过方法的上限浓度值）。测得的绝对误差和回收率应符合方法规定要求。

5．请论述《地表水和污水监测技术规范》（HJ/T 91—2002）中三级审核的具体内容。

答案：三级审核的内容包括监测采样方案及其执行情况，数据计算过程，质控措施，计量单位，编号等信息。第一级审核人员是采样人员和分析人员之间互审。第二级是室（科、组）负责人。第三级是站技术负责人。

七、计算题

1．用浮标法测得一排污渠的平均流速是 0.82m/s，污水截面为梯形，上边宽 1.00m，下边宽 1.20m，水深 0.52m，求污水流量。

答案：根据公式：Q=0.7LS

已知　　L=0.82m/s　　S=（1.00+1.20）×0.52×0.5=0.57m^2

Q=0.7×0.82×0.57=0.33m^3/s

污水流量是 0.33m^3/s。

2．对某一污染物做平行双样测得的结果是 0.025mg/L、0.028mg/L，求相对偏差。

答案：根据相对偏差=（A－B）/（A+B）×100%=0.003/0.053×100%=5.7%

相对偏差是 5.7%。

3．用碱性高锰酸钾法测定 COD，水样 100ml，消耗硫代硫酸钠溶液 9.60ml，滴定空白液消耗硫代硫酸钠溶液 11.09ml，已知硫代硫酸钠溶液浓度是 0.009 766mol/L，求水样中 COD 含量。

答案：COD=C（V_2－V_1）×8.0×1 000/V=0.009 766×（11.09—9.60）×8.0×1 000/100=1.03mg/L。

水样中 COD 含量是 1.03mg/L。

4．用异烟酸-吡唑啉酮光度法测定水中氰化物。取水样 200ml，蒸馏得馏出液 100ml，取 3ml 比色测定，测得吸光度为 0.406，同时测得空白样品吸光度为 0.005，标准曲线回归方程为 y=0.138 3x+0.001，求水中氰化物的含量。

答案：根据氰化物（CN^-，mg/L）=m－（m_0/V×V_1/V_2）

m= 0.406－0.001/0.138=2.93

m_0= 0.005－0.001/0.138=0.03

氰化物（CN^-，mg/L）= 2.93－（0.03/200×100.0/3.00）=0.483mg/L

氰化物浓度是 0.438mg/L。

5．测定水中油类时，取 500ml 水样，经萃取后定容至 50.0ml，取 25.0ml 测定总萃取物的浓度为 45.2mg/L，另 25.0ml 经硅酸镁吸附后测得石油类含量为 33.8mg/L，分别计算水样中石油类和动植物油的浓度。

答案：$C_{石油类}$=33.8×50.0/500=3.38mg/L

$C_{动植物油}$=（45.2－33.8）×50.0/500=1.14 mg/L

石油类浓度是 3.38mg/L，动植物油浓度是 1.14mg/L。

参考文献

[1] 地表水和污水监测技术规范（HJ/T 91—2002）.

[2] 国家环保总局《水和废水监测分析方法》编委会. 水和废水监测分析方法. 4 版. 增补版. 北京：中国环境科学出版社，2002.

命题：乌成祥

审核：陈黎军

第二节　地表水环境质量标准（GB 3838—2002）

一、填空题

1.《地表水环境质量标准》（GB 3838—2002）中，按照地表水______和______，规定了水环境质量应控制的项目及限值，以及水质评价、水质目的分析方法和标准的实施与监督。

答案：环境功能分类　　保护目标

2.《地表水环境质量标准》（GB 3838—2002）适用于中华人民共和国领域内________、________、________、________、________等具有使用功能的地表水水域。

答案：江河　湖泊　运河　渠道　水库

3. 依据地表水水域环境功能和保护目标，按功能高低依次划分为________类。

答案：五

4.《地表水环境质量标准》（GB 3838—2002）中规定的项目标准值，要求水样采集后自然沉降________min，取________层非沉降部分按规定方法分析。

答案：30　　上

5. ________、________、________可以对《地表水环境质量标准》（GB 3838—2002）中未作规定的项目，制定地方补充标准，并报国务院环境保护行政主管部门备案。

答案：省　自治区　直辖市人民政府

6.《地表水环境质量标准》（GB 3838—2002）表 1 中地表水环境质量标准基本项目共________项。

答案：24

7.《地表水环境质量标准》（GB 3838—2002）表 2 集中式生活饮用水地表水源地补充项目共 5 项，分别是________、________、________、________和锰。

答案：硫酸盐　氯化物　硝酸盐　铁

8.《地表水环境质量标准》（GB 3838—2002）中分基本项目、特定项目、补充项目共有________项。

答案：109

9.《地表水环境质量标准》（GB 3838—2002）中，地表水环境质量评价应根据应实现的水域功能类别，选取相应类别标准，进行单因子评价，评价结果应说明________，超标的应说明________和________。

答案：水质达标情况　超标项目　超标倍数

10.《地表水环境质量标准》(GB 3838—2002)中，Ⅰ类水质标准主要适用于________和________。

答案：源头水　国家自然保护区

11.《地表水环境质量标准》(GB 3838—2002)中，水域功能类别高的标准值________水域功能类别低的标准值。

答案：严于

12.《地表水环境质量标准》（GB 3838—2002）中，同一水域兼有多类水域功能的，执行________功能类别对应的标准值，实现水域功能与达标功能类别标准的同一含义。

答案：最高

13.《地表水环境质量标准》（GB 3838—2002）中，________、________、________特征明显的水域，应分水期进行水质评价。

答案：丰水期　平水期　枯水期

14.《地表水环境质量标准》（GB 3838—2002）中，集中式生活饮用水地表水源地水质超标项目经自来水厂净化处理后，必须达到________标准。

答案：《生活饮用水卫生规范》

15.《地表水环境质量标准》（GB 3838—2002）中Ⅲ类水体五日生化需氧量标准值为________mg/L。

答案：4

16.《地表水环境质量标准》（GB 3838—2002）中，pH 的单位为________。

答案：无量纲

17.《地表水环境质量标准》（GB 3838—2002）由________和________联合发布。

答案：原国家环境保护总局　国家质量监督检验检疫总局

18.《地表水环境质量标准》（GB 3838—2002）中，Ⅳ类水质对应的水环境质量状况为________。

答案：轻度污染

二、判断题

1.《地表水环境质量标准》（GB 3838—2002）中，Ⅱ类水质标准主要适用于集中式生活饮用水地表水源地二级保护区、鱼虾类越冬场、洄游通道、水产养殖区等渔业水域及游泳区。（ ）

答案：（×）

正确答案为：Ⅲ类水质标准主要适用于集中式生活饮用水地表水源地二级保护区、鱼虾类越冬场、洄游通道、水产养殖区等渔业水域及游泳区。

2.《地表水环境质量标准》（GB 3838—2002）中，电导率是《地表水环境质量标准》（GB 3838—2002）表1中的1项基本项目。（ ）

答案：（×）

正确答案为：电导率不是《地表水环境质量标准》（GB 3838—2002）表1中的基本项目。

3.《地表水环境质量标准》（GB 3838—2002）中，适用于农业用水区及一般景观要求水域的为Ⅴ类标准。（ ）

答案：（√）

4.《地表水环境质量标准》（GB 3838—2002）中，地表水水质监测的采样布点、监测频率应符合国家地表水环境监测技术规范的要求。（ ）

答案：（√）

5．省、自治区、直辖市人民政府环境保护行政主管部门及相关部门根据职责分工，按《地表水环境质量标准》（GB 3838—2002）对地表水各类水域进行监督管理。（ ）

答案：（×）

正确答案为：《地表水环境质量标准》（GB 3838—2002）由县级以上人民政府环境保护行政主管部门及相关部门按职责分工监督实施。

6.《地表水环境质量标准》（GB 3838—2002）中，依据地表水水域环境功能和保护目标，按功能高低依次划分为Ⅰ类、Ⅱ类、Ⅲ类、Ⅳ类、Ⅴ类和劣Ⅴ类。（ ）

答案：（×）

正确答案为：依据地表水水域环境功能和保护目标，按功能高低依次划分为Ⅰ类、Ⅱ类、Ⅲ类、Ⅳ类、Ⅴ类。

三、单选题

1.《地表水环境质量标准》（GB 3838—2002）规定了水环境质量应控制的项目及限值、水质评价和________的实施和监督。

A．水质分类　B．金属项目　C．项目的分析方法　D．方法检出限

答案：C

2．丰、平、枯水期特征明显的水域，应分________进行水质评价。

A．月　　B．季度　　C．年　　D．水期

答案：D

3．具有特定功能的水域，执行相应的________质量水质标准。

A．地下水环境　　B．专业用水　　C．地表水环境　　D．海水

答案：B

4．《地表水环境质量标准》（GB 3838—2002）由________人民政府环境保护行政主管部门和相关部门按职责分工监督实施。

A．省级　　B．市级　　C．县级以上　　D．州级

答案：C

5．《地表水环境质量标准》（GB 3838—2002）中III类水体氨氮的标准值为________。

A．0.1　　B．0.5　　C．1.0　　D．1.5

答案：C

6．《地表水环境质量标准》（GB 3838—2002）pH 值的标准范围是________。

A．5～7　　B．6～9　　C．8～10　　D．7～9

答案：B

7．《地表水环境质量标准》（GB 3838—2002）中规定的项目标准值，要求水样采集后自然沉降________，取________非沉降部分按规定方法分析。

A．1h　中层　　B．10min　上层　　C．30min　下层　　D．30min　上层

答案：D

8．现行《地表水环境质量标准》的标准代号是________。

A．GB 3838—2002　B．GB 3838—96　C．HJ 3838—2002　D．GB/T 148488—93

答案：A

9．地表水水质监测的采样布点、监测频率应符合________的要求。

A．《地表水环境质量标准》　　B．地表水环境监测技术规范

C．水和废水监测分析方法　　D．质量控制

答案：B

四、多选题

1．《地表水环境质量标准》（GB 3838—2002）中，以下________项目属于《地表水环境质量标准》（GB 3838—2002）中集中式生活饮用水地表水源地补充项目。

A．铁　锰　　B．铅　镉　　C．硫酸盐　硝酸盐　氯化物

D．氰化物　亚硝酸盐　硫化物

答案：A　C

2．《地表水环境质量标准》（GB 3838—2002）将标准项目分为________。

A．地表水环境质量标准基本项目　　B．地表水环境质量标准补充项目

C．集中式生活饮用水地表水源地补充项目

D．集中式生活饮用水地表水源地特定项目

答案：A C D

3.《地表水环境质量标准》（GB 3838—2002）基本项目中规定的氨氮Ⅰ～Ⅲ类标准限值分别是≤________。

A．0.15　　B．0.5　　C．1.0　　D．1.5

答案：A B C

4.《地表水环境质量标准》（GB 3838—2002）中，下面 ________是《地表水环境质量标准》（GB 3838—2002）表 2 集中式生活饮用水地表水源地补充项目。

A．硫酸盐　　B．氯化物　　C．锰　　D．溶解氧

答案：A B C

5.《地表水环境质量标准》（GB 3838—2002）中，下列属氨氮分析方法的有________。

A．亚甲兰分光光度法　B．纳氏试剂比色法　C．水杨酸分光光法　D．碘量法

答案：B C

6.《地表水环境质量标准》（GB 3838—2002）表 1、表 2 和表 3 分别列出了________的标准限值。

A．基本项目　B．金属项目　C．有机项目　D．补充项目　E．特定项目

答案：A D E

7.《地表水环境质量标准》（GB 3838—2002）基本项目适用于全国江河、湖泊和________等具有使用功能的地表水水域。

A．水库　　B．渠道　　C．运河　　D．海湾

答案：A B C

8.《地表水环境质量标准》（GB 3838—2002）中，Ⅰ类水环境功能主要适用于________和________。

A．源头水　　B．景观用水　　C．农业用水　　D．国家自然保护区

答案：A D

五、简答题

简述《地表水环境质量标准》（GB 3838—2002）中，水域功能分类。

答案：Ⅰ类主要适用于源头水、国家自然保护区；

Ⅱ类主要适用于集中式生活饮用水水源地一级保护区、珍贵鱼类保护区、鱼虾产卵场等；

Ⅲ类主要适用于集中式生活饮用水水源地二级保护区、一般鱼类保护区及游泳区；

Ⅳ类主要适用于一般工业用水区及人体非直接接触的娱乐用水区；

Ⅴ类主要适用于农业用水区及一般景观要求用水。

参考文献

地表水环境质量标准（GB 3838—2002）。

命题：李淑敏

审题：陈黎军

第三节 地下水监测技术规范（HJ/T 164—2004）

一、填空题

1.《地下水监测技术规范》（HJ/T 164—2004）中一个建立在计算机上的信息系统能否成功运行，主要取决于能否正确地存入________数据。

答案：正确有效的

2.《地下水监测技术规范》（HJ/T 164—2004）中地下水监测信息管理系统应具有灵活、开放、可扩充的________，界面________、操作________、与其他系统兼容性好并留有扩充空间和二次开发的余地。

答案：特点 友好 简便

3.《地下水监测技术规范》（HJ/T 164—2004）中地下水数据报告表中应该有以下主要内容，监测项目、分析方法和标准代号、________名称及型号、________。

答案：使用仪器 检出限

4.《地下水监测技术规范》（HJ/T 164—2004）中整理好的原始资料与相应的监测报告表一起，须经________校核，________审核后，方能上报。

答案：科室主任 技术负责人

5.《地下水监测技术规范》（HJ/T 164—2004）中样品均匀能做平行双样的分析项目，每批水样要做________%的平行双样。数量较少时每批样品至少做________个平行双样。

答案：10 1

二、判断题

1.《地下水监测技术规范》（HJ/T 164—2004）中地下水样品中的成分相对简单，稳定性比地表水好，水样采集运输、保存应符合监测规范的要求。（ ）

答案：（×）

正确答案为： 地下水样品中的成分相当复杂，稳定性比地表水和污水更差，应设法尽快测定。

2.《地下水监测技术规范》(HJ/T 164—2004)中实验室用的纯水在放置过程中会吸收空气中的 SO_2、NH_3、CO_2 等气体，水的纯度降低，测试空白值就会提高，所以分析样品应使用新制的纯水。( )

答案：(√)

3.《地下水监测技术规范》(HJ/T 164—2004)中环境监测工作包括布点、采样、测试、数据处理和综合评价等几个环节，应该从布点到取得数据的整个过程进行全面质量管理。( )

答案：(√)

4.《地下水监测技术规范》(HJ/T 164—2004)中根据水的矿化度，天然水可分为四种类型：(1)淡水，(2)微咸水，(3)咸水，(4)盐水。( )

答案：(√)

5.《地下水监测技术规范》(HJ/T 164—2004)中监测数据的精密性包括平行性、重复性、再现性。( )

答案：(√)

三、单选题

1.《地下水监测技术规范》(HJ/T 164—2004)中规定静水位是指________。

A. 自由水面相对于某一基面的高程　　B. 抽水前井孔中的稳定地下水位

C. 从地表至地下承压水面的垂直深度　　D. 抽水试验过程中某一时刻的水位

答案：B

2.《地下水监测技术规范》(HJ/T 164—2004)中规定泉水是指________。

A. 储存于岩体裂隙中的重力水　　B. 储存于可溶性岩层溶隙中的重力水

C. 地下水的天然露头

答案：C

3.《地下水监测技术规范》(HJ/T 164—2004)中规定地下盐水是指________。

A. 含有矿物质和气体的水　　B. 总矿化度在 10～50mg/L 的地下水

C. 总矿化度大于 50mg/L 的地下水　　D. 水温大于 20℃的地下水

答案：B

4.《地下水监测技术规范》(HJ/T 164—2004)中监测井井管内径不宜小于________。

A. 0.1m　　B. 0.5m　　C. 0.25m

答案：A

5.《地下水监测技术规范》(HJ/T 164—2004)中监测井内水深低于________m 时，应及时清淤或换井。

A. 1　　B. 2　　C. 3

答案：A

四、多选题

1.《地下水监测技术规范》（HJ/T 164—2004）中地下水监测技术规范不适用于________。

A．地下热水　B．矿水　C．盐水　D．卤水

答案：A　B　C　D

2.《地下水监测技术规范》（HJ/T 164—2004）中水文地质条件是指________。

A．地下水的埋藏　B．地下水的分布、补给

C．地下水的水质和水量　D．地下水的径流和排泄条件

答案：A　B　C　D

3.《地下水监测技术规范》（HJ/T 164—2004）中地下水采样记录表中必须要填写的内容是________

A．监测井编号　B．监测井名称

C．采样日期和时间　D．水位、水量、水温

答案：A　B　C　D

4.《地下水监测技术规范》（HJ/T 164—2004）中采样人员必须具备的条件是________。

A．通过岗前培训　B．持证上岗

C．切实掌握采用技术　D．熟知采样器具的使用

E．掌握样品固定、保存、运输条件

答案：A　B　C　D　E

5.《地下水监测技术规范》（HJ/T 164—2004）中化学试剂储藏室应具备的条件是________。

A．防潮　B．防火　C．防爆　D．避光　E．通风

答案：A　B　C　D　E

五、简答题

1．简述《地下水监测技术规范》（HJ/T 164—2004）中，水体自净的定义。

答案：水体依靠自身能力，在物理、化学或生物方面的作用下，使水体中污染物无害化或污染物浓度下降的过程。

2．简述《地下水监测技术规范》（HJ/T 164—2004）中，矿水的定义。

答案：含有某些特殊组分或气体，或者有较高温度、具有医疗作用的地下水。

3．简述《地下水监测技术规范》（HJ/T 164—2004）中，瞬时水样的定义。

答案：从水体中不连续地随机（就时间和地点而言）采集的单一样品。

4．简述《地下水监测技术规范》（HJ/T 164—2004）中规定的地下水监测网点布设的原则。

答案：在总体和宏观上应能控制不同的水文地质单元，须能反映所在区域地下水系的环境质量状况和地下水质量空间变化。

5.《地下水监测技术规范》(HJ/T 164—2004)中水样瓶标签上应该填写的内容有哪些？

答案：应该填写的内容有采样点名称或编号、采样日期和时间、测定项目、保存方法和保存剂、采样人员姓名。

六、论述题

1．请论述《地下水监测技术规范》（HJ/T 164—2004）中水样管理的重要性。

答案：水样是从各种水体及各类型水中取得的实物证据和资料，水样妥善而严格的管理是获得可靠监测数据的必要手段。

2．请说明《地下水监测技术规范》（HJ/T 164—2004）中使用试验器皿应该注意的事项。

答案：根据监测项目的需要，选用合适材质的器皿，按监测项目固定专用，避免交叉污染。使用后及时清洗晾干、防止灰尘沾污。

3．请说明《地下水监测技术规范》（HJ/T 164—2004）中有效数字的定义。

答案：有效数字是表示测量数字的有效意义，指测量中实际能测得的数字，由有效数字构成的数值，其倒数第二位以上的数字应是可靠的，只有末尾数字是可疑的，对有效数字的位数不能任意增删。

4．请论述《地下水监测技术规范》（HJ/T 164—2004）中规定当记录中出现错误时，应该怎样处理。

答案：原始记录不得涂改。当记录中出现错误时，应在错误的数据上画一横线（不得覆盖原有记录的可见程度），如需改正的记录内容较多，可用框线画出，在框边处添写“作废”两字，并将正确值填写在其上方。所有更改处应有更改人签字或盖章。

5．请论述《地下水监测技术规范》（HJ/T 164—2004）中地下水监测信息管理系统的组成和重要性。

答案：地下水监测信息管理系统的组成是“传输—处理—综合—发布—共享”，是为地下水环境保护提供优质服务的重要技术支撑。

七、计算题

1．对某一污染物做平行双样测得的结果是 0.045mg/L、0.043mg/L，求相对偏差。

答案：相对偏差=（$A-B$）/（$A+B$）×100% =0.002/0.088×100% =2.2%

相对偏差是 2.2%。

2．用异烟酸—吡唑啉酮光度法测定水中氰化物。取水样 200ml，蒸馏得馏出液 100ml，取 3ml 比色测定，测得吸光度为 0.216，同时测得空白样品吸光度为 0.004，标准曲线回归方程为 $y=0.138\,3x+0.001$，求水中氰化物的含量。

答案：根据氰化物（CN^-，mg/L）=m－（$m_0/V\times V_1/V_2$）

m= 0.216－0.001/0.138 =1.56

m_0= 0.004－0.001/0.138=0.022

氰化物（CN^-，mg/L）= 1.56－0.022/200×100.0/3.00=0.256mg/L

氰化物浓度是 0.256mg/L。

3. 用二苯碳酰二肼分光光度法测定水中六价铬，取水样 50ml，水样吸光值是（0.014），空白样吸光值是（0.004），校准曲线的回归方程是（y =0.045x+0.001），求水样中的六价铬含量。

答案：六价铬（mg/L）=m/v

已知，m=（0.014－0.004）/0.045－0.001=0.221

得：0.221/50=0.004

六价铬的含量是 0.004mg/L。

4. 用火焰原子吸收法测定地下水中铜，取水样 10ml，在校准曲线上查得的浓度是 0.020μg，求水样中铜的含量。

答案：铜（mg/L）=m/V

已知：m= 0.020μg

V=10ml

得：铜（mg/L）=0.020μg/10ml=0.002mg/L

水样中铜的含量是 0.002mg/L。

5. 用碱性高锰酸钾法测定 COD，水样 100ml，消耗硫代硫酸钠溶液 9.80ml，滴定空白液消耗硫代硫酸钠溶液 11.09ml，已知硫代硫酸钠溶液浓度是 0.009 766mol/L。求水样中 COD 含量。

答案：COD=C（V_2－V_1）×8.0×1 000/V

=0.009 766×（11.09－9.80）×8.0×1 000/100=1.16mg/L

水样中 COD 含量是 1.16mg/L。

参考文献

[1] 地下水监测技术规范（HJ/T 164—2004）。

[2] 国家环保总局《水和废水监测分析方法》编委会. 水和废水监测分析方法. 4 版. 增补版. 北京：中国环境科学出版社，2002.

命题：乌成祥

审核：陈黎军

第四节　地下水环境质量标准（GB/T 14848—93）

一、填空题

1. 现行《地下水环境质量标准》（GB/T 14848—93）中规定，实施年份为________年。

答案：1994

2.《地下水环境质量标准》（GB/T 14848—93）中规定，将地下水质量划分为________类。

答案：五

3.《地下水环境质量标准》（GB/T 14848—93）中规定，是________、__________和________的依据。

答案：地下水勘查评价　开发利用　监督管理

4.《地下水环境质量标准》（GB/T 14848—93）适用于一般地下水，不适用________、________和 ________。

答案：地下热水　矿水　盐卤水

5.《地下水环境质量标准》（GB/T 14848—93）中规定，地下水Ⅱ类水质主要反映地下水化学组分的________，适用于各种用途。

答案：天然背景含量

6.《地下水环境质量标准》（GB/T 14848—93）中规定，为保护和合理开发地下水资源，________和________，保障人民身体健康，促进经济建设，特制定《地下水环境质量标准》。

答案：防止　　控制地下水污染

7.《地下水环境质量标准》（GB/T 14848—93）中规定，地下水质量评价以地下水水质调查分析资料或水质监测资料为基础，可分为________评价和________评价两种。

答案：单项组分　　综合

8.《地下水环境质量标准》（GB/T 14848—93）中共有________项监测指标，参加综合评价评分的项目，应不少于本标准规定的监测项目，但不包括________指标。

答案：39　　细菌学

9.《地下水环境质量标准》（GB/T 14848—93）中规定，各地区应对地下水水质进行定期检测。检验方法按国家标准________执行。

答案：《生活饮用水标准检验方法》

10.《地下水环境质量标准》（GB/T 14848—93）中规定，地下水质量单项组分评价，按本标准所列分类指标，划分为________，代号与类别代号相同，不同类别标准值相同时，________。

答案：五类　　从优不从劣

11.《地下水环境质量标准》（GB/T 14848—93）中规定，各地地下水监测部门，应在不同质量类别的地下水域设立监测点进行水质监测，监测频率不得少于每年两次，分别为________和________。

答案：丰水期　　枯水期

12.《地下水环境质量标准》（GB/T 14848—93）中规定，为防止地下水污染和过量开采，人工回灌等引起的地下水质量恶化，保护地下水资源，必须按________和________有关规定执行。

答案：《中华人民共和国水污染防治法》　　《中华人民共和国水法》

13.《地下水环境质量标准》（GB/T 14848—93）中规定，根据地下水质量综合评价 F 分值，将地下水质量分为 ________级。

答案：5

14.《地下水环境质量标准》（GB/T 14848—93）中规定，某处地下水综合评价分值为________，它的地下水质量级别为________。

答案：2.7　　较好

二、判断题

1.《地下水环境质量标准》（GB/T 14848—93）中规定，各地地下水监测部门，应在不同质量类别的地下水域设立监测点进行水质监测，监测频率不得少于每年两次，分别为丰水期和枯水期。（　）

答案：（√）

2.《地下水环境质量标准》（GB/T 14848—93）中规定，地下水监测项目肉眼可见物指标的单位是“个/L”。（　）

答案：（×）

正确答案为：地下水监测项目肉眼可见物指标表述为“有”或“无”。

3.《地下水环境质量标准》（GB/T 14848—93）中监测指标共有 23 项。（　）

答案：（×）

正确答案为：《地下水环境质量标准》（GB/T 14848—93）中监测指标共有 39 项。

4.《地下水环境质量标准》（GB/T 14848—93）中规定，挥发酚分析结果为 0.001mg/L，则挥发酚指标为Ⅱ类。（　）

答案：（×）

正确答案为：挥发酚分析结果为 0.001mg/L，则挥发酚指标为Ⅰ类。

5.《地下水环境质量标准》（GB/T 14848—93）中规定，地下水监测项目不同类别标准值相同时，从劣不从优。（　）

答案：（×）

正确答案为：地下水监测项目不同类别标准值相同时，从优不从劣。

6.《地下水环境质量标准》(GB/T 14848—93)中规定，适用于一般地下水，不适用地下热水、矿水和盐卤水。(　)

答案：(√)

7.《地下水环境质量标准》(GB/T 14848—93)是地下水勘查评价、开发利用和监督管理的依据。(　)

答案：(√)

8.《地下水环境质量标准》(GB/T 14848—93)规定了地下水的质量分类，地下水质量监测、评价方法和地下水质量保护。(　)

答案：(√)

9.《地下水环境质量标准》(GB/T 14848—93)中规定，Ⅲ类地下水不适用于集中式生活饮用水水源及工、农业用水。(　)

答案：(×)

正确答案为：Ⅲ类地下水以人体健康基准值为依据，主要适用于集中式生活饮用水水源及工、农业用水。

10.《地下水环境质量标准》(GB/T 14848—93)中规定，根据我国地下水水质现状、人体健康基准值及地下水质量保护目标，将地下水质量划分为五类。(　)

答案：(√)

三、单选题

1.《地下水质量标准》(GB/T 14848—93)适用于一般地下水，不适用于地下热水、________、盐卤水。

A．地下河水　　B．地下矿水　　C．地下湖水　　D．地下水库

答案：B

2．根据《地下水质量标准》(GB/T 14848—93)，以下可不作为地下水质常规监测项目的是________。

A．氨氰　　B．氰化物　　C．硝酸盐　　D．总大肠菌群

答案：A

3.《地下水质量标准》(GB/T 14848—93)中地下水质量Ⅰ类主要反映地下水化学组分的________含量。

A．有益物质　　B．天然背景　　C．天然低背景　　D．任何物质

答案：C

4.《地下水质量标准》(GB/T 14848—93)中，某省监测部门计划对全省地下水水质监测，按照《地下水质量标准》，下述监测频次符合要求的是________。

A．每年丰水期、枯水期各监测一次　B．每年丰水期、平水期各监测一次

C．每年平水期、枯水期各监测一次　D．每年监测两次，可不考虑丰水期、枯水期

答案：A

5.《地下水质量标准》（GB/T 14848—93）中，地下水质量Ⅳ类以________为依据。

A．农业用水要求　　B．工业用水要求

C．工农业用水要求　　D．人体健康基准值

答案：C

6.《地下水质量标准》（GB/T 14848—93）中，以下地下水水质质量不宜饮用的是________。

A．Ⅱ类　　B．Ⅲ类　　C．Ⅳ类　　D．Ⅴ类

答案：D

7. 根据《地下水质量标准》（GB/T 14848—93）中，以下可不作为地下水水质常规监测项目的是________。

A．总大肠菌群　　B．细菌总数　　C．粪大肠菌群　　D．铁

答案：C

8.《地下水质量标准》（GB/T 14848—93）中，某地下水中氟化物监测浓度为0.9mg/L，按照地下水质量单组分评价，该地下水现状水质应为________。

（注：氟化物地下水水质标准：Ⅰ≤1.0，Ⅱ≤1.0，Ⅲ≤1.0，Ⅳ≤2.0 单位mg/L）

A．Ⅰ类　　B．Ⅱ类　　C．Ⅲ类　　D．Ⅳ类

答案：A

9.《地下水质量标准》（GB/T 14848—93）中，地下水质量综合评价的标准方法为________。

A．单项组分评价　　B．加附注的评分法

C．综合污染指数法　　D．内梅罗污染指数法

答案：B

10.《地下水质量标准》（GB/T 14848—93）中，地下水综合质量综合评价，________项目不参加单项组分评分。

A．六六六　　B．高锰酸盐指数　　C．铅　　D．细菌总数

答案：D

四、多选题

1.《地下水质量标准》（GB/T 14848—93）是依据________，并参照了生活饮用水、工业、农业用水水质量最高要求，将地下水划分为五类。

A．地下水的使用功能　　B．我国地下水水质现状

C．人体健康基准值　　D．地下水质量保护目标

答案：B　C　D

2. 根据《地下水质量标准》（GB/T 14848—93），以下可作为地下水常规监测项目的

是________。

A．铅　　B．锑　　C．锰　　D．铁

答案：A　C　D

3.《地下水质量标准》（GB/T 14848—93）规定了地下水的质量分类，地下水质量监测及________。

A．水质含量　B．水质优劣　C．评价办法　D．质量保护

答案：C　D

五、简答题

1．简述《地下水质量标准》（GB/T 14848—93）中，地下水质量综合评价法的具体要求与步骤。

答案：（1）参加评分的项目，应不少于本标准规定的监测项目，但不包括细菌学指标。

（2）进行各单项组分评价，划分组分所属质量类别。

（3）对各类别按规定分别确定单项组分评价分值 F_i。

（4）计算综合评价分值 F。

（5）根据 F 值，按规定划分地下水质量级别，再将细菌学指标评价类别注在级别之后。

参考文献

地下水质量标准（GB/T 14848—93）.

命题：李淑敏

审核：陈黎军

第五节　水质 采样方案设计技术规定（HJ 495—2009）

一、填空题

1.《水质 采样方案设计技术规定》（HJ 495—2009）适用于各种水体，包括________和________的采样方案设计。

答案：底部沉积物　污泥

2．《水质 采样方案设计技术规定》（HJ 495—2009）中，根据不同的采样目的，采样网络可以是________也可扩展到整个流域。

答案：单点

3．《水质 采样方案设计技术规定》（HJ 495—2009）中，一个干流网络应包括潮区界

以内的各采样点、________以及________等采样点。

答案：较大支流汇入口 主要污水的排放口

4.《水质 采样方案设计技术规定》（HJ 495—2009）中，根据地表水监测断面的布设原则，对水系可设________、控制断面和入海断面。在各控制断面下游，如果河段有足够长度（至少 10 km），还应设________。

答案：背景断面 削减断面

5.《水质 采样方案设计技术规定》（HJ 495—2009）中，断面位置应避开________、________、排污口处，尽量选择顺直河段、河床稳定、水流平稳、水面宽阔、无急流、无浅滩处。

答案：死水区 回水区

6.《水质 采样方案设计技术规定》（HJ 495—2009）中，突发性水环境污染事故，应根据现场情况，布设能反映污染物进入水环境和________、________情况的采样断面及点位。

答案：扩散 削减

7.《水质 采样方案设计技术规定》（HJ 495—2009）中，根据潮汐河流的水文特征，潮汐河流的对照断面一般设在潮区界________。若感潮河段潮区界在该城市管辖的区域之外，则在________设置一个对照断面。

答案：以下 城市河段的上游

8.《水质 采样方案设计技术规定》（HJ 495—2009）中，湖（库）区若无明显功能区别，可用________均匀设置监测垂线。

答案：网格法

9.《水质 采样方案设计技术规定》（HJ 495—2009）中，采集工业废水时，第一类污染物采样必须在________或________。

答案：车间出水口 预处理出水口

10.《水质 采样方案设计技术规定》（HJ 495—2009）中，对整体污水处理设施效率监测时，在各种进入污水处理设施污水的入口和________设置采样点。

答案：污水设施的总排口

11.《水质 采样方案设计技术规定》（HJ 495—2009）中，对各污水处理单元效率监测时，在各种进入处理设施单元污水的入口和________设置采样点。

答案：设施单元的排口

12.《水质 采样方案设计技术规定》（HJ 495—2009）中，采集污水和废水的水样时，需要进行流量的测量。流量的测量包括三个方面，分别是________、________、________。

答案：流向 流速 流量

13.《水质 采样方案设计技术规定》（HJ 495—2009）中，在评价地下水源受污染的情况和转化的程度时，应掌握________、________等相关资料。在评价地下污染时可以利用这些资料，从而避免昂贵的地下水采样。

答案：地下水流向　　流速

14.《水质　采样方案设计技术规定》(HJ 495—2009)中，水流的测量可以是________式的，如在河口用浮筒测量；或者采用________式的，如大多数排放流量计。

答案：间断　　连续

二、判断题

1.《水质　采样方案设计技术规定》（HJ 495—2009）中采集水样时，从充分混合的湍流中采样最为理想。只要有可能就要把层流诱发成湍流。（　）

答案：（√）

2.《水质　采样方案设计技术规定》（HJ 495—2009）中从管道中采样时，液体在管中的线速度不能太大，应保持液体在管内水平方向流动，以方便从管中抽取样品。（　）

答案：（×）

正确答案为：从管道中采样时，液体在管中的线速度要大，足够保证液体呈湍流的特征，避免液体在管内水平方向流动。

3.《水质　采样方案设计技术规定》(HJ 495—2009)中为化学分析而收集降水样品时，可在室外任意选择采样点。(　)

答案：（×）

正确答案为：为化学分析而收集降水样品时，所选采样点应位于避免外界物质污染的地方。

4.《水质　采样方案设计技术规定》（HJ 495—2009）中削减断面主要反映河流对污染物的稀释净化情况，应设置在控制断面下游，主要污染物浓度有显著下降处。（　）

答案：（√）

5.《水质　采样方案设计技术规定》（HJ 495—2009）中水网地区流向不定的河流，应根据常年主导流向设置断面。（　）

答案：（√）

6.《水质　采样方案设计技术规定》（HJ 495—2009）中受污染物影响较大的湖泊、水库，应在污染物主要输送线路上设置控制断面。（　）

答案：（√）

7.《水质　采样方案设计技术规定》（HJ 495—2009）中采集饮用水水样前，应先用水样洗涤采样器容器、盛样瓶及塞子 2～3 次。（　）

答案：（×）

正确答案为：采集饮用水水样前，应先用水样洗涤采样器容器、盛样瓶及塞子 2～3 次（油类除外）。

8.《水质　采样方案设计技术规定》（HJ 495—2009）中污水采样时，第一类污染物的采样点位一律设在排污单位的外排口。（　）

答案：（×）

正确答案为：污水采样时，第二类污染物的采样点位一律设在排污单位的外排口。

9.《水质 采样方案设计技术规定》（HJ 495—2009）中污水采样时，第二类污染物的采样点位一律设在车间或车间处理设施的排放口或专门处理此类污染物设施的排口。（ ）

答案：（×）

正确答案为：污水采样时，第一类污染物的采样点位一律设在车间或车间处理设施的排放口或专门处理此类污染物设施的排口。

10.《水质 采样方案设计技术规定》（HJ 495—2009）中，为了统计长时间水质变化的发展趋势，需要增加采样的频次，这样采集的样品结果才是可以利用的。（ ）

答案：（√）

11.《水质 采样方案设计技术规定》（HJ 495—2009）中，如某必测项目连续三年均未检出，每年可采样一次进行测定。（ ）

答案：（×）

正确答案为：如某必测项目连续三年均未检出，且在断面附近确定无新增排放源，而现有污染源排污量未增的情况下，每年可采样一次进行测定。

三、单选题

1.《水质 采样方案设计技术规定》（HJ 495—2009）中，具体判断某一区域水环境污染程度时，位于该区域所有污染源上游处，能够提供这一区域水环境本底值的断面称为________。

A．背景断面 B．对照断面 C．控制断面 D．削减断面

答案：B

2.《水质 采样方案设计技术规定》（HJ 495—2009）中________原则上应该设在水系源头处或未受污染的上游河段。

A．背景断面 B．对照断面 C．控制断面 D．削减断面

答案：A

3.《水质 采样方案设计技术规定》（HJ 495—2009）中，对水网地区应视实际情况设置若干控制断面，其控制的径流之和应不少于总径流量的________。

A．20% B．40% C．60% D．80%

答案：D

4.《水质 采样方案设计技术规定》（HJ 495—2009）中，当水面宽＞100 m 时，在一个监测断面上设置的采样垂线数是________。

A．2 B．3 C．4 D．5

答案：B

5.《水质 采样方案设计技术规定》（HJ 495—2009）中当水深≤5 m 时，应在监测垂

线上水深________m 处设置采样点。

A．0.5　B．1　C．2　D．3

答案：A

6．饮用水水源地、省（自治区、直辖市）交界断面中，需要重点控制的监测断面采样频次为________。

A．每年至少一次　B．逢单月一次　C．每月至少一次　D．每月至少两次

答案：C

7．《水质　采样方案设计技术规定》（HJ 495—2009）中，地方环境监测站对污染源的监督性监测每年不少于________次。

A．1　B．2　C．3　D．4

答案：A

8．《水质　采样方案设计技术规定》（HJ 495—2009）中，企业进行自我监测时，按生产周期和生产特点确定废水的监测频次，一般每个生产日至少________次。

A．1　B．2　C．3　D．4

答案：C

9．《水质　采样方案设计技术规定》（HJ 495—2009）中用导管采集污泥样品时，为了减少堵塞的可能性，采样管的内径不应小于________mm。

A．20　B．50　C．80　D．100

答案：B

四、多选题

1．《水质　采样方案设计技术规定》（HJ 495—2009）中诱发的湍流会引起某些检测项目浓度的变化，采集测定________的样品时，不能把层流诱发成湍流。

A．溶解氧　B．挥发性有机物　C．石油类　D．六价铬

答案：A　B

2．《水质　采样方案设计技术规定》（HJ 495—2009）中，在水流中的某一构筑物上进行水位的测量，如在水道堰上测定水位，采用的方法有：用规准尺进行目测和利用________或声变方法进行自动监测。

A．浮标　B．电阻变化　C．压力差　D．照相

答案：A　B　C　D

五、简答题

1．《水质　采样方案设计技术规定》（HJ 495—2009）中，地表水监测断面的布设原则。

答案：（1）断面在总体和宏观上应能反映水系或区域的水环境质量状况；

（2）各断面所在的具体位置应能反映所在区域环境的污染特征；

（3）尽可能以最少的断面获取有足够代表性的环境信息

（4）应考虑实际采样时的可行性和方便性

2.《水质　采样方案设计技术规定》（HJ 495—2009）中，水流向和流速的测定可以采用哪些方法？

答案：（1）浮标；（2）浮筒和其他漂浮物；（3）化学示踪；（4）微生物示踪；（5）放射性示踪。

参考文献

水质　采样方案设计技术规定（HJ 495—2009）.

命题：杨　辉（女）

审核：陈黎军

第六节　水质　采样技术指导（HJ 494—2009）

一、填空题

1.《水质　采样技术指导》（HJ 494—2009）中规定，静态水体和流动水体的采样方法不同，混合采样适用于________水体，周期采样和连续采样适用于________水体。

答案：静态　流动

2.《水质　采样技术指导》（HJ 494—2009）中规定，从水体中________的随机采集的样品称为瞬时水样。对于组分较稳定的水体，采集________具有很好的代表性。

答案：不连续　瞬时样品

3.《水质　采样技术指导》（HJ 494—2009）中规定，测________、________和________等项目时，采样时水样必须注满容器，上部不留空间，并用水封口。

答案：溶解氧　生化需氧量　有机污染物

4.《水质　采样技术指导》（HJ 494—2009）中规定，地下水采样前，除________、________和________监测项目外，应先用被采样水荡洗采样器和水样容器 2～3 次后再采集水样。

答案：五日生化需氧量　有机物　细菌类

5.《水质　采样技术指导》（HJ 494—2009）中规定，采集地下水样时，样品唯一性标识中应包括________、采样日期、________编号、________序号和监测项目等信息。

答案：样品类别　监测井　样品

6.《水质　采样技术指导》（HJ 494—2009）中规定，水质采样时通常分析有机物的样品使用简易________（材质）采样瓶，分析无机物的样品使用________（材质）采样瓶（桶）。自动采样器应满足相应的污水采样器技术要求。

答案：玻璃　聚乙烯塑料

7.《水质　采样技术指导》(HJ 494—2009）中规定，采集湖泊和水库样品所用的闭管式采样器应装有________装置，以采集到不与管内积存空气（或气体）混合的水样。在靠近底部采样时，注意不要搅动________的界面。

答案：排气　水和沉积物

8.《水质　采样技术指导》(HJ 494—2009）中规定，地方环境监测站对污染源的监督性监测每年不少于________次，如被国家或地方环境保护行政主管部门列为年度监测的重点排污单位，应增加到每年________次。因管理或执法的需要所进行的抽查性监测由各级环境保护行政主管部门确定。

答案：1　2～4

9.《水质　采样技术指导》(HJ 494—2009）中规定，引起水样水质变化的原因有________作用、________作用、________作用。

答案：生物　化学　物理

10.《水质　采样技术指导》(HJ 494—2009）中规定，选择盛装水样的容器材质必须注意：容器器壁不应吸收或吸附待测组分、________、________和选用深色玻璃降低光敏作用。

答案：容器不能引起新的玷污　容器不得与待测组分发生反应

11.《水质　采样技术指导》(HJ 494—2009）中规定，水质监测中采样现场测定项目一般包括________、________、________、________、________，即常说的五参数。

答案：水温　pH　电导率　浊度　溶解氧

12.《水质　采样技术指导》(HJ 494—2009）中规定，往水样中投加一些化学试剂（保护剂）可固定水样中某些待测组分，经常使用的水样保护剂有各种________、________和________，加入量因需要而异。

答案：酸　碱　生物抑制剂

13.《水质　采样技术指导》(HJ 494—2009）中规定，一般的玻璃容器吸附________，聚乙烯等塑料吸附 ________、磷酸盐和油类。

答案：金属　有机物质

14.《水质　采样技术指导》(HJ 494—2009）中规定，水样采集后，对每一份样品都应附一张完整的________。

答案：水样标签

15.《水质　采样技术指导》(HJ 494—2009）中规定，为化学分析而收集降水样品时，采样点应位于________的地方。

答案：避免外界物质污染

16.《水质　采样技术指导》(HJ 494—2009）中规定，采集水质样品时，在________采样点上以流量、时间、体积或是以流量为基础，按照________混合在一起的样品，称为混合水样。

答案：同一　　已知比例

17.《水质　采样技术指导》（HJ 494—2009）中规定，为了某种目的，把从________同时采得的________混合为一个样品，这种混合样品称为综合水样。

答案：不同采样点　　瞬时水样

18.《水质　采样技术指导》（HJ 494—2009）中规定，水的细菌学检验所用的样品容器，是________瓶，瓶的材质为________或________。

答案：广口　　塑料　　玻璃

19.《水质　采样技术指导》（HJ 494—2009）中规定，对细菌学检验的样品容器的基本要求是________。样品在运回实验室到检验前，应保持________。

答案：能够经受高温灭菌　　密封

20.《水质　采样技术指导》（HJ 494—2009）中规定，为评价水质，需对水中的化学组分进行分析，选择采集样品容器时应考虑到________相互作用、________等因素，应尽量缩短样品的________、减少对光和热的暴露时间等。

答案：组分之间　　光分解　　存放时间

21.《水质　采样技术指导》（HJ 494—2009）中规定，在水质采样中，当________时，采样方式不受排放流速的影响，此种样品归于流量比例样品。

答案：水质参数发生变化

22.《水质　采样技术指导》（HJ 494—2009）水质采样中，在固定流速下采集的连续样品，可测得采样期间存在的全部组分，但不能提供采样期间________。

答案：各参数浓度的变化

23.《水质　采样技术指导》（HJ 494—2009）水质采样中，采集流量比例样品代表水的________。

答案：整体质量

24.《水质　采样技术指导》（HJ 494—2009）水质采样中，即便________和________都在变化，而流量比例样品同样可以揭示利用瞬时样品所观察不到的这些变化。因此，对于________和________都有明显变化的流动水，采集________是一种精确的采样方法。

答案：流量　　组分　　流速　　待测污染物浓度　　流量比例样品

25.《水质　采样技术指导》（HJ 494—2009）在同一采样点上以流量、时间、体积或是以流量为基础，按照已知比例（间歇的或连续的）混合在一起的样品，此样品称为________。

答案：混合水样

26.《水质　采样技术指导》（HJ 494—2009）在同一采样点上以________、________、________或是以________为基础，按照已知比例（间歇的或连续的）混合在一起的样品，此样品称为混合水样。

答案：流量　　时间　　体积　　流量

27.《水质　采样技术指导》(HJ 494—2009）混合水样可________或________采集。

答案：自动　人工

28.《水质　采样技术指导》(HJ 494—2009）把从不同采样点同时采集的________混合为一个样品（时间应尽可能接近，以便得到所需要的资料），称作综合水样。

答案：瞬时水样

29.《水质　采样技术指导》(HJ 494—2009）把从不同采样点同时采集的瞬时水样混合为一个样品（时间应尽可能接近，以便得到所需要的资料），称作________。

答案：综合水样

30.《水质　采样技术指导》(HJ 494—2009）综合水样是获得________的重要方式，有时需要把代表断面上的各点或几个污水排放口的污水按相对比例流量混合，取其________。

答案：平均浓度　平均浓度

31.《水质　采样技术指导》(HJ 494—2009）水库和湖泊的采样，由于__________和________可引起水质很大的差异。

答案：采样地点不同　温度的分层现象

32.《水质　采样技术指导》(HJ 494—2009）水库和湖泊的采样，在调查水域污染状况时，需进行综合分析判断，抓住基本点，以取得________。

答案：代表性水样

33.《水质　采样技术指导》(HJ 494—2009）底部沉积物采样，沉积物可用________、________或钻探装置采集。

答案：抓斗　采泥器

34.《水质　采样技术指导》(HJ 494—2009）地下水可分为__________、__________和________。

答案：上层滞水　潜水　承压水

35.《水质　采样技术指导》(HJ 494—2009）地下水________的水质与________的水质基本相同。

答案：上层滞水　地表水

36.《水质　采样技术指导》(HJ 494—2009）潜水含水层通过包气带直接与________、________相通，因此其具有季节性变化的特点。

答案：大气圈　水圈

37.《水质　采样技术指导》(HJ 494—2009）准确地采集降水样品难度很大，在降水前，必须盖好采样器，只在降水实际出现之后才打开。每次降水取________(降水开始到结束)。

答案：全过程水样

38.《水质　采样技术指导》(HJ 494—2009）水质采样中，自动采样设备有其自身的优势，它可以自动采集连续样品或一系列样品而________参与，尤其是应用在采集混合样品和研究水质随时间的变化情况方面。

答案：不用人工

39.《水质　采样技术指导》（HJ 494—2009）为水质采样中，选择样品容器时应考虑到组分之间的相互作用、光分解等因素，应尽量________，减少对光、热的暴露时间等。此外，还应考虑到________。

答案：缩短样品的存放时间　　生物活性

二、判断题

1.《水质　采样技术指导》（HJ 494—2009）中规定，在地表水水质监测中通常采集瞬时水样。（　）

答案：（√）

2.《水质　采样技术指导》（HJ 494—2009）中规定，污水的采样位置应在采样断面的中心，水深小于或等于 1m 时，在水深的 1/4 处采样。（　）

答案：（×）

正确答案为：污水的采样位置应在采样断面的中心，水深小于或等于 1m 时，在水深的 1/2 处采样。

3.《水质　采样技术指导》（HJ 494—2009）中规定，在地下水监测中，不得将现场测定后的剩余水样作为实验室分析样品送往实验室。（　）

答案：（√）

4.《水质　采样技术指导》（HJ 494—2009）中规定，自动采样是以预定时间或流量间隔为基础的一系列瞬时样品，一般情况下所采集的样品只代表采样当时和采样点的水质。（　）

答案：（√）

5.《水质　采样技术指导》（HJ 494—2009）中规定，测定某些不稳定的参数，例如溶解气体、余氯、可溶性硫化物、微生物、油脂、有机物和 pH 时，采集周期水样。（　）

答案：（×）

正确答案为：测定某些不稳定的参数，例如溶解气体、余氯、可溶性硫化物、微生物、油脂、有机物和 pH 时，采集瞬时水样。

6.《水质　采样技术指导》（HJ 494—2009）中规定，当水质参数发生变化时，采样方式不受排放流速的影响，可采集周期水样。（　）

答案：（√）

7.《水质　采样技术指导》（HJ 494—2009）中规定，混合样品提供组分的平均值，因此在样品混合之前，应验证这些样品参数数据，以确保混合后样品数据的准确性。（　）

答案：（√）

8.《水质　采样技术指导》（HJ 494—2009）中规定，对于排放污水的企业而言，生产

的周期性影响着排污的规律性。为了得到代表性的污水样，应根据排污情况进行不定期连续采样。（ ）

答案：（×）

正确答案为：对于排放污水的企业而言，生产的周期性影响着排污的规律性。为了得到代表性的污水样，应根据排污情况进行周期性采样。

9.《水质 采样技术指导》（HJ 494—2009）中规定，采集自来水或抽水设备中的水样时，直接取样。采集水样前，应先用水样洗涤采样器容器、盛样瓶及塞子 2～3 次（油类除外）。（ ）

答案：（×）

正确答案为：采集自来水或抽水设备中的水样时，应先放水数分钟，使积留在水管中的杂质及陈旧水排出，然后再取样。采集水样前，应先用水样洗涤采样器容器、盛样瓶及塞子 2～3 次（油类除外）。

10.《水质 采样技术指导》（HJ 494—2009）中规定，采集湖泊和水库的水样时，采样时先搅动水底部的沉积物，然后再取样。（ ）

答案：（×）

正确答案为：采集湖泊和水库的水样时，采样时不可搅动水底部的沉积物。

11.《水质 采样技术指导》（HJ 494—2009）中规定，测定油类的水样，应在水面至水面下 100mm 采集柱状水样，并单独采样，全部用于测定。采样瓶用采集水冲洗 1～2 次。（ ）

答案：（×）

正确答案为：测定油类的水样，应在水面至水面下 300mm 采集柱状水样，并单独采样，全部用于测定。采样瓶不能用采集的水样冲洗。

12. 测溶解氧、生化需氧量和有机污染物等项目时的水样，必须注满容器，不留空间，并用水封口。（ ）

答案：（√）

13.《水质 采样技术指导》（HJ 494—2009）中规定，测定油类、BOD、溶解氧、硫化物、余氯、粪大肠菌群、悬浮物、放射性等项目要单独采样。（ ）

答案：（√）

14.《水质 采样技术指导》（HJ 494—2009）中规定，采样现场测定记录中要记录现场测定样品的处理及保存步骤，测量并记录现场温度。（ ）

答案：（×）

正确答案为：采样现场测定记录中要记录所有样品的处理及保存步骤，测量并记录现场温度。

15.《水质 采样技术指导》（HJ 494—2009）中规定，在进行长期采样过程中，条件不变时，就不必对每次采样都重复说明，仅叙述现场进行的监测和容易变化的条件，如气

候条件和观察到的异常情况等。（　）

答案：（√）

16.《水质　采样技术指导》（HJ 494—2009）中规定，水样在贮存期内发生变化的程度完全取决于水的类型及水样的化学性质和生物学性质。（　）

答案：（×）

正确答案为：水样在贮存期内发生变化的程度完全取决于水的类型及水样的化学性质和生物学性质，也取决于保存条件、容器材质、运输及气候变化等因素。

17.《水质　采样技术指导》（HJ 494—2009）中规定，测定氟化物的水样应贮于玻璃瓶或塑料瓶中。（　）

答案：（×）

正确答案为：测定氟化物的水样不能贮于玻璃瓶中。

18.《水质　采样技术指导》（HJ 494—2009）中规定，清洗采样容器的一般程序是，用铬酸-硫酸溶液，再用水和洗涤剂洗，然后用自来水、蒸馏水冲洗干净。（　）

答案：（×）

正确答案为：清洗容器的一般程序是，先用水和洗涤剂洗，再用铬酸-硫酸洗液，然后用自来水、蒸馏水冲洗干净。

19.《水质　采样技术指导》（HJ 494—2009）中规定，测定水中重金属的采样容器通常用铬酸-硫酸溶液洗净，并浸泡 1～2d，然后用蒸馏水或去离子水冲洗。（　）

答案：（×）

正确答案为：测定水中重金属的采样容器通常用盐酸或硝酸溶液洗净，并浸泡 1～2d，然后用蒸馏水或去离子水冲洗。

20.《水质　采样技术指导》（HJ 494—2009）中规定，测定水中六价铬时，采集水样的容器应使用磨口塞的玻璃瓶，以保证其密封。（　）

答案：（×）

正确答案为：测定水中六价铬时，采集水样的容器不应使用磨口及内壁已磨毛的容器。

21.《水质　采样技术指导》（HJ 494—2009）中规定，水质监测的某些参数，如溶解气体的浓度，应尽可能在现场测定以便取得准确的结果。（　）

答案：（√）

22. 在封闭管道中采集水样，采样器探头或采样管应妥善地放在进水的上游，采样管尽量靠近管壁。（　）

答案：（×）

正确答案为：在封闭管道中采集水样，采样器探头或采样管应妥善地放在进水的下游，采样管不能靠近管壁。

23.《水质　采样技术指导》（HJ 494—2009）中规定，对于开阔水体，调查水质状况时，应考虑到成层期与循环期的水质明显不同。了解循环期水质，可采集表层水样；了解

成层期水质，应按深度分层采样。（ ）

答案：（√）

24.《水质　采样技术指导》（HJ 494—2009）中规定，沉积物采样地点除设在主要污染源附近、河口部位外，应选择由于地形及潮汐原因造成堆积以及沉积层恶化的地点，也可以选择在沉积层较厚的地点。（ ）

答案：（×）

正确答案为：沉积物采样地点除设在主要污染源附近、河口部位外，应选择由于地形及潮汐原因造成堆积以及沉积层恶化的地点，也可以选择在沉积层较薄的地点。

25.《水质　采样技术指导》（HJ 494—2009）中规定，沉积物样品的存放，一般使用广口容器，且要注意容器的密封。（ ）

答案：（√）

26.《水质　采样技术指导》（HJ 494—2009）中规定，采集测定微生物的水样时，采样设备与容器不能用水样冲洗。（ ）

答案：（√）

27.《水质　采样技术指导》（HJ 494—2009）中规定，采水样容器的材质在化学和生物性质方面应具有惰性，使样品组分与容器之间的反应减到最低程度。光照可能影响水样中的生物体，选材时要予以考虑。（ ）

答案：（√）

28.《水质　采样技术指导》（HJ 494—2009）为了说明水质，要在规定的时间、地点或特定的时间间隔内测定水的某些参数，如无机物、溶解矿物质或化学药品、溶解气体、溶解有机物、悬浮物及底部沉积物的浓度。某些参数，应尽量在现场测定以得到准确的结果。（ ）

答案：（√）

29.《水质　采样技术指导》（HJ 494—2009）水质样品采集中，由于生物和化学样品的采集、处理步骤和设备均不相同，样品应同时采集。（ ）

答案：（×）

正确答案为：《水质　采样技术指导》（HJ 494—2009）水质样品采集中，由于生物和化学样品的采集、处理步骤和设备均不相同，样品应分别采集。

30.《水质　采样技术指导》（HJ 494—2009）水库和湖泊的采样，由于采样地点不同和温度的分层现象可引起水质很大的差异。（ ）

答案：（√）

31.《水质　采样技术指导》（HJ 494—2009）在采集一定深度的水时，可用直立式或聚乙烯采水器。（ ）

答案：（×）

正确答案为：《水质　采样技术指导》（HJ 494—2009）在采集一定深度的水时，可用直立式或有机玻璃采水器。

32.《水质　采样技术指导》（HJ 494—2009）上层滞水的水质与地表水的水质基本相同。（　）

答案：（√）

33.《水质　采样技术指导》（HJ 494—2009）工业污水按生产周期和生产特点确定监测频次。企业自控监测一般每个生产周期不得少于 2 次。（　）

答案：（×）

正确答案为：《水质　采样技术指导》（HJ 494—2009）工业污水按生产周期和生产特点确定监测频次。企业自控监测一般每个生产周期不得少于 3 次。

34.《水质　采样技术指导》（HJ 494—2009）水质采样中，所采集样品的体积应满足分析和重复分析的需要。采集的体积过大会使样品没有代表性。（　）

答案：（×）

正确答案为：《水质　采样技术指导》（HJ 494—2009）水质采样中，所采集样品的体积应满足分析和重复分析的需要。采集的体积过小会使样品没有代表性。

35.《水质　采样技术指导》（HJ 494—2009）水质采样中，大体积的样品会因比表面积大而使其吸附严重。（　）

答案：（×）

正确答案为：《水质　采样技术指导》（HJ 494—2009）水质采样中，小体积的样品会因比表面积大而使其吸附严重。

36.《水质　采样技术指导》（HJ 494—2009）水质采样中，瞬时采样采集表层样品时，一般用吊桶或广口瓶沉入水中，待注满水后，再提出水面。（　）

答案：（√）

37.《水质　采样技术指导》（HJ 494—2009）自动采样器只可以连续采样，但可以定时或定比例采样。（　）

答案：（×）

正确答案为：《水质　采样技术指导》（HJ 494—2009）自动采样器可以连续或不连续采样，但可以定时或定比例采样。

三、单选题

1.《水质　采样技术指导》（HJ 494—2009）中规定，当水体的组成随时间发生变化，则要在适当的时间间隔内进行________采样，分别进行分析，测出水质的变化程度、频率和周期。

A．连续　　B．瞬时　　C．周期　　D．综合

答案：B

2.《水质　采样技术指导》（HJ 494—2009）中规定，测定油类的水样，应在水面至水面下________mm 采集柱状水样。采样瓶（容器）不能用采集的水样冲洗。

A．100　　B．200　　C．300　　D．400

答案：C

3.《水质　采样技术指导》（HJ 494—2009）中规定，需要单独采样并将采集的样品全部用于测定的项目是________。

A．余氯　B．硫化物　C．油类　D．总磷

答案：C

4.《水质　采样技术指导》（HJ 494—2009）中规定，测定湖库水 COD、高锰酸盐指数、叶绿素、总氮、总磷时的水样，静置________后，用吸管一次或几次移取水样，吸管进水尖嘴应插至水样表层 50mm 以下位置，再加保存剂保存。

A．30min　　B．20min　　C．10min　　D．40min

答案：A

5.《水质　采样技术指导》（HJ 494—2009）中规定，等比例混合水样为________。

A．在某一时段内，在同一采样点所采水样量随时间与流量成比例的混合水样

B．在某一时段内，在同一采样点按等时间间隔采等体积水样的混合水样

C．从水中不连续地随机（如时间、流量和地点）采集的样品

D．从水中连续地随机（如时间、流量和地点）采集的样品

答案：A

6.《水质　采样技术指导》（HJ 494—2009）中规定，用于测定农药或除草剂等项目的水样，一般使用________作盛装水样的容器。

A．棕色玻璃瓶　B．聚乙烯瓶　C．无色玻璃瓶　D．广口瓶

答案：A

7.《水质　采样技术指导》（HJ 494—2009）中规定，测定 BOD_5 和 COD 的水样，如果其浓度较低，最好用________保存。

A．聚乙烯塑料瓶　B．玻璃瓶　C．硼硅玻璃瓶　D．广口瓶

答案：B

8.《水质　采样技术指导》（HJ 494—2009）中规定，测定水中铝或铅等金属时，采集样品后加酸酸化至 pH＜2，但酸化时不能使用________。

A．硫酸　B．硝酸　C．盐酸　D．磷酸

答案：A

9.《水质　采样技术指导》（HJ 494—2009）中规定，水质监测采样时，必须在现场固定的项目是________。

A．砷　B．硫化物　C．COD　D．总氮

答案：B

10.《水质　采样技术指导》（HJ 494—2009）中规定，测定水中总磷时，采集的样品应储存于________。

A．聚乙烯瓶　　B．玻璃瓶　　C．硼硅玻璃瓶　　D．广口瓶

答案：C

11.《水质　采样技术指导》（HJ 494—2009）中规定，采集测定悬浮物的水样时，在______条件下采样最好。

A．层流　　B．湍流　　C．束流　　D．支流

答案：B

12.《水质　采样技术指导》（HJ 494—2009）中规定，如果采集的降水被冻或者含有雪或雹之类，可将全套设备移到高于________℃的低温环境解冻。

A．5　　B．0　　C．10　　D．15

答案：B

13.《水质　采样技术指导》（HJ 494—2009）中规定，工业污水按生产周期和生产特点确定监测频次。一般每个生产周期不得少于________。

A．1 次　　B．2 次　　C．3 次　　D．4 次

答案：C

14.《水质　采样技术指导》（HJ 494—2009）中规定，根据管理需要进行调查性监测，监测站事先应对污染源单位正常生产条件下的一个生产周期进行加密监测。周期在 8h 以内的，每________采 1 次样，周期大于 8h，每________采 1 次样。但每个生产周期采样次数不少于________。

A．1h　2h　1 次　　B．2h　1h　2 次　　C．1h　2h　3 次　　D．2h　2h　2 次

答案：C

15.《水质　采样技术指导》（HJ 494—2009）中规定，下列情况中适合瞬间采样的是________。

A．连续流动的水流

B．水和废水特性不稳定时

C．测定某些参数，如溶解气体、余氯、可溶性硫化物、微生物、油脂、有机物和 pH 时

D．流量固定、所测参数恒定时

答案：C

16.《水质　采样技术指导》（HJ 494—2009）中规定，对于流速和待测污染物浓度都有明显变化的流动水，精确的采样方法是 ________。

A．在固定时间间隔下采集周期样品　　B．在固定排放量间隔下采集周期样品

C．在可变流速下采集的流量比例样品　　D．在恒定流速下采集的流量比例连续样品

答案：C

17.《水质　采样技术指导》（HJ 494—2009）中规定，水质采样时，下列情况中适合采集混合水样的是________。

A．需测定平均浓度时　　B．为了评价出平均组分或总的负荷

C．几条废水渠道分别进入综合处理厂时　D．在固定流速下采集的连续样品

答案：A

18．《水质　采样技术指导》（HJ 494—2009）中规定，采集地下水时，如果采集目的只是为了确定某特定水源中有无待测的污染物，只需从________采集样品。

A．自来水管　B．包气带　C．靠近井壁　D．管壁口

答案：A

19．《水质　采样技术指导》（HJ 494—2009）中规定，非比例等时连续自动采样器的工作原理是________。

A．按设定的采样时间间隔与储样顺序，自动将水样从指定采样点分别采集到采样器的各储样容器中

B．按设定的采样时间间隔与储样顺序，自动将定量的水样从指定采样点分别连续采集到采样器的各储样容器中

C．按设定的采样时间间隔，自动将定量的水样从指定采样点采集到采样器的混合储样容器中

D．按设定的采样储样顺序，自动将水样从指定采样点采集到采样器的混合储样容器中

答案：B

20．《水质　采样技术指导》（HJ 494—2009）中规定，定量采集水生附着生物时，用________最适宜。

A．园林耙具　B．采泥器　C．标准显微镜载玻片　D．抓斗

答案：C

21．《水质　采样技术指导》（HJ 494—2009）从水体中不连续地随机采集的样品称为________。

A．综合水样　B．混合水样　C．瞬时水样　D．周期水样

答案：C

22．《水质　采样技术指导》（HJ 494—2009）水质采样中，在固定时间间隔下采集________（取决于时间）。

A．综合水样　B．混合水样　C．瞬时水样　D．周期水样

答案：D

23．《水质　采样技术指导》（HJ 494—2009）水质采样中，在固定流速下采集________（取决于时间或时间平均值）。

A．连续样品　B．混合样品　C．瞬时样品　D．周期样品

答案：A

24．《水质　采样技术指导》（HJ 494—2009）在同一采样点上以流量、时间、体积或是以流量为基础，按照已知比例（间歇的或连续的）混合在一起的样品，此样品称为________。

A．综合水样　B．混合水样　C．瞬时水样　D．周期水样

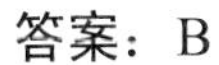
答案：B

25.《水质　采样技术指导》（HJ 494—2009）混合水样是混合几个________，可减少监测分析工作量，节约时间，降低试剂损耗。

A．连续样品　B．混合样品　C．单独样品　D．周期样品

答案：C

26.《水质　采样技术指导》（HJ 494—2009）把从不同采样点同时采集的瞬时水样混合为一个样品（时间应尽可能接近，以便得到所需要的资料），称作________。

A．综合水样　B．混合水样　C．瞬时水样　D．周期水样

答案：A

27.《水质　采样技术指导》（HJ 494—2009）水库和湖泊的采样，由于________和温度的分层现象可引起水质很大的差异。

A．采样时间不同　B．采样量不同　C．采样深度不同　D．采样地点不同

答案：D

28.《水质　采样技术指导》（HJ 494—2009）地下水________的水质与地表水的水质基本相同。

A．上层滞水　B．下层滞水　C．潜水　D．承压水

答案：A

29.《水质　采样技术指导》（HJ 494—2009）水质采样中，大多数含________，多采用由聚乙烯、氟塑料和碳酸酯制成的容器。

A．有机物样品　B．无机物样品　C．生物样品　D．底泥样品

答案：B

30.《水质　采样技术指导》（HJ 494—2009）水质样品采集中，一般________用于有机物和生物品种采集。

A．聚乙烯瓶　B．氟塑料瓶　C．碳酸酯瓶　D．玻璃瓶

答案：D

四、多选题

1.《水质　采样技术指导》（HJ 494—2009）中规定，下列情况中适合瞬时采样的是________。

A．流量不固定、所测参数不恒定时　B．不连续流动的水流，如分批排放的水

C．水或废水特性相对不稳定时　D．需要污染物最高值，最低值或变化的数据时

答案：A　B　D

2.《水质　采样技术指导》（HJ 494—2009）中规定，下列水样类型属于周期水样的是________。

A．在固定时间间隔下采集的周期样品

B. 在固定排放量间隔下采集的周期样品（取决于体积）

C. 在固定排放量间隔下采集的周期样品（取决于流量）

D. 在固定时间和排放量间隔下采集的周期样品

答案： A B C

3.《水质 采样技术指导》（HJ 494—2009）中规定，下列水样类型属于连续水样的是________。

A. 在固定流量下采集的连续样品 B. 在固定流速下采集的连续样品

C. 在可变流速下采集的连续样品 D. 在固定流速下采集的连续样品

答案： B C

4.《水质 采样技术指导》（HJ 494—2009）中规定，下列情况适用混合水样的是________。

A. 需测定平均浓度时 B. 计算单位时间的质量负荷

C. 为评价特殊的、变化的或不规则的排放和生产运转的影响

D. 需要根据较短一段时间内的数据确定水质的变化规律

答案： A B C

5.《水质 采样技术指导》（HJ 494—2009）中规定，综合水样的采集包括下列哪两种情况________。

A. 在特定位置采集一系列不同深度的水样（纵断面样品）

B. 在特定深度采集一系列不同位置的水样（横截面样品）

C. 在特定时间采集一系列不同深度的水样（纵截面样品）

D. 在特定时间采集一系列不同位置的水样（横断面样品）

答案： A B

6.《水质 采样技术指导》（HJ 494—2009）中规定，污水的监测项目根据行业类型有不同要求。在分时间单元采集样品时，测定________等项目的样品时，不能混合，只能单采。

A. pH COD BOD_5 溶解氧 B. 硫化物 油类 有机物

C. 余氯 粪大肠菌群 悬浮物 D. 总氮 总磷 氨氮

答案： A B C

7.《水质 采样技术指导》（HJ 494—2009）中规定，自动采样用自动采样器进行，有和________。

A. 时间-流量采样 B. 时间等比例采样

C. 流量等比例采样 D. 流量非等比例采样

答案： B C

8.《水质 采样技术指导》（HJ 494—2009）中规定，流量测量方法有________。

A. 污水流量计法 B. 容积法 C. 速仪法

D．量水槽法　　　　E．溢流堰法

答案：A　B　C　D　E

9.《水质　采样技术指导》（HJ 494—2009）中规定，水质采样时，符合要求的采样设备应________。

A．使样品和容器的接触时间降至最低　　B．使用不会污染样品的材料

C．容易清洗，表面光滑，没有弯曲物干扰流速，尽可能减少旋塞和阀的数量

D．有适合采样要求的系统设计

答案：A　B　C　D

10.《水质　采样技术指导》（HJ 494—2009）中规定，比例自动采样器有________。

A．比例等时混合自动采样器　　B．比例不等时混合自动采样器

C．比例等时连续自动采样器　　D．比例等时不连续自动采样器

E．比例等时顺序混合自动采样器

答案：A　B　C　D　E

11.《水质　采样技术指导》（HJ 494—2009）中规定，潜在的污染来源包括以下几方面________。

A．在采样容器和采样设备中残留的前一次样品的污染

B．来自采样点位的污染　　C．保存样品的容器的污染

D．固定剂中杂质的污染　　E．灰尘和水对采样瓶盖及瓶口的污染

答案：A　B　C　D　E

12.《水质　采样技术指导》（HJ 494—2009）中规定，控制采样污染常用的措施有以下几种________。

A．尽可能使样品容器远离污染，以确保高质量的分析数据

B．彻底清洗采样容器及设备　　C．避免采样点水体的搅动

D．确保从采样点到采样设备的方向时逆风向

E．采集微生物水样时用手将瓶盖与容器口拧紧，防止水样流出

答案：A　B　C

13.《水质　采样技术指导》（HJ 494—2009）中规定，现场记录在水质调查方案中非常重要，应从采样点到结束分析制表的过程始终伴随着样品，采样标签上应记录________等信息。

A．采样方法　B．样品的来源　C．采集时的状况（状态）　D．编号

答案：B　C　D

14.《水质　采样技术指导》（HJ 494—2009）在固定流速下采集连续样品，取决于________或________。

A．时间　B．流速　C．时间平均值　D．流速平均值

答案：A　C

15.《水质　采样技术指导》（HJ 494—2009）在可变流速下采集的连续样品，取决于________或与________。

A．时间　　B．流量　　C．时间平均值　　D．流量成比例

答案：B　D

16.《水质　采样技术指导》（HJ 494—2009）在同一采样点上以________或是以流量为基础，按照已知比例（间歇的或连续的）混合在一起的样品，此样品称为混合水样。混合水样可自动或人工采集。

A．时间　　B．流量　　C．流速　　D．体积

答案：A　B　D

17.《水质　采样技术指导》（HJ 494—2009）地下水可分为 ________。

A．上层滞水　　B．潜水　　C．承压水　　D．裂隙水

答案：A　B　C

18.《水质　采样技术指导》（HJ 494—2009）测定物理或化学性质的采样设备应符合________要求。

A．使样品和容器的接触时间降至最低

B．使用不会污染样品的材料

C．容易清洗，表面光滑，没有弯曲物干扰流速，尽可能减少旋塞和阀的数量

D．有适合采样要求的系统设计

答案：A　B　C　D

五、简答题

1.《水质　采样技术指导》（HJ 494—2009）中，采集水中挥发性有机物和汞样品时，采样容器应如何洗涤？

答案：采集水中挥发性有机物样品的容器的洗涤方法：先用洗涤剂洗，再用自来水冲洗干净，最后用蒸馏水冲洗。采集水中汞样品的容器的洗涤方法：先用洗涤剂洗，再用自来水冲洗干净，然后用（1+3）HNO_3荡洗，最后依次用自来水和去离子水冲洗。

2.《水质　采样技术指导》（HJ 494—2009）中规定，选择采集地下水的容器应遵循哪些原则？

答案：（1）容器不能引起新的沾污；

（2）容器器壁不应吸收或吸附某些待测组分；

（3）容器不应与待测组分发生反应；

（4）能严密封口，且易于开启；

（5）深色玻璃能降低光敏作用；

（6）容易清洗，并可反复使用。

3.《水质　采样技术指导》（HJ 494—2009）中规定，地下水现场监测项目有哪些？

答案：包括水位、水量、水温、pH 值、电导率、浑浊度、色度、臭和味、肉眼可见物等指标，同时还应测定气温、描述天气变化和近期降水情况。

4．简述《水质　采样技术指导》（HJ 494—2009）中规定，水样的保存措施有哪些？并举例说明。

答案：（1）将水样充满容器至溢流并密封，如测水中溶解性气体；

（2）冷藏（2～5℃），如测亚硝酸盐氮；

（3）冷冻（-20℃），如测水中浮游植物；

（4）加入保护剂（固定剂或保存剂），如测水中重金属。

5．简述《水质　采样技术指导》（HJ 494—2009）中规定，一般水样自采样后到分析测试前应如何处理？

答案：水样采集后，按各监测项目的要求，在现场加入保护剂，做好采样记录，粘贴标签并密封水样容器，妥善运输，及时送交实验室，完成交接手续。

6.《水质　采样技术指导》（HJ 494—2009）中规定，监测开阔河流水质，应在哪里设置采样点？

答案：（1）用水地点；

（2）污水流入河流后，应在充分混合的地点以及流入前的地点采样；

（3）支流合流后，在充分混合的地点及混合前的主流与支流地点采样；

（4）主流分流后；

（5）根据其他需要设定采样地点。

7.《水质　采样技术指导》（HJ 494—2009）中规定，如何从封闭管道中采集水样？

答案：在封闭管道中采样，采样器探头或采样管应妥善地放进水的下游，采样管不能靠近管壁。湍流部位，例如在“T”形管、弯头、阀门的后部，可充分混合，一般作为最佳采样点，但是对于等动力采样（等速采样）除外。

8．简述《水质　采样技术指导》（HJ 494—2009）中，采集降水样品时应注意哪些事项？

答案：在降水前，必须盖好采样器，只在降水真实出现之后才打开采样器。每次降水取全过程水样（从降水开始到结束）。采集样品时，应避开污染源，四周应无遮挡雨、雪的高大树木或建筑物。

9．请简要回答《水质　采样技术指导》（HJ 494—2009）中规定，水质采样中，什么情况适用混合水样？

答案：（1）需测定平均浓度时；

（2）计算单位时间的质量负荷；

（3）为评价特殊的、变化的或不规则的排放和生产运转的影响。

10.《水质　采样技术指导》（HJ 494—2009）水质采样中采样设备应符合什么要求？

答案：（1）使样品和容器的接触时间降至最低；

（2）使用不会污染样品的材料；

（3）容易清洗，表面光滑，没有弯曲物干扰流速，尽可能减少旋塞和阀的数量；

（4）有适合采样要求的系统设计。

六、论述题

1．细述《水质　采样技术指导》（HJ 494—2009）水库和湖泊采样过程中应注意哪些方面？

答案：（1）采样时不可搅动水底部的沉积物。

（2）采样时应保证采样点的位置准确。必要时使用 GPS 定位。

（3）认真填写采样记录表，字迹应端正清晰。

（4）保证采样按时、准确、安全。

（5）采样结束前，应核对采样方案、记录和水样，如有错误和遗漏，应立即补采或重新采样。

（6）如采样现场水体很不均匀，无法采到有代表性样品，则应详细记录不均匀的情况和实际采样情况，供使用数据者参考。

（7）测定油类的水样，应在水面至水面下 300 mm 采集柱状水样，并单独采样，全部用于测定。采样瓶不能用采集的水样冲洗。

（8）测溶解氧、生化需氧量和有机污染物等项目时的水样，必须注满容器，不留空间，并用水封口。

（9）如果水样中含沉降性固体，如泥沙等，应分离除去。分离方法为：将所采水样摇匀后倒入筒形玻璃容器，静置 30 min，将已不含沉降性固体但含有悬浮性固体的水样移入乘样容器并加入保存剂。测定总悬浮物和油类的水样除外。

（10）测定湖库水 COD、高锰酸盐指数、叶绿素 a、总氮、总磷时的水样，静置 30 min 后，用吸管一次或几次移取水样，吸管进水尖嘴应插至水样表层 50 mm 以下位置，再加保存剂保存。

（11）测定油类、BOD_5、溶解氧、硫化物、余氯、粪大肠菌群、悬浮物、放射性等项目要单独采样。

2．细述《水质　采样技术指导》（HJ 494—2009）水质采样中，适用瞬时采样的情况是什么？

答案：（1）流量不固定、所测参数不恒定时（如采用混合样，会因个别样品之间的相互反应而掩盖了它们之间的差别）；

（2）不连续流动的水流，如分批排放的水；

（3）水或废水特性相对稳定时；

（4）需要考察可能存在的污染物，或要确定污染物出现的时间；

（5）需要污染物最高值、最低值或变化的数据时；

（6）需要根据较短一段时间内的数据确定水质的变化规律时；

（7）需要测定参数的空间变化时，例如某一参数在水流或开阔水域的不同断面（或）深度的变化情况；

（8）在制订较大范围的采样方案前；

（9）测定某些不稳定的参数，例如溶解气体、余氯、可溶性硫化物、微生物、油脂、有机物和 pH 时。

参考文献

水质　采样技术指导（HJ 494—2009）.

命题：曹海英　刘　宇

审核：陈黎军

第七节　水质　河流采样技术指导（HJ/T 52—1999）

一、填空题

1.《水质　河流采样技术指导》(HJ/T 52—1999)中，测________、________和________等项目时，采样时水样必须注满容器，上部不留空间，并有水封口。

答案：溶解氧　生化需氧量　有机污染物

2.《水质　河流采样技术指导》（HJ/T 52—1999）中，比例采样器是一种专用的自动水质采样器，采集的水样量随________与________成一定比例，使其在任一时段所采集的混合水样的污染物浓度反映该时段的平均浓度。

答案：时间　流量

3.《水质　河流采样技术指导》（HJ/T 52—1999）中，采样断面的选择与________有关，________的测定常常要求准确的采样地点，而在表征河流流域性质时，仅需给出大致的________的位置。

答案：采样目的　污水排放特性　采样断面

4.《水质　河流采样技术指导》（HJ/T 52—1999）中，对于单一功能的采样，采样断面的选择相对比较容易，可选择适宜的________。当上游________或有________时，采样断面应设在已充分混合的下游。

答案：桥梁　排放污水　支流汇入

5.《水质　河流采样技术指导》（HJ/T 52—1999）中，用于监测供水取水点的站，可以定在一个有限的范围内，即 ________水点。

答案：非常接近

6.《水质　河流采样技术指导》（HJ/T 52—1999）中，水质采样时，通常分析有机物的样品使用简易________（材质）采样瓶，分析无机物的样品使用________（材质）采样瓶（桶）。自动采样容器应满足相应的污水采样器技术要求。

答案：玻璃　　聚乙烯塑料

7.《水质　河流采样技术指导》（HJ/T 52—1999）中，引起水样水质变化的原因有________作用、________作用和________作用。

答案：生物　　化学　物理

8.《水质　河流采样技术指导》（HJ/T 52—1999）中，选择盛装水样的容器材质必须注意：容器器壁不应吸收或吸附待测组分、________、________和选用深色玻璃降低光敏作用。

答案：容器不能引起新的沾污　容器不得与待测组分发生反应

9.《水质　河流采样技术指导》（HJ/T 52—1999）中，河流水质监测中采样现场测定项目一般包括________、________、________、________、________，即常说的五参数。

答案：水温　　pH　　电导率　　浊度　　溶解氧

10.《水质　河流采样技术指导》（HJ/T 52—1999）中，一般的玻璃容器吸附________、聚乙烯等塑料吸附________、磷酸盐和油类。

答案：金属　　有机物质

11.《水质　河流采样技术指导》（HJ/T 52—1999）中，水流量的测量包括________、________和________三方面。

答案：流向　流速　　流量

12.《水质　河流采样技术指导》（HJ/T 52—1999）中，采集水质样品时，在________采样点上以流量、时间、体积或是以流量为基础，按照________混合在一起的样品，称为混合水样。

答案：同一　已知比例

13.《水质　河流采样技术指导》（HJ/T 52—1999）中，为了某种目的，把从________同时采得的________混合为一个样品，这种混合样品称为综合水样。

答案：不同采样点　瞬时水样

14.《水质　河流采样技术指导》（HJ/T 52—1999）中，对细菌学检验所用的样品容器的基本要求是________。样品在运回实验室到检验前，应保持________。

答案：能够经受高温灭菌　密封

答案：金属　　有机物质

二、判断题

1.《水质　河流采样技术指导》（HJ/T 52—1999）中，为评价某一完整水系的污染程度，未受人类生活和生产活动影响、能够提供水环境背景值的断面，称为对照断面。（　）

答案：（×）

正确答案为：为评价某一完整水系的污染程度，未受人类生活和生产活动影响、能够提供水环境背景值的断面，称为背景断面。

2.《水质　河流采样技术指导》(HJ/T 52—1999) 中，控制断面用来反映某排污区（口）排放的污水对水质的影响，应设置在排污区（口）的上游、污水与河水混匀处、主要污染物浓度有明显降低的断面。（　）

答案：（×）

正确答案为：控制断面用来反映某排污区（口）排污的污水对水质的影响，应设置在污区（口）的下游、污水与河水基本混匀处。所控制的纳污量不应小于该河段总纳污量的80%。

3.《水质　河流采样技术指导》(HJ/T 52—1999) 中，河流地表水水质监测中通常采集瞬时水样。（　）

答案：（√）

4.《水质　河流采样技术指导》(HJ/T 52—1999) 中，在应急监测中，对江河的采样应在事故地点及其下游布点采样，同时要在事故发生地点上游采对照样。（　）

答案：（√）

5.《水质　河流采样技术指导》(HJ/T 52—1999) 中，河流监测所用的敞开式采样器为开口容器，用于采集表层水和靠近表层的水。当有漂浮物质时，不可能采集到有代表性的样品。（　）

答案：（√）

6.《水质　河流采样技术指导》(HJ/T 52—1999) 中，清洗采样容器的一般程序是，用铬酸-硫酸洗液，再用水和洗涤剂洗，然后用自来水、蒸馏水冲洗干净。（　）

答案：（×）

正确答案为：清洗容器的一般程序是，先用水和洗涤剂洗、再用铬酸-硫酸洗液，然后用自来水、蒸馏水冲洗干净。

7.《水质　河流采样技术指导》(HJ/T 52—1999) 中，采集河流和溪流的水样时，在潮汐河段，涨潮和落潮时采样点的布设应该相同。（　）

答案：（×）

正确答案为：采集河流和溪流的水样时，在潮汐河段，涨潮和落潮时采样点的布设应该不同。

8.《水质　河流采样技术指导》(HJ/T 52—1999) 中，当支流或污水的汇入影响到特定区域的水质时，至少需要布设两个采样断面，一个在汇合点的上游（对照断面），另一个在足够远的下游，以保证河水与汇入水的完全混合（控制断面）。（　）

答案：（√）

9.《水质　河流采样技术指导》(HJ/T 52—1999) 中，污水与河水充分混合所需要的距离，在很大程度上取决于河道的自然特性。（　）

答案：（√）

10.《水质　河流采样技术指导》（HJ/T 52—1999）中，在表层水下采样时，通常把容器（敞口瓶或桶）浸入河流中取水，然后将样品再注入样品贮存容器，亦可直接用样品贮存容器采样。除非有特殊的分析要求，采样时应避免采到表面膜。（　）

答案：（√）

三、单选题

1.《水质　河流采样技术指导》（HJ/T 52—1999）中，具体判断某一区域水环境污染程度时，位于该区域所有污染源上游、能够提供这一区域水环境本底值的断面称为________。

A．控制断面　　B．对照断面　　C．削减断面

答案：B

2.《水质　河流采样技术指导》（HJ/T 52—1999）中，受污染物影响较大的重要河流、湖泊和水库，应在污染物主要输送路线上设置________。

A．控制断面　　B．对照断面　　C．削减断面

答案：A

3.《水质　河流采样技术指导》（HJ/T 52—1999）中，当水面宽大于 100m 时，在一个监测断面上设置的采样垂线数是________条。

A．5　　B．2　　C．3

答案：C

4.《水质　河流采样技术指导》（HJ/T 52—1999）中，等比例混合水样为________。

A．在某一时段内，在同一采样点所采水样量随时间与流量成比例的混合水样

B．在某一时段内，在同一采样点按等时间间隔采等体积水样的混合水样

C．从水中不连续地随机（如时间、流量和地点）采集的样品

答案：A

5.《水质　河流采样技术指导》（HJ/T 52—1999）中，采集河流和溪流的水样时，采样点不应选在________。

A．汇流口　　B．溢流堰或只产生局部影响的小排出口　　C．主要排放口或吸水处

答案：B

6.《水质　河流采样技术指导》（HJ/T 52—1999）中，饮用水水源地、省（自治区、直辖市）交界河流断面中需要重点控制的监测断面采样频次为________。

A．每年至少一次　　B．逢单月一次　　C．每月至少一次

答案：C

四、多选题

1.《水质　河流采样技术指导》（HJ/T 52—1999）中，分析实验室用水规格和试验方法

（GB/T 6682—2008）该标准确立了评价河流水质的物理、化学和微生物特性时的________的基本原则。

A．采样方案设计　　B．采样技术　　C．样品的保存　　D．管理

答案：A　B　C　D

2.《水质　河流采样技术指导》（HJ/T 52—1999）中，在大多数采样情况下，可使用聚乙烯、________的容器。

A．聚丙烯　　B．聚碳酸酯　　C．不锈钢　　D．玻璃材质

答案：A　B　C　D

3.《水质　河流采样技术指导》（HJ/T 52—1999）中，当采集的样品的待测组分为玻璃的主要成分，如________时，最好选用聚乙烯容器。

A．钠　　B．钾　　C．硼　　D．痕量金属杂质

答案：A　B　C　D

4.《水质　河流采样技术指导》（HJ/T 52—1999）中，自动采样装置有________类型。

A．连续　　B．混合式　　C．间歇式　　D．等动力

答案：A　C

5.《水质　河流采样技术指导》（HJ/T 52—1999）中，河道中水流在三维空间进行混合的类型有________种。

A．充分混合　　B．垂直混合　　C．横向混合　　D．纵向混合

答案：B　C　D

6.《水质　河流采样技术指导》(HJ/T 52—1999)中，测定移动时间可以使用________测量流速等方法。

A．追踪物　　B．水面浮标　　C．示踪物　　D．仪器

答案：B　C　D

五、简答题

1.《水质　河流采样技术指导》（HJ/T 52—1999）中，河流采样时主要采用的器材有哪些？

答案：在大多数采样情况下，可使用聚乙烯、聚丙烯、聚碳酸酯、不锈钢和玻璃材质的容器。玻璃瓶的优点是内表面易清洗，在采微生物样品时，采样前可以灭菌。在测定有机组分时应使用玻璃容器。当所采集的样品的待测组分为玻璃的主要成分，如钠、钾、硼及硅和痕量金属杂质时，最好选用聚乙烯容器。可是，聚乙烯容器不适用于采集分析某些痕量金属的样品（如汞）。当预先试验表明容器的污染水平可以接受，方可使用聚乙烯容器。用玻璃瓶贮存带弱缓冲的水时，不应采用钠玻璃瓶，而宜选用硼硅玻璃容器。

2．简述《水质　河流采样技术指导》（HJ/T 52—1999）中，河流自动采样装置的工作原理。

答案：自动装置能连续采样或在无人照管下采集一组样品。特别适用于混合样品和研究水质随时间变化时的情况。自动采样装置有连续和间歇式两种类型。可按时间或流量比例原理操作。选择哪种类型的设备取决于特定的采样要求，例如，为了评价河流中被溶解痕量金属的平均负荷，最好使用带蠕动泵系统的连续比例流量装置。

3．《水质　河流采样技术指导》（HJ/T 52—1999）中，河流采样中对什么样的组分评价时必须过滤水样？

答案：在某些应用于涉及可溶性组分评价的采样时，河水中的痕量金属，采样后必须尽快（最好在采样现场）利用过滤等技术把“溶解物”和“不溶物”分开，这样可以使采样后可能发生的组分变化降至最小。用作滤膜的物质种类很多，除玻璃纤维和聚碳酸酯外，还有其他材质的纤维滤膜。玻璃纤维滤膜的优点是不易堵塞，能提供相似的过滤效率。滤膜的通用孔径为 0.45μm，视其采样目的和待测物的不同也不排除其他的滤膜孔径。无论用何种介质过滤，报告分析结果时，建议使用“滤过的”物质（标出所用滤膜的孔径），而不用“溶解的”物质表达。

六、论述题

《水质　河流采样技术指导》（HJ/T 52—1999）中，河流的采样目的通常有以下几种：

答案：（1）评价河流水质；

（2）确定河水能否用于饮用水水源；

（3）确定河水能否用于农用水，如喷灌和畜禽用水等；

（4）确定河水维持和发展渔业的适宜性；

（5）确定河水对娱乐用途的适应性，如水上运动和游泳等；

（6）研究污水排放或偶然泄漏对承纳水体产生的影响；

（7）评价土地的利用对河流水质造成的影响；

（8）评价河底沉积物中污染物的积累和释放对水生生物和沉积物的影响；

（9）研究抽水、河水调节与河水输送对河水的理化性质和水生生物的影响；

（10）研究河流上拦河堰（坝）的设置与拆除等构筑工程对水质的影响。

参考文献

[1] 水质　河流采样技术指导（HJ/T 52—1999）.

[2] 中国环境监测总站《环境监测人员持证上岗考核试题集》（上册）编写组. 2 版. 北京：中国环境科学出版社，2008.

命题：朱卫平

审核：陈黎军

第八节　水质　湖泊和水库采样技术指导（GB/T 14581—93）

一、填空题

1.《水质 湖泊和水库采样技术指导》（GB/T 14581—93）中规定，采集湖泊和水库的水样时，采样容器的材料应________，使样品组分与容器之间的反应减到最低程度。

答案：在化学和生物方面具有惰性

2.《水质 湖泊和水库采样技术指导》（GB/T 14581—93）中，一般的玻璃容器吸附________，聚乙烯等塑料吸附________、磷酸盐和油类。

答案：金属　　有机物

3.《水质 湖泊和水库采样技术指导》（GB/T 14581—93）中规定，敞开式采样器为开口容器，用于采集________和________。当有漂浮物质时，不可能采集到有代表性和再现性好的样品。

答案：表层水　　靠近表层的水

4.《水质 湖泊和水库采样技术指导》（GB/T 14581—93）中规定，闭管式采样器能够在到达预定水深处迅速关闭，用于采集定点水样或一组样或________。

答案：深度综合水样

5.《水质 湖泊和水库采样技术指导》（GB/T 14581—93）中规定，采集湖泊和水库样品所用的闭管式采样器应装有________装置，以采集到不与管内积存空气（或气体）混合的水样。

答案：排气

6.《水质 湖泊和水库采样技术指导》（GB/T 14581—93）中规定，采集湖泊和水库的水样时，水质控制的采样点应设在________及________。

答案：靠近用水的取水口　　主要水源的入口

7.《水质 湖泊和水库采样技术指导》（GB/T 14581—93）中规定，由于分层现象，湖泊和水库的水质沿水深方向可能出现很大的不均匀性，其原因来自________和________。此外悬浮物的沉降也可能造成水质垂直方向的不均匀性。在________也常常观察到水质有很大差异。

答案：水面　沉积物　斜温层

8.《水质 湖泊和水库采样技术指导》（GB/T 14581—93）中规定，当样品不能很快进行分析时，样品需要固定、妥善保存。短期贮存时，可以于________℃冷藏，较长时间的贮存应将样品冷冻至________℃。

答案：2～5　　−20

9.《水质 湖泊和水库采样技术指导》（GB/T 14581—93）中，冷藏样品的作用是________、减缓物理挥发和化学反应速率。

答案：抑制微生物活动

10.《水质 湖泊和水库采样技术指导》（GB/T 14581—93）中规定，采集湖泊和水库的水样时，监测垂线上采样点的布设与河流相同，但如果存在温度分层现象，应先测定不同水深处的________、________等参数，确定分层情况后，再决定监测垂线上采样点的位置和数目。

答案：水温　溶解氧

11.《水质 湖泊和水库采样技术指导》（GB/T 14581—93）中规定，湖泊、水库监测垂线上采样点的位置和数目应根据分层情况确定，一般除在________和________设置采样点外，还要在每个斜温层 1/2 处设置采样点。

答案：水面下 0.5m 处　　水底以上 0.5m 处

12.《水质 湖泊和水库采样技术指导》（GB/T 14581—93）中规定，受污染物影响较大的重要湖泊、水库，在污染物的主要输送线路上设置________断面。

答案：控制

13.《水质 湖泊和水库采样技术指导》（GB/T 14581—93）中规定，采样方法的选择取决于采样方案所规定的目的。特殊情况的采样，或以水质控制为目的的采样在大多数情况集________。如监测水质特性，可使用一组定点水样，也可以用________。

答案：定点水样　　综合样

14.《水质 湖泊和水库采样技术指导》（GB/T 14581—93）中规定，定点水样是就________和________而言，从水体中不连续地随机采集的样品。

答案：时间　地点

15.《水质 湖泊和水库采样技术指导》（GB/T 14581—93）湖泊和水库水质样品因________、________和________，水质变化很快。送往实验室的样品容器要密封、防震、避免日光照射、过热的影响。

答案：气体交换　化学反应　生物代谢

二、判断题

1.《水质 湖泊和水库采样技术指导》（GB/T 14581—93）规定了湖泊和水库采样方案设计、采样技术、样品保存和处理的详细原则。（　）

答案：（√）

2.《水质 湖泊和水库采样技术指导》（GB/T 14581—93）用闭管式采样器采样，在靠近底部时，注意不要搅动水和沉积物的界面。（　）

答案：（√）

3.《水质 湖泊和水库采样技术指导》（GB/T 14581—93）中，采集湖泊和水库的水样时，采样点位的布设，应在较小范围内进行详尽的预调查，在获得足够信息的基础上，应

用统计技术合理的确定。（　）

答案：（×）

正确答案为：湖泊和水库采样时，采样点位的布设，应在较大范围内进行详尽的预调查，在获得足够信息的基础上，应用统计技术合理的确定。

4.《水质　湖泊和水库采样技术指导》（GB/T 14581—93）中，湖库的水质特性在水平方向未呈现明显差异时，允许只在水的最深位置以上布设一个采样点。（　）

答案：（√）

5.《水质　湖泊和水库采样技术指导》（GB/T 14581—93）在非均匀水体采样时，要把采样点深度间的距离尽可能缩短。（　）

答案：（√）

6.《水质　湖泊和水库采样技术指导》（GB/T 14581—93）中规定，在进行长期采样过程中，条件不变时，就不必对每次采样都重复说明，仅叙述现场进行的监测和容易变化的条件，如气候条件和观察到的异常情况等。（　）

答案：（√）

7.《水质　湖泊和水库采样技术指导》（GB/T 14581—93）中在观察到出现异常现象的地点，通常要进行一次采样。采样地点应在报告中清楚地表明，如有可能可采用图示方法。（　）

答案：（×）

正确答案为：在观察到出现异常现象的地点，通常要进行一次或几次采样。采样地点应在报告中清楚地表明，如有可能可采用图示方法。

8.《水质　湖泊和水库采样技术指导》（GB/T 14581—93）中采样方案确定后，采样过程中仍可根据需要进行调整。（　）

答案：（×）

正确答案为：采样方案一旦确定，就要严格执行。采样过程中如果变动了方案，所测得的数据就缺乏可比性。

9. 保存样品时加入的保存剂不能干扰以后的测定，保存剂的纯度最好是优级纯，还应做相应的空白实验，对测定结果进行校正。（　）

答案：（√）

10. 采样现场测定记录中要记录现场测定样品的处理及保存步骤，测量并记录现场温度。（　）

答案：（×）

正确答案为：采样现场测定记录中要记录所有样品的处理及保存步骤，测量并记录现场温度。

11.《水质　湖泊和水库采样技术指导》（GB/T 14581—93）经−20℃冷冻的样品，可解冻一部分进行样品的分析。（　）

答案：（×）

正确答案为：样品冷冻过程中，部分组分可能浓缩到最后冷冻的样品的中心部分，所以在使用冷冻样品时，要将样品全部融化。

三、单选题

1.《水质 湖泊和水库采样技术指导》（GB/T 14581—93）中，湖泊和水库采样时，从水体的特定地点的不同深度采集的一组样品被称为________。

A. 深度样品组　　B. 平面样品组　　C. 深度综合样　　D. 平面综合样

答案：A

2.《水质 湖泊和水库采样技术指导》（GB/T 14581—93）中，采集湖泊和水库的水样时，从水体的特定深度的不同地点采集的一组样品称为________。

A. 深度样品组　　B. 平面样品组　　C. 深度综合样　　D. 平面综合样

答案：B

3.《水质 湖泊和水库采样技术指导》（GB/T 14581—93）中，采集湖泊和水库的水样时，从水体的特定深度的不同地点采集的一组水样，经混合后的样品称为________。

A. 深度样品组　　B. 平面样品组　　C. 深度综合样　　D. 平面综合样

答案：D

4.《水质 湖泊和水库采样技术指导》（GB/T 14581—93）中，湖库的水质特性在水平方向未呈现明显差异时，允许只在最深位置以上布设________采样点。

A. 1　　B. 2　　C. 4　　D. 5

答案：A

5.《水质 湖泊和水库采样技术指导》（GB/T 14581—93）中，湖泊和水库的水质有季节性变化，采样频次取决于水质变化的状况及特性，通常，对于长期水特性监测，可根据研究目的与要求取合理的监测频次，采定点水样的时间间隔为________。

A. 一周　　B. 一个月　　C. 两个月　　D. 六个月

答案：B

6.《水质 湖泊和水库采样技术指导》（GB/T 14581—93）中，湖泊和水库的水质有季节性变化，采样频次取决于水质变化的状况及特性，对于水质控制监测，采样时间间隔可为________，如果水质变化明显，则每天都需要采样，甚至连续采样。

A. 一周　　B. 两周　　C. 一个月　　D. 两个月

答案：A

7.《水质 湖泊和水库采样技术指导》（GB/T 14581—93）采样容器的材质（如不锈钢或塑料）应尽可能不与________发生作用。

A. 试剂　　B. 重金属　　C. 水　　D. 有机物

答案：C

8.《水质　湖泊和水库采样技术指导》（GB/T 14581—93）光可能影响水样中的________，并因此产生不希望的化学反应，选择采样容器材质时要予以考虑。

A. 有机物　　B. 生物体　　C. 无机物　　D. 重金属

答案：B

9.《水质　湖泊和水库采样技术指导》（GB/T 14581—93）湖泊和水库水质采样时，采样点应设在靠近用水的________及主要水源的入口。

A. 取水口　　B. 出水口　　C. 底层　　D. 表层

答案：A

10.《水质　湖泊和水库采样技术指导》（GB/T 14581—93）湖泊和水库水质采样时，为了保证工作人员、仪器的安全，必须考虑________条件。

A. 安全　　B. 交通　　C. 气象　　D. 采样

答案：C

四、多选题

1.《水质　湖泊和水库采样技术指导》（GB/T 14581—93）中，采集湖泊和水库的水样时，采样点的标志要明显，采样标志可采用________来确定。

A. 浮标法　　B. 六分仪法　　C. 岸标法　　D. 无线电导航定位

答案：A　B　C　D

2.《水质　湖泊和水库采样技术指导》（GB/T 14581—93）中，水样的保存期与多种因素有关，包括________。

A. 组分的稳定性　　B. 待测组分的浓度　　C. 水样的污染程度　　D. 温度

答案：A　B　C　D

五、简答题

1.《水质　湖泊和水库采样技术指导》（GB/T 14581—93）中，采集湖泊和水库的水样时，采样点位的布设应充分考虑哪些因素？

答案：（1）湖泊水体的水动力条件；

（2）湖库面积、湖盆形状；

（3）补给条件、出水及取水；

（4）排污设施的位置和规模；

（5）污染物在水体中的循环及迁移转化；

（6）湖泊和水库的区别。

2.《水质　湖泊和水库采样技术指导》（GB/T 14581—93）中，采集湖泊和水库的水后，在样品的运输、固定和保存过程中应该注意哪些事项？

答案：因气体交换、化学反应和生物代谢，水样的水质变化很快，因此送往实验室的样品容器要密封、防震、避免日光照射及过热的影响。当样品不能很快进行分析时，根据监测项目的需要加入固定剂或保存剂。短期贮存时，可于2～5℃冷藏，较长时间贮存某些特殊样品，需将其冷冻至-20℃。样品冷冻过程中，部分组分可能浓缩到最后冷冻的样品的中心部分，所以在使用冷冻样品时，要将样品全部融化。也可采用加化学药品的方法保存。但应注意，所选择的保存方法不能干扰以后的样品分析或影响监测结果。

3.《水质 湖泊和水库采样技术指导》（GB/T 14581—93）中，什么是湖泊和水库样品的深度综合样？

答案：从水体的特定地点，在同一垂直线上，从表层到沉积层之间，或其他规定深度之间，连续或不连续地采集两个或更多的样品，经混合后所得的样品即为湖泊和水库样品的深度综合样。

4.《水质 湖泊和水库采样技术指导》（GB/T 14581—93）请简要回答，湖泊、水库水质采样中，采样方法的选择？

答案：采样方法的选择取决于采样方案所规定的目的。特殊情况的采样，或以水质控制为目的的采样在大多数情况下采集定点水样。如监测水质特性，可使用一组定点水样，也可以用综合样。单独分析一组定点水样费用太高，为了降低分析费用，常常把定点水样混合后分析。综合样只能表示平均值，不能显示极端情况下的状况和质量的变化范围。比较合理的办法是在短的时间间隔内取综合样与较长的时间间隔内取一组定点水样，将两种采样方法结合起来。

5.《水质 湖泊和水库采样技术指导》（GB/T 14581—93）请简要回答，湖泊、水库水质采样中，采样频率和采样时间如何选择？

答案：湖泊和水库的水质有季节性的变化，采样频率取决于水质变化的状况及特性。

通常，对于长期水质特性检测，可根据研究目的与要求取合理的监测频率，采定点水样的间隔时间一个月是允许的；对于水质控制检测，采样时间间隔可以缩短到一周，如果水质变化明显，则每天都需要采样，甚至连续采样。

此外，对于在一天内的某一时刻经常发生明显变化的水质，而变化趋势的检测又很重要时，采样应在每天的同一时刻进行，以减少时间因素对水质检测带来的影响。如果日内变化具有特殊意义，建议每隔2～3h采一次样。

参考文献

水质 湖泊和水库采样技术指导（GB/T 14581—93）.

命题：杨　辉(女)　刘　宇

审核：陈黎军

第九节 水质 样品的保存和管理技术规定（HJ 493—2009）

一、填空题

1.《水质 样品的保存和管理技术规定》（HJ 493—2009）适用于________、________及________。

答案：天然水　　生活污水　　工业废水

2.《水质 样品的保存和管理技术规定》（HJ 493—2009）各种水质的水样，从采集到分析的这段时间内，由于________、________和________会发生不同程度的变化，使得进行分析时的样品已不再是采样时的样品。

答案：物理作用　　化学作用　　生物作用

3.《水质 样品的保存和管理技术规定》（HJ 493—2009）采集测定农药、除草剂等样品的水样时，因聚四氟乙烯外的塑料容器会对分析产生明显的干扰，故一般使用________。

答案：棕色玻璃瓶

4.《水质 样品的保存和管理技术规定》（HJ 493—2009）用于微生物分析的容器及塞子、盖子应经________，应确保在此温度下不释放或产生出任何能一直生物活性、灭活或促进生物生长的化学物质。

答案：高温灭菌

5.《水质 样品的保存和管理技术规定》（HJ 493—2009）对于需要测定物理-化学分析物的样品，应使水样________并密封保存，以减少因空气中氧气、二氧化碳的反应干扰及样品运输途中的振荡干扰。

答案：充满容器至溢流

6.《水质 样品的保存和管理技术规定》（HJ 493—2009）采样时或采样后，可用滤器过滤样品，以除去其中的悬浮物、沉淀、藻类及其他微生物。一般测有机项目选用________和________，而在测定无机项目时常用________过滤。

答案：砂芯漏斗　　玻璃纤维漏斗　　0.45μm 的滤膜

7.《水质 样品的保存和管理技术规定》（HJ 493—2009）在测酚水样中用________调溶液的 pH 值，加入________以控制苯酚分解菌的活动。

答案：磷酸　　硫酸铜

8.《水质 样品的保存和管理技术规定》（HJ 493—2009）含余氯的水样，能氧化氰离子，可使酚类、烃类、苯系物氯化生成相应的衍生物，为此在采样时加入适当的________予以还原，除去余氯干扰。

答案：硫代硫酸钠

9.《水质 样品的保存和管理技术规定》（HJ 493—2009）水样中痕量的汞易被还原，

引起汞的挥发性损失，加入________溶液可使汞维持在高氧化态，汞的稳定性大为改善。

答案：硝酸-重铬酸钾

10.《水质 样品的保存和管理技术规定》（HJ 493—2009）采集测定溶解氧的水样时，应现场依次加________和________溶液进行溶解氧的固定。

答案：硫酸锰　　碱性碘化钾

11.《水质 样品的保存和管理技术规定》（HJ 493—2009）采集测定挥发性有机物的水样时，需用（1+10）HCl 调至________，并加入抗坏血酸以除去________，并于 1～5℃避光保存。

答案：pH≤2　　余氯

12.《水质 样品的保存和管理技术规定》（HJ 493—2009）测重金属的玻璃容器及聚乙烯容器常用________洗净并浸泡 1～2 天后用蒸馏水或去离子水冲洗。

答案：盐酸或硝酸（c= 1 mol/L）

13.《水质 样品的保存和管理技术规定》（HJ 493—2009）往水样中投加一些化学试剂（保护剂）可固定水样中某些待测组分，经常使用的水样保护剂有各种________、________和________，加入量因需要而异。

答案：酸　　碱　　生物抑制剂

14.《水质 样品的保存和管理技术规定》（HJ 493—2009）水样在贮存期内发生变化的程度主要取决于水的类型及水样的化学性和生物学性质，也取决于________、________、________及________等因素。

答案：保存条件　　容器材质　　运输　　气候变化

15.《水质 样品的保存和管理技术规定》（HJ 493—2009）一般的________在贮存水样时可溶出钠、钙、镁、硅、硼等元素，在测定这些项目时应避免使用________容器，以防止新的污染。

答案：玻璃　玻璃

16.《水质 样品的保存和管理技术规定》（HJ 493—2009）一些有色瓶塞含有大量的________。

答案：重金属

17.《水质 样品的保存和管理技术规定》（HJ 493—2009）容器壁应易于清洗、处理，以减少如________或________对容器的表面污染。

答案：重金属　　放射性核类的微量元素

18.《水质 样品的保存和管理技术规定》（HJ 493—2009）容器或容器塞的化学和生物性质应该是________的，以防止容器与样品组分发生反应。

答案：惰性

19.《水质 样品的保存和管理技术规定》（HJ 493—2009）测氟时，水样不能贮于________瓶中，因为________与氟化物发生反应。

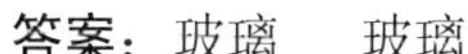
答案：玻璃 玻璃

20.《水质 样品的保存和管理技术规定》（HJ 493—2009）深色玻璃能降低________作用。

答案：光敏

21.《水质 样品的保存和管理技术规定》（HJ 493—2009）采集水质样品时尽可能使用________容器。如条件不允许，那么最好准备一套容器进行特定污染物的测定，以减少交叉污染。

答案：专用

22.《水质 样品的保存和管理技术规定》（HJ 493—2009）对于新容器，一般应先用________清洗，再用________彻底清洗。

答案：洗涤剂 纯水

23.《水质 样品的保存和管理技术规定》（HJ 493—2009）玻璃容器，用硝酸浸泡再用蒸馏水冲洗以除去________或________残留物。

答案：重金属 铬酸盐

24.《水质 样品的保存和管理技术规定》（HJ 493—2009）水样采集后，往往根据不同的分析要求，分装成数份，并分别加入________，对每一份样品都应附一张完整的水样________。

答案：保存剂 标签

25.《水质 样品的保存和管理技术规定》（HJ 493—2009）在水样运送过程中，应有押运人员，每个水样都要附有一张________。

答案：管理程序管理卡

26.《水质 样品的保存和管理技术规定》（HJ 493—2009）水样送至实验室时，首先要检查水样是否冷藏，冷藏温度是否保持________。

答案：1～5℃

27.《水质 样品的保存和管理技术规定》（HJ 493—2009）样品保存剂如酸、碱或其他试剂在采样前应进行空白试验，其________和________必须达到分析的要求。

答案：纯度 等级

二、判断题

1.《水质 样品的保存和管理技术规定》（HJ 493—2009）中，为了使水样从采集到分析这段时间内不发生变化，必须在采样时对样品加以保护。（ ）

答案：（×）

正确答案为：为了使水样从采集到分析这段时间内的变化降低到最小程度，必须在采样时对样品加以保护。

2.《水质 样品的保存和管理技术规定》（HJ 493—2009）中，对不同类型的水，同一

种保存措施产生的保存效果是相同的。（ ）

答案：（×）

正确答案为：对不同类型的水，同一种保存措施产生的保存效果也不相同。

3.《水质 样品的保存和管理技术规定》（HJ 493—2009）中，不能及时分析的样品，可通过冷藏并暗处存放进行长期保存。（ ）

答案：（×）

正确答案为：冷藏不适用样品的长期保存，−20℃的冷冻温度一般能延长贮存期。

4.《水质 样品的保存和管理技术规定》（HJ 493—2009）中，测定六价铬的水样应加氢氧化钠调至 pH= 8，因在酸性介质中，六价铬的氧化电位高，易被还原。（ ）

答案：（√）

5.《水质 样品的保存和管理技术规定》（HJ 493—2009）中，测定水中六价铬时，采集水样的容器应使用具有磨口塞的玻璃瓶中，以保证其密封。（ ）

答案：（×）

正确答案为：测定水中六价铬时，采集水样的容器不应使用磨口以及内壁已磨光的容器。

6.《水质 样品的保存和管理技术规定》（HJ 493—2009）中采集微生物和生物的采样容器，须经 160℃干热灭菌 2 h，灭菌后的采样容器可长期备用。（ ）

答案：（×）

正确答案为：采集微生物和生物的采样容器，须经 160℃干热灭菌 2 h，灭菌后的采样容器必须在两周之内使用，否则应重新灭菌。

7.《水质 样品的保存和管理技术规定》（HJ 493—2009）清洗采样容器的一般程序是，用铬酸-硫酸洗液，再用水和洗涤剂洗，然后用自来水、蒸馏水冲洗干净。（ ）

答案：（×）

正确答案为：清洗采样容器的一般程序是，先用水和洗涤剂洗，再用铬酸-硫酸洗液，然后用自来水、蒸馏水冲洗干净。

8.《水质 样品的保存和管理技术规定》（HJ 493—2009）中，测氟时，水样可贮于塑料瓶或玻璃瓶中。（ ）

答案：（×）

正确答案为：测氟时，水样不能贮于玻璃瓶中，因为玻璃与氟化物发生反应。

9.《水质 样品的保存和管理技术规定》（HJ 493—2009）中，测定重金属铜、铅、锌、镉、总氮、氨氮等项目，可加入硝酸作为保存剂。（ ）

答案：（×）

正确答案为：测定重金属铜、铅、锌、镉可加入硝酸作为保存剂，总氮、氨氮应加入硫酸做保存剂，而不能用硝酸做保存剂。

10.《水质 样品的保存和管理技术规定》（HJ 493—2009）中，防止容器吸收或吸附待

测组分，引起待测组分浓度的变化。有机物易于受这些因素的影响，其他如清洁剂、杀虫剂、磷酸盐同样也受到影响。（　）

答案：（×）

正确答案为：《水质　样品的保存和管理技术规定》（HJ 493—2009）中，防止容器吸收或吸附待测组分，引起待测组分浓度的变化。微量金属易于受这些因素的影响，其他如清洁剂、杀虫剂、磷酸盐同样也受到影响。

11.《水质　样品的保存和管理技术规定》（HJ 493—2009）中，−20℃的冷冻温度一般能延长贮存期。分析挥发性物质也适用冷冻程序。（　）

答案：（×）

正确答案为：《水质　样品的保存和管理技术规定》（HJ 493—2009）−20℃的冷冻温度一般能延长贮存期。分析挥发性物质不适用冷冻程序。

12.《水质　样品的保存和管理技术规定》（HJ 493—2009）过滤样品的目的就是区分被分析物的可溶性和不可溶性的比例。（　）

答案：（√）

三、单选题

1.《水质　样品的保存和管理技术规定》（HJ 493—2009）测定金属离子的水样常用________酸化至 pH 1～2。

A．盐酸　　B．硝酸　　C．硫酸　　D．高氯酸

答案：B

2.《水质　样品的保存和管理技术规定》（HJ 493—2009）测定氰化物的水样，需加保存剂调 pH 至________。

A．5　　B．7　　C．10　　D．12

答案：D

3.《水质　样品的保存和管理技术规定》（HJ 493—2009）采集测定________的水样时，不能用水样冲洗采样设备与容器。

A．硫化物　　B．化学需氧量　　C．微生物　　D．氰化物

答案：C

4.《水质　样品的保存和管理技术规定》（HJ 493—2009）测定农药或除草剂等项目的样品瓶按一般规则清洗后，在烘箱内________℃下烘干 4h，冷却后再用纯化过的己烷或石油醚冲洗数次。

A．100　　B．150　　C．180　　D．200

答案：C

5.《水质　样品的保存和管理技术规定》（HJ 493—2009）测定水中总磷时，采集的样品应储存于________。

A. 聚乙烯瓶　B. 棕色塑料瓶　C. 无色玻璃瓶　D. 硼硅玻璃瓶

答案：D

6.《水质 样品的保存和管理技术规定》(HJ 493—2009）测定水中铝或铅等金属时，采集样品后加酸酸化至 pH＜2，但酸化时不能用________。

A. 硫酸　B. 硝酸　C. 盐酸　D. 1%硝酸

答案：A

7.《水质 样品的保存和管理技术规定》(HJ 493—2009）中，测定氟化物的水样一般应贮存于________。

A. 玻璃瓶　B. 聚乙烯瓶　C. 聚四氟乙烯瓶　D. 广口玻璃瓶

答案：B

8.《水质 样品的保存和管理技术规定》(HJ 493—2009）中，抑制水样的细菌生长可采用加入________和冷冻的方法。

A. 醋酸　B. 三氯甲烷　C. 氢氧化钠

答案：B

9.《水质 样品的保存和管理技术规定》(HJ 493—2009）中，采集________项目水样的容器不能用铬酸-硫酸洗液进行洗涤。

A. 总铬　B. 锌　C. 锰

答案：A

10.《水质 样品的保存和管理技术规定》(HJ 493—2009）水质采样中，为了抑制生物作用，可在样品中加入________。

A. 防腐剂　B. 抑制剂　C. 缓冲剂　D. 催化剂

答案：B

11.《水质 样品的保存和管理技术规定》(HJ 493—2009）中测定硫化物的水样，加入________对保存有利。

A. 重铬酸钾　B. 硝酸　C. 抗坏血酸　D. 三氯乙烷

答案：C

12.《水质 样品的保存和管理技术规定》(HJ 493—2009）中同一采样点的样品应装在同一包装箱内，如需分装在两个或几个箱子中时，则需在每个箱内放入相同的现场________。

A. 交接单　B. 采样记录　C. 标签　D. 流转单

答案：B

13.《水质 样品的保存和管理技术规定》(HJ 493—2009）中有机金属化合物样品采集时应用________采集样品。

A. 硬质玻璃瓶　B. 硅硼酸盐玻璃瓶　C. 聚乙烯瓶　D. 碳酸酯瓶

答案：A

14.《水质 样品的保存和管理技术规定》（HJ 493—2009）中铜水质样品采集时应用________采集样品。

A．硬质玻璃瓶　B．硅硼酸盐玻璃瓶　C．聚乙烯瓶　D．碳酸酯瓶

答案：C

四、多选题

1.《水质 样品的保存和管理技术规定》（HJ 493—2009）中，生物作用会对水样中的待测项目如________的浓度产生影响。

A．含氮化合物　B．硫化物　C．氰化物　D．挥发酚

答案：A　D

2.《水质 样品的保存和管理技术规定》（HJ 493—2009）中，用于化学分析的样品和用于放射化学分析的样品是不同的。放射化学分析样品的保存技术依赖于________。

A．放射性元素种类　B．放射性核素半衰期　C．放射性元素浓度　D．辐射类型

答案：A　B　D

五、简答题

1.《水质 样品的保存和管理技术规定》（HJ 493—2009）中，采集和保存样品的容器应充分考虑哪几个方面？

答案：（1）最大限度地防止容器及瓶塞对样品的污染。

（2）容器壁应易于清洗、处理，以减少如重金属或放射性核类的微量元素对容器的表面污染。

（3）容器或容器塞的化学和生物性质应该是惰性的，以防止容器与样品组分发生反应。

（4）防止容器吸收或吸附待测组分，引起待测组分浓度的变化。

（5）深色玻璃能降低光敏作用。

2.《水质　样品的保存和管理技术规定》（HJ 493—2009）中，生物检测样品的保存应符合哪些标准？

答案：（1）预先了解防腐剂对预防生物有机损失的效果；

（2）防腐剂至少在保存期内能够有效防止有机质的生物退化；

（3）在保存期内，防腐剂应保证能充分研究生物分类群。

3.《水质 样品的保存和管理技术规定》（HJ 493—2009）中，水样的运输过程中应注意哪些问题？

答案：（1）根据采样点的地理位置和测定项目的最常可保存时间，选择适当的运输方式。

（2）为避免水样在运输过程中震动、碰撞导致损失或玷污，应将其装箱，并用

泡沫塑料或纸条挤紧，在箱顶贴上标记；同一地点的样品瓶尽量装在同一箱中；应有交接手续。

（3）需冷藏的样品，应采取制冷保存措施；冬季应采取保温措施，以免冻裂样品瓶。

4. 简述《水质 样品的保存和管理技术规定》（HJ 493—2009）中，一般水样自采样后到分析测试前应如何处理？

答案：水样采集后，按各监测项目的要求，在现场加入保存剂，做好采样记录，粘贴标签并密封水样容器，妥善运输，及时交送实验室，完成交接手续。

5.《水质 样品的保存和管理技术规定》（HJ 493—2009）中，采集下列监测项目的水样时，应贮于何种容器中？

（1）高锰酸盐指数；（2）汞；（3）总有机碳；（4）油类；（5）氟化物；（6）总氮；（7）总氢化物；（8）甲醛；（9）六价铬；（10）挥发酚；（11）挥发性有机物；（12）细菌总数。

答案：（1）G，P（−20℃冷冻使用）；（2）P 或 G；（3）G，P（−20℃冷冻使用）；（4）G（溶剂洗涤后用）；（5）P（聚四氟乙烯除外）；（6）P 或 G；（7）P 或 G；（8）G；（9）P 或 G；（10）G；（11）G；（12）G（灭菌容器）。

6.《水质 样品的保存和管理技术规定》（HJ 493—2009）中，保存水样防止变质的措施有哪些？

答案：（1）选择适当材质的容器；（2）控制水样的 pH 值；（3）加入化学试剂抑制氧化还原反应和生化作用；（4）冷藏或冷冻降低细菌活性和化学反应速度。

7.《水质 样品的保存和管理技术规定》（HJ 493—2009）中请简要回答，水质采样中，容器准备的一般规则是什么？

答案：所有的准备都应确保不发生正负干扰。尽可能使用专用容器。如不能使用专用容器，那么最好准备一套容器进行特定污染物的测定，以减少交叉污染。同时应注意防止以前采集高浓度分析物的容器因洗涤不彻底污染随后采集的低浓度污染物的样品。

对于新容器，一般应先用洗涤剂清洗，再用纯水彻底清洗。但是，用于清洁的清洁剂和溶剂可能引起干扰，例如当分析富营养物质时，含磷酸盐的清洁剂的残渣污染。如果使用，应确保洗涤剂和溶剂的质量。如果测定硅、硼和表面活性剂，则不能使用洗涤剂。所用的洗涤剂类型和选用的容器材质要随待测组分来确定。

8.《水质 样品的保存和管理技术规定》（HJ 493—2009）中请简要回答，水质采样中，清洁剂清洗塑料或玻璃容器的程序。

答案：（1）用水和清洗剂的混合稀释溶液清洗容器和容器帽；

（2）用实验室用水清洗两次；

（3）控干水并盖好容器帽。

9.《水质 样品的保存和管理技术规定》（HJ 493—2009）请简要回答，水质采样中，溶剂洗涤玻璃容器的程序。

答案：（1）用水和清洗剂的混合稀释溶液清洗容器和容器帽；

（2）用自来水彻底清洗；

（3）用实验室用水清洗两次；

（4）用丙酮清洗并干燥；

（5）用与分析方法匹配的溶剂清洗并立即盖好容器帽。

10.《水质 样品的保存和管理技术规定》（HJ 493—2009）请简要回答，水质采样中，酸洗玻璃或塑料容器的程序。

答案：（1）用自来水和清洗剂的混合稀释溶液清洗容器和容器帽；

（2）用自来水彻底清洗；

（3）用 10%硝酸溶液清洗；

（4）控干后，注满 10%硝酸溶液；

（5）密封，贮存至少 24 h；

（6）用实验室用水清洗，并立即盖好容器帽。

参考文献

水质 样品的保存和管理技术规定（HJ 493—2009）.

命题：杨 辉(女) 刘 宇

审核：陈黎军

第十节 饮用水水源保护区划分技术规范（HJ/T 338—2007）

一、填空题

1.《饮用水水源保护区划分技术规范》（HJ/T 338—2007）适用于________、________保护区的划分。

答案：集中式地表水 地下水饮用水水源

2. 根据《饮用水水源保护区划分技术规范》（HJ/T 338—2007），饮用水水源保护区分为________保护区和________保护区。

答案：地表水饮用水源 地下水饮用水源

3. 根据《饮用水水源保护区划分技术规范》（HJ/T 338—2007），地表水饮用水源保护区包括一定面积的________和________。

答案：水域 陆域

4. 根据《饮用水水源保护区划分技术规范》（HJ/T 338—2007），地下水饮用水源保护区指地下水饮用水源地周围的________。

答案：地表区域

5．根据《饮用水水源保护区划分技术规范》（HJ/T 338—2007），饮用水水源保护区一般划分为________和________，必要时可增设________。

答案：一级保护区　　二级保护区　准保护区

6．根据《饮用水水源保护区划分技术规范》（HJ/T 338—2007），地表水饮用水源一级保护区的水质基本项目限值不得低于 GB 3838—2002 中的________标准。

答案：Ⅱ类

7．根据《饮用水水源保护区划分技术规范》（HJ/T 338—2007），地表水饮用水源二级保护区的水质基本项目限值不得低于 GB 3838—2002 中的________标准。

答案：Ⅲ类

8．根据《饮用水水源保护区划分技术规范》（HJ/T 338—2007），一般河流水源地，一级保护区水域长度为取水口上游________，下游________范围内的河道区域。

答案：不小于 1 000m　　不小于 100m

9．根据《饮用水水源保护区划分技术规范》（HJ/T 338—2007），一级保护区水域宽度，为________一遇洪水所能淹没的区域。

答案：5 年

10．根据《饮用水水源保护区划分技术规范》（HJ/T 338—2007），二级保护区水域宽度为一级保护区水域向外扩展到________一遇洪水所能淹没的区域。

答案：10 年

11．根据《饮用水水源保护区划分技术规范》（HJ/T 338—2007），二级保护区陆域沿岸长度________二级保护区水域河长。

答案：不小于

12．根据《饮用水水源保护区划分技术规范》（HJ/T 338—2007），一级保护区范围内主要污染物浓度满足________水质标准的要求。

答案：GB 3838—2002　　Ⅱ类

13．根据《饮用水水源保护区划分技术规范》（HJ/T 338—2007），小型________、中小型________一级保护区边界外的水域面积设定为二级保护区。

答案：湖泊　　水库

14．根据《饮用水水源保护区划分技术规范》（HJ/T 338—2007），大型水库可以划定一级保护区外径向距离不小于________的区域为二级保护区范围。

答案：3 000m

15．根据《饮用水水源保护区划分技术规范》（HJ/T 338—2007），小型水库和单一供水功能的湖泊、水库应将________以下的全部水域面积划为一级保护区。

答案：正常水位线

16．根据《饮用水水源保护区划分技术规范》（HJ/T 338—2007），小型湖泊、大小型水库一级保护区边界的________设定为二级保护区。

答案：水域面积

17．根据《饮用水水源保护区划分技术规范》（HJ/T 338—2007），小型湖泊、中型水库水域面积为取水口半径________范围内的区域。

答案：300m

18．根据《饮用水水源保护区划分技术规范》（HJ/T 338—2007），大型水库水域面积为取水口半径________范围内的区域。

答案：500m

二、判断题

1．根据《饮用水水源保护区划分技术规范》（HJ/T 338—2007），一级保护区范围内主要污染物浓度满足 GB 3838—2002 Ⅲ类水质标准的要求。（ ）

答案：（×）

正确答案为：一级保护区范围内主要污染物浓度满足 GB 3838—2002Ⅱ类水质标准的要求。

2．根据《饮用水水源保护区划分技术规范》（HJ/T 338—2007），二级保护区陆域沿岸长度大于二级保护区水域河长。（ ）

答案：（×）

正确答案为：二级保护区陆域沿岸长度不小于二级保护区水域河长。

3．根据《饮用水水源保护区划分技术规范》（HJ/T 338—2007），二级保护区水域宽度为一级保护区水域向外扩展到 5 年一遇洪水所能淹没的区域。（ ）

答案：（×）

正确答案为：二级保护区水域宽度为一级保护区水域向外扩展到 10 年一遇洪水所能淹没的区域。

4．根据《饮用水水源保护区划分技术规范》（HJ/T 338—2007），地下水饮用水水源保护区指地下水饮用水源地周围的地表区域。（ ）

答案：（√）

5．根据《饮用水水源保护区划分技术规范》（HJ/T 338—2007），地表水饮用水水源保护区包括一定面积的水域和陆域。（ ）

答案：（√）

6．根据《饮用水水源保护区划分技术规范》（HJ/T 338—2007），小型湖泊、中型水库水域面积为取水口半径 500m 范围内的区域。（ ）

答案：（×）

正确答案为：小型湖泊、中型水库水域面积为取水口半径 300m 范围内的区域。

7．根据《饮用水水源保护区划分技术规范》（HJ/T 338—2007），大型水库水域面积为

取水口半径500m范围内的区域。（ ）

答案：（√）

三、单选题

1．根据《饮用水水源保护区划分技术规范》（HJ/T 338—2007），一级保护区范围内主要污染物浓度满足________水质标准的要求。

A．GB 3838—2002 Ⅱ类　　B．GB 3838—2002 Ⅲ类　　C．GB 5749—2006

答案：A

2．根据《饮用水水源保护区划分技术规范》（HJ/T 338—2007），二级保护区水域宽度为一级保护区水域向外扩展到________一遇洪水所能淹没的区域。

A．5年　　B．10年　　C．20年

答案：B

3．根据《饮用水水源保护区划分技术规范》（HJ/T 338—2007），地表水饮用水源一级保护区的水质基本项目限值不得低于GB 3838—2002中的________标准。

A．Ⅰ类　　B．Ⅱ类　　C．Ⅲ类

答案：B

4．根据《饮用水水源保护区划分技术规范》（HJ/T 338—2007），地表水饮用水源二级保护区的水质基本项目限值不得低于GB 3838—2002中的________标准。

A．Ⅰ类　　B．Ⅱ类　　C．Ⅲ类

答案：C

5．根据《饮用水水源保护区划分技术规范》（HJ/T 338—2007），大型水库可以划定一级保护区外径向距离不小于________的区域为二级保护区范围。

A．1 000m　　B．2 000m　　C．3 000m

答案：C

6．根据《饮用水水源保护区划分技术规范》（HJ/T 338—2007），小型湖泊、中型水库水域面积为取水口半径________范围内的区域。

A．300m　　B．500m　　C．1 000m

答案：A

四、多选题

1．根据《饮用水水源保护区划分技术规范》（HJ/T 338—2007），小型湖泊、中型水库水域面积为取水口半径_____范围内的区域，大型水库为取水口半径______范围内的区域。

A．100m　　B．300m　　C．500m　　D．1 000m

答案：B　C

2．根据《饮用水水源保护区划分技术规范》（HJ/T 338—2007），一般河流水源地，一级保护区水域长度为取水口上游不小于________，下游不小于________范围内的河道水域。

A. 100m　　B. 500m　　C. 1 000m　　D. 2 000m

答案： C　A

3. 根据《饮用水水源保护区划分技术规范》（HJ/T 338—2007），一级保护区水域宽度，为________一遇洪水所能淹没的区域；二级保护区水域宽度为一级保护区水域向外扩展到________一遇洪水所能淹没的区域。

A. 5 年　　B. 10 年　　C. 20 年

答案： A　B

五、简答题

1. 根据《饮用水水源保护区划分技术规范》（HJ/T 338—2007），简述饮用水水源保护区的设置与划分。

答案： 饮用水水源保护区分为地表水饮用水源保护区和地下水饮用水源保护区。地表水饮用水源保护区包括一定面积的水域和陆域。地下水饮用水源保护区指地下水饮用水源地周围的地表区域。

2. 根据《饮用水水源保护区划分技术规范》（HJ/T 338—2007），简述地表水饮用水源一级保护区的水质基本项目限值不得低于什么标准？

答案： 地表水饮用水源一级保护区的水质基本项目限值不得低于标准 GB 3838—2002 中的Ⅱ类标准，且补充项目和特定项目应满足该标准规定的限值要求。

3. 根据《饮用水水源保护区划分技术规范》（HJ/T 338—2007），简述地表水饮用水源二级保护区的水质基本项目限值不得低于什么标准？

答案： 地表水饮用水源二级保护区的水质基本项目限值不得低于标准 GB 3838—2002 中的Ⅲ类标准，并保证流入一级保护区的水质满足一级保护区水质标准的要求。

参考文献

饮用水水源保护区划分技术规范（HJ/T 338—2007）.

命题：周东菊

审核：陈黎军

第十一节　水资源水量监测技术导则（SL 365—2007）

一、填空题

1.《水资源水量监测技术导则》(SL 365—2007)中，水平衡区是指________、________、________、________之间保持一定平衡状态的区域。

答案：降水量　径流量（含地表和地下）　蒸发量　蓄变量

2.《水资源水量监测技术导则》(SL 365—2007)中，________、________、________和________保护区应布设水量监测站。

答案：湖泊　沼泽　洼淀　湿地保护区

3.《水资源水量监测技术导则》(SL 365—2007)中，区域供水水量监测应包括________、________的水量监测。

答案：干　支渠

4.《水资源水量监测技术导则》（SL 365—2007）中，从测速原理上声学法又可分________、______两类。

答案：多普勒法　时差法

5.《水资源水量监测技术导则》（SL 365—2007）中，企业用水，指企业的________、________、________及生产过程中消耗的水量。

答案：冷却　除尘　净化

6.《水资源水量监测技术导则》（SL 365—2007）中，供水量监测可分为________、________。

答案：城市供水量监测　区域供水量监测

7.《水资源水量监测技术导则》（SL 365—2007）中，河道枯季（或低水）流量监测，采用的方法有________、________、________、________、________、________。

答案：流速仪法　量水建筑物法　示踪剂稀释法　浮标法　声学法　电磁法

8.《水资源水量监测技术导则》（SL 365—2007）中，管道流量测验采用的方法有________、________、________、________。

答案：水表法　电磁流量计法　农用水表法　声学管道流量计法

二、判断题

1.《水资源水量监测技术导则》（SL 365—2007）中，航空摄影法受河宽和测量范围限制。（　）

答案：（×）

正确答案为：不受河宽和测量范围限制。

2.《水资源水量监测技术导则》（SL 365—2007）中，声学法适用于含沙量较小的河流。（ ）

答案：（√）

3.《水资源水量监测技术导则》（SL 365—2007）中，水流速度或水深很小不能用其他方法测流时可采用浮标法。（ ）

答案：（√）

4.《水资源水量监测技术导则》（SL 365—2007）中，水草丛生、漂浮物较多的河流可采用声学法。（ ）

答案：（×）

正确答案为：可采用电磁法。

5.《水资源水量监测技术导则》（SL 365—2007）中，渠道流量测验流速仪流量计法适用于大型渠道。（ ）

答案：（×）

正确答案为：中、小型渠道。

6.《水资源水量监测技术导则》（SL 365—2007）中，供水水量监测误差宜低于所用测验方法的误差控制要求。（ ）

答案：（×）

正确答案为：供水水量监测误差不宜低于所用测验方法的误差控制要求。

7.《水资源水量监测技术导则》（SL 365—2007）中，采用声学多普勒流量测验，其误差控制应按《声学多普勒流量测验规范》的要求执行。（ ）

答案：（√）

8.《水资源水量监测技术导则》（SL 365—2007）中，区域供水水量监测进行输水损失试验时，试验河段内用水、常规消耗水量、回归水量等，各断面应每天巡测 1 次或 2 次；船闸水量应通过调查方法确定。（ ）

答案：（×）

正确答案为：区域供水水量监测进行输水损失试验时，试验河段内用水、常规消耗水量、回归水量等，各断面应每天巡测 2 次或 3 次；船闸水量应通过调查方法确定。

9.《水资源水量监测技术导则》（SL 365—2007）中，一般情况下的流量测验频次，应按国家现行有关标准和地方标准执行。（ ）

答案：（×）

正确答案为：一般情况下的流量测验频次，应按国家现行有关标准执行。

10.《水资源水量监测技术导则》（SL 365—2007）中，对有发电和航运任务的河流，其水位和流量测次应视丰季（或高水）水位变化而定。（ ）

答案：（×）

正确答案为：对有发电和航运任务的河流，其水位和流量测次应视枯季（或低水）水位变化而定。

三、单选题

1.《水资源水量监测技术导则》(SL 365—2007)中，巴歇尔槽的应用范围是________m^3/s。

A．3～90 B．5～50 C．30～100 D．3～100

答案：A

2.《水资源水量监测技术导则》(SL 365—2007)中，区域供水水量监测，监测站点布设应能控制区域内供水总量的________以上。

A.65% B．70% C．80% D．85%

答案：C

3.《水资源水量监测技术导则》(SL 365—2007)中，大型水库、面积超过________hm^2的大型灌区应布设水资源水量监测专用站。

A．2万 B．3万 C．2.5万 D．4万

答案：A

4.《水资源水量监测技术导则》(SL 365—2007)中，水资源水量监测专用站的流量测验误差控制应按________精度的水文站的标准执行。

A．一类 B．二类 C．三类 D．四类

答案：B

5.《水资源水量监测技术导则》(SL 365—2007)中，区域供水水量监测进行输水损失试验时，试验河段内用水、常规消耗水量、回归水量等，各断面应每天巡测________；船闸水量应通过调查方法确定。

A．1次或2次 B．2次或3次 C．3次或4次

答案：B

6.《水资源水量监测技术导则》(SL 365—2007)中，在地下水资源比较丰富和地下水资源利用程度较高的地区应按________的要求布设地下水水量监测站。

A．《水文巡测规范》 B．《城市地下水动态观测规程》

C．《水文调查规范》 D．《地下水监测规范》

答案：D

四、多选题

1.《水资源水量监测技术导则》(SL 365—2007)中，河道枯季（或低水）流量监测中包括________。

A．速仪法 B．浮标法 C．声学法 D．电磁法

答案：A B C D

2.《水资源水量监测技术导则》(SL 365—2007)中，渠道流量监测可分为 ________。

A．水土建筑物法　　B．流速仪流量计法　　C．浮标法　　D．声学法

答案：A　B　D

3．《水资源水量监测技术导则》（SL 365—2007）中，管道流量测验可分为 ________。

A．农用水表法　　B．电磁流量计法　　C．容积法　　D．声学管道流量计法

答案：A　B　D

4．《水资源水量监测技术导则》（SL 365—2007）中，河道输水损失水量与________有关。

A．河道入流量　　B．河道出流量

C．道船闸通航放水量　　D．河道水厂、工业取用水量

答案：A　B　C　D

5．《水资源水量监测技术导则》（SL 365—2007）中，给水管网水量监测应包括________。

A．节点流量测验　　B．管段流量测验　　C．管网输水损失水量测验

答案：A　B　C

6．地下水监测误差控制应按________的要求执行。

A．《地下水监测规范》　　B．《水文调查规范》

C．《城市地下水动态观测规程》　　D．《水文巡测规范》

答案：A　C

7．《水资源水量监测技术导则》（SL 365—2007）中，平衡区内配套的雨量站网和蒸发站网应满足水平衡分析的要求，并应按________的要求执行。

A．《降水量监测规范》　　B．《水文站网规划技术导则》

C．《水文巡测规范》　　D．《水面蒸发观测规程》

答案：A　B　D

8．《水资源水量监测技术导则》（SL 365—2007）中，流速仪流量计法适用于________渠道。

A．大型　　B．中型　　C．小型　　D．大、中、小型

答案：B　C

9．《水资源水量监测技术导则》（SL 365—2007）中，专用站布设中，应布设水量监测站的地区有________。

A．湖泊　　B．沼泽　　C．洼淀　　D．湿地保护区

答案：A　B　C　D

10．《水资源水量监测技术导则》（SL 365—2007）中，渠道输水损失测验可分别选择________的代表渠段进行水平衡试验。

A．支渠　　B．总渠　　C．干渠　　D．斗渠　　E．农渠

答案：A　C　D　E

五、简答题

1．简述《水资源水量监测技术导则》（SL 365—2007）中，水资源平衡区的划分应考虑哪些因素？

答案：水平衡区的划分应考虑如下因素：行政区划、河流水系的完整性、水功能区的完整性、能反映水资源特性或供需特点的地带性差别、现有水文站网的分布情况，有利于进行水资源的评价。

2．简述《水资源水量监测技术导则》（SL 365—2007）中，水资源水量监测技术导则水资源水质监测技术标准适用范围。

答案：水资源水量监测技术导则水资源水质监测技术标准适用于水平衡区内降水、蒸发、流量，以及地下水、引水（取、供）及排（退）水口、入河排污口、湖泊、沼泽、洼淀和湿地保护区等水量的监测。

3．简述《水资源水量监测技术导则》（SL 365—2007）中，区域供水水量监测进行输水损失试验时的要求。

答案：区域供水水量监测进行输水损失试验时，试验河段内用水、常规消耗水量、回归水量等，各断面应每天巡测 2 次或 3 次；船闸水量应通过调查方法确定。

六、论述题

1．《水资源水量监测技术导则》（SL 365—2007）中，水资源水量监测站网布设原则。

答案：（1）水资源水量监测站网布设应符合区域水平衡的原则。

（2）水资源水量监测站网布设应符合区域总量控制的原则。

（3）水资源水量监测站网布设应符合不重复的原则。

（4）水资源水量监测站网布设应符合有利于水量和水质同步监测和评价的原则。

（5）水资源水量监测站网布设应符合有利于水资源调度配制的原则。

（6）水资源水量监测站网布设应符合实测与调查分析相结合的原则。

2．《水资源水量监测技术导则》（SL 365—2007）中，资料内容包括哪些资料？具体内容是什么？

答案：包括说明资料和成果资料。

说明资料包括：（1）水平衡区基本情况；（2）水平衡区内水文站、水位站、雨量站、蒸发站、地下水观测井等水量监测点的分布情况；（3）水平衡区内主要水利工程的蓄水情况；（4）水平衡区内年供、用、耗、排、蓄的情况。

成果资料包括：（1）水位；（2）流量；（3）降水量；（4）蒸发；（5）地下水；（6）水平衡分析成果；（7）输水损失。

参考文献

水资源水量监测技术导则（SL 365—2007）.

命题：高　静　朱聪玲

审核：陈黎军

第十二节　生活饮用水卫生标准（GB 5749—2006）

一、填空题

1.《生活饮用水卫生标准》（GB 5749—2006）中，生活饮用水指供人生活的饮水和________。

答案： 生活用水

2.《生活饮用水卫生标准》（GB 5749—2006）中，生活饮用水的供水方式通常包括：________供水、二次供水、________供水和________供水。

答案： 集中式　小型集中式　分散式

3.《生活饮用水卫生标准》（GB 5749—2006）中，生活饮用水常规指标是指能够反映生活饮用水________的水质指标。

答案： 水质基本情况

4.《生活饮用水卫生标准》（GB 5749—2006）中，根据________、________或特殊情况需要实施的生活饮用水水质指标称为非常规指标。

答案： 地区　时间

5.《生活饮用水卫生标准》（GB 5749—2006）中，生活饮用水中总大肠菌群的检出限为：________。

答案： 不得检出

6.《生活饮用水卫生标准》（GB 5749—2006）中，生活饮用水检测中通常以________、________作为参比溶液，除另有规定的外。

答案： 纯水　有机溶剂

7.《生活饮用水卫生标准》（GB/T 5749—2006）中生活饮用水的输配水设备、________和________不应污染生活饮用水。

答案： 防护材料　水处理材料

8.《生活饮用水卫生标准》（GB 5749—2006）中，所使用的纯水通常由蒸馏、______亚沸蒸馏和________等方法制得。

答案： 重蒸馏　离子交换

9.《生活饮用水卫生标准》（GB 5749—2006）中，对有机物和微生物学指标测定水样应使用________的采样器。

答案：玻璃材质

10.《生活饮用水卫生标准》（GB 5749—2006）中，对 pH 进行测定时，当较强的碱性溶液中含有大量钠离子存在时会产生误差，使读数________。

答案：偏低

11.《生活饮用水卫生标准》（GB 5749—2006）中，城市集中式供水单位水质检测的采样点选择、________和频率、合格率计算按照 CJ/T 206 城市供水水质标准执行。

答案：检验项目

12.《生活饮用水卫生标准》（GB 5749—2006）中规定，水样的保存期限主要取决于待测物的________、________和物理化学性质。

答案：浓度　　化学组成

13.《生活饮用水卫生标准》（GB 5749—2006）中规定，二次供水指集中式供水在入户之前经再度________、加压和________或深度处理，通过管道或容器输送给用户的供水方式。

答案：储存　　消毒

14.《生活饮用水卫生标准》（GB 5749—2006）中规定，影响电导率测定的主要因素有：水中溶解的电解质特性、浓度和________等。

答案：水温

二、判断题

1.《生活饮用水卫生标准》（GB 5749—2006）中规定，当水样检出总大肠菌群时，应进一步检验大肠埃希氏菌或耐热大肠菌群。（　）

答案：（√）

2.《生活饮用水卫生标准》（GB 5749—2006）中规定，当生活饮用水中放射性指标超过指导值时，应进行核素分析和评价，判定能否饮用。（　）

答案：（√）

3.《生活饮用水卫生标准》（GB 5749—2006）中规定，当发生影响水质的突发公共事件时，经市级以上人民政府批准，感官性状和一般化学指标可适当放宽。（　）

答案：（√）

4.《生活饮用水卫生标准》（GB 5749—2006）中规定，供水单位的水质常规指标选择由当地县级以上供水行政主管部门和卫生行政主管部门协商确定。（　）

答案：（×）

正确答案为：供水单位的水质非常规指标选择由当地县级以上供水行政主管部门和卫生行政主管部门协商确定。

5.《生活饮用水卫生标准》（GB 5749—2006）中规定，供水单位水质检测结果应定期

报送当地卫生行政部门，报送水质检测结果的内容和办法也由卫生行政部门决定。（　）

答案：（√）

6.《生活饮用水卫生标准》（GB 5749—2006）中规定，当饮用水水质发生异常时应及时报告当地供水行政主管部门和当地环境保护部门。（　）

答案：（×）

正确答案为：当饮用水水质发生异常时应及时报告当地供水行政主管部门和卫生行政部门。

7.《生活饮用水卫生标准》（GB 5749—2006）中规定，各级环境保护部门应根据实际需要定期对各类供水单位的供水水质进行卫生监督、监测。（　）

答案：（×）

正确答案为：各级卫生行政部门应根据实际需要定期对各类供水单位的供水水质进行卫生监督、监测。

8.《生活饮用水卫生标准》（GB 5749—2006）中规定，采集测定溶解氧、生化需氧量时应注满容器，上部不留空间，并采用水封，有机污染物的水样不需采用水封。（　）

答案：（×）

正确答案为：有机污染物采样时应注满容器，上部不留空间，并采用水封。

9.《生活饮用水卫生标准》（GB 5749—2006）中规定，水样的保存期限主要取决于待测物的浓度、化学组分和物理化学性质。（　）

答案：（√）

10.《生活饮用水卫生标准》（GB 5749—2006）中规定，完成现场测定的水样可以带回实验室供其他指标测定使用。（　）

答案：（×）

正确答案为：完成现场测定的水样，不能带回实验室供其他指标测定使用。

11.《生活饮用水卫生标准》（GB 5749—2006）中规定，洗涤液应储存于磨口瓶塞的玻璃瓶内，以免吸收水分，用后仍倒回瓶中。（　）

答案：（√）

12.《生活饮用水卫生标准》（GB 5749—2006）中规定，保存剂可预先加入采样容器中，也可在采样后立即加入。易变质的保存剂不能预先添加。（　）

答案：（√）

13.《生活饮用水卫生标准》（GB 5749—2006）中规定，自建设施供水不属于集中式供水。（　）

答案：（×）

正确答案为：集中式供水指自水源集中取水，通过输配水管网送到用户或者公共取水点的供水方式，包括自建设施供水。

三、单选题

1.《生活饮用水卫生标准》(GB 5749—2006)中规定，小型集中式供水指农村日供水在________m^3以下（或供水人口在1万以下）的集中式供水。

A. 500 B. 1 000 C. 1 500 D. 2 000

答案：B

2.《生活饮用水卫生标准》(GB 5749—2006)中规定，当发生影响水质的突发性公共事件时，由________以上卫生行政主管部门根据需要确定饮用水监督、监测方案。

A. 县级 B. 市级 C. 省级

答案：A

3.《生活饮用水卫生标准》(GB 5749—2006)中规定，卫生监督的水质监测范围、项目、频率由当地________以上卫生行政部门确定。

A. 县级 B. 市级 C. 省级

答案：B

4.《生活饮用水卫生标准》(GB 5749—2006)中规定，采集测定油类水样时应在水面至水面下________mm 采集柱状水样，且全部用于测定。

A. 200 B. 300 C. 400 D. 500

答案：B

5.《生活饮用水卫生标准》(GB 5749—2006)中规定，多次使用后洗涤液中铬酸被还原为________，不再具氧化性，就不能再用。

A. 黄褐色 B. 蓝绿色 C. 绿褐色

答案：C

6.《生活饮用水卫生标准》(GB 5749—2006)中规定，水样在________℃冷藏保存，贮存于暗处。

A. 3 B. 4 C. 5

答案：B

7.《生活饮用水卫生标准》(GB 5749—2006)中规定，测定一般理化指标的采样容器通常用质量分数为________的硝酸（或盐酸）进行浸泡。

A. 10% B. 15% C. 20%

答案：A

8.《生活饮用水卫生标准》(GB 5749—2006)中规定，在测量范围内，绘制的标准溶液系列，已知浓度点不得小于_______个（含空白浓度），根据浓度值与响应值绘制标准曲线。

A. 6 B. 7 C. 8

答案：A

9.《生活饮用水卫生标准》(GB 5749—2006)中规定，测定溶解性总固体时前后两次称量误差不超过________mg。

A．0.1　　B．0.2　　C．0.4

答案：C

四、多选题

1．《生活饮用水卫生标准》（GB 5749—2006）中规定，饮用水微生物常规指标包括________。

A．总大肠菌群　B．耐热大肠菌群　C．大肠埃希氏菌　D．菌落总数

答案：A　B　C　D

2．《生活饮用水卫生标准》（GB 5749—2006）中规定，卫生监督的水质监测的________当地市级以上卫生行政部门确定。

A．范围　　B．项目　　C．采样点　　D．频率

答案：A　B　D

3．《生活饮用水卫生标准》（GB 5749—2006）中规定，通常情况下用________来洗涤油脂和有机物。

A．肥皂液　　B．碱液　　C．合成洗涤剂　　D．酸液

答案：A　B　C

4．《生活饮用水卫生标准》（GB 5749—2006）中规定，以下各物质不会对 pH 的测定产生影响的有________。

A．色度　　B．游离氯　　C．氧化剂　　D．还原剂

答案：B　C　D

五、简答题

1．简述《生活饮用水卫生标准》（GB 5749—2006）中，生活饮用水水质卫生要求。

答案：生活饮用水水质应符合下列基本要求，保证用户饮用安全：（1）生活饮用水中不得含有病原微生物。（2）生活饮用水中化学物质不得危害人体健康。（3）生活饮用水中放射性物质不得危害人体健康。（4）生活饮用水的感官性状良好。（5）生活饮用水应经消毒处理。

2．简述《生活饮用水卫生标准》（GB 5749—2006）中，水质卫生监督监测的主要内容。

答案：水质卫生监督监测的内容主要包括以下几点：（1）各级卫生行政部门应根据实际需要定期对各类供水单位的供水水质进行卫生监督、监测。（2）当发生影响水质的突发性公共事件时，由县级以上卫生行政部门根据需要确定饮用水监督、监测方案。（3）卫生监督的水质监测范围、项目、频率由当地市级以上卫生行政部门确定。

参考文献

生活饮用水卫生标准（GB 5749—2006）.

命题：王海梅

审题：陈黎军

第十三节 饮用水水源保护区标志技术要求（HJ/T 433—2008）

一、填空题

1.《饮用水水源保护区标志技术要求》（HJ/T 433—2008）中规定，饮用水水源保护区标志包括________、________和 ________共三类。

答案：饮用水水源保护区界标 饮用水水源保护区交通警示牌 饮用水水源保护区宣传牌

2.《饮用水水源保护区标志技术要求》（HJ/T 433—2008）中规定，饮用水水源保护区交通警示牌又分为饮用水水源保护区________和饮用水水源保护区________警示牌。

答案：道路 航道

3.《饮用水水源保护区标志技术要求》（HJ/T 433—2008）中规定，饮用水水源保护区界标正面的内容包括：上方为________，中下方书写________，下方为________等监督管理方面的信息。

答案：饮用水水源二级保护区 饮用水水源保护区名称 监督管理电话

4.《饮用水水源保护区标志技术要求》（HJ/T 433—2008）中规定，饮用水水源保护区界标背面的上方应用清晰、易懂的图形或文字说明________，以标明________和________等为宜。

答案：划定的饮用水水源保护区范围 保护区准确地理坐标 范围参数

5.《饮用水水源保护区标志技术要求》（HJ/T 433—2008）中规定，饮用水水源保护区界标背面的中下方应书写________，在________书写"××政府××××年设立"字样。

答案：饮用水水源保护区具体的管理要求 最下方靠右处

6.《饮用水水源保护区标志技术要求》（HJ/T 433—2008）中规定，各地方政府可根据实际需求设计饮用水水源保护区宣传牌上的图形和文字，如介绍当地饮用水水源保护区的________、________、________、________等。

答案：地形地貌 划分情况 保护现状 管理要求

7.《饮用水水源保护区标志技术要求》（HJ/T 433—2008）中规定，饮用水水源保护区界标一般设立于保护区________。

答案：陆域界限的顶点处

8.《饮用水水源保护区标志技术要求》（HJ/T 433—2008）中规定，饮用水水源保护区陆域范围为矩形或接近矩形时（如某些河流型饮用水水源保护区），宜在陆域外侧______设置界标。

答案：两顶点处

9.《饮用水水源保护区标志技术要求》（HJ/T 433—2008）中规定，饮用水水源保护区陆域范围为弧形或接近弧形时（如某些湖库型饮用水水源保护区），宜在陆域______及______设置界标。

答案：两个弧端点　弧顶处

10.《饮用水水源保护区标志技术要求》（HJ/T 433—2008）中规定，饮用水水源保护区陆域范围为圆形或接近圆形时（如某些地下水饮用水水源保护区），宜在陆域______处设置界标。

答案：四个方向的端点

11.《饮用水水源保护区标志技术要求》（HJ/T 433—2008）中规定，如果地下取水口为多个水井形成的井群，划定的保护区范围为多边形区域时，宜在多边形的______处设立界标，也可结合水源地护栏围网等隔离防护工程设立界标。

答案：各顶点处

12.《饮用水水源保护区标志技术要求》（HJ/T 433—2008）中规定，饮用水水源保护区交通警示牌设在保护区的道路或航道的______及______。

答案：进入点　驶出点

13.《饮用水水源保护区标志技术要求》（HJ/T 433—2008）中规定，饮用水水源保护区道路警示牌设置于一级保护区、二级保护区和准保护区范围内的______、______等道路旁。道路警示牌的具体设立位置应符合 GB 5768 的相关要求。

答案：主干道　高速公路

14.《饮用水水源保护区标志技术要求》（HJ/T 433—2008）中规定，饮用水水源保护区界标的颜色宜采用______底、______边，图案背景和文字为______色。

答案：绿　白　白

15.《饮用水水源保护区标志技术要求》（HJ/T 433—2008）中规定，饮用水水源保护区航道警示牌的颜色为______底、______边、______色图案背景，______色文字。

答案：黄　黑　白　黑

16.《饮用水水源保护区标志技术要求》（HJ/T 433—2008）中规定，饮用水水源保护区界标宜采用______的支持方式。

答案：双柱式

17.《饮用水水源保护区标志技术要求》（HJ/T 433—2008）中规定，饮用水水源保护区标志由______或______负责管理和维护。

答案：各级地方政府　环境保护行政主管部门

二、判断题

1.《饮用水水源保护区标志技术要求》（HJ/T 433—2008）中规定，饮用水水源保护区界标正面下方的监督管理电话为当地地方政府联系电话。（ ）

答案：（×）

正确答案为：监督管理电话一般为当地环境保护行政主管部门联系电话。

2.《饮用水水源保护区标志技术要求》（HJ/T 433—2008）中规定，饮用水水源保护区道路警示牌的下方禁止使用道路交通标志中的禁令标志或其他安全标志。（ ）

答案：（×）

正确答案为：饮用水水源保护区道路警示牌的下方可配合使用道路交通标志中的禁令标志或其他安全标志。

3.《饮用水水源保护区标志技术要求》（HJ/T 433—2008）中规定，饮用水水源一级保护区，还可增设有关警示牌，书写“禁止船舶停靠”等有关法规规定的内容。（ ）

答案：（√）

4.《饮用水水源保护区标志技术要求》（HJ/T 433—2008）中规定，饮用水水源保护区宣传牌可不采用饮用水水源保护区图形标。（ ）

答案：（×）

正确答案为：饮用水水源保护区宣传牌宜在明显位置采用饮用水水源保护区图形标。

5.《饮用水水源保护区标志技术要求》（HJ/T 433—2008）中规定，饮用水水源保护区图形标的基本色为绿色。（ ）

答案：（×）

正确答案为：饮用水水源保护区图形标的基本色为蓝色。

6.《饮用水水源保护区标志技术要求》（HJ/T 433—2008）中规定，饮用水水源保护区宣传牌颜色可根据实际情况确定。（ ）

答案：（√）

7.《饮用水水源保护区标志技术要求》（HJ/T 433—2008）中规定，一般公路和高速公路的饮用水水源保护区道路警示牌都是白边，图案背景和文字也均为白色。（ ）

答案：（√）

8. 根据《饮用水水源保护区标志技术要求》（HJ/T 433—2008）中规定，饮用水水源保护区标志的尺寸是固定不可以改变的。（ ）

答案：（×）

正确答案为：饮用水水源保护区标志的尺寸可根据实际情况按比例缩放。

9.《饮用水水源保护区标志技术要求》（HJ/T 433—2008）中规定，饮用水水源保护区标志由各级地方人民政府设立，国家环境保护行政主管部门同意监制。（ ）

答案：（√）

三、单选题

1.《饮用水水源保护区标志技术要求》（HJ/T 433—2008）中规定，饮用水水源保护区道路警示牌左边为________。

A．“您已进入××饮用水水源×级保护区　全长××km”

B．饮用水水水源保护区图形标

C．“您已进入××饮用水水源×级保护区　从××至××”

答案：B

2.《饮用水水源保护区标志技术要求》（HJ/T 433—2008）中规定，饮用水水源保护区道路警示牌在一般道路的底色为________。

A．绿色　　B．黄色　　C．蓝色　　D．白色

答案：C

3.《饮用水水源保护区标志技术要求》（HJ/T 433—2008）中规定，饮用水水源保护区道路警示牌在高速公路采用的底色为________。

A．绿色　　B．黄色　　C．蓝色　　D．白色

答案：A

4.《饮用水水源保护区标志技术要求》（HJ/T 433—2008）中规定，饮用水水源保护区航道警示牌上饮用水水源保护区图形标应位于警示牌的________。

A．左方　　B．右方　　C．上方　　D．下方

答案：C

5.《饮用水水源保护区标志技术要求》（HJ/T 433—2008）中规定，饮用水水源保护区图形标的基本色为________色，“两滴水”为________色，“饮用水杯”为________色，文字为________色。

A．蓝　绿　白　蓝　　　　B．绿　蓝　白　绿

C．白　蓝　绿　白　　　　D．白　绿　蓝　白

答案：A

6.《饮用水水源保护区标志技术要求》（HJ/T 433—2008）中规定，饮用水水源保护区航道警示牌的立柱为黄色和黑色相间的________条纹。

A．横向　　B．斜向　　C．竖向

答案：B

7.《饮用水水源保护区标志技术要求》（HJ/T 433—2008）中规定，饮用水水源保护区图形标应________使用饮用水水源保护区标志性图形符号。

A．全国统一　B．各省统一　C．各地区统一　D．各县统一

答案：A

四、多选题

1.《饮用水水源保护区标志技术要求》(HJ/T 433—2008) 中规定，饮用水水源警示牌设置于________范围内主干道、高速公路等道路旁。

A. 一级保护区　B. 二级保护区　C. 准保护区

答案：A　B　C

2.《饮用水水源保护区标志技术要求》(HJ/T 433—2008) 中规定，饮用水保护区标志包括________。

A. 饮用水水源保护区界标　B. 饮用水水源保护区交通警示牌

C. 饮用水水源保护区宣传牌

答案：A　B　C

3.《饮用水水源保护区标志技术要求》(HJ/T 433—2008) 中规定，饮用水保护区标志的管理与维护是________。

A. 省级以上环境保护管理部门　B. 国务院环境保护管理部门

C. 各地方政府　D. 各地方环境保护行政主管部门

答案：C　D

4.《饮用水水源保护区标志技术要求》(HJ/T 433—2008) 中规定，饮用水保护区界标设置位置，应充分考虑________。

A. 地形　B. 地标　C. 地物　D. 河流

答案：A　B　C

5.《饮用水水源保护区标志技术要求》(HJ/T 433—2008) 中规定了饮用水保护区________。

A. 类型　B. 位置　C. 构造　D. 制作　E. 管理与维护

答案：A　B　C　D　E

五、简答题

1.《饮用水水源保护区标志技术要求》(HJ/T 433—2008) 中规定，简述饮用水水源保护区界标的作用。

答案：饮用水水源保护区界标是在饮用水水源保护区的地理边界设立的标志。标识饮用水水源保护区的范围，并警示人们需谨慎行为。

2.《饮用水水源保护区标志技术要求》(HJ/T 433—2008) 中规定，简述饮用水水源保护区交通警示牌的作用。

答案：饮用水水源保护区交通警示牌警示车辆、船舶或行人进入饮用水水源保护区道路或航道，需谨慎驾驶或谨慎行为的标志。

3.《饮用水水源保护区标志技术要求》(HJ/T 433—2008) 中规定，简述饮用水水源保护区宣传牌的作用。

答案：根据实际需要，为保护当地饮用水水源而对过往人群进行宣传教育所设立的标志。

4.《饮用水水源保护区标志技术要求》（HJ/T 433—2008）中规定，简述选择制作饮用水水源保护区标志的材料应遵循的原则。

答案：饮用水水源保护区标志应遵循耐久、经济的原则，宜采用铝合金板、合成树脂类板材等材质。标志表面宜采取反光材料。

参考文献

饮用水水源保护区标志技术要求（HJ/T 433—2008）.

命题：王雅贞

审核：陈黎军

第十四节　地表水环境质量评价办法（试行）（环办[2011]22 号）

一、填空题

1.《地表水环境质量评价办法（试行）》（环办[2011]22 号）中规定，不同时段定量比较是指同一断面、河流（湖库）、流域（水系）、全国及行政区域内的水质状况与前一时段、前一年的同期或某两个时段进行比较，比较方法有________和________。

答案：单因子浓度比较　　　水质类别比例比较

2.《地表水环境质量评价办法（试行）》（环办[2011]22 号）中规定，按组合类别比例法评价水质变化情况：不同时段水质变化趋势评价当 $|\Delta G-\Delta D|>20$ 时，则评价为________。

答案：明显变化

3.《地表水环境质量评价办法（试行）》（环办[2011]22 号）中规定，地表水水质评价指标为《地表水环境质量标准》（GB 3838—2002）表 1 中除________、________、________以外的 21 项指标。

答案：水温　　　总氮　　　粪大肠菌群

4.《地表水环境质量评价办法（试行）》（环办[2011]22 号）中规定，河流断面水质类别评价采样________评价法，即根据评价时段内该断面参评的指标中________的一项来确定。

答案：单因子　　　类别最高

5.《地表水环境质量评价办法（试行）》（环办[2011]22 号）中规定，湖泊、水库的评价方法采用________。

答案：综合营养状态指数法

6.《地表水环境质量评价办法（试行）》（环办[2011]22号）中规定，地表水水质的周、旬、月评价可采用一次监测数据评价；有多次监测数据时，应采用多次监测结果的________进行评价。

答案：算术平均值

7.《地表水环境质量评价办法（试行）》（环办[2011]22号）中规定，在断面水质定性评价中，对于重度污染的水质评价为________，以________色表征。

答案：劣V类　　红

8.《地表水环境质量评价办法（试行）》（环办[2011]22号）中规定，断面水质超过III类标准时，先按照不同指标对应水质类别的优劣，选择水质类别最差的________指标作为主要污染指标。

答案：前三项

9.《地表水环境质量评价办法（试行）》（环办[2011]22号）中规定，污染变化趋势的定量分析方法是________。

答案：秩相关系数法

10.《地表水环境质量评价办法（试行）》（环办[2011]22号）中规定，为客观反映地表水环境质量状况及其变化趋势，依据________和相关技术规范，制定《地表水环境质量评价办法（试行）》。

答案：《地表水环境质量标准》（GB 3838—2002）

11.《地表水环境质量评价办法（试行）》（环办[2011]22号）中规定，评价时段内，断面水质为“优”或“良好”时，________。

答案：不评价主要污染指标

12.《地表水环境质量评价办法（试行）》（环办[2011]22号）中规定，评价某一断面（点位）在不同时段的水质变化时，________评价指标的浓度值，并以折线图表征其比较结果。

答案：可直接比较

13.《地表水环境质量评价办法（试行）》（环办[2011]22号）主要用于评价________，地表水环境功能区达标评价按功能区划分的有关要求进行。

答案：全国地表水环境质量状况

14.《地表水环境质量评价办法（试行）》（环办[2011]22号）中规定，湖泊、水库营养状态评价指标为________、________、________、________、________。

答案：叶绿素a　总磷　总氮　透明度　高锰酸盐指数

15.《地表水环境质量评价办法（试行）》（环办[2011]22号）中规定，湖泊、水库营养状态评价方法采用________。

答案：综合营养状态指数法

16.《地表水环境质量评价办法（试行）》（环办[2011]22号）中规定，季度评价________，监测数据的算术平均值进行评价。

答案：一般应采用2次以上（含2次）

二、判断题

1.《地表水环境质量评价办法（试行）》（环办[2011]22号）中规定当河流、流域（水系）的断面总数在5个（含5个）以上时，用河流、流域（水系）所有断面各评价指标浓度算术平均值评价其水质状况。（　）

答案：（×）

正确答案为：当河流、流域（水系）的断面总数少于5h，用河流、流域（水系）所有断面各评价指标浓度算术平均值评价其水质状况。

2.《地表水环境质量评价办法（试行）》（环办[2011]22号）中规定对《地表水环境质量标准》（GB 3838—2002）基本项目的浓度值不能满足V类标准的称为劣V类。（　）

答案：（√）

3.《地表水环境质量评价办法（试行）》（环办[2011]22号）中规定，分析断面（点位）、河流、流域（水系）、全国及行政区域内多时段的水质变化趋势及变化程度，应对评价指标值与同时间序列进行相关性分析，可采用Spearman秩相关系数法。（　）

答案：（√）

4.《地表水环境质量评价办法（试行）》（环办[2011]22号）中规定，评价指标分为水质评价指标和营养状态评价指标。（　）

答案：（√）

5.《地表水环境质量评价办法（试行）》（环办[2011]22号）中规定，周、旬、月评价，可采用一次监测数据评价，有多次监测数据时，应采用多次监测结果的算术平均值进行评价。（　）

答案：（√）

6.《地表水环境质量评价办法（试行）》（环办[2011]22号）中规定，季度评价，一般采用3次以上（含3次）监测数据的算术平均值进行评价。（　）

答案：（×）

正确答案为：《地表水环境质量评价办法（试行）》（环办[2011]22号）中规定，季度评价，一般采用2次以上（含2次）监测数据的算术平均值进行评价。

三、单选题

1.《地表水环境质量评价办法（试行）》（环办[2011]22号）中规定，某河流断面总数为5个，其III类水质比例为80%，则该河流水质定性评价为________。

A．中度污染　　B．轻度污染　　C．良好　　D．优

答案：C

2.《地表水环境质量评价办法（试行）》（环办[2011]22 号）中断面主要污染指标的确定方法规定，当________超标时，优先作为主要污染指标。

A．硫化物或铅、铬等重金属　　B．挥发酚或铅、铬等重金属

C．氰化物或铅、铬等重金属　　D．氟化物或铅、铬等重金属

答案：C

3.《地表水环境质量评价办法（试行）》（环办[2011]22 号）中规定，河流（湖库）、流域（水系）、全国及行政区域内水质状况与前一时段、前一年度同期或进行多时段变化趋势分析时，必须满足三个条件，以保证数据的可比性，下面描述正确的是________。

A．选择的监测指标必须相同　　B．选择的监测指标基本相同

C．选择的断面（点位）必须相同　　D．定量评价必须以定性评价为依据

答案：A

4.《地表水环境质量评价办法（试行）》（环办[2011]22 号）中，对水质状况等级变化评价正确的描述是________。

A．当水质状况等级不变时，则评价为无变化

B．当水质状况等级发生一级变化时，则评价为无明显变化

C．当水质状况等级发生一级变化时，则评价为明显变化（好转或变差、下降）

D．当水质状况等级发生两级以上（含两级）变化时，则评价为明显变化（好转或变差、下降、恶化）

答案：D

四、多选题

1.《地表水环境质量评价办法（试行）》（环办[2011]22 号）中规定，当河流、流域的断面总数少于 5 个时，以下断面水质评价正确的有________。

A．Ⅰ～Ⅲ类水质比例少于 75%，且劣Ⅴ类在 20%和 40%，水质状况为轻度污染

B．Ⅰ～Ⅲ类水质比例在 65%和 90%之间，水质状况为良好

C．Ⅰ～Ⅲ类水质比例大于等于 90%，水质状况为优

D．Ⅰ～Ⅲ类水质比例小于 60%，且劣Ⅴ类比例大于等于 40%，水质状况为重度污染

答案：C　D

2.《地表水环境质量评价办法（试行）》（环办[2011]22 号）中规定，河流（湖库）、流域（水系）、全国及行政区域内水质状况的不同时段定量比较方法包括________。

A．单因子浓度比较法　　B．水质状况等级比较法

C．水质类别比例比较法　　D．秩相关系数比较

答案：A　C

3.《地表水环境质量评价办法（试行）》（环办[2011]22 号）中规定，河流（湖库）、流域（水系）、全国及行政区域内水质状况与前一时段、前一年度同期或进行多时段变化趋

势分析时，必须满足________，以保证数据的可比性。

A．选择的监测指标必须相同　　B．选择的断面（点位）基本相同

C．定性评价必须以定量评价为依据　　D．定量评价必须以定性评价为依据

答案： A　B　C

4．《地表水环境质量评价办法（试行）》（环办[2011]22 号）中规定，全国地表水环境质量年度评价中，国控断面（点位）以每年________次监测数据的算术平均值进行评价，对于少数冰封期等原因无法监测的断面（点位），一般应保证每年至少________次以上的监测数据参与评价。

A．12　　B．0　　C．8　　D．7

答案： C　A

五、简答题

1．《地表水环境质量评价办法（试行）》（环办[2011]22 号）中规定，河流（湖库）、流域（水系）、全国及行政区域内水质状况与前一时段、前一年度同期或进行多时段变化趋势分析时，以保证数据的可比性，必须满足哪些条件？

答案：（1）选择的监测指标必须相同。（2）选择的断面（点位）必须相同。（3）定性评价必须以定量评价为依据。

2．简述《地表水环境质量评价办法（试行）》（环办[2011]22 号）中断面水质评价。

答案： 河流断面水质类别评价采用单因子评价法，即根据评价时段内该断面参评的指标中类别最高的一项来确定，描述断面的水质类别时，使用“符合”或“劣于”等词语。

3．简述《地表水环境质量评价办法（试行）》（环办[2011]22 号）中水质变化趋势分析多时段的变化趋势评价。

答案： 分析断面（点位）河流（湖库）、流域（水系）、全国及行政区域内多时段的水质变化趋势及变化程度，应对评价指标值（如指标浓度、水质类别比例等）与时间序列进行相关性分析，可采用 Spearman 秩相关系数和斜率的显著意义，确定其是否有关和变化程度，变化趋势可用折线图来表征。

六、论述题

评价某一河流断面水质类别，其中参评的指标中 pH 值、高锰酸盐指数、氨氮、六价铬浓度值分别为 7.56、3.85、0.72、0.024mg/L，请问如何评价该河流断面水质类别？符合哪一类？水质状况如何描述？表征颜色为哪种颜色？该水质功能类别适用于哪些水域？[执行标准和评价方法：《地表水环境质量标准》（GB 3838—2002）、《地表水环境质量评价方法（试行）》（环办[2011]22 号）]

序号		Ⅰ类	Ⅱ类	Ⅲ类	Ⅳ类	Ⅴ类
1	pH 值（无量纲）	6～9				
2	高锰酸盐指数≤	2	4	6	10	15
3	氨氮≤	0.15	0.5	1.0	1.5	2.0
4	六价铬≤	0.01	0.05	0.05	0.05	0.1

答案：河流断面水质类别评价采用单因子评价法，即根据评价时段内该断面参评的指标中类别最高的一项来确定，根据执行标准和监测指标的浓度值，可确定该河流断面向监测指标中高锰酸盐指数、氨氮、六价铬对应类别分别为Ⅱ类、Ⅲ类、Ⅰ类，则评价该河流断面水质类别符合Ⅲ类，水质状况为良好，表征颜色为绿色，该水质功能类别适用于饮用水源地二级保护区、鱼虾类越冬场、洄游通道、水产养殖区和游泳区。

参考文献

地表水环境质量评价方法（试行）（环办[2011]22 号）.

命题：李淑敏

审核：陈黎军

第十五节　水污染物排放总量监测技术规范（HJ/T 92—2002）

一、填空题

1.《水污染物排放总量监测技术规范》（HJ/T 92—2002）中，水中不连续地随机（如时间、流量和地点）采集的样品，称为________水样。

答案：瞬时

2.《水污染物排放总量监测技术规范》（HJ/T 92—2002）中在某一时段内，在同一采样点所采水样量随时间或流量成比例的混合水样，称为________水样。

答案：等比例混合水样

3.《水污染物排放总量监测技术规范》（HJ/T 92—2002）中重点污染源（日排水大于________的企业）每年________以上（一般每个季度一次），一般污染源（日排水量________以下的企业）每年________（上、下半年各________）。

答案：100t　4 次　　100t　　2～4 次　　1～2 次

4.《水污染物排放总量监测技术规范》（HJ/T 92—2002）中含石油类和动植物油废水采样位置一般要设置在________或________。

答案：测流堰跌水处　　巴歇尔槽出水处

5.《水污染物排放总量监测技术规范》（HJ/T 92—2002）中废水样主要是________和________。

答案：瞬时样　　比例混合样

6.《水污染物排放总量监测技术规范》（HJ/T 92—2002）中比例混合水样分为______和________两种。

答案：连续比例混合水样　间隔比例混合水样

7.《水污染物排放总量监测技术规范》（HJ/T 92—2002）中常用简易测流方法包括________、________、________、________、________和电表式明渠流量计。

答案：流速仪法　堰槽法　容器法　浮标法　电磁式流量计

8.《水污染物排放总量监测技术规范》（HJ/T 92—2002）中，国家规定实施水污染物总量控制的项目是________、________、________、________、________、________、________、________和 Cd。

答案：COD　石油类　氨氮　氰化物　As　Hg　Cr（Ⅵ）　Pb

9.《水污染物排放总量监测技术规范》（HJ/T 92—2002）中在分析方法给定值范围内加标样的回收率在________，准确度合格。

答案：70%～130%

10.《水污染物排放总量监测技术规范》（HJ/T 92—2002）中痕量有机污染物项目及油类的加标回收率可放宽至________。

答案：60%～140%

11.《水污染物排放总量监测技术规范》（HJ/T 92—2002）中为了测定废水流量或流速，必须对废水排口进行________。

答案：规范化整治

12.《水污染物排放总量监测技术规范》（HJ/T 92—2002）中自动在线监测仪器必须经过________并取得________。

答案：计量检定部门测试　计量合格证

13.《水污染物排放总量监测技术规范》（HJ/T 92—2002）中自动在线监测仪必须具备________的功能。

答案：自动校准

14.《水污染物排放总量监测技术规范》（HJ/T 92—2002）中安装自动在线监测仪的排污单位须在________备案，每季度向________上报排污________测试结果。

答案：监测部门　监测部门　总量

15.《水污染物排放总量监测技术规范》（HJ/T 92—2002）中环境保护行政主管部门所属环境监测单位应定期对企业安排的自动在线监测仪和流量计进行________和________，每年不得少于________。

答案：抽检　考核　2 次

16.《水污染物排放总量监测技术规范》（HJ/T 92—2002）中污水流量计必须经________和________考评合格。

答案：清水测评　　　　废水现场

17.《水污染物排放总量监测技术规范》（HJ/T 92—2002）中日排水量大于或等于 500t，小于 1 000t 的排污单位，使用________采样。

答案：连续流量比例

18.《水污染物排放总量监测技术规范》（HJ/T 92—2002）中采样点位设置应根据排污单位的生产状况及排水管网设置情况，由地方环境保护行政主管部门所属________会同排污单位及其主管________共同确定。

答案：环境监测站　　部门环保机构

二、判断题

1.《水污染物排放总量监测技术规范》（HJ/T 92—2002）中实验室条件下曲线的线性范围，可任意外延。（　）

答案：（×）

正确答案为：不得任意外延。

2.《水污染物排放总量监测技术规范》（HJ/T 92—2002）中污染物排放总量应包括正常和非正常情况下的排污量之和，冷却水可作为总量计算在内。（　）

答案：（×）

正确答案为：冷却水不作为总量计算在内。

3.《水污染物排放总量监测技术规范》（HJ/T 92—2002）中对某污染物监测结果小于规定监测方法检出下限时，此污染物不参与总量核定。（　）

答案：（√）

4.《水污染物排放总量监测技术规范》（HJ/T 92—2002）中地方环境保护行政主管部门所属环境监测站派人监督总量核定的全过程，必要时进行加密监测验证。（　）

答案：（√）

5.《水污染物排放总量监测技术规范》（HJ/T 92—2002）中总量是根据排污单位年工作计划天数计算出来的。（　）

答案：（×）

正确答案为：根据排污单位年工作实际天数计算出来的。

6.《水污染物排放总量监测技术规范》（HJ/T 92—2002）中总量核定应为排污单位正常运行情况下的污染物全部排放过程。（　）

答案：（×）

正确答案为：应为排污单位正常运行情况和非正常情况下的污染物全部排放过程。

7.《水污染物排放总量监测技术规范》（HJ/T 92—2002）中加标样的回收率在 70%～130%，但痕量有机污染物项目及油类的加标回收率可放宽至 60%～140%。（　）

答案：（√）

三、单选题

1.《水污染物排放总量监测技术规范》（HJ/T 92—2002）中在线性范围内，校准曲线至少有________个浓度点（包括零浓度点）。

A. 8　B. 6　C. 7　D. 5

答案：B

2.《水污染物排放总量监测技术规范》（HJ/T 92—2002）中 Cr（Ⅵ）标准曲线应至少________做一次。

A. 每批样　B. 2 个月　C. 1 个月　D. 半年

答案：B

3.《水污染物排放总量监测技术规范》（HJ/T 92—2002）中生产周期大于 24 h，且连续生产并排污，应进行________该工艺过程实际需要小时数的过程监测。

A. 小于　B. 大于或等于　C. 大于

答案：C

4.《水污染物排放总量监测技术规范》（HJ/T 92—2002）中生产工艺过程小于 24 h，生产、排污连续，应进行________24 h 的过程监测。

A. 大于或等于　B. 小于　C. 大于

答案：A

5.《水污染物排放总量监测技术规范》（HJ/T 92—2002）中大于（或等于）24h 过程监测的采样频次为________一次，同步测量流量。小于 24h 过程监测的采样频次________，同步测量流量。

A. 4h　每小时一次　B. 2h　每小时两次

C. 2h　每小时一次　D. 4h　每小时两次

答案：C

6.《水污染物排放总量监测技术规范》（HJ/T 92—2002）中对排污单位的总量控制监督监测，重点污染源（日排水大于 100 t 的企业）每年________次以上（一般每个季度一次），一般污染源（日排水量 100 t 以下的企业）每年________（上、下半年各 1～2 次）。

A. 4　4　B. 2～4　4　C. 4　2～4　D. 2～4　2～4

答案：C

7.《水污染物排放总量监测技术规范》（HJ/T 92—2002）中测流时段内测得流量应与水量衡算结果误差不得大于________。

A. 5%　B. 20%　C. 15%　D. 10%

答案：D

8.《水污染物排放总量监测技术规范》（HJ/T 92—2002）中________对流量测量也会产生影响。

A．悬浮物 B．氨氮 C．COD D．pH

答案：A

9．《水污染物排放总量监测技术规范》（HJ/T 92—2002）中自动在线监测仪器必须经________确认的具有相应资质的环境监测仪器检测机构负责进行现场适用性检测。

A．当地环境保护行政主管部门 B．省环境保护行政主管部门

C．县环境保护行政主管部门 D．国务院环境保护行政主管部门

答案：D

四、多选题

1．《水污染物排放总量监测技术规范》（HJ/T 92—2002）中某养猪场，废水排放中________项目可作为选测项目。

A．BOD_5 B．总氮 C．总磷 D．氨氮

答案：A B C

2．《水污染物排放总量监测技术规范》（HJ/T 92—2002）中某养鱼塘，废水排放中________项目是作为必测项目。

A．BOD_5 B．总氮 C．COD D．氨氮

答案：C D

3．《水污染物排放总量监测技术规范》（HJ/T 92—2002）中测定生活污水排放总量项目中，下列哪些监测项目________是必测项目。

A．总氮 B．石油类 C．氨氮 D．动植物油 E．BOD_5

答案：B C D

4．《水污染物排放总量监测技术规范》（HJ/T 92—2002）中测定医院污水排放总量项目中，下列哪些监测项目________是选测项目。

A．总氮 B．石油类 C．氨氮 D．动植物油 E．BOD_5

答案：A E

5．《水污染物排放总量监测技术规范》（HJ/T 92—2002）中总量监测方案须报______审定批准后方可执行。

A．县级环境保护行政主管部门 B．地（市）级环境保护行政主管部门

C．省级环境保护行政主管部门 D．国务院环境保护行政主管部门

答案：B C D

6．《水污染物排放总量监测技术规范》（HJ/T 92—2002）中应避开水表面进行采样的项目有________。

A．氰化物 B．石油类 C．As D．Cr（Ⅵ） E．Hg

答案：A C D E

五、简答题

1．简述《水污染物排放总量监测技术规范》（HJ/T 92—2002）中，等时混合水样的含义。

答案：指在某一时段内，在同一采样点按等时间间隔采等体积水样的混合水样。

2．简述《水污染物排放总量监测技术规范》（HJ/T 92—2002）中比例采样器的含义。

答案：是一种专用的自动水质采样器，采集的水样量随时间和流量成一定比例，使其任一时段所采集的混合水样的污染物浓度，反映该时段的平均浓度。

3．《水污染物排放总量监测技术规范》（HJ/T 92—2002）中采样时应认真填写采样记录，主要内容有哪些？

答案：排污单位名称、样品类别、采样目的、采样日期、样品编号、采样地点、采样时间、监测项目和所加保存剂名称、废水表观特征描述、流速、采样渠道水流所占截面积或堰槽水深、堰板尺寸、工厂车间生产状况和采样人等。

4．《水污染物排放总量监测技术规范》（HJ/T 92—2002）中生产概况检查的主要内容包括哪些方面？

答案：包括生产工艺流程、生产状况、产品及主要原辅材料的性质、产品年产量、原辅料年使用量、年用水量、中间体等内容及工况的控制和记录检查。

5．简述《水污染物排放总量监测技术规范》（HJ/T 92—2002）中，连续比例混合水样的含义。

答案：是在选定采样时段内，根据废水排放流量，按一定比例连续采集的混合水样。

6．简述《水污染物排放总量监测技术规范》（HJ/T 92—2002）中间隔比例混合水样。

答案：是根据一定的排放量间隔，分别采取与排放量有一定比例关系的水样混合而成。

7．《水污染物排放总量监测技术规范》（HJ/T 92—2002）中，自动在线监测仪是如何进行自动校准的？

答案：自动在线监测仪进行自动校准，一般要求每测量 20 组数据（或 3 个工作日）校正 1 次。每个月还应使用手工测量做 1 次比对实验，以进行检查和校正。

8．《水污染物排放总量监测技术规范》（HJ/T 92—2002）中，总量核定的内容主要包括哪些方面？

答案：总量核定的内容有：各排污口年、月、日污染物排放量，最高排放量；日排废水水量，月排废水水量，年排废水水量；日排废水中污染物平均浓度，月排放废水中污染物的算术平均浓度，日平均最高浓度；月排废水日数，年排废水日数。

六、计算题

一组氨氮测定数据分别为 0.850、0.793mg/L，试计算平行样相对允许误差为多少？

答案：$\bar{x}=(0.850+0.793)/2=0.822$ mg/L

$$相对允许误差=\frac{|X_1-X_2|}{\bar{X}}=\frac{|0.850-0.793|}{0.822}=0.069$$

参考文献

水污染物排放总量监测技术规范（HJ/T 92—2002）.

命题：陈黎军

审核：陈黎军

第十六节　污水综合排放标准（GB 8978—1996）

一、填空题

1.《污水综合排放标准》（GB 8978—1996）适用于________、________、________、________、________和________等地面水。

答案：江河　湖泊　运河　渠道　水库　海洋

2.《污水综合排放标准》（GB 8978—1996）中计算排水量不包括 ________、________、________。

答案：间接冷却水　厂区锅炉　电站排水

3.《污水综合排放标准》（GB 8978—1996）中污水综合排放标准中第一类污染物有________种。

答案：13

4.《污水综合排放标准》（GB 8978—1996）中污水综合排放标准中第二类污染物有________种。

答案：56

5.《污水综合排放标准》（GB 8978—1996）中污水综合排放标准中规定了________种污染物。

答案：69

6.《污水综合排放标准》（GB 8978—1996）中污水综合排放标准中污染物按其________及________方式分为两类。

答案：性质　控制

二、判断题

1.《污水综合排放标准》（GB 8978—1996）中Ⅰ、Ⅱ类水域和Ⅲ类水域中划定的保护

区，GB 3097 中一类海域，可新建排污口。（　）

答案：（×）

正确答案为：GB 3838 中Ⅰ、Ⅱ类水域和Ⅲ类水域中划定的保护区，GB 3097 中一类海域，禁止新建排污口。

2.《污水综合排放标准》（GB 8978—1996）适用于含有放射性物质的污水的排放。（　）

答案：（√）

3.《污水综合排放标准》（GB 8978—1996）第一类污染物需根据受纳水体的功能、污水的排放方式设定采样口。（　）

答案：（×）

正确答案为：第一类污染物，不分行业和污水排放方式，也不分受纳水体的功能类别，一律在车间或车间处理设施排放口采样。

4.《污水综合排放标准》（GB 8978—1996）中粪大肠菌群的测定适用于一切排污单位。（　）

答案：（×）

正确答案为：粪大肠菌群的测定适用于医院、兽医院及医疗机构含病原体污水、传染病、结核病医院污水。

5.《污水综合排放标准》（GB 8978—1996）在一类、二类排污口必须设置排污口标志。（　）

答案：（√）

6.《污水综合排放标准》（GB 8978—1996）可向Ⅲ类水域中划定的保护区排放污水。（　）

答案：（×）

正确答案为：Ⅲ类水域中划定的保护区禁止设置排污口。

7.《污水综合排放标准》（GB 8978—1996）某造纸企业中向水体Ⅳ类水体排放 COD，其排放标准执行污水综合排放标准和造纸工业水污染物排放标准中最高排放标准限值。（　）

答案：（×）

正确答案为：某造纸企业应执行造纸行业排放标准，而不能执行污水综合排放标准。

8.《污水综合排放标准》（GB 8978—1996）有行业标准的按适用范围执行相应的行业标准不执行污水综合排放标准。（　）

答案：（√）

9.《污水综合排放标准》（GB 8978—1996）中规定排污单位不仅要执行一类、二类最高允许排放浓度的限值，同时还要执行最高允许排水量的规定。（　）

答案：（√）

10.《污水综合排放标准》（GB 8978—1996）中规定测定某矿山企业镍、镉等污染物，企业在尾矿坝出水口设置了车间排放口进行第一类污染物采样。（　）

答案：（×）

正确答案为：采矿行业的尾矿坝出水口不得视为车间排放口。

11.《污水综合排放标准》（GB 8978—1996）中规定排入设置二级污水处理厂的城镇排水系统的污水，执行二级标准。（ ）

答案：（×）

正确答案为：排入设置二级污水处理厂的城镇排水系统的污水，执行三级标准。

12.《污水综合排放标准》（GB 8978—1996）中规定一类污染物有 13 种监测因子。（ ）

答案：（√）

13.《污水综合排放标准》（GB 8978—1996）中总α放射性的单位是 10 Bq/L。（ ）

答案：（×）

正确答案为：总α放射性的单位是 1Bq/L。

14.《污水综合排放标准》（GB 8978—1996）中总β放射性的单位是 1Bq/L。（ ）

答案：（×）

正确答案为：总β放射性的单位是 10Bq/L。

15.《污水综合排放标准》（GB 8978—1996）中二类污染物排放浓度限值是按 1997 年 12 月 31 日前和 1998 年 1 月 1 日起分段执行。（ ）

答案：（√）

16.《污水综合排放标准》（GB 8978—1996）中 COD 的排放限值严于《烧碱、聚氯乙烯工业水污染物排放标准》COD 排放标准，因此 COD 的排放限值应执行污水综合排放标准（GB 8978—1996）中 COD 的排放限值。（ ）

答案：（×）

正确答案为：烧碱、聚氯乙烯工业应执行烧碱、聚氯乙烯行业排放标准，而不能执行污水综合排放标准。

17.《污水综合排放标准》（GB 8978—1996）中规定排入 GB 3838 Ⅲ类水域（划定的保护区和游泳区除外）和排入 GB 3097 中二类海域的污水，执行一级标准。（ ）

答案：（√）

三、单选题

1.《污水综合排放标准》（GB 8978—1996）中规定排入 GB 3838 Ⅲ类水域（划定的保护区和游泳区除外）和排入 GB 3097 中二类海域的污水，执行________标准。

A．二级　B．一级　C．三级

答案：B

2.《污水综合排放标准》（GB 8978—1996）中规定排入 GB 3838 中Ⅳ、Ⅴ类水域和排入 GB 3097 中三类海域的污水，执行________标准。

A．二级　B．三级　C．一级

答案：A

3.《污水综合排放标准》（GB 8978—1996）中规定污水综合排放标准中污染物分为________类。

A．一类　　B．二类　　C．三类

答案：B

4.《污水综合排放标准》（GB 8978—1996）中规定，排入设置二级污水处理厂的城镇排水系统的污水，执行________标准。

A．二级　　B．一级　　C．三级

答案：C

5.《污水综合排放标准》（GB 8978—1996）中规定排入未设置二级污水处理厂的城镇排水系统的污水，受纳水体属于V类，污水排放应执行________标准。

A．一级　　B．三级　　C．二级

答案：C

6.《污水综合排放标准》（GB 8978—1996）中规定排入未设置二级污水处理厂的城镇排水系统的污水，受纳水体属于Ⅲ类（划定的保护区和游泳区除外），污水排放应执行________标准。

A．一级　　B．三级　　C．二级

答案：A

7.《污水综合排放标准》（GB 8978—1996）中污水综合排放标准规定排入城镇二级污水处理厂COD二级标准的限值是________mg/L。

A．60　　B．100　　C．120　　D．200

答案：C

8.《污水综合排放标准》（GB 8978—1996）中规定最高允许排放浓度按________进行计算。

A．月均值　　B．1h值　　C．日均值

答案：C

9.《污水综合排放标准》（GB 8978—1996）中规定排水量以________计。

A．月均值　　B．日均值　　C．1h值

答案：A

10.《污水综合排放标准》（GB 8978—1996）中不适用于________等地面水。

A．江河　B．湖泊　C．滩涂　D．水库　E．海洋

答案：C

四、多选题

1.《污水综合排放标准》（GB 8978—1996）中规定不执行污水综合排放标准的行业

有________。

A．磷肥工业　　B．污水处理厂　　C．合成氨工业　　D．钢铁行业

答案：A　C　D

2．《污水综合排放标准》（GB 8978—1996）中规定不执行污水综合排放标准的行业有________。

A．造纸工业　　B．兵器工业　　C．电解铝行业　　D．肉类加工行业

答案：A　B　D

3．《污水综合排放标准》（GB 8978—1996）中不执行污水综合排放标准的行业有________。

A．船舶工业　　B．烧碱行业　　C．聚氯乙烯行业　　D．水泥行业

答案：A　B　C

4．《污水综合排放标准》（GB 8978—1996）中下列哪种污染物属于________一类污染物。

A．总汞　　B．氰化物　　C．挥发酚　　D．总砷

答案：A　D

5．《污水综合排放标准》（GB 8978—1996）中不属于一类污染物的有________。

A．总锌　　B．总铜　　C．六价铬　　D．总铅

答案：A　B

6．《污水综合排放标准》（GB 8978—1996）中规定下列________行业对水重复利用率做了规定。

A．石油沥青工业　　B．制糖工业　　C．有色金属冶炼及金属加工　　D．矿山工业

答案：A　C　D

7．《污水综合排放标准》（GB 8978—1996）中一类污染物中对________放射性元素做了最高排放浓度限值。

A．γ　　B．β　　C．α

答案：B　C

8．《污水综合排放标准》（GB 8978—1996）中排水量不应包括________。

A．间接冷却水　　B．厂区锅炉　　C．电站排水　　D．生产工艺排水

答案：A　B　C

五、简答题

《污水综合排放标准》（GB 8978—1996）中如何规定采样频率？

答案：生产周期在8h以内，每2h采样一次，生产周期大于8h的，每4 h采样一次。其他污水采样，24h不少于两次。

六、计算题

某粘胶纤维项目废水排放量分别为 W_1 40m^3/h，pH 7～10、S^{2-}浓度 56mg/L、COD 浓度为 1 850 mg/L；W_2 175m^3/h，其中 COD 浓度为 400 mg/L、Zn^{2+}130 mg/L、S^{2-}浓度 12mg/L；W_3 5m^3/h，COD 浓度为 240mg/L，BOD_5 180mg/L；W_4 78m^3/h，pH 6～8，COD 浓度为 50mg/L，试计算混合排放时各污染物的排放浓度分别为多少？根据混合浓度计算出各污染因子年排放量（t/a）（生产天数 300d/a 计）。

答案： $C=\dfrac{\sum_{i=1}^{n} C_i Q_i Y_i}{\sum_{i=1}^{n} Q_i Y_i}$

$C_{S^{2-}}$混合浓度=（56×40）+（175×12）÷（40+175+5+78）=14.6mg/L

C_{COD}混合浓度=（1 850×40）+（400×175）+（240×5）+（50×78）÷（40+175+5+78）

=500 mg/L

C_{Zn}混合浓度=（130×175）：（40+175+5+78）–77.1mg/L

$C_{S^{2-}}$年排放量=14.6mg/L×（40+175+5+78）m^3/h×24h×300d/a×10^{-6}=31.3t/a

C_{COD}年排放量=500 mg/L×（40+175+5+78）m^3/h×24h×300d/a×10^{-6}=1 072.8t/a

C_{Zn}年排放量=77.1mg/L（40+175+5+78）m^3/h×24h×300d/a×10^{-6}=165.4t/a

参考文献

污水综合排放标准（GB 8978—1996）.

命题：陈黎军

审核：陈黎军

第十七节　农田灌溉水质标准（GB 5084—2005）

一、填空题

1.《农田灌溉水质标准》（GB 5084—2005）中农田灌溉用水水质基本控制项目有________种。

答案： 16

2.《农田灌溉水质标准》（GB 5084—2005）中农田灌溉用水中作物种类包括________、________和________。

答案： 水作　旱作　蔬菜

3.《农田灌溉水质标准》（GB 5084—2005）中农田灌溉用水水质选择性控制项目有

________种。

答案：11

4.《农田灌溉水质标准》（GB 5084—2005）中农田灌溉水质标准控制项目有________项。

答案：27

5.《农田灌溉水质标准》（GB 5084—2005）中向农田灌溉渠道排放处理后的________以及农业产品为加工的________，应保证其下游最近灌溉取水点的水质符合农田灌溉标准。

答案：养殖业废水　　工业废水

6.《农田灌溉水质标准》（GB 5084—2005）中与农田灌溉水质标准 GB 5084—1992 相比，删除了________、________两项指标。

答案：凯氏氮　　总磷

7.《农田灌溉水质标准》（GB 5084—2005）修订了________、________、________、________、________、________、________、________、________9 项指标。

答案：五日生化需氧量　　化学需氧量　悬浮物　　氯化物　总镉　总铅　总铜　　粪大肠菌群　　蛔虫卵数

8.《农田灌溉水质标准》（GB 5084—2005）适应于________、________和处理后的________废水。

答案：地表水　　地下水　　养殖业

9.《农田灌溉水质标准》（GB 5084—2005）具有一定的水利灌排设施，能保证一定的排水和地下水径流条件的地区，或有一定淡水资源能满足冲洗土体中盐分的地区，__________指标可以适当放宽。

答案：全盐量

10.《农田灌溉水质标准》（GB 5084—2005）中挥发酚的测定方法为________。

答案：蒸馏后 4-氨基安替比林分光光度法

二、判断题

1.《农田灌溉水质标准》（GB 5084—2005）中硫化物的测定方法为亚甲基蓝分光光度法。（　）

答案：（×）

正确答案为：硫化物的测定方法为亚甲基蓝分光光度法。

2.《农田灌溉水质标准》（GB 5084—2005）中阴离子洗涤剂的测定方法为亚甲基蓝分光光度法。（　）

答案：（×）

正确答案为：阴离子洗涤剂的测定方法为亚甲蓝分光光度法。

3.《农田灌溉水质标准》（GB 5084—2005）中向农田灌溉渠道排放处理后的养殖业废水及农产品为原料加工的工业废水，应保证灌溉最近取水点上游水质符合该标准。（　）

答案：（×）

正确答案为：应保证灌溉最近取水点下游水质符合该标准。

4.《农田灌溉水质标准》（GB 5084—2005）中总磷是基本控制项目。（ ）

答案：（×）

正确答案为：总磷不是基本控制项目。

5.《农田灌溉水质标准》（GB 5084—2005）中凯氏氮不是基本控制项目。（ ）

答案：（√）

6. 总铜是《农田灌溉水质标准》（GB 5084—2005）中的选择性控制项目中唯一被修订的。（ ）

答案：（√）

三、单选题

1.《农田灌溉水质标准》（GB 5084—2005）中粪大肠菌群数单位应为________。

A. 个/L　B. 个/100ml　C. 个/ml

答案：B

2.《农田灌溉水质标准》（GB 5084—2005）中蛔虫卵数单位应为________。

A. 个/ml　B. 个/100ml　C. 个/L

答案：C

3.《农田灌溉水质标准》（GB 5084—2005）中基本控制项目中对________个项目没有对作物种类标准值进行划分。

A. 6　B. 9　C. 全部　D. 7

答案：B

4.《农田灌溉水质标准》（GB 5084—2005）中选择性控制项目中对________个项目没有对作物种类标准值进行划分。

A. 8　B. 9　C. 全部　D. 7

答案：A

5.《农田灌溉水质标准》（GB 5084—2005）中基本控制标准________项，选择性控制标准________项。

A. 11　11　B. 16　16　C. 16　11　D. 11　16

答案：C

6.《农田灌溉水质标准》（GB 5084—2005）中规定 pH 范围是________。

A. 6～9　B. 5.5～9　C. 6～8.5　D. 5.5～8.5

答案：D

四、多选题

1.《农田灌溉水质标准》(GB 5084—2005)修订了________等指标。

A. 五日生化需氧量 B. 悬浮物 C. 总磷 D. 总铜

答案：A B D

2.《农田灌溉水质标准》(GB 5084—2005)修订了________因子等指标。

A. 凯氏氮 B. 总镉 C. 粪大肠菌群 D. 化学需氧量

答案：B C D

3.《农田灌溉水质标准》(GB 5084—2005)修订了________因子等指标。

A. 氯化物 B. 氰化物 C. 蛔虫卵数 D. 总铅

答案：A C D

4.《农田灌溉水质标准》(GB 5084—2005)_______因子没有被修订。

A. 阴离子表面活性剂 B. 总砷 C. 悬浮物 D. 挥发酚

答案：A B D

5.《农田灌溉水质标准》(GB 5084—2005)_______因子没有被修订。

A. 硫化物 B. 总汞 C. 石油类 D. 五日生化需氧量

答案：A B C

6.《农田灌溉水质标准》(GB 5084—2005)_______项目没有被修订。

A. 化学需氧量 B. 总硒 C. 总铬 D. 氰化物

答案：B C D

7.《农田灌溉水质标准》(GB 5084—2005)中________项目作为基本控制项目。

A. 铜 B. 六价铬 C. 镉 D. 铅

答案：B C D

8.《农田灌溉水质标准》(GB 5084—2005)作为基本控制项目的有________。

A. 总砷 B. 硒 C. 总汞 D. 锌

答案：A C

9.《农田灌溉水质标准》(GB 5084—2005)中作为选择性控制项目的有________。

A. 硒 B. 锌 C. 铜 D. 六价铬

答案：A B C

10.《农田灌溉水质标准》(GB 5084—2005)中作为选择性控制项目的有________。

A. 铅 B. 铜 C. 苯 D. 氰化物

答案：B C D

11.《农田灌溉水质标准》(GB 5084—2005)中对硼敏感的作物有________。

A. 小麦 B. 黄瓜 C. 洋葱 D. 柑橘

答案：B C D

12.《农田灌溉水质标准》（GB 5084—2005）中对硼敏感的作物有________。

A. 豆类　　B. 韭菜　　C. 洋葱　D. 玉米

答案： A　B　C

13.《农田灌溉水质标准》（GB 5084—2005）中对硼耐受性强的作物有________。

A. 甘蓝　　B. 萝卜　C. 小麦　D. 水稻

答案： A　B　D

14.《农田灌溉水质标准》（GB 5084—2005）中________等选择性项目中没有对作物种类的浓度值进行分类。

A. 硒　　B. 锌　　C. 氰化物　　D. 挥发酚

答案： A　B　C　D

15.《农田灌溉水质标准》（GB 5084—2005）________等基本控制项目中没有对作物种类的浓度值进行分类。

A. 铅　　B. 六价铬　　C. 总砷　　D. 铜

答案： A　B　C

参考文献

农田灌溉水质标准（GB 5084—2005）.

命题：陈黎军

审核：陈黎军

第十八节　污水排入城镇下水道水质标准（CJ 343—2010）

一、填空题

1.《污水排入城镇下水道水质标准》（CJ 343—2010）中将控制项目________取消。

答案： 总锑

2.《污水排入城镇下水道水质标准》（CJ 343—2010）中城镇下水道指向城镇输送污水的________和________。包含排污渠道、沟渠等。

答案： 管道　沟道

3.《污水排入城镇下水道水质标准》（CJ 343—2010）中再生处理指使污水达到一定的回用水水质标准、满足某种使用功能要求的________过程。

答案： 净化

4.《污水排入城镇下水道水质标准》（CJ 343—2010）中严禁向城镇下水道排入具有________的污水或物质。

答案： 腐蚀性

5.《污水排入城镇下水道水质标准》（CJ 343—2010）中严禁向城镇下水道排入________、________、________、________物质和有害气体、蒸汽或烟雾。

答案：剧毒　易燃　易爆　恶臭

6.《污水排入城镇下水道水质标准》（CJ 343—2010）中严禁向城镇下水道倾倒垃圾、粪便、积雪、________等物质和排入易________、________、造成下水道堵塞的污水。

答案：工业废渣　凝聚　沉积

7.《污水排入城镇下水道水质标准》（CJ 343—2010）中总汞、总镉、总铬、总砷、总铅、________、________、________、________以车间或车间处理设施的排水口抽检浓度为准，其他控制项目以排水户排水口的抽检浓度为准。

答案：六价铬　总镍　总铍　总银

8.《污水排入城镇下水道水质标准》（CJ 343—2010）中将控制项目等级改为_____个等级。

答案：三

9.《污水排入城镇下水道水质标准》（CJ 343—2010）属于________标准。

答案：行业

10.《污水排入城镇下水道水质标准》（CJ 343—2010）标准中将 pH 值从 6～9 调整到________。

答案：6.5～9.5

二、判断题

1.《污水排入城镇下水道水质标准》（CJ 343—2010）中将控制项目名称油脂改为动植物油。（ ）

答案：（√）

2.《污水排入城镇下水道水质标准》（CJ 343—2010）中将控制项目名称石油类改为矿物质油。（ ）

答案：（×）

正确答案为：将控制项目名称矿物质油改为石油类。

3.《污水排入城镇下水道水质标准》（CJ 343—2010）中新增控制项目共 11 项。（ ）

答案：（×）

正确答案为：新增控制项目共 12 项。

4.《污水排入城镇下水道水质标准》（CJ 343—2010）于 2011 年 10 月 1 日实施。（ ）

答案：（×）

正确答案为：2011 年 1 月 1 日实施。

5.《污水排入城镇下水道水质标准》（CJ 343—2010）中严禁向城镇下水道排入剧毒、易燃、易爆、恶臭物质和有害气体、蒸汽或烟雾。（ ）

答案：（√）

6.《污水排入城镇下水道水质标准》（CJ 343—2010）中水质超过《污水排入城镇下水道水质标准》（CJ 343—2010）的污水应进行预处理，用稀释法降低其浓度后排入城镇下水道。（　）

答案：（×）

正确答案为：不得用稀释法降低其浓度后排入城镇下水道。

7.《污水排入城镇下水道水质标准》（CJ 343—2010）中严禁向城镇下水道排入具有腐蚀性的污水或物质。（　）

答案：（√）

8.《污水排入城镇下水道水质标准》（CJ 343—2010）中下水道末端无污水处理设施时，排入城镇下水道的污水水质不得低于 B 等级的要求。（　）

答案：（×）

正确答案为：下水道末端无污水处理设施时，排入城镇下水道的污水水质不得低于 C 等级的要求。

9.《污水排入城镇下水道水质标准》（CJ 343—2010）中规定下水道末端污水处理厂采用一级处理时，排入城镇下水道的污水水质应符合 B 等级的规定。（　）

答案：（×）

正确答案为：下水道末端污水处理厂采用一级处理时，排入城镇下水道的污水水质应符合 C 等级的规定。

10.《污水排入城镇下水道水质标准》（CJ 343—2010）中严禁向城镇下水道倾倒垃圾、粪便、积雪、工业废渣等物质和排入易凝聚、沉积、造成下水道堵塞的污水。（　）

答案：（√）

11.《污水排入城镇下水道水质标准》（CJ 343—2010）中剧毒物质可排入城市下水道。（　）

答案：（×）

正确答案为：剧毒物质严禁排入城市下水道。

三、单选题

1.《污水排入城镇下水道水质标准》（CJ 343—2010）中污水指受一定污染的________的排出水。

A．生活　　B．生产过程　　C．生活和生产过程

答案：C

2.《污水排入城镇下水道水质标准》（CJ 343—2010）中新增控制项目________项。

A．10　　B．11　　C．12

答案：C

3.《污水排入城镇下水道水质标准》(CJ 343—2010)中取消控制项目为________。

A．总锑　　B．总银　　C．总铍

答案：A

4.《污水排入城镇下水道水质标准》(CJ 343—2010)中控制项目限值由两个等级改为________等级。

A．三个　　B．四个　　C．五个

答案：A

5.《污水排入城镇下水道水质标准》(CJ 343—2010)中规定下水道末端污水处理厂采用再生处理时，排入城镇下水道的污水水质应符合________等级的规定。

A．A　　B．B　　C．C

答案：A

6.《污水排入城镇下水道水质标准》(CJ 343—2010)中规定下水道末端污水处理厂采用一级处理时，排入城镇下水道的污水水质应符合________等级的规定。

A．A　　B．B　　C．C

答案：C

7.《污水排入城镇下水道水质标准》(CJ 343—2010)中规定下水道末端污水处理厂采用二级处理时，排入城镇下水道的污水水质应符合________等级的规定。

A．A　　B．B　　C．C

答案：B

8.《污水排入城镇下水道水质标准》(CJ 343—2010)中控制项目共有________项。

A．35　　B．42　　C．46

答案：C

9.《污水排入城镇下水道水质标准》(CJ 343—2010)中设市城市和重点流域及水资源保护区的建制镇，必须建设________级污水处理设施，可分期分批建设。

A．一　　B．二　　C．三

答案：B

四、多选题

1.《污水排入城镇下水道水质标准》(CJ 343—2010)中新增控制项目有________。

A．总氮　　B．总磷　　C．氯化物　　D．苯胺类

答案：A　C

2.《污水排入城镇下水道水质标准》(CJ 343—2010)中严禁向城镇下水道排入________的污水。

A．具有腐蚀性　　B．易凝聚　　C．易沉积　　D．油类

答案：A　B　C

3.《污水排入城镇下水道水质标准》(CJ 343—2010）中污水取样时，________以车间或车间处理设施的排水口抽检浓度为准，其他控制项目以排水户排水口的抽检浓度为准。

A．总汞　B．总铅　C．六价铬　D．总砷　E．总锑

答案：A　B　C　D

4.《污水排入城镇下水道水质标准》(CJ 343—2010）中城市下水道是指输送污水的________。

A．暗管　B．储水罐　C．排污渠道　D．沟渠

答案：C　D

5.《污水排入城镇下水道水质标准》(CJ 343—2010）中污水取样时，________以车间或车间处理设施的排水口抽检浓度为准，其他控制项目以排水户排水口的抽检浓度为准。

A．总锰　B．总铅　C．六价铬　D．总砷　E．总镉

答案：B　C　D　E

6.《污水排入城镇下水道水质标准》(CJ 343—2010）中________污水必须经过消毒处理。

A．生产　B．生活　C．医疗　D．肉类加工　E．科学研究

答案：C　D　E

7.《污水排入城镇下水道水质标准》(CJ 343—2010）中严禁向城镇下水道排入________。

A．生产废水　B．生活污水　C．易燃物质　D．易爆物质　E．有害气体

答案：C　D　E

8.《污水排入城镇下水道水质标准》(CJ 343—2010）中严禁向城镇下水道倾倒________物质。

A．垃圾　B．粪便　C．腐蚀性　D．工业废渣　E．积雪

答案：A　B　C　D　E

五、简答题

1.《污水排入城镇下水道水质标准》(CJ 343—2010）中规定严禁向城镇下水道排入的污水和物质？

答案：(1）严禁向城镇下水道排入具有腐蚀性的污水或物质。

(2）严禁向城镇下水道倾倒垃圾、粪便、积雪、工业废渣等物质和排入易凝聚、沉积、造成下水道堵塞的污水。

(3）严禁向城镇下水道排放剧毒物质、易燃、易爆物质和有害气体。

2.《污水排入城镇下水道水质标准》(CJ 343—2010）中的规定，排入有城市污水处理厂的哪些污染物，可放宽水质标准？

答案：排入有城市污水处理厂的悬浮物、五日生化需氧量、化学需氧量、氨氮、阴离子洗涤剂、磷酸盐及总锰 7 种污染物可放宽排入有下水道的水质标准。

六、计算题

某过滤水样 50ml，称量前蒸发皿重 30.175 2g，称量后蒸发皿重为 35.237 0g，试求该水样溶解性总固体的浓度。

答案：溶解性总固体（mg/L）=（35.237 0－30.175 2）×1 000×1 000/50=1.01×10^5 mg/L

该水样溶解性总固体的浓度为 1.01×10^5 mg/L。

参考文献

污水排入城镇下水道水质标准（CJ 343—2010）.

命题：王新忠

审核：陈黎军

第十九节　城镇污水处理厂污染物排放标准（GB 18918—2002）

一、填空题

1.《城镇污水处理厂污染物排放标准》（GB 18918—2002）中规定，城镇污水指城镇居民生活污水，________、________、________、商业服务机构及各种公共设施排水，以及允许排入城镇污水收集系统的工业废水和初期雨水等。

答案：机关　学校　医院

2.《城镇污水处理厂污染物排放标准》（GB 18918—2002）中规定，城镇污水处理厂指对进入________收集系统的污水进行净化处理的污水处理厂。

答案：城镇污水

3.《城镇污水处理厂污染物排放标准》（GB 18918—2002）中规定，一级强化处理是指在常规一级处理（重力沉降）基础上，增加化学混凝处理、________或不完全生物处理等，以提高一级处理效果的处理工艺。

答案：机械过滤

4.《城镇污水处理厂污染物排放标准》（GB 18918—2002）中规定，进行取样时，取样频率至少为 1 次/2h，取________混合样，以日均值计。

答案：24h

5.《城镇污水处理厂污染物排放标准》（GB 18918—2002）中规定，水质取样在污水处理厂处理工艺末端排放口。在排放口应设污水水量自动计量装置、自动比例采样装置，________、________、________等主要水质指标应安装在线监测装置。

答案：pH 值　水温　COD

6.《城镇污水处理厂污染物排放标准》（GB 18918—2002）中规定，根据污染物的来源及性质，将污染物控制项目分为基本控制项目和选择控制项目两类：基本控制项目主要包括影响水环境和城镇污水处理厂一般处理工艺可以去除的常规污染物，以及部分一类污染物，共________项；选择控制项目包括对环境有较长期影响或毒性较大的污染物，共计________项。

答案：19　43

7.《城镇污水处理厂污染物排放标准》（GB 18918—2002）中规定，城镇污水处理厂污染物排放标准规定了城镇污水处理厂出水、________和污泥处置（控制）的污染物限值。

答案：废气排放

8.《城镇污水处理厂污染物排放标准》（GB 18918—2002）中规定，氨氮采用的监测分析方法为________。

答案：蒸馏和滴定法

9.《城镇污水处理厂污染物排放标准》（GB 18918—2002）中规定，化学需氧量执行城镇污水处理厂污染物排放三级标准时，下列情况下按去除率指标执行：当进水 COD 大于 350mg/L 时，去除率应大于________。

答案：60%

10.《城镇污水处理厂污染物排放标准》（GB 18918—2002）中规定，城镇污水处理厂废气排放标准厂界废气控制项目有氨、硫化氢、________、甲烷。

答案：臭气浓度

二、判断题

1.《城镇污水处理厂污染物排放标准》（GB 18918—2002）中规定，城镇污水是指城镇居民生活污水，机关、学校、医院、商业服务机构及各种公共设施排水，以及允许排入城镇污水收集系统的工业废水和初期雨水等。（　）

答案：（√）

2.《城镇污水处理厂污染物排放标准》（GB 18918—2002）中规定，城镇污水处理厂指对进入城镇污水收集系统的污水进行净化处理的污水处理厂。（　）

答案：（√）

3.《城镇污水处理厂污染物排放标准》（GB 18918—2002）中规定，一级强化处理是指在常规一级处理（重力沉降）基础上，减少化学混凝处理、机械过滤或不完全生物处理等，以提高一级处理效果的处理工艺。（　）

答案：（×）

正确答案为：一级强化处理是指在常规一级处理（重力沉降）基础上，增加化学混凝处理、机械过滤或不完全生物处理等，以提高一级处理效果的处理工艺。

4.《城镇污水处理厂污染物排放标准》（GB 18918—2002）中规定，根据城镇污水处理厂排入地表水域环境功能和保护目标，以及污水处理厂的处理工艺，将基本控制项目的常规污染物标准分为一级标准、二级标准、三级标准、四级标准。（ ）

答案：（×）

正确答案为：将基本控制项目的常规污染物标准分为一级标准、二级标准、三级标准。

5.《城镇污水处理厂污染物排放标准》（GB 18918—2002）中规定，城镇污水处理厂常规污染物标准中一级标准分为 A 标准、B 标准和 C 标准。（ ）

答案：（×）

正确答案为：城镇污水处理厂常规污染物标准中一级标准分为 A 标准和 B 标准。

6.《城镇污水处理厂污染物排放标准》（GB 18918—2002）中规定，根据城镇污水处理厂所在地区的大气环境质量要求和大气污染物治理技术和设施条件，将标准分为三级。（ ）

答案：（√）

7.《城镇污水处理厂污染物排放标准》（GB 18918—2002）中规定，城镇污水处理厂出水作为水资源用于农业、工业、市政、地下水回灌等方面不同用途时，还应达到相应的用水水质要求，不得对人体健康和生态环境造成不利影响。（ ）

答案：（√）

8. 非重点控制流域和非水源保护区的建制镇的污水处理厂，根据当地经济条件和水污染控制要求，采用一级强化处理工艺时，执行二级标准。（ ）

答案：（×）

正确答案为：采用一级强化处理工艺时，执行三级标准。

9. 城镇污水处理厂的污泥应进行污泥脱水处理，脱水后污泥含水率应小于 80%。（ ）

答案：（√）

10. 省、自治区、直辖市人民政府对执行国家污染物排放标准不能达到本地区环境功能要求时，可以根据总量控制要求和环境影响评价结果制定严于本标准的地方污染物排放标准，并报国家环境保护行政主管部门备案。（ ）

答案：（√）

三、单选题

1.《城镇污水处理厂污染物排放标准》（GB 18918—2002）中规定，城镇污水处理厂出水排入 GB 3838 地表水Ⅱ类功能水域（划定的饮用水水源保护区和游泳区除外）、GB 3097 海水二类功能水域和湖、库等封闭或半封闭水域时，执行一级________标准。

A. A　B. B　C. C　D. D

答案：B

2.《城镇污水处理厂污染物排放标准》（GB 18918—2002）中规定，根据城镇污水处理厂排入地表水域环境功能和保护目标，以及污水处理厂的处理工艺，将基本控制项目的常规污染物标准分为________标准。

A．二类　　B．三类　　C．四类　　D．五类

答案：B

3．《城镇污水处理厂污染物排放标准》（GB 18918—2002）中规定，根据城镇污水处理厂所在地区的大气环境质量要求和大气污染物治理技术和设施条件，将标准分为________。

A．二级　　B．三级　　C．四级　　D．五级

答案：B

4．《城镇污水处理厂污染物排放标准》（GB 18918—2002）中规定，化学需氧量采用的监测分析方法为________。

A．稀释与接种法　　B．重量法　　C．红外光度法　　D．重铬酸盐法

答案：D

5．《城镇污水处理厂污染物排放标准》（GB 18918—2002）中规定，动植物油采用红外光度法的监测分析方法测定下限为________。

A．2 mg/L　　B．1 mg/L　　C．0.2 mg/L　　D．0.1 mg/L

答案：D

四、多选题

1．《城镇污水处理厂污染物排放标准》（GB 18918—2002）中规定，化学需氧量执行城镇污水处理厂污染物排放一级 A 标准、一级 B 标准、二级标准、三级标准时最高允许排放浓度（日均值）分别为________。

A．50 mg/L　　B．60 mg/L　　C．100 mg/L　　D．120 mg/L　　E．150 mg/L

答案：A　B　C　D

2．《城镇污水处理厂污染物排放标准》（GB 18918—2002）中规定，根据城镇污水处理厂排入地表水域环境功能和保护目标，以及污水处理厂的处理工艺，将基本控制项目的常规污染物标准值分为________。

A．一级标准、二级标准、三级标准　　B．一级标准分为 A 标准和 B 标准

C．一类重金属污染物和选择控制项目不分级

答案：A　B　C

3．《城镇污水处理厂污染物排放标准》（GB 18918—2002）中规定，城镇污水处理厂出水作为水资源用于________不同用途时，还应达到相应的用水水质要求，不得对人体健康和生态环境造成不利影响。

A．农业　　B．工业　　C．市政　　D．地下水回灌

答案：A　B　C　D

4.《城镇污水处理厂污染物排放标准》(GB 18918—2002)中规定，城镇污水处理厂出水排入 GB 3838 地表水Ⅲ类功能水域(划定的饮用水水源保护区和游泳区除外)、GB 3097 海水________类功能水域和湖、库等封闭或半封闭水域时，执行________的 B 标准。

A．一类　　B．二类　　C．一级标准　　D．二级标准

答案：B　C

5.《城镇污水处理厂污染物排放标准》(GB 18918—2002)中规定，城镇污水处理厂的污泥应进行稳定化处理，稳定化方法有________。

A．厌氧消化　　B．好氧消化　　C．好氧堆肥　　D．厌氧堆肥

答案：A　B　C

五、简答题

1.《城镇污水处理厂污染物排放标准》(GB 18918—2002)中，简述城镇污水处理厂水质取样的方法与频次。

答案：水质取样在污水处理厂处理工艺末端排放口。在排放口应设污水水量自动计量装置、自动比例采样装置，pH 值、水温、COD 等主要水质指标应安装在线监测装置。取样频率至少为 1 次/2h，取 24h 混合样，以日均值计。

2.《城镇污水处理厂污染物排放标准》(GB 18918—2002)中，简述城镇污水处理厂废气取样布点的方法与频次。

答案：氨、硫化氢、臭气浓度监测点设于城镇污水处理厂厂界或防护带边缘的浓度最高点；甲烷监测点设于厂区内浓度最高点。监测点的布置方法与采样方法按 GB 16297 中附录 C 和 HJ/T 55 的有关规定执行。采样频率，每 2h 采样一次，共采集 4 次，取其最大测定值。

3.《城镇污水处理厂污染物排放标准》(GB 18918—2002)中，城镇污水处理厂所在地区的大气环境质量要求和大气污染物治理技术和设施条件，将标准分为三级，简述标准分级。

答案：位于 GB 3095 一类区的所有(包括现有和新建、改建、扩建)城镇污水处理厂，自本标准实施之日起，执行一级标准。位于 GB 3095 二类区和三类区的城镇污水处理厂，分别执行二级标准和三级标准。

4．简述《城镇污水处理厂污染物排放标准》(GB 18918—2002)中，城镇污水处理厂大气污染物排放标准的实施时间。

答案：2003 年 6 月 30 日之前建设(包括改、扩建)的城镇污水处理厂，实施标准的时间为 2006 年 1 月 1 日；2003 年 7 月 1 日起新建(包括改、扩建)的城镇污水处理厂，自本标准实施之日起开始执行。

5.《城镇污水处理厂污染物排放标准》(GB 18918—2002)中，简述城镇污水处理厂水质一级标准的 A 标准和 B 标准是怎样分级的。

答案：一级标准的 A 标准是城镇污水处理厂出水作为回用水的基本要求。当污水处理厂出水引入稀释能力较小的河湖作为城镇景观用水和一般回用水等用途时，执行一级标准的 A 标准。城镇污水处理厂出水排入 GB 3838 地表水III类功能水域（划定的饮用水水源保护区和游泳区除外）、GB 3097 海水二类功能水域和湖、库等封闭或半封闭水域时，执行一级标准的 B 标准。

参考文献

城镇污水处理厂污染物排放标准（GB 18918—2002）.

命题：魏永邦　厉凌辉
审核：陈黎军

第二十节　医疗机构水污染物排放标准（GB 18466—2005）

一、填空题

1.《医疗机构水污染物排放标准》（GB 18466—2005）中规定，综合医疗机构和其他医疗机构水污染物排放日均值是________（MPV/L）。

答案：500

2.《医疗机构水污染物排放标准》（GB 18466—2005）中规定，综合医疗机构和其他医疗机构污水采用含氯消毒剂的消毒接触池接触时间是________，接触池出口总余氯________。

答案：≥1h　　3～10mg/L

3.《医疗机构水污染物排放标准》（GB 18466—2005）中规定，传染病、结核病医疗机构污水采用含氯消毒剂的消毒接触池接触时间是________，接触池出口总余氯________。

答案：≥1.5h　　6.5～10mg/L

4.《医疗机构水污染物排放标准》（GB 18466—2005）中规定，医疗机构污水处理站排出的废气应进行________处理。

答案：除臭除味

5.《医疗机构水污染物排放标准》（GB 18466—2005）中规定，传染病、结核病医疗机构应对污水处理站排出的废气进行________处理。

答案：消毒

6.《医疗机构水污染物排放标准》（GB 18466—2005）中规定，医疗机构污水外排口处应设________，并宜设污水比例采样器和在线监测设备。

答案：污水计量装置

7.《医疗机构水污染物排放标准》（GB 18466—2005）中规定，医疗机构水污染物中肠道病菌主要监测________、________。

答案：沙门氏菌　志贺氏菌

8.《医疗机构水污染物排放标准》（GB 18466—2005）中规定，医疗机构污水中粪大肠菌群数量相对较少的接种量为 ________、________、________ml。

答案：10　1　0.1

9. 医疗机构污水监测粪大肠菌群，接种量少于 1ml 时水样应制成________后供发酵试验使用。

答案：稀释样品

10.《医疗机构水污染物排放标准》（GB 18466—2005）中规定，采集的医疗机构样品为经过氯消毒的污水，应在采集后立即用________溶液充分中和余氯。

答案：5%硫代硫酸钠

11.《医疗机构水污染物排放标准》（GB 18466—2005）中规定，医疗机构污泥中粪大肠菌群数量相对较少的接种量为 ________、________、________g。

答案：0.1　0.01　0.001

12.《医疗机构水污染物排放标准》（GB 18466—2005）中规定，在分析医疗机构污水中大肠杆菌时，大肠杆菌分解乳糖产酸时培养液________，产气时小管内出现气泡。

答案：变色

13.《医疗机构水污染物排放标准》（GB 18466—2005）中规定，分析医疗机构污水和污泥中沙门氏菌时的鉴定方法有________和________。

答案：血清学试验　生化试验

14.《医疗机构水污染物排放标准》（GB 18466—2005）中规定，分析医疗机构污泥中蛔虫卵时，采集后不能立即检验的样品，可在 100g 污泥中加入 ________或________，在 4～10℃冰箱内保存。

答案：5ml 3%福尔马林　3%盐酸溶液

15.《医疗机构水污染物排放标准》（GB 18466—2005）中规定，分析医疗机构污水结核杆菌时，污水集菌可采用________或 ________。

答案：过滤离心法　直接离心法

二、判断题

1.《医疗机构水污染物排放标准》（GB 18466—2005）中规定，带传染病房的综合医疗机构，应将传染病房污水与非传染病房污水分开。（　）

答案：（√）

2.《医疗机构水污染物排放标准》（GB 18466—2005）中规定，医疗机构病区和非病

区的污水，传染病区和非传染病区的污水不分流，不得将固体传染性废物，各种化学废液弃置和倾倒排入下水道。（ ）

答案：（×）

正确答案为：医疗机构病区和非病区的污水，传染病区和非传染病区的污水应分流。

3.《医疗机构水污染物排放标准》（GB 18466—2005）中规定，医疗机构水污染物中大肠菌群数每月监测不得少于 2 次。（ ）

答案：（×）

正确答案为：医疗机构水污染物中大肠菌群数每月监测不得少于 1 次。

4.《医疗机构水污染物排放标准》（GB 18466—2005）中规定，医疗机构水污染物监测中沙门氏菌每季度不少于 1 次，志贺氏菌每年不少于 2 次。（ ）

答案：（√）

5.《医疗机构水污染物排放标准》（GB 18466—2005）中规定，医疗机构污水中粪大肠菌群数量较多时接种量为 1、0.1、0.01ml 或 0.1、0.01、0.001ml。（ ）

答案：（√）

6.《医疗机构水污染物排放标准》（GB 18466—2005）中规定，医疗机构污泥中粪大肠菌群数量较多时接种量为 1、0.1、0.01ml 或 0.1、0.01、0.001g。（ ）

答案：（×）

正确答案为：医疗机构污泥中粪大肠菌群数量较多时接种量为 1、0.1、0.01ml 或 0.1、0.01、0.001ml。

7.《医疗机构水污染物排放标准》（GB 18466—2005）中规定，分析医疗机构污泥中志贺氏菌时，取污泥 30g，放入灭菌容器内，加入 300ml 灭菌水，充分混匀制成 1∶20 混悬液。（ ）

答案：（×）

正确答案为：分析医疗机构污泥中志贺氏菌时，取污泥 30g，放入灭菌容器内，加入 300ml 灭菌水，充分混匀制成 1∶10 混悬液。

8.《医疗机构水污染物排放标准》（GB 18466—2005）中规定，分析医疗机构污泥中蛔虫卵时，样品采集后应立即送回实验室检验。（ ）

答案：（√）

9.《医疗机构水污染物排放标准》（GB 18466—2005）中规定，分析医疗机构污泥中结核杆菌时，污泥集菌可采用直接离心法。（ ）

答案：（×）

正确答案为：分析医疗机构污泥中结核杆菌时，污泥集菌可采用过滤离心法。

三、单选题

1.《医疗机构水污染物排放标准》（GB 18466—2005）中规定，传染病、结核病医疗机构水污染中粪大肠菌群数的标准值是________（MPV/L）。

A．1　B．5　C．50　D．100

答案：D

2．《医疗机构水污染物排放标准》（GB 18466—2005）中规定，采用含氯消毒剂进行消毒的医疗机构污水，若直接排入地表水和海域，应进行脱氯处理，使总余氯小于________mg/L。

A．1　B．0.5　C．1.5　D．2

答案：B

3．《医疗机构水污染物排放标准》（GB 18466—2005）中规定，传染病医疗机构和综合医疗机构的传染病房设置专用的化粪池，化粪池应按最高日排水量设计，停留时间为________h。

A．12　B．24　C．24～36　D．36

答案：C

4．《医疗机构水污染物排放标准》（GB 18466—2005）中规定，医疗机构污水中检验粪大肠菌群，污水样品应至少取________ml。

A．50　B．100　C．150　D．200

答案：D

5．《医疗机构水污染物排放标准》（GB 18466—2005）中规定，分析医疗机构污水和污泥中结核杆菌时，在已接种的培养基应置于________培养箱内培养。

A．20℃　B．25℃　C．35℃　D．37℃

答案：D

四、多选题

1．《医疗机构水污染物排放标准》（GB 18466—2005）中规定，医疗机构污泥中检验________，污泥样品应至少取________g。

A．粪大肠菌群　B．200　C．结核杆菌　D．150

答案：A　B

2．《医疗机构水污染物排放标准》（GB 18466—2005）中规定，分析医疗机构污水中结核杆菌时，污水集菌可采用________。

A．直接离心法　B．过滤离心法　C．720r/min 离心法　D．365r/min 离心法

答案：A　B

五、简答题

1．简述《医疗机构水污染物排放标准》（GB 18466—2005）规定中，医疗机构污水的定义。

答案：指医疗机构门诊、病房、手术室、各类检验室、病理解剖室、放射室、洗衣房、

太平间等处排出的诊疗、生活及粪便污水。

2.《医疗机构水污染物排放标准》（GB 18466—2005）规定中，分析医疗机构污水和污泥中沙门氏菌时，应在培养基平板上挑选哪些菌落进行培养？

答案：挑选在 SS 培养基平板上呈无色透明或中间有黑心，直径 1～2mm 的菌落，挑选在 BS 培养基平板上呈黑色的菌落或灰绿色的可疑肠道病原菌菌落。

3.《医疗机构水污染物排放标准》（GB 18466—2005）规定中，对于医疗机构水污染物为传染病病原体，哪种情况下进行监测？

答案：感染上同一种肠道指病菌或肠道病毒的甲类传染病病人数超过 5 人，或乙类传染病病人数超过 10 人，或丙类传染病病人数超过 20 人，应及时监测该种传染病病原体。

六、计算题

经过取样、分析、培养、镜检后，在显微镜下计数，看出污泥中死亡蛔虫卵 10 个，存活蛔虫卵 15 个，计算该医疗机构中蛔虫卵的死亡率。

答案：蛔虫卵死亡率 A=（$m/m+n$）×100

根据计算公式可知 A=（10/10+15）×100=40%

m——死亡蛔虫卵数；n——活蛔虫卵数。

参考文献

医疗机构水污染物排放标准（GB 18466—2005）.

命题：丁梅梅

审核：陈黎军

第二十一节　城市污水再生利用 城市杂用水水质（GB 18920—2002）

一、填空题

1.《城市污水再生利用 城市杂用水水质》（GB 18920—2002）________指设市城市和建制镇。

答案：城市

2.《城市污水再生利用 城市杂用水水质》（GB 18920—2002）________指用于冲厕、道路清扫、消防、城市绿化、车辆冲洗、建筑施工的非饮用水。

答案：城市杂水

3.《城市污水再生利用 城市杂用水水质》（GB 18920—2002）城市杂水指用于冲厕、道路清扫、消防、城市绿化、车辆冲洗、建筑施工的________。

答案：非饮用水

4.《城市污水再生利用 城市杂用水水质》(GB 18920—2002)________指公共及住宅卫生间便器冲洗的用水。

答案：冲厕来用水

5.《城市污水再生利用 城市杂用水水质》(GB 18920—2002)________指道路灰尘抑制、道路扫除的用水。

答案：道路清扫来用水

6.《城市污水再生利用 城市杂用水水质》(GB 18920—2002)________指市政及小区消火栓系统的用水。

答案：消防来用水

7.《城市污水再生利用 城市杂用水水质》(GB 18920—2002)________指除特种树木及特种花卉以外的公园、道边树及道路隔离绿化带、运动场、草坪，以及相似地区的用水。

答案：城市绿化来用水

8.《城市污水再生利用 城市杂用水水质》(GB 18920—2002)城市绿化来用水指除________以外的公园、道边树及道路隔离绿化带、运动场、草坪，以及相似地区的用水。

答案：特种树木及特种花卉

9.《城市污水再生利用 城市杂用水水质》(GB 18920—2002)城市绿化来用水指除特种树木及特种花卉以外的公园、道边树及道路隔离绿化带、运动场、草坪，以及________。

答案：相似地区的用水

10.《城市污水再生利用 城市杂用水水质》(GB 18920—2002)________指建筑施工现场的土壤压实、灰尘抑制、混凝土冲洗、混凝土拌和的用水。

答案：建筑施工来用水

11.《城市污水再生利用 城市杂用水水质》(GB 18920—2002)城市杂用水水质标准中冲厕用水 pH 值标准为________。

答案：6.0～9.0

12.《城市污水再生利用 城市杂用水水质》(GB 18920—2002)城市杂用水水质标准中冲厕用水嗅标准为________。

答案：无不快感

13.《城市污水再生利用 城市杂用水水质》(GB 18920—2002)城市杂用水水质标准中城市绿化用水五日生化需氧量标准为________mg/L。

答案：20

14.《城市污水再生利用 城市杂用水水质》(GB 18920—2002)城市杂用水水质标准中道路清扫消防用水五日生化需氧量标准为________mg/L。

答案：15

15.《城市污水再生利用 城市杂用水水质》(GB 18920—2002)城市杂用水水质标准中车辆冲洗用水五日生化需氧量标准为________mg/L。

答案：10

16.《城市污水再生利用 城市杂用水水质》（GB 18920—2002）城市杂用水水质标准中建筑施工用水五日生化需氧量标准为________mg/L。

答案：15

17.《城市污水再生利用 城市杂用水水质》（GB 18920—2002）城市杂用水水质标准中建筑施工用水氨氮标准为________mg/L。

答案：20

18.《城市污水再生利用 城市杂用水水质》（GB 18920—2002）城市杂用水水质标准中车辆冲洗用水铁标准为________mg/L。

答案：0.3

19.《城市污水再生利用 城市杂用水水质》（GB 18920—2002）城市杂用水水质标准中冲厕用水铁标准为________mg/L。

答案：0.3

二、判断题

1.《城市污水再生利用 城市杂用水水质》（GB 18920—2002）城市杂用水标准水质项目分析方法中五日生化需氧量的分析方法为纳氏试剂比色法。（ ）

答案：（×）

正确答案为：《城市污水再生利用 城市杂用水水质》（GB 18920—2002）城市杂用水标准水质项目分析方法中五日生化需氧量的分析方法为稀释与接种法。

2.《城市污水再生利用 城市杂用水水质》（GB 18920—2002）城市杂用水标准水质项目分析方法中氨氮的分析方法为纳氏试剂比色法。（ ）

答案：（√）

3.《城市污水再生利用 城市杂用水水质》（GB 18920—2002）城市杂用水标准水质项目分析方法中阴离子表面活性剂的分析方法为亚甲蓝分光光度法。（ ）

答案：（√）

4.《城市污水再生利用 城市杂用水水质》（GB 18920—2002）城市杂用水标准水质项目分析方法中阴离子表面活性剂的分析方法为碘量法。（ ）

答案：（×）

正确答案为：《城市污水再生利用 城市杂用水水质》（GB 18920—2002）城市杂用水标准水质项目分析方法中阴离子表面活性剂的分析方法为亚甲蓝分光光度法。

5.《城市污水再生利用 城市杂用水水质》（GB 18920—2002）城市杂用水水质标准中车辆冲洗用水溶解氧标准为 1.0mg/L。（ ）

答案：（√）

三、单选题

1.《城市污水再生利用 城市杂用水水质》（GB 18920—2002）城市杂用水水质标准中冲厕用水阴离子表面活性剂标准为________mg/L。

A．0.5 B．2.0 C．1.0 D．1.5

答案：C

2.《城市污水再生利用 城市杂用水水质》（GB 18920—2002）城市杂用水水质标准中车辆冲洗用水阴离子表面活性剂标准为________mg/L。

A．0.5 B．2.0 C．1.0 D．1.5

答案：A

3.《城市污水再生利用 城市杂用水水质》（GB 18920—2002）城市杂用水水质标准中车辆冲洗用水溶解氧标准为________mg/L。

A．1.5 B．2.0 C．0.5 D．1.0

答案：D

4.《城市污水再生利用 城市杂用水水质》（GB 18920—2002）城市杂用水标准水质项目分析方法中色度的分析方法为________。

A．铂・钴标准比色法 B．分光度法 C．电位法 D．重量法

答案：A

5.《城市污水再生利用 城市杂用水水质》（GB 18920—2002）城市杂用水标准水质项目分析方法中五日生化需氧量的分析方法为________。

A．稀释与接种法 B．分光度法 C．电位法 D．重量法

答案：A

四、多选题

1.《城市污水再生利用 城市杂用水水质》（GB 18920—2002）城市杂用水标准水质项目分析方法中浊度的分析方法为________。

A．碘量法 B．分光度法 C．目视比浊法 D．重量法

答案：B C

2.《城市污水再生利用 城市杂用水水质》（GB 18920—2002）城市杂用水标准水质项目分析方法中铁的分析方法为________。

A．二氮杂菲分光光度法 B．原子吸收分光光度法 C．目视比浊法 D．重量法

答案：A B

3.《城市污水再生利用 城市杂用水水质》（GB 18920—2002）城市杂用水标准水质项目分析方法中锰的分析方法为________。

A．过硫酸铵分光光度法 B．原子吸收分光光度法 C．目视比浊法 D．重量法

答案：A　B

4.《城市污水再生利用 城市杂用水水质》（GB 18920—2002）城市杂用水标准水质项目分析方法中溶解氧的分析方法为________。

A．碘量法　B．分光光度法　C．电化学探头法　D．重量法

答案：A　C

五、简答题

简述《城市污水再生利用 城市杂用水水质》（GB 18920—2002）城市杂用水水质标准中总余氯在各类水中标准。

答案：城市杂用水水质标准中总余氯在各类水中标准是：接触 30min 后大于等于 1.0，管网末端大于等于 0.2。

参考文献

城市污水再生利用 城市杂用水水质（GB 18920—2002）.

命题：刘　宁

审核：陈黎军

第二十二节　城市污水再生利用 农田灌溉用水水质（GB 20922—2007）

一、填空题

1.《城市污水再生利用 农田灌溉用水水质》（GB 20922—2007）城市污水再生利用 农田灌溉用水水质标准适用于以________为水源的农田灌溉用水。

答案：城市污水处理厂出水

2.《城市污水再生利用 农田灌溉用水水质》（GB 20922—2007）城市污水再生利用 农田灌溉用水水质标准适用于以城市污水处理厂出水为________的农田灌溉用水。

答案：水源

3.《城市污水再生利用 农田灌溉用水水质》（GB 20922—2007）________为排入国家按行政建制设立的市、镇污水收集系统的污水统称。它由综合生活污水、工业废水和地下渗入水三部分组成，在合流制排水系统中，还包括截流的雨水。

答案：城市污水

4.《城市污水再生利用 农田灌溉用水水质》（GB 20922—2007）城市污水为排入国家按行政建制设立的市、镇污水收集系统的污水统称。它由________、________和________三部分组成，在合流制排水系统中，还包括截流的雨水。

答案：综合生活污水　工业废水　地下渗入水

5.《城市污水再生利用 农田灌溉用水水质》(GB 20922—2007)城市污水为排入国家按行政建制设立的市、镇污水收集系统的污水统称。它由综合生活污水、工业废水和地下渗入水三部分组成，在合流制排水系统中，还包括________。

答案：截流的雨水

6.《城市污水再生利用 农田灌溉用水水质》(GB 20922—2007)________是按照作物生长的需要，利用工程设施，将水送到田间，满足作物用水需求。

答案：农田灌溉

7.《城市污水再生利用 农田灌溉用水水质》(GB 20922—2007)农田灌溉是按照________的需要，利用工程设施，将水送到田间，满足作物用水需求。

答案：作物生长

8.《城市污水再生利用 农田灌溉用水水质》(GB 20922—2007)农田灌溉是按照作物生长的需要，利用________，将水送到田间，满足作物用水需求。

答案：工程设施

9.《城市污水再生利用 农田灌溉用水水质》(GB 20922—2007)农田灌溉是按照作物生长的需要，利用工程设施，将水送到田间，满足________需求。

答案：作物用水

10.《城市污水再生利用 农田灌溉用水水质》(GB 20922—2007)________是生产植物纤维的农作物。

答案：纤维作物

11.《城市污水再生利用 农田灌溉用水水质》(GB 20922—2007)纤维作物是生产________的农作物。

答案：植物纤维

12.《城市污水再生利用 农田灌溉用水水质》(GB 20922—2007)________是在干旱半干旱地区依靠自然降水和人工灌溉的禾谷类作物。

答案：旱地谷物

13.《城市污水再生利用 农田灌溉用水水质》(GB 20922—2007)旱地谷物是在干旱半干旱地区依靠________和________的禾谷类作物。

答案：自然降水 人工灌溉

14.《城市污水再生利用 农田灌溉用水水质》(GB 20922—2007)旱地谷物是在干旱半干旱地区依靠自然降水和人工灌溉的________。

答案：禾谷类作物

15.《城市污水再生利用 农田灌溉用水水质》(GB 20922—2007)________适于水泽生长的一类禾谷类作物。宜在土层深厚、肥沃的土壤中生长，并保持一定水层。

答案：水田谷物

16.《城市污水再生利用 农田灌溉用水水质》(GB 20922—2007)水田谷物适于水泽

生长的一类________。宜在土层深厚、肥沃的土壤中生长，并保持一定水层。

答案：禾谷类作物

17.《城市污水再生利用 农田灌溉用水水质》（GB 20922—2007）水田谷物适于水泽生长的一类禾谷类作物。宜在________的土壤中生长，并保持一定水层。

答案：土层深厚、肥沃

18.《城市污水再生利用 农田灌溉用水水质》（GB 20922—2007）________是除温室、大棚蔬菜外的陆地露天生长的需加工、烹调及去皮蔬菜。

答案：露地蔬菜

19.《城市污水再生利用 农田灌溉用水水质》（GB 20922—2007）露地蔬菜是除温室、大棚蔬菜外的________的需加工、烹调及去皮蔬菜。

答案：陆地露天生长

20.《城市污水再生利用 农田灌溉用水水质》（GB 20922—2007）农田灌溉时，在输水过程中________应有防渗措施，防止地下水污染；最近灌溉取水点的水质应符合《城市污水再生利用 农田灌溉用水水质》标准的规定。

答案：主渠道

21.《城市污水再生利用 农田灌溉用水水质》（GB 20922—2007）农田灌溉时，在输水过程中主渠道应有防渗措施，防止________污染；最近灌溉取水点的水质应符合《城市污水再生利用 农田灌溉用水水质》标准的规定。

答案：地下水

22.《城市污水再生利用 农田灌溉用水水质》（GB 20922—2007）农田灌溉时，在输水过程中主渠道应有防渗措施，防止地下水污染；最近灌溉取水点的水质应符合________的规定。

答案：《城市污水再生利用 农田灌溉用水水质标准》

23.《城市污水再生利用 农田灌溉用水水质》（GB 20922—2007）________灌溉农田之前，各地应根据当地的气候条件、作物的种植种类及土壤类别进行灌溉试验，确定适合当地的灌溉制度。

答案：城市污水再生利用

24.《城市污水再生利用 农田灌溉用水水质》（GB 20922—2007）城市污水再生利用灌溉农田之前，各地应根据当地的________、作物的种植种类及土壤类别进行灌溉试验，确定适合当地的灌溉制度。

答案：气候条件

25.《城市污水再生利用 农田灌溉用水水质》（GB 20922—2007）选择控制项目，根据污水处理厂处理接纳的________和________选择控制。

答案：工业污染物的类别　农业用水质量要求

二、判断题

1.《城市污水再生利用 农田灌溉用水水质》(GB 20922—2007)选择控制项目钴水质指标最大限制为 1.0mg/L( )

答案:(√)

2.《城市污水再生利用 农田灌溉用水水质》(GB 20922—2007)选择控制项目铍水质指标最大限制为 0.005mg/L。( )

答案:(×)

正确答案为:《城市污水再生利用 农田灌溉用水水质》(GB 20922—2007)选择控制项目铍水质指标最大限制为 0.002mg/L。

3.《城市污水再生利用 农田灌溉用水水质》(GB 20922—2007)选择控制项目铁水质指标最大限制为 1.5mg/L。( )

答案:(√)

4.《城市污水再生利用 农田灌溉用水水质》(GB 20922—2007)基本控制项目生化需氧量分析方法为重铬酸盐法。( )

答案:(×)

正确答案为:《城市污水再生利用 农田灌溉用水水质》(GB 20922—2007)基本控制项目生化需氧量分析方法为稀释接种法。

5.《城市污水再生利用 农田灌溉用水水质》(GB 20922—2007)基本控制项目悬浮物分析方法为重量法。( )

答案:(√)

三、单选题

1.《城市污水再生利用 农田灌溉用水水质》(GB 20922—2007)纤维作物基本控制项目生化需氧量水质指标最大限制为________mg/L。

A. 100 B. 80 C. 60 D. 40

答案:A

2.《城市污水再生利用 农田灌溉用水水质》(GB 20922—2007)水田谷物基本控制项目生化需氧量水质指标最大限制为________mg/L。

A. 100 B. 80 C. 60 D. 40

答案:C

3.《城市污水再生利用 农田灌溉用水水质》(GB 20922—2007)水田谷物基本控制项目悬浮物水质指标最大限制为________mg/L。

A. 100 B. 90 C. 80 D. 60

答案:C

4.《城市污水再生利用 农田灌溉用水水质》(GB 20922—2007）露地蔬菜基本控制项目石油类水质指标最大限制为________mg/L。

A．10.0　B．5.0　C．1.0　D．0.5

答案：B

5.《城市污水再生利用 农田灌溉用水水质》(GB 20922—2007）露地蔬菜基本控制项目化学需氧量水质指标最大限制为________mg/L。

A．150　B．200　C．180　D．100

答案：D

四、多选题

1.《城市污水再生利用 农田灌溉用水水质》(GB 20922—2007）纤维作物、旱地谷物要求城市污水达到________强化处理，水田谷物、露地蔬菜要求达到________处理。

A．一级　B．二级　C．三级　D．四级

答案：A　B

2.《城市污水再生利用 农田灌溉用水水质》(GB 20922—2007）水田谷物及露地蔬菜基本控制项目生化需氧量水质指标最大限制分别为_______mg/L 及_______mg/L。

A．100　B．80　C．60　D．40

答案：C　D

3.《城市污水再生利用 农田灌溉用水水质》(GB 20922—2007）纤维作物及露地蔬菜基本控制项目余氯水质指标最大限制分别为________mg/L 及________mg/L。

A．2.0　B．1.5　C．1.0　D．0.5

答案：B　C

4.《城市污水再生利用 农田灌溉用水水质》(GB 20922—2007）纤维作物及露地蔬菜基本控制项目砷水质指标最大限制分别为________mg/L 及________mg/L。

A．0.1　B．0.08　C．0.05　D．0.01

答案：A　C

5.《城市污水再生利用 农田灌溉用水水质》(GB 20922—2007）旱地谷物及水田谷物基本控制项目砷水质指标最大限制分别为________mg/L 及________mg/L。

A．0.1　B．0.08　C．0.05　D．0.01

答案：A　C

五、简答题

简述《城市污水再生利用 农田灌溉用水水质》(GB 20922—2007）中 pH 值、溶解性总固体分析方法及方法来源。

答案：pH 值分析方法为玻璃电极法，方法来源为 GB/T 6920；溶解性总固体分析方法为重量法，方法来源为 GB/T 5750.4。

参考文献

城市污水再生利用 农田灌溉用水水质（GB 20922—2007）.

命题：刘 宇

审核：陈黎军

第二十三节 城市污水再生利用 工业用水水质（GB/T 1992—2003）

一、填空题

1.《城市污水再生利用 工业用水水质》（GB/T 19923—2005）________包括直流式、循环式补充水。

答案：冷却用水

2.《城市污水再生利用 工业用水水质》（GB/T 19923—2005）冷却用水包括直流式、________补充水。

答案：循环式

3.《城市污水再生利用 工业用水水质》（GB/T 19923—2005）________包括冲渣、冲灰、消烟除尘、清洗等。

答案：洗涤用水

4.《城市污水再生利用 工业用水水质》（GB/T 19923—2005）洗涤用水包括冲渣、冲灰、________、________等。

答案：消烟除尘 清洗

5.《城市污水再生利用 工业用水水质》（GB/T 19923—2005）________包括低压、中压锅炉补给水。

答案：锅炉用水

6.《城市污水再生利用 工业用水水质》（GB/T 19923—2005）锅炉用水包括________、________锅炉补给水。

答案：低压 中压

7.《城市污水再生利用 工业用水水质》（GB/T 19923—2005）________包括溶料、蒸煮、漂洗、水力开采、水力输送、增湿、稀释、搅拌、选矿、油田回注等。

答案：工艺用水

8.《城市污水再生利用 工业用水水质》（GB/T 19923—2005）工艺用水包括溶料、蒸煮、漂洗、水力开采、水力输送、增湿、稀释、搅拌、选矿、________等。

答案：油田回注

9.《城市污水再生利用　工业用水水质》（GB/T 19923—2005）________包括浆料、化工制剂、涂料等。

答案：产品用水

10.《城市污水再生利用　工业用水水质》（GB/T 19923—2005）________指设市城市和建制镇排入城市排水系统的水的统称，包括生活污水、生产废水和在合流制排水系统中截流的雨水。

答案：城市污水

11.《城市污水再生利用　工业用水水质》（GB/T 19923—2005）城市污水指设市城市和建制镇排入城市排水系统的水的统称，包括________、________和在合流制排水系统中截流的雨水。

答案：生活污水　生产废水

12.《城市污水再生利用　工业用水水质》（GB/T 19923—2005）________指污水经适当再生工艺处理后，达到一定的水质标准，满足某种使用功能要求，可以进行有益使用的水。

答案：再生水

13.《城市污水再生利用　工业用水水质》（GB/T 19923—2005）再生水系指污水经适当再生工艺处理后，达到一定的________，满足某种使用功能要求，可以进行有益使用的水。

答案：水质标准

14.《城市污水再生利用　工业用水水质》（GB/T 19923—2005）________指工厂使用的城镇市自来水或工厂自备水源水。

答案：新鲜水

15.《城市污水再生利用　工业用水水质》（GB/T 19923—2005）新鲜水指工厂使用的城镇市自来水或________。

答案：工厂自备水源水

16.《城市污水再生利用　工业用水水质》（GB/T 19923—2005）________指以水作为冷却介质，由换热设备、冷却设备、水泵、管道及其他有关设备组成系统，水在系统中循环使用的一种冷却系统。

答案：循环冷却水

17.《城市污水再生利用　工业用水水质》（GB/T 19923—2005）循环冷却水指以水作为冷却介质，由换热设备、冷却设备、水泵、管道及其他有关设备组成系统，水在系统中循环使用的________。

答案：一种冷却系统

18.《城市污水再生利用　工业用水水质》（GB/T 19923—2005）________系指锅炉补给水、工艺与产品用水、冷却用水、洗涤用水水源。

答案：工业用水水源

19.《城市污水再生利用 工业用水水质》（GB/T 19923—2005）使用再生水的工业用户，应进行再生水的________，包括杀菌灭藻、水质稳定、水质水量与用水设备监测控制等工作。

答案：用水管理

20.《城市污水再生利用 工业用水水质》（GB/T 19923—2005）工业用户内再生水管道要按规定涂有与新鲜水管道相区别的颜色，并标注________字样。

答案："再生水"

21.《城市污水再生利用 工业用水水质》（GB/T 19923—2005）再生水管道用水点处要有________标志，防止误饮误用。

答案："禁止饮用"

22.《城市污水再生利用 工业用水水质》（GB/T 19923—2005）_______不适用于食品和与人体密切接触的产品用水。

答案：再生水

二、判断题

1.《城市污水再生利用 工业用水水质》（GB/T 19923—2005）取样要求：水样取样点宜设在再生水厂车间出水口。（ ）

答案：（×）

正确答案为：《城市污水再生利用 工业用水水质》（GB/T 19923—2005）取样要求：水样取样点宜设在再生水厂总出水口。

2.《城市污水再生利用 工业用水水质》（GB/T 19923—2005）再生水不适用于食品和与人体密切接触的产品用水。（ ）

答案：（√）

3.《城市污水再生利用 工业用水水质》（GB/T 19923—2005）工业用户内再生水管道要按规定涂有与新鲜水管道相区别的颜色，并标注"禁止饮用"字样。（ ）

答案：（×）

正确答案为：《城市污水再生利用 工业用水水质》（GB/T 19923—2005）工业用户内再生水管道要按规定涂有与新鲜水管道相区别的颜色，并标注"再生水"字样。

4.《城市污水再生利用 工业用水水质》（GB/T 19923—2005）再生水管道用水点处要有"禁止饮用"标志，防止误饮误用。（ ）

答案：（√）

5.《城市污水再生利用 工业用水水质》（GB/T 19923—2005）当再生水用作工业冷却时，循环冷却水系统监测管理参照《工业循环冷却水处理设计规范》（GB 50050）的规定执行。（ ）

答案：（√）

三、单选题

1.《城市污水再生利用　工业用水水质》（GB/T 19923—2005）监测项目中悬浮物分析方法为________。

A．重量法　B．碘量法　C．稀释与接种法　D．容量法

答案：A

2.《城市污水再生利用　工业用水水质》（GB/T 19923—2005）监测项目中总碱度分析方法为________。

A．重量法　B．碘量法　C．稀释与接种法　D．容量法

答案：D

3.《城市污水再生利用　工业用水水质》（GB/T 19923—2005）监测项目中生化需氧量分析方法为________。

A．重量法　B．碘量法　C．稀释与接种法　D．容量法

答案：C

4.《城市污水再生利用　工业用水水质》（GB/T 19923—2005）监测项目中化学需氧量分析方法为________。

A．重量法　B．重铬酸钾法　C．稀释与接种法　D．容量法

答案：B

5.《城市污水再生利用　工业用水水质》（GB/T 19923—2005）监测项目中浊度分析方法为________。

A．稀释与接种法　B．分光度法　C．比浊法　D．重量法

答案：C

四、多选题

1.《城市污水再生利用　城市杂用用水水质》（GB/T 19923—2005）冷却用水包括________、________补充水。

A．直流式　B．循环式　C．补充式　D．往复式

答案：A　B

2.《城市污水再生利用　工业用水水质》（GB/T 19923—2005）洗涤用水包括________、________、________、消烟除尘等。

A．冲渣　B．冲灰　C．清洗　D．过滤

答案：A　B　C

3.《城市污水再生利用　工业用水水质》（GB/T 19923—2005）新鲜水指工厂使用的________或________。

A．地下水　B．城镇市自来水　C．地表水　D．工厂自备水源水

答案：B　D

4.《城市污水再生利用 工业用水水质》（GB/T 19923—2005）监测项目中浊度分析方法为________或________。

A．多管发酵法　B．滤膜法　C．比浊法　D．重量法

答案：A　B

五、简答题

简述《城市污水再生利用 工业用水水质》（GB/T 19923—2005）中工业用水再生水利用的其他要求。

答案：（1）使用再生水的工业用户，应进行再生水的用水管理，包括杀菌灭藻、水质稳定、水质水量与用水设备监测控制等工作。

（2）工业用户内再生水管道要按规定涂有与新鲜水管道相区别的颜色，并标注“再生水”字样。

（3）再生水管道用水点处要有“禁止饮用”标志，防止误饮误用。

（4）再生水不适用于食品和与人体密切接触的产品用水。

参考文献

城市污水再生利用 工业用水水质（GB/T 19923—2005）.

命题：刘　宇

审核：陈黎军

第二十四节　饮用净水水质标准（CJ 94—2005）

一、填空题

1.《饮用净水水质标准》（CJ 94—2005）中净水是以符合生活饮用水水质标准的________或________为原水，经再净化后可供给用户直接饮用的管道直饮水。

答案：自来水　水源水

2.《饮用净水水质标准》（CJ 94—2005）中浑浊度的计量单位是________。

答案：NTU

3.《饮用净水水质标准》（CJ 94—2005）中色度的标准限值为________度。

答案：5

4.《饮用净水水质标准》（CJ 94—2005）中浑浊度的标准限值为________。

答案：0.5NTU

5.《饮用净水水质标准》（CJ 94—2005）中对臭和味的规定是________。

答案：无异臭异味

6.《饮用净水水质标准》（CJ 94—2005）中对肉眼可见物的规定是________。

答案：无

7.《饮用净水水质标准》（CJ 94—2005）中 pH 的标准限值为________。

答案：6.0～8.5

8.《饮用净水水质标准》（CJ 94—2005）中总硬度是以________计，其标准限值为________mg/L。

答案：$CaCO_3$　300

9.《饮用净水水质标准》（CJ 94—2005）中铁的标准限值为________mg/L。

答案：0.20

10.《饮用净水水质标准》（CJ 94—2005）中锰的标准限值为________mg/L。

答案：0.05

11.《饮用净水水质标准》（CJ 94—2005）中铜的标准限值为________mg/L。

答案：1.0

12.《饮用净水水质标准》（CJ 94—2005）中锌的标准限值为________mg/L。

答案：1.0

13.《饮用净水水质标准》（CJ 94—2005）中铝的标准限值为________mg/L。

答案：0.20

14.《饮用净水水质标准》（CJ 94—2005）中臭氧的推荐检测方法为________。

答案：靛蓝三磺酸试剂法

二、判断题

1.《饮用净水水质标准》（CJ 94—2005）中总大肠菌群的标准限值为 0 cfu/100ml。（　）

答案：（×）

正确答案为：《饮用净水水质标准》（CJ 94—2005）中规定总大肠菌群为每 100ml 水样中不得检出。

2.《饮用净水水质标准》（CJ 94—2005）相比于《饮用净水水质标准》（CJ 94—1999）中取消了放射性的指标。（　）

答案：（√）

3.《饮用净水水质标准》（CJ 94—2005）相比于《饮用净水水质标准》（CJ 94—1999）中增加了对管网末梢水中消毒剂残余浓度的规定。（　）

答案：（√）

三、单选题

《饮用净水水质标准》（CJ 94—2005）中余氯的标准限值为________。

A．0.01mg/L（管网末梢水）　　B．0.05mg/L

C．0.05mg/L（管网末梢水）　　D．0.01mg/L

答案：A

参考文献

饮用净水水质标准（CJ 94—2005）.

命题：王雅贞

审核：陈黎军

第二十五节　地表水环境功能区类别代码（试行）（HJ 522—2009）

一、填空题

1.《地表水环境功能区类别代码（试行）》（HJ 522—2009）于________年________月开始实施。

答案：2010　4

2.《地表水环境功能区类别代码（试行）》（HJ 522—2009）适用于________采集、交换、加工、使用和环境信息系统建设的管理工作。

答案：地表水环境信息

3.《地表水环境功能区类别代码（试行）》（HJ 522—2009）水环境功能区类别代码对象为中华人民共和国领域内________、________、________、________、________等具有使用功能的地表水水域。

答案：江河　湖泊　运河　渠道　水库

4.《地表水环境功能区类别代码（试行）》（HJ 522—2009）中规定，地表水环境功能区分类方法采用________为主，________为补充的混合分类法进行分类。

答案：以面分类法　线分类法

5.《地表水环境功能区类别代码（试行）》（HJ 522—2009）中规定，地表水环境功能区分类方法设________类目，根据《中华人民共和国水污染防治法》和 GB 3838 的规定分为________类。

答案：一级　9

6.《地表水环境功能区类别代码（试行）》（HJ 522—2009）中规定，每一种地表水环境功能区类别仅有________，仅表示唯一的一种地表水环境功能区类别。

答案：一个代码

7.《地表水环境功能区类别代码（试行）》（HJ 522—2009）中规定，地表水环境功能区分类代码留有适当的________容量，以便适应不断扩充的需要。

答案：后备

8. 根据《地表水环境功能区类别代码（试行）》（HJ 522—2009）________、________、水环境承受能力（环境容量）、社会经济发展需要以及污染物排放总量控制的要求，划定的具有特定功能的水环境。

答案：水域使用功能　水环境污染状况

9.《地表水环境功能区类别代码（试行）》（HJ 522—2009）中规定，地表水环境功能区类别代码一经确定，只要________发生变化，应保持不变。

答案：名称没有

10.《地表水环境功能区类别代码（试行）》（HJ 522—2009）中规定，地表水环境功能区类别代码编码采用________方法，每层均采用________。

答案：层次编码　数字编码

11.《地表水环境功能区类别代码（试行）》（HJ 522—2009）中规定，地表水环境功能区类别代码用两位________数字表示，即 01～99。

答案：阿拉伯

12.《地表水环境功能区类别代码（试行）》（HJ 522—2009）中规定，地表水环境功能区类别代码自左至右表示的层级由________到________，代码的左端为最高位________，右端为________。

答案：高　低　层次代码　最低位层级代码

13.《地表水环境功能区类别代码（试行）》（HJ 522—2009）中规定，地表水环境功能区类别代码采用________格式，顺序码采用递增的数字码。

答案：固定递增

14.《地表水环境功能区类别代码（试行）》（HJ 522—2009）中规定，地表水环境功能区类别代码的类型、机构以及编写格式应________。

答案：统一

15.《地表水环境功能区类别代码（试行）》（HJ 522—2009）中规定，国家级自然保护区执行地表水环境质量________类标准。

答案：Ⅰ

16.《地表水环境功能区类别代码（试行）》（HJ 522—2009）中规定，地表水环境功能区类别代码结构应尽量________，长度________，以节省微机存储空间和降低代码的出错率。

答案：简明　适当

17.《地表水环境功能区类别代码（试行）》（HJ 522—2009）中规定，地表水环境功能区类别代码结构与分类体系相________。

答案：适应

18.《地表水环境功能区类别代码（试行）》（HJ 522—2009）中规定，珍贵鱼类保护区执行地表水环境质量________类标准。

答案：Ⅱ

二、判断题

1.《地表水环境功能区类别代码（试行）》（HJ 522—2009）于2010年4月开始实施。（ ）

答案：（√）

2.《地表水环境功能区类别代码（试行）》（HJ 522—2009）中规定，地表水环境功能区类别代码采用以线分类法为主，以面分类法为补充的混合分类法进行分类。（ ）

答案：（×）

正确答案为：地表水环境功能区类别代码采用以面分类法为主，以线分类法为补充的混合分类法进行分类。

3.《地表水环境功能区类别代码（试行）》（HJ 522—2009）中规定，每种地表水环境功能区类别可以有2个代码来表示地表水环境功能区划类别。（ ）

答案：（×）

正确答案为：每种地表水环境功能区类别仅有一个代码来表示地表水环境功能区划类别。

4.《地表水环境功能区类别代码（试行）》（HJ 522—2009）中规定，国家级自然保护区是指在国内外有典型意义，在科学上有重大国际影响或者有特殊科学研究价值的自然保护区，执行地表水环境质量Ⅰ类标准。（ ）

答案：（√）

5.《地表水环境功能区类别代码（试行）》（HJ 522—2009）中规定，自然保护区分为国家级自然保护区和地方级自然保护区。（ ）

答案：（√）

6.《地表水环境功能区类别代码（试行）》（HJ 522—2009）中规定，地表水环境功能区类别代码用两位阿拉伯数字表示。（ ）

答案：（√）

7.《地表水环境功能区类别代码（试行）》（HJ 522—2009）适用于地表水环境信息采集、交换、加工、使用和环境信息系统建设的管理工作。（ ）

答案：（√）

8.《地表水环境功能区类别代码（试行）》（HJ 522—2009）中规定，代码结构应尽量详细，长度适当。（ ）

答案：（×）

正确答案为：代码结构应尽量简明，长度适当。

9.《地表水环境功能区类别代码（试行）》（HJ 522—2009）中规定，饮用水水源保护区是国家为防治饮用水水源地污染、保证水源地环境质量而划定，并要求加以特殊保护的一定面积的水域和陆域。（　）

答案：（√）

10.《地表水环境功能区类别代码（试行）》（HJ 522—2009）中规定，准保护区水质标准应保证流入二级保护区的水质满足二级保护区水质标准的要求。（　）

答案：（√）

11.《地表水环境功能区类别代码（试行）》（HJ 522—2009）中规定，一级保护区内水质要保证饮用水卫生标准的要求，水质不得低于地表水环境质量Ⅱ类标准。（　）

答案：（√）

三、单选题

1.《地表水环境功能区类别代码（试行）》（HJ 522—2009）中规定，各工矿企业生产用水的集中取水点所在区域的指定范围，执行地表水环境质量________类标准。

A. Ⅳ类　　B. Ⅲ类　　C. Ⅴ类　　D. Ⅱ类

答案：A

2.《地表水环境功能区类别代码（试行）》（HJ 522—2009）中规定，对有代表性的自然生态系统、珍稀濒危野生动植物物种的天然集中分布区、有特殊意义的自然遗迹等保护对象所在的陆地水体、依法划出一定面积予以特殊保护和管理的区域，此种区域的地表水功能区类别名称为________。

A. 自然保护区　　B. 国家自然保护区　　C. 地方自然保护区　　D. 一级保护区

答案：A

3.《地表水环境功能区类别代码（试行）》（HJ 522—2009）中规定，地表水环境功能区类别代码用________位阿拉伯数字表示。

A. 一　　B. 二　　C. 三　　D. 四

答案：B

4.《地表水环境功能区类别代码（试行）》（HJ 522—2009）中规定，地表水环境功能区类别代码的类型、结构以及编写格式应________。

A. 相适应　　B. 不同　　C. 统一　　D. 视情况而定

答案：C

5.《地表水环境功能区类别代码（试行）》（HJ 522—2009）中规定，________于何时开始实施。

A. 2009 年 12 月　　B. 2012 年 1 月　　C. 2010 年 4 月　　D. 2009 年 9 月

答案：C

四、多选题

1．《地表水环境功能区类别代码（试行）》（HJ 522—2009）适用于地表水环境信息、________、使用和环境信息系统建设的管理工作。

A．采集　　B．交换　　C．加工　　D．视情况而定

答案： A　B　C

2．《地表水环境功能区类别代码（试行）》（HJ 522—2009）中规定，《地表水环境功能区类别代码》的编码原则为________。

A．唯一性　　B．合理性　　C．可扩充性　　D．简单性

答案： A　B　C　D

3．《地表水环境功能区类别代码（试行）》（HJ 522—2009）中规定，采用以________的混合分类法对地表水环境功能进行分类。

A．面分类法　　B．线分类法　　C．标准分类法　　D．区域分类法

答案： A　B

五、简答题

1．简述《地表水环境功能区类别代码（试行）》（HJ 522—2009）中分类编码的特性有哪些？

答案： 分类编码的特性有唯一性、合理性、可扩充性、简单性、稳定性和规范性。

2．简述《地表水环境功能区类别代码（试行）》（HJ 522—2009）中自然保护区分类。

答案：《地表水环境功能区类别代码（试行）》（HJ 522—2009）中自然保护区分为国家级自然保护区、地方自然保护区两类。

3．简述《地表水环境功能区类别代码（试行）》（HJ 522—2009）中饮用水源保护区分类。

答案： 饮用水源保护区分为一级保护区、二级保护区和准保护区。

4．简述《地表水环境功能区类别代码（试行）》（HJ 522—2009）中渔业用水区分类。

答案： 渔业用水区分为珍贵鱼类保护区、一般鱼类用水区。

5．简述《地表水环境功能区类别代码（试行）》（HJ 522—2009）中自然保护区的含义。

答案： 对有代表性的自然生态系统、珍贵濒危野生动植物物种的天然集中分布区、对有特殊意义的自然遗迹等保护对象所在的陆地水体，依法划出一定面积予以特殊保护和管理的区域。

6．简述《地表水环境功能区类别代码（试行）》（HJ 522—2009）中国家级自然保护区的含义。

答案： 在国内外有典型意义、在科学上有重大国际影响或者有特殊科学研究价值的自然保护区，执行地表水质量Ⅰ级标准。

7．简述《地表水环境功能区类别代码（试行）》（HJ 522—2009）中地方级自然保护区的含义。

答案：除国家级自然保护区外，其他具有典型意义或者重要科学研究价值的自然保护区列为地方级自然保护区，执行地表水质量Ⅱ级标准。

8．简述《地表水环境功能区类别代码（试行）》（HJ 522—2009）中饮用水保护区的含义。

答案：国家为防治饮用水水源地污染，保证水源地环境质量而划定，并要求加以特殊保护的一定面积的水域和陆域。

9．简述《地表水环境功能区类别代码（试行）》（HJ 522—2009）中农业用水区的含义。

答案：灌溉农田、森林、草地的农用集中提水站所在水域的指定范围，执行地表水质量Ⅴ级标准。

10．简述《地表水环境功能区类别代码（试行）》（HJ 522—2009）中混合区的含义。

答案：污水与清水逐渐混合、逐步稀释、逐步达到地表水环境功能区水质要求的水域，混合区不执行地表水质量标准，是位于排放口与水环境功能区之间的劣Ⅴ类水域。

11．简述《地表水环境功能区类别代码（试行）》（HJ 522—2009）中过渡区的含义。

答案：水质功能相差较大（两个或两个以上水质类别）的地表水环境功能区之间划定的、使相邻水域管理目标顺畅衔接的过渡水质类别区域，执行相邻地表水环境功能对应高低水质类别区域。

12．简述《地表水环境功能区类别代码（试行）》（HJ 522—2009）中保留区的含义。

答案：目前尚未开发或开发利用程度不高，为今后开发利用预留的水域保留区内水质应维持现状不受破坏。

13．简述《地表水环境功能区类别代码（试行）》（HJ 522—2009）中景观娱乐用水区的含义。

答案：既有保护水生生态的基本条件、工人们观赏娱乐、人体非直接接触的水域天然浴场、游泳区等直接与人体接触的景观娱乐用水区执行地表水环境质量Ⅱ类标准。国家重点风景游览区及与人体接触的景观娱乐水体执行地表水Ⅳ类标准。一般景观用水执行地表水Ⅴ类标准。

参考文献

地表水环境功能区类别代码（试行）（HJ 522—2009）．

命题：李淑敏

审核：陈黎军

第二十六节 水污染物名称代码（HJ 525—2009）

一、填空题

1.《水污染物名称代码》（HJ 525—2009）中水污染物代码适用于有关水污染物的信息采集、交换、________、________以及 ________的管理工作。

答案：加工 使用 环境信息系统建设

2.《水污染物名称代码》（HJ 525—2009）中水污染是指水体因某种物质的介入，而导致其化学、物理、________或________等方面特性的改变，从而影响水的有效利用，危害人体健康或者破坏 ________，造成水质恶化的现象。

答案：生物 放射性 生态环境

3.《水污染物名称代码》（HJ 525—2009）中水污染物是指直接或间接向水体排放的，能导致________的物质。

答案：水体污染

4.《水污染物名称代码》（HJ 525—2009）中水污染物分类根据水污染物的结构或水污染物指标的特征，按一定的规则对其进行________和________的过程。通过分类可以将水污染物按类排列顺序，有利于水污染物的________和使用。

答案：区分 归类 管理

5.《水污染物名称代码》（HJ 525—2009）中水污染物分类原则遵循科学性、________和可扩延性原则。

答案：实用性

6.《水污染物名称代码》（HJ 525—2009）中水污染物分类类目设置要__________、________，受关注的、重要的、出现频率高的污染物单独列出类别，突出重点、方便检索。

答案：全面 实用

7.《水污染物名称代码》（HJ 525—2009）中水污染物分类设一级类目，根据水污染物的结构和理化特征将水污染物分为________类。

答案：二十

8.《水污染物名称代码》（HJ 525—2009）中随着科学技术的发展和社会进步，会有更多新合成或新检出的污染物受到关注，因此在类目的扩展上预留________，保持分类体系有一定 ________，可在本分类体系上进行延拓。

答案：空间 弹性

9.《水污染物名称代码》（HJ 525—2009）中水污染物名称代码值的格式采用码位固定的字母数字混合格式。字母代码采用缩写码，用________表示水体，数字代码采用阿拉伯数字表示，采用递增的数字码。

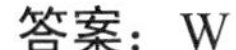

答案：W

10.《水污染物名称代码》（HJ 525—2009）中水污染物代码结构尽量简明，长度适当，以节省机器________和降低代码________。

答案：存储空间　　出错率

11.《水污染物名称代码》（HJ 525—2009）中水污染物编码方法采用层次码为主体，每层中采用________。

答案：顺序码

12.《水污染物名称代码》（HJ 525—2009）中水污染物对于代码表中未列出的污染物或污染指标，可依据分类原则对其进行归类，在其相应类别中已有编码的基础上________。

答案：顺延赋码

13.《水污染物名称代码》（HJ 525—2009）中水污染物及相关分类表中 w22000 代表的是________。

答案：油类

14.《水污染物名称代码》（HJ 525—2009）中芳香族化合物包括芳烃、________及其取代化合物。

答案：多环芳烃

15.《水污染物名称代码》（HJ 525—2009）中水污染物代码结构分三层，第一层用"w"表示水体，第二层代码，表示水污染物的类别，类别代码采用 2 位阿拉伯数字表示，即________；第三层代码，表示水污染物在类别中的代码，采用 3 位阿拉伯数字表示，即________，每一组阿拉伯数字表示一种污染物或一个污染指标。

答案：01～99　　001～999

16.《水污染物名称代码》（HJ 525—2009）中多氯联苯是指三氯联苯、四氯联苯、五氯联苯、________的混合物。

答案：六氯联苯

二、判断题

1.《水污染物名称代码》（HJ 525—2009）中水污染指标反映水体质量或污染程度，但不属具体化学物质，包括物理指标（如色度）、生物指标、放射性指标、综合指标。（　）

答案：（√）

2.《水污染物名称代码》（HJ 525—2009）中水污染的理化性质和结构特征，适宜采用线分类方法进行分类，而对于一些特殊或使用频率高的类别宜采用面分类法。水污染物分类采用以面分类法为主，线分类法为补充的混合分类法。（　）

答案：（×）

正确答案为： 采用以线分类法为主，面分类法为补充的混合分类法。

3.《水污染物名称代码》（HJ 525—2009）中水污染物编码原则应遵循唯一性、合理性、

不可扩充性、复杂性、稳定性和规范性原则。（ ）

答案：（×）

正确答案为：应遵循唯一性、合理性、可扩充性、简明性、稳定性和规范性原则。

4.《水污染物名称代码》（HJ 525—2009）中五日生化需氧量指标属于生物指标。（ ）

答案：（×）

正确答案为：属于物理和综合指标。

5.《水污染物名称代码》（HJ 525—2009）中水污染物编码方法采用层次码为主体，每层中采用顺序码。其中，层次码依据编码对象的分类层级将代码分成若干层级，并与分类对象的分类层次相对应；代码自右至左表示的层级由高到低，代码的左端为最高位层级代码，右端为最低位层级代码；采用固定递增格式。（ ）

答案：（×）

正确答案为：代码自左至右表示的层级由高到低。

6.《水污染物名称代码》（HJ 525—2009）中每一种水污染物或污染指标仅有一个代码，一个代码仅表示一种水污染物或污染指标。（ ）

答案：（√）

三、单选题

1.《水污染物名称代码》（HJ 525—2009）中水污染物的代码结构分为________。

A．一层　　B．二层　　C．三层　　D．四层

答案：C

2.《水污染物名称代码》（HJ 525—2009）中水污染物及相关指标分类表，W01000 表示________。

A．生物指标　B．物理和综合指标　C．放射性指标　D．其他指标

答案：B

3.《水污染物名称代码》（HJ 525—2009）中水污染物及相关指标名称代码表，物理和综合指标总共有________

A．15 项　　B．20 项　　C．18 项　　D．21 项

答案：D

4.《水污染物名称代码》（HJ 525—2009）中阴离子表面活性剂属于________。

A．放射性指标　B．其他指标　C．生物指标　D．油类

答案：B

5.《水污染物名称代码》（HJ 525—2009）中水污染物设________。

A．一级类目　B．二级类目　C．三级类目　D．四级类目

答案：A

6.《水污染物名称代码》（HJ 525—2009）中水污染物的结构和理化特性水污染物设

________类。

A．10　　B．20　　C．15　　D．30

答案：B

四、多选题

1.《水污染物名称代码》（HJ 525—2009）中水污染物名称代码表是对水污染物进行分类和编码后的表现形式，水污染物名称代码表包括水污染物或污染指标的类别________。

A．类别码　　B．代码　　C．水污染物的中、英文名称

答案：A　B　C

2.《水污染物名称代码》（HJ 525—2009）中水污染物的编码原则有唯一性原则、可扩充性原则和________。

A．简明性原则　　B．稳定性原则　　C．规范性原则　　D．合理性原则

答案：A　B　C　D

3.《水污染物名称代码》（HJ 525—2009）中水污染物编码原则________。

A．唯一性　　B．实用性　　C．简明性　　D．稳定性　　E．科学性

答案：A　C　D

4.《水污染物名称代码》（HJ 525—2009）中水污染物编码原则________。

A．可扩充性　　B．实用性　　C．规范性　　D．合理性

答案：A　C　D

5.《水污染物名称代码》（HJ 525—2009）中水污染物分类原则________。

A．简明性　　B．实用性　　C．科学性　　D．合理性

答案：B　C

6.《水污染物名称代码》（HJ 525—2009）中水污染物分类原则________。

A．简明性　　B．可扩展性　　C．科学性　　D．规范性

答案：B　C

五、简答题

1．简述《水污染物名称代码》（HJ 525—2009）中，水污染指标的含义。

答案：反映水体质量或污染程度，但不属具体化学物质，包括物理指标（如色度）、生物指标、放射性指标、综合指标（如生化需氧量 BOD，Biochemical Oxygen Demand）。

2．简述《水污染物名称代码》（HJ 525—2009）中，水污染物的可扩延性原则的含义。

答案：随着科学技术的发展和社会进步，会有更多新合成或新检出的污染物受到关注，因此在类目的扩展上预留空间，保持分类体系有一定弹性，可在本分类体系上进行延拓。

3．简述《水污染物名称代码》（HJ 525—2009）中，水污染物的编码方法。

答案：水污染物编码方法采用层次码为主体，每层中采用顺序码。其中，层次码依据

编码对象的分类层级将代码分成若干层级，并与分类对象的分类层次相对应；代码自左至右表示的层级由高至低，代码的左端为最高位层级代码，右端为最低位层级代码；采用固定递增格式。顺序码采用递增的数字码。

4．简述《水污染物名称代码》（HJ 525—2009）中，水污染物的代码结构。

答案：水污染物名称代码值的格式采用码位固定的字母数字混合格式。字母代码采用缩写码，用“w”表示水体；数字代码采用阿拉伯数字表示，采用递增的数字码。

代码分三层，第一层代码，用“w”表示水体；第二层代码，表示水污染物的类别，类别代码采用 2 位阿拉伯数字表示，即 01～99；第三层代码，表示水污染物在类别中的代码，采用 3 位阿拉伯数字表示，即 001～999，每一组阿拉伯数字表示一种污染物或一个污染指标。

二层及二层以上代码由上层代码加本层代码组成。代码结构如下：

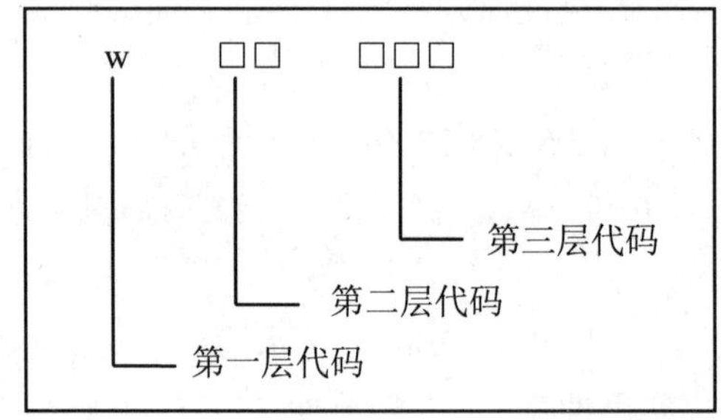

5．简述《水污染物名称代码》（HJ 525—2009）中，水污染物的分类方法。

答案：根据水污染物的理化性质和结构特征，适宜采用线分类方法进行分类，而对于一些特殊或使用频率高的类别宜采用面分类方法。水污染物分类采用以线分类法为主、面分类法为补充的混合分类法。

水污染物分类设一级类目，根据水污染物的结构和理化特性将水污染物分为 20 类。

参考文献

水污染物名称代码（HJ 525—2009）.

命题：解利平

审核：陈黎军

第二十七节 废水类别代码（试行）（HJ 520—2009）

一、填空题

1．《废水类别代码（试行）》（HJ 520—2009）中废水类别代码适用于废水信息________、________、________、________和________的管理工作。

答案：采集　交换　加工　使用　环境信息系统建设

2.《废水类别代码（试行）》（HJ 520—2009）中废水分类方法根据________、________和________，采用________进行分类。

答案：废水来源　所属行业　工艺阶段　线分类法

3.《废水类别代码（试行）》（HJ 520—2009）中废水分类一级类目包括八类，即工业废水、________、________、交通运输废水、服务业废水、集中式污染治理设施废水、________和________。

答案：农业废水　生活污水　地表径流　其他废水

4.《废水类别代码（试行）》（HJ 520—2009）中废水类别代码应尽量简洁，以方便使用者填写，减少微机________和代码的________，提高处理效率。

答案：储存空间　出错率

5.《废水类别代码（试行）》（HJ 520—2009）中废水分类原则遵循科学性、系统性、________、________和综合实用性原则。

答案：可扩展性原则　兼容性原则

6.《废水类别代码（试行）》（HJ 520—2009）中废水类别编码为层次码，每层中采用________。

答案：顺序码

7.《废水类别代码（试行）》（HJ 520—2009）中一级类目代码由第一层代码组成，二级及以上类目代码由________加________组成。

答案：上层类代码　本层代码

8.《废水类别代码（试行）》（HJ 520—2009）中类目代码用阿拉伯数字表示，第二层代码用________阿拉伯数字表示，第一层、第三层及第四层采用________阿拉伯数字表示。

答案：二位　一位

9.《废水类别代码（试行）》（HJ 520—2009）中在废水类别代码体系中，代码的类型、________以及________必须统一。

答案：结构　编写格式

10.《废水类别代码（试行）》（HJ 520—2009）中对废水类别的编码要留有适当的________，以便适应不断扩充的需要。

答案：后备容量

11.《废水类别代码（试行）》（HJ 520—2009）中将废水类别按一定排列顺序予以________，并形成一个合理的科学分类体系。

答案：系统化

12.《废水类别代码（试行）》（HJ 520—2009）中废水分类代码中，基本分类方法遵循________的规定和要求。

答案：GB/T 7027—2002

13.《废水类别代码（试行）》（HJ 520—2009）中建筑材料采选废水包括土砂石和________等开采废水。

答案：耐火土石

14.《废水类别代码（试行）》（HJ 520—2009）中废水类别代码表中施工废水的代码为________。

答案：147

二、判断题

1.《废水类别代码（试行）》（HJ 520—2009）中废水类别划分应尽量满足污染源监管和污水排放控制的业务管理需求，符合环境统计、排污申报登记、总量减排等实际需要。（ ）

答案：（√）

2.《废水类别代码（试行）》（HJ 520—2009）中酒精制造废水，指发酵酒精的生产，包括合成酒精、木材水解酒精的生产。（ ）

答案：（×）

正确答案为：不包括合成酒精、木材水解酒精的生产。

3.《废水类别代码（试行）》（HJ 520—2009）中废水分类编码原则应遵循规范性、唯一性、合理性、不可扩充性、复杂性和稳定性原则。（ ）

答案：（×）

正确答案为：应遵循规范性、唯一性、合理性、可扩充性、简单性和稳定性原则。

4.《废水类别代码（试行）》（HJ 520—2009）中每一个废水类别仅有一个代码，一个代码只表示唯一的一个废水类别。（ ）

答案：（√）

5.《废水类别代码（试行）》（HJ 520—2009）中废水类别编码为层次码，每层中采用顺序码。其中，层次码依据编码对象的分类层次将代码分成若干层次，并与分类对象的分类层次相对应；代码自右至左表示的层次由高到低，代码的左端为最高位层级代码，右端为最低位层次代码；采用固定递增格式。（ ）

答案：（×）

正确答案为：代码自左至右表示的层次由高到低。

三、单选题

1.《废水类别代码（试行）》（HJ 520—2009）中服务业废水包括医院废水、餐饮业废水和以下________。

A．娱乐服务业废水　　B．住宿业废水　　C．居民服务业废水

D．汽车、摩托车维护与保养服务业废水　　E．其他服务业废水

答案：A

2.《废水类别代码（试行）》（HJ 520—2009）中某废水 A 为煤炭洗选废水，查询代码时，其代码为 1062，仅有 4 位数字，但在填写报表时（要求在报表中提供 5 个空格）时应填写________。

A. 10620　　B. 01262　　C. 12062　　D. 10262

答案：A

3.《废水类别代码（试行）》（HJ 520—2009）中废水类别类目层次可根据发展需要增加。废水类别类目层次分为________。

A. 一级类目　　B. 二级类目　　C. 三级类目　　D. 四级类目

答案：D

4.《废水类别代码（试行）》（HJ 520—2009）中废水类别代码表，施工工地的生活污水属于________。

A. 施工废水　　B. 生活污水　　C. 工业废水　　D. 其他废水

答案：B

5.《废水类别代码（试行）》（HJ 520—2009）中废水分类的一级类目按照 GB/T 4754—2002 和 HJ/T 417—2007 中污染源信息类别进行划分，并按以下哪个标准中污染源信息的顺序排列________。

A. GB/T 4754—2002　　B. HJ/T 208—2007

C. HJ/T 417—2007　　D. GB/T 7027—2002

答案：C

6.《废水类别代码（试行）》（HJ 520—2009）中铁矿采选废水的代码是________。

A. 1081　　B. 1082　　C. 1083　　D. 1084

答案：A

四、多选题

1.《废水类别代码（试行）》（HJ 520—2009）中实验室废水包括________。

A. 工程和技术实验室废水　　B. 农业实验室废水

C. 医学实验室废水　　D. 其他实验室废水

答案：A　B　C　D

2.《废水类别代码（试行）》（HJ 520—2009）中废水分类代码的编码原则有规范性、唯一性、合理性、可扩充性和________。

A. 简单性　　B. 兼容性　　C. 稳定性　　D. 其他

答案：A　C

3.《废水类别代码（试行）》（HJ 520—2009）中引用了 GB/T 4754—2002、HJ/T 417—2007、GB/T 7027、HJ/T 417—2007 和以下几个条款________。

A．GB/T 10113　B．HJ/T 417—2007　C．HJ/T 208—2002　D．GB/J 125—89

答案：A　B　D

4.《废水类别代码（试行）》（HJ 520—2009）中工业废水详细类别与代码表中其他非金属矿采选废水包括金刚石、滑石、蛭石和以下几种________。

A．瓷土　B．珍珠岩　C．矿石　D．其他

答案：A　B

5.《废水类别代码（试行）》（HJ 520—2009）中废水类别类目层次分为________。

A．一级类目　B．二级类目　C．三级类目　D．四级类目

答案：A　B　C　D

6.《废水类别代码（试行）》（HJ 520—2009）中废水类别代码的分类有________原则。

A．科学性　B．系统性　C．可扩展性　D．兼容性　E．综合实用性

答案：A　B　C　D　E

7.《废水类别代码（试行）》（HJ 520—2009）中废水类别代码编码原则有________。

A．规范性　B．系统性　C．可扩展性　D．兼容性　E．唯一性

答案：A　E

8.《废水类别代码（试行）》（HJ 520—2009）中废水类别代码编码原则有________。

A．规范性　B．综合实用性　C．稳定性　D．兼容性　E．唯一性

答案：C　E

9.《废水类别代码（试行）》（HJ 520—2009）中废水类别代码编码原则有________。

A．规范性　B．可扩充性　C．合理性　D．兼容性　E．唯一性

答案：B　C　E

10.《废水类别代码（试行）》（HJ 520—2009）中废水类别代码编码_原则有_______。

A．规范性　B．可扩充性　C．合理性　D．兼容性　E．稳定性

答案：B　C　E

五、简答题

1.《废水类别代码（试行）》（HJ 520—2009）中废水类别代码中的分类方法是什么？

答案：根据废水来源、所属行业和工艺阶段，采用线分类法进行分类。

废水分类的一级类目按照 GB/T 4754—2002 和 HJ/T 417—2007 中污染源信息类别进行划分，并按 HJ/T 417—2007 中污染源信息类别的顺序排列。包括地表径流等较特殊的废水。其下位类根据行业、废水性质、水污染防治需要等进行分类。

2．简述《废水类别代码（试行）》（HJ 520—2009）中废水类别代码的组成。

答案：废水类别类目层次分为四级，即一级类目、二级类目、三级类目和四级类目。类目层次可根据发展需要增加。

类目代码用阿拉伯数字表示。第二层代码采用 2 位阿拉伯数字表示，即 01～99；第一

层、第三层及第四层采用 1 位阿拉伯数字表示，即 1～9。一级类目代码由第一层代码组成，二级及以上类目代码由上层类代码加本层代码组成。代码结构如图 1 所示。废水类别代码使用时应完整填写 5 位数字。对于类别划分较粗而导致的码长不足，以 0 补足。代码结构如下图所示：

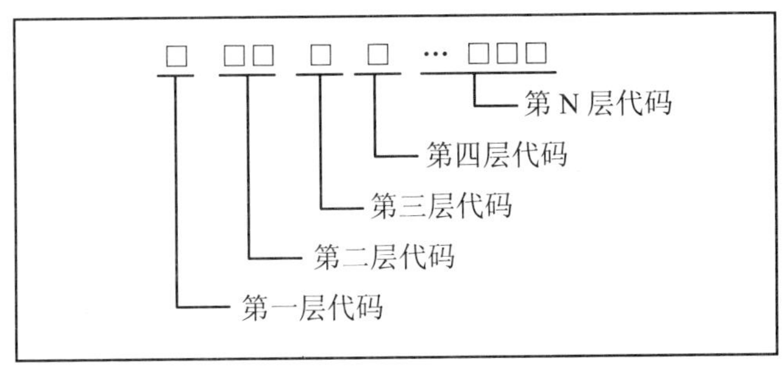

3.《废水类别代码（试行）》（HJ 520—2009）中废水类别代码中的编码方法是什么？

答案：废水类别编码为层次码，每层中采用顺序码。其中，层次码依据编码对象的分类层级将代码分成若干层级，并与分类对象的分类层次相对应；代码自左至右表示的层级由高至低，代码的左端为最高位层级代码，右端为最低位层级代码；采用固定递增格式。顺序码采用递增的数字码。

六、论述题

1.《废水类别代码（试行）》（HJ 520—2009）中废水类别代码的分类原则是什么？

答案：（1）科学性原则。

按照决定废水基本水质特性（主要污染物种类及其浓度）的关键因素——废水来源（污染源）进行分类。主要按照直接决定废水基本水质特性的行业和工艺阶段进行废水分类。同时考虑环境管理和污染预防控制等应用过程的需要和习惯。

（2）系统性原则。

将废水类别按一定排列顺序予以系统化，并形成一个合理的科学分类体系。

（3）可扩展性原则。

考虑到不同行业废水排放和水污染防治与管理业务的发展，废水类别应设置收容类目，预留空间，以保证分类体系有一定弹性，同时为废水分类体系的延拓细化创造条件。

（4）兼容性原则。

充分研究与废水相关的国家标准、行业标准和国际标准，与水污染物排放标准、国民经济行业分类等已有相关标准一致。

（5）综合实用性原则。

废水类别划分应从系统工程角度出发，将局部问题放在系统整体中处理，达到系统最优。立足于废水治理的总体目标，尽量满足污染源监管和污水排放控制的业务管理需求，符合环境统计、排污申报登记、总量减排控制等实际需要。

2.《废水类别代码（试行）》（HJ 520—2009）中废水类别代码中的分类编码原则是什么？

答案：（1）规范性：在废水类别代码体系中，代码的类型、结构以及编写格式必须统一。

（2）唯一性：每一个废水类别仅有一个代码，一个代码只表示唯一的一个废水类别。

（3）合理性：废水类别代码的结构要与其分类体系相适应。

（4）可扩充性：对废水类别的编码要留有适当的后备容量，以便适应不断扩充的需要。

（5）简单性：代码结构应尽量简洁，以方便使用者填写，减少微机存储空间和代码的出错率，提高处理效率。

（6）稳定性：废水类别代码一经确定，应保持不变。

参考文献

废水类别代码（试行）（HJ 520—2009）.

命题：解利平

审核：陈黎军

第二十八节　废水排放规律代码（试行）（HJ 521—2009）废水排放去向代码（HJ 523—2009）

一、填空题

1.《废水排放规律代码（试行）》（HJ 521—2009）中规定，废水排放规律代码适用于全国各级环境保护部门废水排放规律的信息采集、交换、________、________和________的管理工作。

答案：加工　使用　环境信息系统建设

2.《废水排放规律代码（试行）》（HJ 521—2009）中规定，废水排放的稳定是指流量相对标准偏差不超过________的排放状态。

答案：20%

3.《废水排放规律代码（试行）》（HJ 521—2009）中规定，根据废水排放状态的关键指标——________，划分废水排放规律类别，兼顾废水排放规律的时间维度。

答案：流量

4.《废水排放规律代码（试行）》（HJ 521—2009）中规定，将废水排放规律按一定排列顺序予以________，形成合理的科学分类体系。

答案：系统化

5.《废水排放规律代码（试行）》（HJ 521—2009）中规定，考虑到废水排放、水污染防治和管理的业务发展，废水排放规律类别设置收容类目，预留空间，以保证分类体系有一定弹性，同时为本分类体系的________细化创造条件。

答案：延拓

6.《废水排放规律代码（试行）》（HJ 521—2009）中规定，突发事件导致的废水排放，具有________，如暴雨冲刷或突发事故。

答案：不可预见性

7.《废水排放规律代码（试行）》（HJ 521—2009）中规定，废水排放规律分类采用________。

答案：混合分类法

8.《废水排放规律代码（试行）》（HJ 521—2009）中规定，在废水排放规律代码体系中，代码的类型、结构以及________必须统一。

答案：编写格式

9.《废水排放规律代码（试行）》（HJ 521—2009）中规定，每一个废水排放规律类别仅有一个代码，一个代码表示________的一种废水排放规律。

答案：唯一

10.《废水排放规律代码（试行）》（HJ 521—2009）中规定，对废水排放规律的编码要留有适当的后备________，以适应扩充需要。

答案：容量

11.《废水排放规律代码（试行）》（HJ 521—2009）中规定，代码结构应尽量简洁，方便使用者填写，同时节省微机存储空间，降低代码的________，提高处理效率。

答案：出错率

12.《废水排放规律代码（试行）》（HJ 521—2009）中规定，废水排放规律类别的编码方法采用________，各属性面无编码。

答案：并置码

13.《废水排放规律代码（试行）》（HJ 521—2009）中规定，废水排放规律类别代码中含否定意义的类别代码为 0，这些类别包括间断（不连续）、不稳定和________。

答案：无规律

14.《废水排放规律代码（试行）》（HJ 521—2009）中规定，废水排放规律间断是指废水流量在________和非 0 之间转换。

答案：0

15.《废水排放去向代码》（HJ 523—2009）中规定，废水排放去向按面分类法分为________。

答案：10 类

16.《废水排放去向代码》（HJ 523—2009）中规定，________表示废水直接进入海域。

答案：A

17.《废水排放去向代码》（HJ 523—2009）中规定，根据废水排放的各种去向，按________划分分类。

答案：排放地

18.《废水排放去向代码》（HJ 523—2009）中规定，废水排放包括工业废水、生活废水、________以及垃圾填埋厂、堆肥厂、焚烧厂、危险废物处置厂等设施的排水。

答案：污水处理设施

19.《废水排放去向代码》（HJ 523—2009）中规定，废水排放去向代码K表示其他，包括回喷回填、________和回用等。

答案：回灌

20.《废水排放去向代码》（HJ 523—2009）中规定，废水排放去向代码采用一位________大写字母表示，并按顺序编码。

答案：英文

21.《废水排放去向代码》（HJ 523—2009）中规定，在工业废水排放集中区建设的工业废水处理厂，它通过________系统实现工业废水的集中处理。

答案：污水收集

二、判断题

1.《废水排放规律代码（试行）》（HJ 521—2009）中规定，废水排放规律分类编码原则应遵循唯一性原则、不可扩充性原则、复杂性原则、稳定性原则、规范性原则和合理性原则。（ ）

答案：（×）

正确答案为：可扩充性原则、简单性原则、稳定性原则、规范性原则和合理性原则。

2.《废水排放规律代码（试行）》（HJ 521—2009）中规定，废水排放规律代码 0009 表示的是废水间断排放，排放期间流量不稳定且无规律，但不属于冲击型排放。（ ）

答案：（√）

3.《废水排放规律代码（试行）》（HJ 521—2009）中规定，废水排放规律的码长一致。对于类别划分较粗而导致的码长不足，以英文小写字母“y”补足。（ ）

答案：（×）

正确答案为：废水排放规律的码长一致。对于类别划分较粗而导致的码长不足，以英文小写字母“x”补足。

三、单选题

1.《废水排放规律代码（试行）》（HJ 521—2009）中规定，废水排放规律代码表中按连续性分类第一位代码 1 表示________。

A．连续　　B．间断　　C．不稳定

答案：A

2.《废水排放规律代码（试行）》（HJ 521—2009）中规定，废水排放规律代码速查表中，代码 11xx 表示________。

A．废水连续排放，流量不稳定

B．废水连续排放，流量稳定

C．废水连续排放，流量不稳定且无规律

D．废水连续排放，流量不稳定且无规律，但不属于冲击型排放

答案：B

3.《废水排放规律代码（试行）》（HJ 521—2009）中规定，废水排放规律代码表中 9 代表________。

A．周期性　　B．其他　　C．冲击型

答案：B

4.《废水排放去向代码》（HJ 523—2009）中规定，废水进入城市污水处理厂用以下符号表示________。

A．F　　B．H　　C．K　　D．E

答案：B

5.《废水排放去向代码》（HJ 523—2009）中规定，废水排放去向代码 L 表示________。

A．直接进入江河、湖、库等水环境　　B．工业废水集中处理厂

C．进入地渗或蒸发地　　D．进入城市下水道（再入沿海海域）

答案：D

四、多选题

1.《废水排放规律代码（试行）》（HJ 521—2009）中规定，废水排放规律代码内容引用了下列文件中的条款________。

A．给排水设计基本术语标准　　B．信息分类和编码的基本原则与方法

C．分类与编码通用术语　　D．环境信息术语　　E．环境信息分类代码

答案：A　B　C　D　E

2.《废水排放规律代码（试行）》（HJ 521—2009）中规定，废水排放规律代码的分类原则有科学性原则、系统性原则和________。

A．可扩展性原则　　B．兼容性原则　　C．综合实用性原则

答案：A　B　C

3.《废水排放去向代码》（HJ 523—2009）中规定，废水排放去向代码引用了下列文件中的条款________。

A. HJ/T 环境信息术语　　B. 环境信息分类与代码

C. 信息分类和编码的基本原则与方法

答案：A　B

五、简答题

1.《废水排放规律代码（试行）》（HJ 521—2009）中规定，废水排放规律是什么？

答案：在考察周期（一年）内，废水的各个排放状态之间的联系。废水排放状态指标的监测按国家相关监测技术规范执行。检修期不列入考察周期范围。

2.《废水排放规律代码（试行）》（HJ 521—2009）中规定，什么是废水排放规律类别的编码方法？

答案：废水排放规律类别的编码方法采用并置码。各属性面无编码。各属性面下的线分类方法划分的类别代码以分层顺序编码为主，但是，以下类别采用特殊代码：

（1）含否定意义的类别代码为 0。这些类别包括“间断”（不连续）、“不稳定”、“无规律”；

（2）收容类目“其他”的代码为 9；

（3）废水排放规律的码长一致。对于类别划分较粗而导致的码长不足，以英文小写字母“x”补足。

六、计算题

对某污水处理厂排口测定一组流量数据分别为 4.49、4.41、4.50、4.51、4.64、4.75、4.81、4.95、5.01 和 $5.39m^3/s$，试计算该流量的相对偏差，并问是否属于稳定排放？

答案：$\bar{x} = \dfrac{\sum\limits_{i=1}^{n} x_i}{n} = 4.746$

$$RSD = \frac{\sqrt{\dfrac{\sum\limits_{i=1}^{n}\left(x_i - \bar{x}\right)^2}{n-1}}}{\bar{x}} \times 100\% = \frac{0.304\,8}{4.746} = 6.4\%$$

该流量的相对偏差为 6.4%，根据《废水排放规律代码（试行）》（HJ 521—2009）流量≤20%即为稳定排放。

参考文献

[1] 废水排放规律代码（试行）（HJ 521—2009）.

[2] 废水排放去向代码（HJ 523—2009）.

命题：解利平

审核：陈黎军

第二十九节　酸沉降监测技术规范（HJ/T 165—2004）

一、填空题

1.《酸沉降监测技术规范》（HJ/T 165—2004）中，湿沉降自动采样器的基本组成是接雨（雪）器、________、________和样品容器等。

答案：防尘盖　雨传感器

2.《酸沉降监测技术规范》（HJ/T 165—2004）中，为确保采样的质量，要将湿沉降自动采样器采集到的样品量根据接雨（雪）器的口径换算成降雨（雪）量，比较降雨（雪）量的计算值和雨量计的测量值，计算值应在雨量计测量值的________。

答案：80%～120%

3.《酸沉降监测技术规范》（HJ/T 165—2004）中，干沉降监测中，SO_2、O_3、NO、NO_2、PM_{10}、$PM_{2.5}$等均为自动站监测，气态 HMO_3、NH_3、HCl、气溶胶等则用________法进行样品采集，然后分析测定，该方法同时也可监测空气中的 SO_2 等。

答案：多层滤膜

4.《酸沉降监测技术规范》（HJ/T 165—2004）中，酸沉降监测中降雨（雪）时每________h采样一次，若一天中有几次降雨（雪）过程，可合并为一个样品测定；若遇几天连续降雨（雪），则将上午________至次日上午________的降雨（雪）视为一个样品。

答案：24　9：00　9：00

5.《酸沉降监测技术规范》（HJ/T 165—2004）中，湿沉降采样器与较大障碍物之间的水平距离应至少为障碍物高度的________，或从采样器仰望障碍物顶端，其仰角不大于 30 度。

答案：两倍

6.《酸沉降监测技术规范》（HJ/T 165—2004）中，酸沉降指大气中酸性污染物的自然沉，分为________和________。

答案：干沉降　湿沉降

7.《酸沉降监测技术规范》（HJ/T 165—2004）中，湿沉降指发生降水事件时，高空雨滴吸收大气中酸性污染物降到地面的沉降过程，包括________、________、________、________等。

答案：雨　雪　雹　雾

8.《酸沉降监测技术规范》（HJ/T 165—2004）中，干沉降指不发生降水时，大气中酸性污染物受________、________等作用由大气沉降到地面的过程。

答案：重力　颗粒物吸附

9.《酸沉降监测技术规范》（HJ/T 165—2004）中，确定监测点位时，人口 50 万以上的城市布设________个点，50 万以下的城市布设________个点。

答案：3　2

二、判断题

1.《酸沉降监测技术规范》(HJ/T 165—2004) 中，酸沉降监测采样时，干湿接样器应处于平行于主导风向的位置，湿罐处于下风向。(　)

答案：(×)

正确答案为：干湿接样器应处于平行于主导风向的位置，湿罐处于上风向。

2.《酸沉降监测技术规范》(HJ/T 165—2004) 中规定，湿沉降自动采样器的防尘盖必须在降雨（雪）开始 1min 内打开，在降雨（雪）结束后 5min 内关闭。(　)

答案：(√)

3.《酸沉降监测技术规范》(HJ/T 165—2004) 中，湿沉降监测使用的采样容器，在使用前需要确定其是否清洗合格，检测方法为：以少量去离子水做模拟降雨，用离子色谱法检查模拟降雨样品中的 Cl^{-1} 浓度，如果与去离子水无显著差异，则认为合格，或者测定其电导率，电导率值小于 0.15mS/m 则视为合格。(　)

答案：(√)

4.《酸沉降监测技术规范》(HJ/T 165—2004) 中，湿沉降样品采集后，依次进行如下操作，先将样品过滤，然后测定其电导率和 pH，再将剩余样品保存于冰箱中以备分析离子成分。(　)

答案：(×)

正确答案为：湿沉降样品采集后，取一部分样品测定其电导率和 pH，其余样品过滤后保存于冰箱中以备分析离子成分。

5.《酸沉降监测技术规范》(HJ/T 165—2004) 中，湿沉降样品采集后，用 0.45μm 有机微孔滤膜过滤。该滤膜应为不与样品中的化学成分发生吸附或离子交换反应的惰性材料。(　)

答案：(√)

6.《酸沉降监测技术规范》(HJ/T 165—2004) 中，酸沉降监测点位的情况描述、采样器的描述和样品保存与运输方式的描述，正常情况下，应每月上报一次。(　)

答案：(×)

正确答案为：正常情况下，应每年上报一次。

7.《酸沉降监测技术规范》(HJ/T 165—2004) 中，用多层滤膜法进行干沉降样品采集时，空气通过多层滤膜的顺序是聚四氟乙烯膜、聚酰胺膜、酸液处理过的纤维膜和碱液处理过的纤维膜。(　)

答案：(×)

正确答案为：用多层滤膜法采样，空气通过多层滤膜的顺序是聚四氟乙烯膜、聚酰胺膜、碱液处理过的纤维膜和酸液处理过的纤维膜。

8.《酸沉降监测技术规范》(HJ/T 165—2004）中，用多层滤膜法进行干沉降样品采样时，采集空气中气溶胶的聚四氟乙烯膜孔径为 0.45μm。(　)

答案：(×)

正确答案为：采集空气中气溶胶的聚四氟乙烯膜孔径为 0.8μm。

9.《酸沉降监测技术规范》(HJ/T 165—2004）中，多层滤膜法采集到的干沉降样品，应装入聚乙烯滤膜盒内，放入 3～5℃冰箱保存。(　)

答案：(√)

10.《酸沉降监测技术规范》(HJ/T 165—2004）中，如果样品由接雨（雪）器流入样品容器，则连接接雨（雪）器和样品容器之间的管子应由惰性材料制成，如聚乙烯、尼龙、聚四氟乙烯硅管等。(　)

答案：(√)

三、单选题

1.《酸沉降监测技术规范》(HJ/T 165—2004）中，酸沉降自动采样器的雨传感器最低能感应到的降雨（雪）强度为________mm/h 或不小于________mm 直径的雨滴。

A．0.02　0.2　　B．0.05　0.5　　C．0.08　0.8

答案：B

2.《酸沉降监测技术规范》(HJ/T 165—2004）中，酸沉降监测中，雨量计算位置距采样器的距离不小于________m，距地面高________cm。

A．1　60　　B．2　70　　C．3　80

答案：B

3.《酸沉降监测技术规范》(HJ/T 165—2004）中，洗净晾干后的手动接雨（雪）器在采样点放置________h 后仍未下雨（雪），则需重新清洗方可再用。

A．1　　B．2　　C．3

答案：B

4.《酸沉降监测技术规范》(HJ/T 165—2004）中，做离子成分分析的湿沉降样品保存时间（从采样到分析），以________d 为宜，原则上不超过________d。

A．5　10　　B．10　15　　C．15　20

答案：B

5.《酸沉降监测技术规范》(HJ/T 165—2004）中，酸沉降监测项目中，________为逢雨（雪）必测的项目，同时记录当次降雨（雪）的量。

A．EC 和 SO_4^{2-}　　B．pH 和 SO_4^{2-}　　C．EC 和 pH

答案：C

6.《酸沉降监测技术规范》(HJ/T 165—2004）中，湿沉降采样容器和采样瓶首次使用前用 10%浸泡 24h，用自来水洗至中性，再用去离子水冲洗多次。

A．盐酸或硫酸　　B．硝酸或硫酸　　C．盐酸或硝酸

答案：C

7.《酸沉降监测技术规范》（HJ/T 165—2004）中，干沉降多层滤膜法的采样是由________个安有滤膜的滤膜夹组成。

A．2　B．3　C．4

答案：C

8.《酸沉降监测技术规范》（HJ/T 165—2004）中干沉降多层滤膜法分析结果计算公式：$C_{气}=C_{液}\times V_{提取液}/V_{样}$，用于干沉降中________污染物的计算。

A．气态 HNO_3　　B．气态 NH_3　　C．气溶胶中的 NH_4^+

答案：C

9.《酸沉降监测技术规范》（HJ/T 165—2004）中，湿沉降采样器宜设置在开阔、平坦、多草、周围________内没有树木的地方。也可将采样器安装在楼顶上，但周围________范围内不应有障碍物。

A．100m　2m　　B．50m　2m　　C．100m　1m

答案：A

10.《酸沉降监测技术规范》（HJ/T 165—2004）中，接雨（雪）器的口径不应小于________（直径）。对于雨量偏小的地区，宜使用口径________的接雨器。

A．20cm　较大　　B．30cm　较大　　C．20cm　较小

答案：A

四、多选题

1.《酸沉降监测技术规范》（HJ/T 165—2004）中，酸沉降监测点位选择和设立分为________。

A．城乡交接处　B．城区　C．郊区　D．远郊

答案：B　C　D

2.《酸沉降监测技术规范》（HJ/T 165—2004）中，下列不适于选做酸沉降监测点的是________。

A．火山地区　B．温泉地区　C．石子路　D．牧场

答案：　B　C　D

3.《酸沉降监测技术规范》（HJ/T 165—2004）中，湿沉降宜设置在________地方。

A．平坦　B．开阔　C．多草　D．周围 50m 内没有树木

答案：A　B　C

4.《酸沉降监测技术规范》（HJ/T 165—2004）中，湿沉降自动采样器传感器最低能感应到的降雨（雪）强度为________直径的雨滴。

A. 0.05mm/h　　B. 大于 0.05mm/h　　C. 小于 0.05mm/h　　D. 小于 0.5mm/h

答案：A　B

5.《酸沉降监测技术规范》（HJ/T 165—2004）中，下列属于湿沉降被污染情况的有________。

A. 昆虫　　B. 落叶　　C. 悬浮颗粒　　D. 鸟粪

答案：A　B　C　D

五、简答题

1. 简述《酸沉降监测技术规范》（HJ/T 165—2004）中酸沉降监测点位置的具体要求。

答案：酸沉降监测点位的设置应有代表性，具体要求如下：

（1）测点不应设在受局地气象条件影响大的地方，例如山顶、山谷、海岸线等。

（2）避开受地热影响的火山地区和温泉地区，避开石子路、易受风蚀影响的耕地、受畜牧业和农业活动影响的牧场和草原。

（3）监测点不应受到局地污染源的影响。

（4）监测点的选择应适于安放采样器，能提供电源，便于采样器的操作与维护。

（5）效区点除满足上述 4 项要求外，还应避免受大量人类活动的影响（如城镇），距大污染源 20km 以上，距主干道公路（每天 500 辆）500m 以上，距局部污染源 1km 以上。

（6）远郊点应位于人类活动影响甚微的地方，除满足上述 5 项要求外，还应距离主要人口居住中心、主要公路、热电厂、机场 50km 以上。

2. 简述《酸沉降监测技术规范》（HJ/T 165—2004）中湿沉降样品采集的基本步骤。

答案：（1）将洗净晾干的接雨（雪）器放置到自动采样器上，如连续多日的下雪（雪），则应 3～5d 清洗一次。如果是手动采样，则应将清洗后的接雨（雪）器放在室内密封保存，下雨（雪）前再放置于采样点，如接雨（雪）器在采样点放置 2h 后仍未下雪（雪），则需将接雨（雪）器取回重新清洗后，方可再用于样品采集。

（2）降雨（雪）后，将样品容器取下，称重、去除容器的重量后得出样品重量。

（3）取一部分样品测定 EC 和 pH 后，其余部分过滤后保存于冰箱，以备分析离子组分，如样品量太少（少于 50g），则只测 EC 和 pH。

（4）将接雨（雪）器和样品容器洗净晾干备用。

3. 简述《酸沉降监测技术规范》（HJ/T 165—2004）中干沉降监测中多层滤膜法的原理。

答案：多层滤膜法是将事先处理过的滤膜安装在采样头上，用一抽气泵抽吸空气使空气通过这些滤膜，采样完毕后，将滤膜取下，分析测定滤膜中各种物质含量的一种方法。

4. 简述《酸沉降监测技术规范》（HJ/T 165—2004）中规定，酸沉降的定义，包括湿沉降和干沉降。

答案：酸沉降是指大气中酸性污染物的自然沉降，分为干沉降和湿沉降。湿沉降是指发生降水事件时，高空雨滴吸收大气中酸性污染物降到地面的沉降过程，包括雨、雪、雹、雾等。干沉降是指不降水时，大气中酸性污染物受重力、气体吸附等作用由大气沉降到地面的过程。

六、论述题

综述《酸沉降监测技术规范》（HJ/T 165—2004）中，湿沉降采样和样品管理的QA/AC要求。

答案：为保证采样质量要求：

（1）每月进行一次实际样品的平行采样与分析，各项分析结果的相对偏差应不大于10%。

（2）根据样品量和接雨（雪）器的口径计算得到降雨量与雨量计算计的测量值进行比较，计算值应在测量值的80%～120%。

（3）专人负责检查各采样点采样器的清洗情况。[检查方法：用200ml已测EC值（S_1）的去离子水清洗接雨（雪）器、样品容器、管道等，然后测其清洗液的EC值（S_2）。要求（S_1-S_2）/S_1<50%，同时检查去离子水质量，要求EC值<0.15mS/m。[本括号中内容可自愿回答]

（4）称样的天平应定期检定，现场称样前，应进行自校。

（5）定期检查湿沉降自动采样器运转是否正常。

（6）随时注意检查监测点周围发生的变动情况。

（7）手动采样时，注意及时放置和取回接雨（雪）装置。

（8）采样记录完整、准确。

（9）及时清洗样品瓶，并保持其清洁。

（10）在低温状态（3～5℃）下运输和保存样品，24h之内测定pH和EC；10～15d之内完成全分析；每月做两个空白样品。

参考文献

酸沉降监测技术规范（HJ/T 165—2004）.

命题：高海鹏 朱聪玲

审核：陈黎军

第三十节　大气降水采样和分析方法（GB 13580.1～13580.13—92）

一、填空题

1.《大气降水采样和分析方法总则》（GB 13580.1—92）“准确称量”指称量精确至________，“准确量取”指量取精确至________。

答案：0.000 1g　0.01ml

2.《大气降水采样和分析方法总则》（GB 13580.1—92）（1+3）盐酸，系指 1 体积的________与 3 体积的________混合而成。

答案：盐酸 水

3.《大气降水样品的采集与保存》（GB 13580.2—92）过滤装置包括：________、________、__________、________和________。

答案：抽滤瓶 接抽气泵 带砂芯的玻璃过滤器 胶塞 0.45μm 滤膜

4.《大气降水样品的采集与保存》（GB 13580.2—92）降水采样点的布设要兼顾_______、_______和清洁对照点。

答案：城区 农村

5.《大气降水样品的采集与保存》（GB 13580.2—92）在测定时，要先测________，再测________。

答案：电导率 pH 值

6.《大气降水样品的采集与保存》（GB 13580.2—92）在样品瓶上贴上______、_______，同时记录________、_______、________、________。

答案：标签 编号 采样地点 日期 起止时间 降水量

7. 国家规定大气降水电导率测定的标准方法是________，方法的国标号为________。

答案：电极法 GB 13580.3—92

8.《大气降水电导率测定》（GB 13580.3—92）大气降水的电阻随温度和溶解离子浓度的________而________，电导是________的倒数。

答案：增加 减少 电阻

9.《大气降水电导率测定》（GB 13580.3—92）温度不是 25℃计算电导率公式中α是指________，取值为________。

答案：各离子电导率平均温度系数 0.022

10.《大气降水 pH 值的测定》（GB 13580.4—92）适用于大气降水样品 pH 值的测定。测定可精确到________pH 值单位。

答案：0.02

11.《大气降水 pH 值的测定》（GB 13580.4—92）以________为指示电极，________为参比电极，组成测量电池。

答案：玻璃电极 饱和甘汞电极

12.《大气降水中硫酸盐测定》（GB 13580.6—92）测定方法为________和________。

答案：硫酸钡浊度法 铬酸钡-二苯碳酰二肼光度法

13.《大气降水中硫酸盐测定》（GB 13580.6—92）中硫酸钡浊度法最低检出浓度为_________mg/L，测定范围为________mg/L。铬酸钡-二苯碳酰二肼光度法最低检出浓度为________mg/L，测定范围为________mg/L。

答案：0.4 1.0～70 0.10 0.5～10

14.《大气降水中亚硝酸盐测定 *N*-（1-萘基）-乙二胺光度法》（GB 13580.7—92）配制标准溶液的亚硝酸钠在干燥器中干燥________h。

答案：24

15.《大气降水中氟化物的测定 新氟试剂光度法》（GB 13580.10—92）用________mm吸收池比色。

答案：30

16.《大气降水中铵盐的测定》（GB 13580.11—92）纳氏试剂光度法汞盐剧毒，使用过程应该小心，废液应________，不可倒入下水道。

答案：集中收集

17.《大气降水中铵盐的测定》（GB 13580.11—92）次氯酸钠-水杨酸光度法比色波长是________。

答案：698 nm

18.《大气降水中钠、钾的测定 原子吸收分光光度法》（GB 13580.12—92）由于钾、钠易电离，有干扰，因此在试样中加入消电离剂________和________即可消除。

答案：氯化铯　　硝酸铯

二、判断题

1.《大气降水采样和分析方法总则》（GB 13580.1—92）测试中所用的天平、电导仪、pH 计、分光光度计、原子吸收分光光度计、离子色谱仪和玻璃量器等按规定进行校正。（ ）

答案：（√）

2.《大气降水采样和分析方法总则》（GB 13580.1—92）若用控准线性一元回归方程计算样品含量时，校准曲线的相关系数 r 值要符合 r=0.999。（ ）

答案：（√）

3.《大气降水样品的采集与保存》（GB 13580.2—92）采样器放置的相对高度应在 1.2m 以上。（ ）

答案：（√）

4.《大气降水电导率测定》（GB 13580.3—92）样品温度为 25 ℃时才能测定电导率。（ ）

答案：（×）

正确答案为：可以根据公式计算。

5.《大气降水 pH 值的测定》（GB 13580.4—92）在 25℃下，溶液中每变化一个 pH 值单位，电位差变化 69.1mV。（ ）

答案：（×）

正确答案为：59.1mV。

6.《大气降水 pH 值的测定》（GB 13580.4—92）用一种标准缓冲溶液对仪器进行定位和校正。（ ）

答案：（×）

正确答案为：用两种标准缓冲溶液对仪器进行定位和校正。

7.《大气降水中氟、氯、亚硝酸盐、硝酸盐、硫酸盐的测定　离子色谱法》（GB 13580.5—92）所用的水均应为电导率小于 1 μS/cm 的去离子水。（　）

答案：（√）

8.《大气降水中硫酸盐测定》（GB 13580.6—92）中硫酸钡浊度法中氯化钡-明胶溶液可稳定大约 3 个月。（　）

答案：（×）

正确答案为：稳定大约 1 个月。

9.《大气降水中亚硝酸盐测定 *N*-（1-萘基）-乙二胺光度法》（GB 13580.7—92）中亚硝酸盐最低检出浓度为 0.04 mg/L。（　）

答案：（√）

10.《大气降水中亚硝酸盐测定 *N*-（1-萘基）-乙二胺光度法》（GB 13580.7—92）中亚硝酸盐测定应在 500 nm 波长处测量吸光度。（　）

答案：（×）

正确答案为：540 nm

11.《大气降水中氯化物的测定 硫氰酸汞高铁光度法》（GB 13580.9—92）氯化钾配制标准溶液是要在 105℃烘 2 h。（　）

答案：（√）

12.《大气降水中氟化物的测定 新氟试剂光度法》（GB 13580.10—92）混合显色剂临时现配。（　）

答案：（√）

13.《大气降水中氟化物的测定 新氟试剂光度法》（GB 13580.10—92）缓冲溶液配好后用酸度计校正 pH 值。（　）

答案：（√）

14.《大气降水中铵盐的测定》（GB 13580.10—92）次氯酸钠-水杨酸光度法降水中共存离子对铵盐的测定有干扰。（　）

答案：（×）

正确答案为：没有干扰。

15.《大气降水中钠、钾的测定 原子吸收分光光度法》（GB 13580.12—92）测定降水中钠、钾离子选用贫燃型空气-乙炔火焰。（　）

答案：（√）

16.《大气降水中钙、镁的测定 原子吸收分光光度法》（GB 13580.113—92）钙的测定范围为 0.2～7mg/L、镁为 0.02～0.5mg/L。（　）

答案：（√）

三、单选题

1.《大气降水采样和分析方法总则》（GB 13580.1—92）中分析纯试剂用________表示。

A．AR B．GR C．LR D．CP

答案：A

2.《大气降水采样和分析方法总则》（GB 13580.1—92）待测大气降水样品均经孔径为________μm 的有机滤膜过滤。

A．0.45 B．0.30 C．0.20 D．0.40

答案：A

3.《大气降水 pH 值的测定》（GB 13580.4—92）测定顺序________。

a．用水冲洗电极 2～3 次，用滤纸把水吸干

b．将电极插入样品中

c．搅动样品至少 1 min 用磁力搅拌器；停止搅拌

d．待读数稳定后记录 pH 值

A．bcda B．abcd C．cdba D．acdb

答案：B

4.《大气降水 pH 值的测定》（GB 13580.4—92）开启仪器电源，预热大约________。

A．10min B．30min C．60min D．120min

答案：B

5.《大气降水电导率的测定》（GB 13580.3—92）测定大气降水电导率的电导率仪的误差不能超过________。

A．1% B．2% C．3% D．4%

答案：A

6.《大气降水电导率的测定》（GB 13580.3—92）电极的间距 L（cm）与电极的截面积 A（cm^2）的比值称为________。

A．电阻率 ρ B．电导率 K C．电导池常数 Q D．电阻 R

答案：C

7.《大气降水电导率测定》（GB 13580.3—92）测定电导率用标准溶液是________。

A．氯酸钾 B．碘酸钾 C．氯化钾

答案：C

8.《大气降水中亚硝酸盐测定 *N*-（1-萘基）-乙二胺光度法》（GB 13580.7—92）反应条件是在 pH 1.7 以下，亚硝酸盐和对氨基苯磺酸反应生成重 a 盐，再与 *N*-（1-萘基）-乙二胺偶联生成________，于 540 nm 波长处测量吸光度。

A．红色染料 B．橘色颜料 C．粉色染料

答案：A

9.《大气降水中硝酸盐测定》（GB 13580.8—92）有________干扰可用氨磺酸消除。

A．NO_2^-　　B．SO_4^{2-}　　C．NO_3^-　　D．Cl^-

答案：A

10.《大气降水中氟化物的测定 新氟试剂光度法》（GB 13580.10—92）测定波长是________。

A．540 nm　　B．600 nm　　C．620 nm　　D．700 nm

答案：C

11.《大气降水中铵盐的测定》（GB 13580.11—92）测定方法有________个。

A．1　　B．2　　C．3　　D．4

答案：B

四、多选题

1.《大气降水采样和分析方法总则》（GB 13580.1—92），标准溶液的配制则必须使用________。

A．分析纯试剂　　B．优级纯试剂　　C．基准试剂　　D．化学纯试剂

答案：B　C

2.《大气降水采样和分析方法总则》（GB 13580.1—92）配制试剂和分析操作中所用的水均为________。

A．去离子水　　B．蒸馏水　　C．自来水　　D．重蒸水

答案：A　　D

3.《大气降水样品的采集与保存》（GB 13580.2—92）中待测大气降水样品均经孔径为 0.45μm 的有机滤膜过滤测定 ________的样品不须过滤。

A．电导率　B．氯化物　C．pH 值　D．硫酸盐

答案：A　　C

4.《大气降水样品的采集与保存》（GB 13580.2—92）各成分在冰箱 3～5 ℃保存时间电导率________、K^+________、NO_2^-________、SO_4^{2-} ________。

A．一天　B．一周　　C．一个月　D．1h

答案：A　C　A　C

5.《大气降水 pH 值的测定》（GB 13580.4—92）用相对校准法检验，在 25℃时用________的标准溶液定位，然后测量________的标准溶液，求出测一值与标准值的误差。

A．pH 9.02　　B．pH 4.00　　C．pH 6.88

答案：B　C

6.《大气降水 pH 值的测定》（GB 13580.4—92）32 个实验室用本方法测定 pH 值为 6.66 合成水样。测定结果的相对标准偏差为________，相对误差为________。

A．0.75%　　B．0.25%　　C．0.50%　　D．0.15%

答案：A　D

7.《大气降水中氟、氯、亚硝酸盐、硝酸盐、硫酸盐的测定 离子色谱法》(GB 13580.5—92）进样品量为：50 μL，最低检出浓度分别为：F^-________、Cl^-________、NO_2^-________、NO_3^-_____、SO_4^{2-}________。

A．0.02mg/L　B．0.03mg/L　C．0.05mg/L　D．0.10mg/L

答案：B　B　C　D　D

8.《大气降水中硝酸盐测定》（GB 13580.8—92）利用硝酸根离子在________nm 波长处的吸收而定量测定硝酸盐。溶解的有机物在 ________nm 波长处也有吸收，而硝酸盐在________nm 处没有吸收。因此，在 ________nm 处作一次测量，以校正有机物对硝酸盐测定的影响。

A．200　B．220　C．250　D．275

答案：B　B　D　D

9.《大气降水中硝酸盐测定》（GB 13580.8—92）采用的方法有________。

A．酚二磺酸分光光度法　B．紫外光度法　C．电极法　D．镉柱还原法

答案：B　D

10.《大气降水中铵盐的测定》(GB 13580.11—92）在强碱中________等离子会析出氢氧化物沉淀，干扰测定，用少量酒石酸钾钠可以掩蔽。

A．Ca^{2+}　B．Mg^{2+}　C．Fe^{3+}　D．Na^+

答案：A　B

11.《大气降水中钙、镁的测定 原子吸收分光光度法》（GB 13580.13—92）样品若有 Al、Be、Ti 等元素存在会产生负干扰，可加入释放剂________予以消除。

A．硝酸镧　B．氯化镧　C．氯化锶　D．硝酸铯

答案：A　B　C

12.《大气降水中钙、镁的测定 原子吸收分光光度法》（GB 13580.113—92）样品中________会产生负干扰。

A．Al　B．Be　C．Ti　D．Ba

答案：A　B　C

13.《大气降水中钙、镁的测定 原子吸收分光光度法》(GB 13580.113—92）将降水试样喷入空气-乙炔火焰中，分别于波长________nm 和________nm 处测量钙、镁的吸光度，用校准曲线法进行测定。

A．422.7　B．532.9　C．285.2　D．766.4

答案：A　C

五、简答题

1.《大气降水采样和分析方法总则》（GB 13580.1—92）方法中“空白”是什么？

答案：“空白”系指与样品分析同时进行的不含待测离子的空白试验。且与样品分析中采用的方法及试剂量完全一致。

2.《大气降水样品的采集与保存》（GB 13580.2—92）布点基本原则是什么？

答案：（1）采样点数目，根据研究的目的和需要来确定。一般常规监测，人口在 50 万以上的城市布三个点，人口在 50 万以下的城市布设两个点，采样点的布设在兼顾城区、农村和清洁对照点，要尽可能照顾到气象地形、地貌。

（2）采样点位应尽可能的远离局部污染源，四周无遮挡雨、雪的高大树木或建筑物。

3.《大气降水样品的采集与保存》（GB 13580.2—92）为什么选择有机滤膜作为过滤介质？

答案：0.45μm 的有机微孔滤膜作过滤介质。该滤膜的孔径均匀，孔隙率高，过滤速度快，是一种情性材料。很少有吸附现象发生，可避免与样品中的化学成分发生吸附和离子交换作用，造成待测成分的损失和沾污，能满足过滤样品的要求。

4.《大气降水样品的采集与保存》（GB 13580.2—92）样品如何保存及保存的目的。

答案：样品采集后，尽快用过滤装置除去降水样品中的颗粒物，将滤液装入干燥清洁的白色塑料瓶中，不加添加剂，密封后放在冰箱中保存。以减缓由于物理作用（如挥发作用和吸收大气中的 SO_2、酸碱气体等）、化学作用（SO_2 氧化成 SO_4^{2-}、NO_2^- 氧化成 NO_3^-）和生物作用（如某些微生物是以 NH_4^+、NO_3^- 作为养料的），导致样品中待测成分的改变。

5.《大气降水电导率的测定》（GB 13580.3—92）标准氯化钾溶液如何配制？

答案：标准氯化钾溶液：c（KCl）=0.010 0 mol/L。称取 0.745 6g 氯化钾（105℃烘 2h），溶解于新煮沸的冷水中，于 25 ℃定容到 1 000 ml。此溶液在 25 ℃时电导率为 1 413μS/cm。

6.《大气降水电导率的测定》（GB 13580.3—92）怎样测定电导池常数？

答案：用 0.010 0mol/L 标准氯化钾溶液冲洗电导池三次。将此电导池注满标准溶液，放入恒温水浴恒温 0.5h。测定溶液电阻 R_{KCl}。用公式 $Q=KR_{KCl}$ 计算电导池常数，对 0.010 0mol/L 氯化钾溶液，在 25℃时 K=1 413μS/cm。即 Q=1 413R_{KCl}。

7.《大气降水 pH 值的测定》（GB 13580.4—92）使用的标准溶液如何配制？

答案：配制标准溶液水的电导率应小于 2μS/cm，临用前煮沸数分钟，以赶出二氧化碳，冷却。配好的溶液应贮于塑料瓶中，有效期一个月。若发现絮凝变质，应弃去重新配制。

8．简述《大气降水中氟、氯、亚硝酸盐、硝酸盐、硫酸盐的测定　离子色谱法》（GB 13580.5 —92）离子色谱法测定原理。

答案：离子色谱法测定阴离子是利用离子交换原理进行分离，由抑制柱扣除淋洗液背景电导，然后利用电导检测器进行测定。根据混合标准溶液中各阴离子出峰的保留时间以及峰高可进行定性和定量测定各种阴离子。

9. 简述《大气降水中硫酸盐测定》(GB 13580.6—92)中铬酸钡-二苯碳酰二肼光度法的测定原理。

答案：在弱酸性溶液中，硫酸根与铬酸钡悬浮液发生下述交换反应：

$$SO_4^{2-}+BaCrO_4 \rightarrow BaSO_4\downarrow+CrO_4^{2-}$$

在乙醇-氨性溶液介质中，分离除去过量的铬酸钡。交换释放出的 CrO_4^{2-}用二苯碳酰二肼显色，于波长 545 nm 处测定吸光度，间接确定 SO_4^{2-}浓度。

10. 简述《大气降水中亚硝酸盐测定 *N*-(1-萘基)-乙二胺光度法》(GB 13580.7—92)原理。

答案：在 pH 1.7 以下，亚硝酸盐和对氨基苯磺酸反应生成重氮盐，再与 *N*-(1-萘基)-乙二胺偶联生成红色染料，于 540 nm 波长处测量吸光度。根据试样吸光度和亚硝酸盐浓度成正比的关系，即可进行定量。

11. 简述《大气降水中硝酸盐测定》(GB 13580.8—92)紫外光度法测定原理。

答案：利用硝酸根离子 220nm 波长处的吸收而定量测定硝酸盐。溶解的有机物在 220nm 波长处也有吸收，而硝酸盐在 275nm 处没有吸收。因此，在 275 nm 处作一次测量，以校正有机物对硝酸盐测定的影响，NO_2^-有干扰可用氨磺酸消除。

12.《大气降水中氯化物的测定 硫氰酸汞高铁光度法》(GB 13580.9—92)测定原理。

答案：氯离子与硫氰酸汞反应，交换出的硫氰酸根离子与三价铁离子反应，生成红色硫氰酸铁络合物，于波长 460nm 处进行分光光度测定。

13.《大气降水中氟化物的测定 新氟试剂光度法》(GB 13580.10—92)测定原理。

答案：在 pH4.1 的乙酸盐缓冲介质中，氟离子与氟试剂及硝酸镧反应生成蓝色的三元络合物，络合物颜色的深度与氟离子浓度成正比，于波长 620 nm 处测定吸光度。

14. 简述《大气降水中铵盐的测定》(GB 13580.11—92)中无氨水的制备方法。

答案：(1)蒸馏法：每升水中加 0.1 ml 硫酸，进行蒸馏，接收馏出液于玻璃容器中。

(2)离子交换法：将蒸馏水通过混合型离子交换纯水器来制备大量的无氨水。

15. 简述《大气降水中钠、钾的测定 原子吸收分光光度法》(GB 13580.12—92)火焰原子吸收分光光度法原理。

答案：火焰原子吸收分光光度法是根据某元素的基态原子对该元素的特征波长辐射产生选择性吸收来进行测定的分析方法。

16.《大气降水中钙、镁的测定 原子吸收分光光度法》(GB 13580.13—92)中标准贮备溶液如何配制？

答案：钙标准贮备液 500 mg/ml。准确称取 0.625 0 g 碳酸钙(180℃烘 2 h)于烧杯中，加 20 ml 水悬浮，缓慢加入少量(1+1)盐酸，小心溶解，加热驱除 CO_2，冷却后，定容至 500 ml。

镁标准贮备液 100 mg/ml。准确称取 0.165 8 g 氧化镁(在 1 000℃高温炉中灼烧 1 h，在保干器中冷却后称量)于烧杯中，用少量(1+1)盐酸溶解，移入 1 000ml 容量瓶中，用水稀释至刻度。

六、计算题

1.《大气降水电导率的测定》（GB 13580.3—92）中测定某次电导池的常数，已知测定 0.01mol/L 标准氯化钾溶液电阻 R_{KCl} 均值为 7.78×10^{-4}，试计算电导池常数（0.01mol/L 氯化钾溶液在 25℃时 K=1 413μS/m）。

答案：$Q = 1413\times R_{KCl} = 1413\times7.78\times10^{-4} = 1.1$

2.《大气降水中亚硝酸盐测定 *N*-（1-萘基）-乙二胺光度法》（GB 13580.7—92）测定某水样中亚硝酸盐氮含量，取 5.0ml 水样于 50ml 比色管中，测得含量为 0.013mg，求原来水样中 NO^{2-}-N 和 NO^{2-}的含量各是多少 mg/L？

答案：$$c_{NO^{2-}-N}(\text{mg/L}) = \frac{0.013\times1\,000}{5.0} = 2.60$$

$$c_{NO^{2-}}(\text{mg/L}) = 2.60\times\frac{14+16\times2}{14} = 8.54$$

3.《大气降水中氟、氯、亚硝酸盐、硝酸盐、硫酸盐的测定　离子色谱法》（GB 13580.5—92）离子色谱法测定降水中的 SO_4^{2-}，用近似峰高法定量，已知：SO_4^{2-}标准液浓度为 10.0 mg/L，水样和淋洗贮备液比例为 9∶1，测得水样峰高为 12.5 mm，标准液峰高两次测定平均值为 11.0 mm，求降水中 SO_4^{2-}的浓度（mg/L）。

答案：$$c_{SO_4^{2-}}(\text{mg/L}) = 10.0\times\frac{12.5}{11.0}\times\frac{10}{9} = 12.6$$

4.《大气降水中钠、钾的测定 原子吸收分光光度法》（GB 13580.12—92）用直接火焰原子吸收法测定水样中 Na，取水样 10.00ml，经消解后定容至 100.0ml，吸入测定后用校准曲线计算被测 Na 含量为 20.00μg/ml，求该水样中 Na 的浓度（mg/L）。

答案：$$c_{Na}(\text{mg/L}) = 20.00\times\frac{100.0}{10.0} = 200$$

参考文献

大气降水采样和分析方法（GB 13580.1～13580.13—92）.

命题：刘文惠

审核：陈黎军

第三十一节　分析实验室用水规格和试验方法（GB/T 6682—2008）

一、填空题

1.《分析实验室用水规格和试验方法》（GB/T 6682—2008）中一级水用于有严格要求

的分析试验包括________有要求的试验。如________分析用水。

答案：对颗粒　　高效液相色谱

2.《分析实验室用水规格和试验方法》（GB/T 6682—2008）中一级水可用二级水经过________蒸馏或________混合床处理后再经________微孔滤膜过滤来制取。

答案：石英设备　　离子交换　　0.2μm

3.《分析实验室用水规格和试验方法》（GB/T 6682—2008）中二级水用于________分析等试验如________分析用水。

答案：无痕量　　原子吸收光谱

4.《分析实验室用水规格和试验方法》（GB/T 6682—2008）中各级用水在贮存期间其沾污的主要来源是容器可溶成分的________中的________和其他杂质。

答案：溶解空气　　二氧化碳

5.《分析实验室用水规格和试验方法》（GB/T 6682—2008）中各级用新容器在使用前需用________的________溶液浸泡________至________天，再用待测水反复冲洗并注满待测水浸泡________以上。

答案：20%　盐酸　2　3　6h

6.《分析实验室用水规格和试验方法》（GB/T 6682—2008）中电导率仪法测定水的电导率时，实验用水的电导率应小于________ μS/cm，一般是蒸馏水再经过离子交换柱制得的纯水。

答案：1

7.《分析实验室用水规格和试验方法》（GB/T 6682—2008）中三级水的测量取______ ml 水样于锥形瓶中插入电导池后即可进行测量。

答案：400

8.《分析实验室用水规格和试验方法》（GB/T 6682—2008）中制备纯化水的方法有________、________、________和________。

答案：蒸馏法　　离子交换法　　电渗析法　　反渗透法

9.《分析实验室用水规格和试验方法》（GB/T 6682—2008）中分析实验室用水进行试验，取样前用待测水反复清洗容器。取样时要避免________。水样应________容器。

答案：沾污　　注满

10.《分析实验室用水规格和试验方法》（GB/T 6682—2008）中分析实验室用水进行试验中均使用________试剂和________的水。

答案：分析纯　　相应级别

11.《分析实验室用水规格和试验方法》（GB/T 6682—2008）中三级水可用________或________等方法制取。

答案：蒸馏　　离子交换

12.《分析实验室用水规格和试验方法》（GB/T 6682—2008）中三级水用于_______试验。

答案：一般化学分析

13.《分析实验室用水规格和试验方法》（GB/T 6682—2008）中一级水______储存使用前制备。二级水、三级水可适量制备分别贮存在预先经_______水清洗过的相应容器中。

答案：不可　　同级

14.《分析实验室用水规格和试验方法》（GB/T 6682—2008）中二级水可用多次蒸馏或________等方法制取。

答案：离子交换

15.《分析实验室用水规格和试验方法》（GB/T 6682—2008）中在一级水的纯度下难于测定________和________，对其限量不做规定。

答案：可氧化物质　　蒸发残渣

二、判断题

1.《分析实验室用水规格和试验方法》（GB/T 6682—2008）中由于在一级水、二级水的纯度下，容易测定其真实的 pH 值，因此对一级水、二级水的 pH 值范围应做详细的规定。（　）

答案：（×）

正确答案为：不做详细的规定。

2.《分析实验室用水规格和试验方法》（GB/T 6682—2008）中一级水、二级水的电导率需用新制备的水“在线”测定。（　）

答案：（√）

3.《分析实验室用水规格和试验方法》（GB/T 6682—2008）中由于在一级水的纯度下难以测定可氧化物质和蒸发残渣，对其限量不做规定。可用其他条件和制备方法来保证一级水的质量。（　）

答案：（√）

4.《分析实验室用水规格和试验方法》（GB/T 6682—2008）中三级水可用蒸馏或离子交换等方法制取。（　）

答案：（√）

5.《分析实验室用水规格和试验方法》（GB/T 6682—2008）中分析实验室用水测量用的电导仪和电导池应定期进行检定。（　）

答案：（√）

6.《分析实验室用水规格和试验方法》（GB/T 6682—2008）中分析实验室用水测量用的电导仪若不具温度补偿功能，可装恒温水浴槽使待测量水样温度控制在 25℃±1℃。（　）

答案：（√）

7.《分析实验室用水规格和试验方法》（GB/T 6682—2008）中新鲜蒸馏水存放一段时间后，由于空气中二氧化碳或氨的溶入，其电导率会上升。（　）

答案：(√)

8.《分析实验室用水规格和试验方法》(GB/T 6682—2008)中分析实验室用水蒸发残渣的测定时电烘箱温度必须保持在 105℃±2℃。( )

答案：(√)

9.《分析实验室用水规格和试验方法》(GB/T 6682—2008)中一级水可储存，不需使用前制备。( )

答案：(×)

正确答案为：一级水不可储存使用前储备。

10.《分析实验室用水规格和试验方法》(GB/T 6682—2008)中三级水储存于密闭的、专用玻璃容器储存。( )

答案：(√)

三、单选题

1.《分析实验室用水规格和试验方法》(GB/T 6682—2008)中分析实验室用水的检验方法量取________ml 水样，测定 pH 值。

A. 100　　B. 500　　C. 1 000　　D. 3 000

答案：A

2.《分析实验室用水规格和试验方法》(GB/T 6682—2008)中分析实验室用水进行试验至少应取________ml 有代表性水样。

A. 1 000　　B. 2 000　　C. 3 000　　D. 5 000

答案：C

3.《分析实验室用水规格和试验方法》(GB/T 6682—2008)中若电导仪不具温度补偿功能，可装恒温水浴槽使待测量水样温度控制在 ________，或记录水温度进行换算。

A. 20℃±1℃　　B. 25℃±1℃　　C. 22℃±1℃　　D. 24℃±1℃

答案：B

四、多选题

1.《分析实验室用水规格和试验方法》(GB/T 6682—2008)中将水样分别注入______及________吸收池，于 254nm 处，以________吸收池中水样为参比，测定________吸收池中水样的吸光度。

A. 1cm　2cm　　B. 1cm　1cm　　C. 1cm　2cm　　D. 2cm　2cm

答案：A　C

2.《分析实验室用水规格和试验方法》(GB/T 6682—2008)中蒸发残渣时，蒸发皿的材质可选用________、________、________。

A. 铂　　B. 石英　　C. 陶瓷　　D. 硼硅玻璃

答案：A　　B　　D

3．《分析实验室用水规格和试验方法》（GB/T 6682—2008）中将预浓集的水样转移至一个已于 105℃±2℃恒量的蒸发皿中，并用________水样分________冲洗蒸馏瓶，将洗液与预浓集的水样合并于蒸发皿中。

A．1～5ml　　B．5～10ml　　C．1～2 次　　D．2～3 次

答案：B　D

4．《分析实验室用水规格和试验方法》（GB/T 6682—2008）中由于在一级水的纯度下，难以测定________，对其限量不做规定。可用其他条件和制备方法来保证一级水的质量。

A．电导率　　B．可溶性硅　　C．可氧化物质　D．蒸发残渣

答案：C　D

5．《分析实验室用水规格和试验方法》（GB/T 6682—2008）中一、二级用水的电导率检验时，配备电极常为________的“在线”电导池，使用________补偿装置。三级用水测定时，配备电极常数为________cm^{-1}的电导池。

A．温度自动　B．0.01～0.1cm^{-1}　C．0.01～1　D．0.1～1　E．酸度自动

答案：B　A　D

6．《分析实验室用水规格和试验方法》（GB/T 6682—2008）中水样预浓集，量取________ml 二级水，三级水取________ml。将水样分几次加入旋转蒸发器的蒸馏瓶中于水浴上减压蒸发避免蒸干。待水样最后蒸至约________ml 时停止加热。

A．100　B．500　C．1 000　D．3 000　E．50

答案：B　E

7．《分析实验室用水规格和试验方法》（GB/T 6682—2008）中预浓集的水样先转移至一个已于 105℃±2℃恒重的玻璃蒸发皿中。并用________ml 水样分 ________次冲洗蒸馏瓶，将洗液与预浓集水样合并水浴上蒸干并在上述温度的电烘箱中干燥至恒重。残渣质量不得大于 1.0mg。

A．1～3　B．5～10　C．2～3　D．4～6

答案：B　C

8．《分析实验室用水规格和试验方法》（GB/T 6682—2008）中将水样分别注入________cm 和________cm 吸收池中在紫外可见分光光度计上于 ________nm 处以________cm 吸收池中水样为参比测定________cm 吸收池中水样的吸光度。

A．1　B．2　C．3　D．254　E．265

答案：A　B　D　A　B

五、简答题

1．简述《分析实验室用水规格和试验方法》（GB/T 6682—2008）中挥发性有机物监测方法中纯水的制备方法与要求。

答案：用二次蒸馏水于 90℃水浴中用氮气吹脱 15min（若在常温下，增加吹脱时间），临用现制。所得的纯水应无干扰测定的杂质。或其中的杂质含量小于目标组分的检出限。

2.《分析实验室用水规格和试验方法》（GB/T 6682—2008）中分析实验室用水的制备与储存条件是什么？

答案：一级水可用二级水经过石英设备蒸馏或离子交换混合床处理后再经 0.2μm 微孔滤膜过滤来制取。不可储存，使用前制备。

二级水可用多次蒸馏或离子交换等方法制取。储存于密闭的、专用的聚乙烯容器中。

三级水可用蒸馏或离子交换等方法制取。储存于密闭的、专用聚乙烯容器中，也可使用密闭的、专用玻璃容器储存。

六、论述题

根据《分析化学实验室用水的规格及试验方法》（GB 6682—2008）的规定，分析化学实验室用水分为几个级别？各个级别主要要求是什么？

答案：根据《分析化学实验室用水的规格及试验方法》（GB 6682—2008）的规定，分析化学实验室用水分为三个级别：一级水、二级水和三级水。

一级水用于有严格要求的分析实验，包括对颗粒有要求的实验，如高效液相色谱用水。一级水可用二级水经过石英设备蒸馏水或离子交换混合床处理后，再经 0.2μm 微孔滤膜过滤来制取。

二级水用于无机痕量分析等实验，如原子吸收光谱分析用水。二级水可用多次蒸馏或离子交换等制得。

三级水用于一般的化学分析实验。三级水可用蒸馏或离子交换的方法制得。

参考文献

分析化学实验室用水的规格及试验方法（GB 6682—2008）.

命题：朱卫平

审核：陈黎军

第二章　环境空气和废气

第一节　环境空气质量监测技术规范（试行）

一、填空题

1.《环境空气质量监测技术规范》（试行）规定了环境空气质量监测网的设计和________、环境空气质量手工监测和_______的方法和技术要求以及环境空气质量监测数据的_______和________。

答案：监测点位设置要求　自动监测　管理　处理要求

2.《环境空气质量监测技术规范》（试行）适用于国家和地方各级环境保护行政主管部门为确定________，________所进行的常规例行环境空气质量监测活动。

答案：环境空气质量状况　防治空气污染

3.《环境空气质量监测技术规范》（试行）规定，________部门负责国家环境空气质量监测网的组织和管理。

答案：国务院环境保护行政主管

4.《环境空气质量监测技术规范》（试行）规定，常规环境空气质量监测点可分为 4 类：污染监控点、________、空气质量对照点和________。

答案：空气质量评价点　空气质量背景点

5．根据《环境空气质量监测技术规范》（试行）规定，国家环境空气质量监测网应设置环境空气质量评价点、________以及________。

答案：环境空气质量背景点　区域环境空气质量对照点

6.《环境空气质量监测技术规范》（试行）规定，国家环境空气质量背景点和区域环境空气质量对照点应根据我国的大气环流特征，在________，不受局部地区环境影响的地方设置，也可在符合上述要求的________点中选取。

答案：远离污染源　地方环境空气质量监测

7.《环境空气质量监测技术规范》（试行）规定，地方环境空气质量监测网应设置________，并根据需要设置________和________。

答案：空气质量评价点　污染监控点　空气质量对照点

8.《环境空气质量监测技术规范》（试行）规定，环境空气质量监测点采样口周围水平面应保证__________以上的捕集空间，如果采样口一边靠近建筑物，采样口周围水平面应有________以上的自由空间。

答案：270° 180°

9.《环境空气质量监测技术规范》（试行）规定，对于手工间断采样，其采样口离地面的高度应在________m 范围内。

答案：1.5～15

10.《环境空气质量监测技术规范》（试行）规定，对于自动监测，其采样口或监测光束离地面的高度应在________m 范围内。

答案：3～15

11.《环境空气质量监测技术规范》（试行）规定，针对道路交通的污染监控点，其采样口离地面的高度应在________m 范围内。

答案：2～5

12.《环境空气质量监测技术规范》（试行）规定，在建筑物上安装监测仪器时，监测仪器的采样口离建筑物墙壁、屋顶等支撑物表面的距离应大于________m。

答案：1

13.《环境空气质量监测技术规范》（试行）规定，当某监测点需设置多个采样口时，为防止其他采样口干扰颗粒物样品的采集，颗粒物采样口与其他采样口之间的直线距离应大于________m。若使用大流量总悬浮颗粒物（TSP）采样装置进行并行监测，其他采样口与颗粒物采样口的直线距离应大于________m。

答案：1 2

14.《环境空气质量监测技术规范》（试行）规定，环境空气污染物监测结果，通常以________表示。

答案：标准状况下的质量浓度

二、判断题

1.《环境空气质量监测技术规范》（试行）规定，国家环境空气质量背景点以及区域环境空气质量对照点，须开展必测项目的监测。（ ）

答案：（×）

正确答案为：国家环境空气质量背景点以及区域环境空气质量对照点，还应开展部分或全部选测项目的监测。

2.《环境空气质量监测技术规范》（试行）规定，地方环境空气质量监测网的测定，可根据各地环境管理工作的实际需要及具体情况参照规范相关规定确定其必测和选测项目。（ ）

答案：（√）

3.《环境空气质量监测技术规范》（试行）规定，地方设置的污染监控点和地方环境空气质量对照点的数据可用于分析空气污染来源、作为环境规划依据，也可参加城市环境空气质量平均值计算。（ ）

答案：（×）

正确答案为：污染监控点和地方环境空气质量对照点数据可用于分析空气污染来源、作为环境规划依据，但不参加城市环境空气质量平均值计算。

4.《环境空气质量监测技术规范》（试行）规定，各城市所设置的污染监控点可根据地方环境管理工作的需要以及城市发展的实际情况增加、变更和撤销。（　）

答案：（√）

5.《环境空气质量监测技术规范》（试行）规定，臭氧在国家环境空气质量监测网监测项目中属于选测项目。（　）

答案：（×）

正确答案为：臭氧在国家环境空气质量监测网监测项目中属于必测项目。

6.《环境空气质量监测技术规范》（试行）规定，开放光程监测仪器发射端到接收端之间的监测光束仰角不应超过 15°。（　）

答案：（√）

7.《环境空气质量监测技术规范》（试行）规定，点位变更时应就近移动点位，但点位移动的直线距离不应超过 100m。（　）

答案：（×）

正确答案为：点位变更时应就近移动点位，但点位移动的直线距离不应超过 1 000m。

8. 按照现有城市监测网布设时的建成区面积计算，平均每个点位覆盖面积大于 25km^2 的，可在原建成区及新、扩建成区增设监测点位。新增点位要结合现有监测网点一并进行技术论证。（　）

答案：（√）

三、单选题

1.《环境空气质量监测技术规范》（试行）规定，空气质量背景点原则上应离开主要污染源及城市建成区________km 以上，区域环境空气质量对照点原则上应离开主要污染源及城市建成区________km 以上。

A. 50　20　　B. 50　50　　C. 30　20　　D. 30　30

答案：A

2.《环境空气质量监测技术规范》（试行）规定，地方环境空气质量评价点的设置数量应________国家环境空气质量评价点在相应城市的设置数量，其覆盖范围为城市建成区。在划定环境空气质量功能区的地区，每类功能区至少应有________个监测点。

A. 少于　1　　B. 多于　2　　C. 不少于　1　　D. 不多于　1

答案：C

3.《环境空气质量监测技术规范》（试行）规定，地方环境空气质量对照点应离开主要污染源、城市居民密集区________km 以上，并设置在城市主导风向的________。

A. 20　上风向　　B. 50　上风向

C. 20　下风向　　　　D. 50　下风向

答案：A

4.《环境空气质量监测技术规范》（试行）规定，国家环境空气质量监测网中的空气质量评价点、空气质量背景点上的环境空气质量监测应优先选用________方法。

A. 手工监测　　B. 自动监测

答案：B

5. 根据《环境空气质量监测技术规范》（试行）规定，________上的环境空气质量监测还应具备完善的手工监测能力，并可用手工监测方法进行非常规项目监测。

A. 国家环境空气污染监控点　　B. 国家环境空气质量评价点

C. 国家环境空气质量对照点　　D. 国家环境空气质量背景点

答案：D

6.《环境空气质量监测技术规范》（试行）规定，下列________属于国家环境空气质量监测网监测项目中的选测项目。

A. 二氧化硫　B. 二氧化氮　C. 可吸入颗粒物　D. 总悬浮颗粒物

答案：D

7.《环境空气质量监测技术规范》（试行）规定，建成区城市人口为 40 万，建成区面积为 30km^2 的某城市，国家环境空气质量评价点设置数量应为________个。

A. 1　　B. 2　　C. 3　　D. 4

答案：B

8.《环境空气质量监测技术规范》（试行）规定，环境空气质量监测点周围________m 范围内部应有污染源。

A. 10　　B. 15　　C. 30　　D. 50

答案：D

9. 某道路日平均机动车流量为 5 000 辆，根据《环境空气质量监测技术规范》（试行）规定，采集二氧化氮的点式仪器采样口应与此条道路边缘之间最小距离为________m。

A. 10　　B. 20　　C. 30　　D. 60

答案：B

10.《环境空气质量监测技术规范》（试行）规定，针对道路交通的污染监控点，采样口距道路边缘距离不得超过________m。

A. 10　　B. 20　　C. 30　　D. 60

答案：B

11.《环境空气质量监测技术规范》（试行）规定，监测点位需变更时，变更后的监测点位与原监测点位平均浓度偏差应小于________。

A. 10%　　B. 15%　　C. 20%　　D. 30%

答案：B

四、多选题

1.《环境空气质量监测技术规范》(试行)规定，常规环境空气质量监测点可分为________。

A. 污染监控点 B. 空气质量评价点 C. 空气质量对照点

D. 空气质量背景点 E. 加密网格点

答案：A B C D

2.《环境空气质量监测技术规范》(试行)规定，必测项目是________。

A. 总悬浮颗粒物（TSP） B. 可吸入颗粒物（PM_{10}）

C. 二氧化氮（NO_2） D. 有毒有害有机物

答案：B C

3.《环境空气质量监测技术规范》(试行)规定，必测项目是________。

A. 总悬浮颗粒物（TSP） B. 可吸入颗粒物（PM_{10}）

C. 二氧化氮（NO_2） D. 一氧化碳（CO）

答案：B D

4.《环境空气质量监测技术规范》(试行)规定，选测项目是________。

A. 总悬浮颗粒物（TSP） B. 可吸入颗粒物（PM_{10}）

C. 氟化物（F） D. 二氧化硫（SO_2）

答案：A C

5.《环境空气质量监测技术规范》(试行)规定，选测项目是________。

A. 总悬浮颗粒物（TSP） B. 苯并[*a*]芘（B[*a*]P）

C. 氟化物（F） D. 二氧化硫（SO_2）

答案：B C

6.《环境空气质量监测技术规范》(试行)规定，现场监测采样________以及样品和实验室分析的原始记录是监测工作的重要凭证。

A. 保存 B. 运输 C. 交接 D. 处理

答案：A B C D

7.《环境空气质量监测技术规范》(试行)规定，环境空气质量自动监测是指在监测点位采用连续自动监测仪器对环境空气质量进行连续________的过程。

A. 保存 B. 采集 C. 处理 D. 分析

答案：B C D

8.《环境空气质量监测技术规范》(试行)规定，设计环境空气质量监测网，以本地区多年的环境空气质量状况及________为依据进行布设。

A. 人口分布情况 B. 产业和能源结构特点 C. 地形 D. 气象条件

E. 建成区面积（km^2）

答案：A B C D E

五、简答题

1．简述《环境空气质量监测技术规范》（试行）中规定，环境空气质量手工监测的含义。

答案：在监测点位用采样装置采集一定时段的环境空气样品，将采集的样品在实验室用分析仪器分析、处理的过程。

2．简述《环境空气质量监测技术规范》（试行）中规定，环境空气质量自动监测的含义。

答案：在监测点位采用连续自动监测仪器对环境空气质量进行连续的样品采集、处理、分析的过程。

3．简述《环境空气质量监测技术规范》（试行）中规定，污染监控点的含义。

答案：为监测地区空气污染物的最高浓度，或主要污染源对当地环境空气质量的影响而设置的监测点。为监测固定工业污染源对环境空气质量影响而设置的污染监控点，其代表范围一般为半径 100～500m 的区域，有时也可扩大到半径 500m～4km（如考虑较高的点源对地面浓度的影响时）的区域；为监测道路交通污染源对环境空气质量影响而设置的污染监控点，其代表范围为人们日常生活和活动场所中受道路交通污染源排放影响的道路两旁及其附近区域。

4．简述《环境空气质量监测技术规范》（试行）中规定，空气质量评价点的含义。

答案：以监测地区的空气质量趋势或各环境质量功能区的代表性浓度为目的而设置的监测点。其代表范围一般为半径 500m～4km 的区域，有时也可扩大到半径 4km 至几十千米（如对于空气污染物浓度较低，其空间变化较小的地区）的区域。

5．简述《环境空气质量监测技术规范》（试行）中规定，空气质量对照点的含义。

答案：以监测不受当地城市污染影响的城市地区空气质量状况为目的而设置的监测点。其代表范围一般为半径几十千米的区域。

6．简述《环境空气质量监测技术规范》（试行）中规定，空气质量背景点的含义。

答案：以监测国家或大区域范围的空气质量背景水平为目的而设置的监测点。其代表性范围一般为半径 100km 以上的区域。

7．简述《环境空气质量监测技术规范》（试行）中规定，加密网格点的含义。

答案：将城市的建成区划为规则的正方形网格状，单个网格应不大于 2km×2km，加密网格点设在网格线的交点上。

六、论述题

1．根据《环境空气质量监测技术规范》（试行）总规定，设计环境空气质量监测网应遵循哪些原则？

答案：设计环境空气质量监测网，应能客观反映环境空气污染对人类生活环境的影响，并以本地区多年的环境空气质量状况及变化趋势、产业和能源结构特点、人口分布情况、地形和气象条件等因素为依据，充分考虑监测数据的代表性，按照监测目的确定监测网的布点。监测网的设计，首先应考虑所设点位的代表性。

2．根据《环境空气质量监测技术规范》（试行）中规定，国家根据环境管理的需要，为开展环境空气质量监测活动，设置国家环境空气质量监测网，其监测目的是什么？

答案：（1）确定全国城市区域环境空气质量变化趋势，反映城市区域环境空气质量总体水平；

（2）确定全国环境空气质量背景水平以及区域空气质量状况；

（3）判定全国及各地方的环境空气质量是否满足环境空气质量标准的要求；

（4）为制定全国大气污染防治规划和对策提供依据。

3．各地方应根据环境管理的需要，按《环境空气质量监测技术规范》（试行）中规定的原则，设置省（自治区、直辖市）级或市（地）级环境空气质量监测网（以下简称“地方环境空气质量监测网”），其监测目的是什么？

答案：（1）确定监测网覆盖区域内空气污染物可能出现的高浓度值；

（2）确定监测网覆盖区域内各环境质量功能区空气污染物的代表浓度，判定其环境空气质量是否满足环境空气质量标准的要求；

（3）确定监测网覆盖区域内重要污染源对环境空气质量的影响；

（4）确定监测网覆盖区域内环境空气质量的背景水平；

（5）确定监测网覆盖区域内环境空气质量的变化趋势；

（6）为制定地方大气污染防治规划和对策提供依据。

4．根据《环境空气质量监测技术规范》（试行）中规定，国家环境空气质量评价点的点位设置应符合哪些要求？

答案：（1）位于各城市的建成区内，并相对均匀分布，覆盖全部建成区；

（2）全部空气质量评价点的污染物浓度计算出的算术平均值应代表所在城市建成区污染物浓度的区域总体平均值。区域总体平均值可用该区域加密网格点（单个网格应不大于2km×2km）实测或模拟计算的算术平均值作为其估计值，用全部空气质量评价点在同一时期的污染物浓度计算出的平均值与该估计值相对误差应在10%以内；

（3）用该区域加密网格点（单个网格应不大于2km×2km）实测或模拟计算的算术平均值作为区域总体平均值计算出30、50、80和90百分位数的估计值；用全部空气质量评价点在同一时期的污染物浓度平均值计算出的30、50、80和90百分位数与这些估计值比较时，各百分位数的相对误差在15%以内；

（4）各城市区域内国家环境空气质量评价点的设置数量应符合附件二的要求；

（5）根据附件二，按城市人口和按建成区面积确定的最少点位数不同时，取两者中的较大值；

（6）对于必测项目中存在年平均浓度连续3年超过国家环境空气质量标准二级

标准 20%以上的城市区域，空气质量评价点的最少数量应为附件二规定数量的 1.5 倍以上。

5．根据《环境空气质量监测技术规范》（试行）中规定，应根据本地区的污染源资料、气象资料和地理条件等因素，确定本地区开展环境空气质量状况调查的方式，并根据调查数据筛选出适合的地方环境空气质量评价点。所筛选出的点位应符合哪些要求？

答案：（1）位于各城市建成区内，并相对均匀分布，覆盖全部建成区；

（2）用全部空气质量评价点的污染物浓度计算出的算术平均值应代表所在城市建成区污染物浓度的区域总体平均值。区域总体平均值可用该区域加密网格点（单个网格应不大于 2km×2km）实测或模拟计算的算术平均值作为其估计值，用全部空气质量评价点在同一时期测得的污染物浓度计算出的平均值与该估计值相对误差应在 10%以内；

（3）用该区域加密网格点（单个网格应不大于 2km×2km）实测或模拟计算的算术平均值作为区域总体计算出 30、50、80 和 90 百分位数的估计值；用全部空气质量评价点在同一时期的污染物浓度计算出的 30、50、80 和 90 百分位数与这些估计值比较时，各百分位数的相对误差在 15%以内。

6．根据《环境空气质量监测技术规范》（试行）中规定，在哪些情况下，可增加、变更和撤销监测点位。

答案：（1）因城市建成区面积扩大或行政区划变动，导致现有监测点位已不能全面反映城市建成区总体空气质量状况的，可增设点位。

（2）因城市建成区建筑发生较大变化，导致现有监测点位采样空间缩小或采样高度提升而不符合本规范要求的，可变更点位。

（3）因城市建成区建筑发生较大变化，导致现有监测点位采样空间缩小或采样高度提升而不符合本规范，在最近连续 3 年城市建成区内用包括拟撤销点位在内的全部点位计算的各监测项目的年平均值与剔除拟撤销点后计算出的年平均值的最大误差小于 5%，且该城市建成区内的监测点数量在撤销点位后仍能满足本规范要求时，可撤销点位，否则应根据规范中的要求，变更点位。

七、计算题

1. 测得一居民区 SO_2 日浓度为 0.18mg/m^3，瞬时一次浓度为 0.63mg/m^3，求超标倍数？（执行大气二级标准）

答案：日浓度超标倍数：0.18－0.15/0.15=0.2

瞬时一次浓度超标倍数：0.63－0.50/0.50=0.26

日超标倍数 0.2，一次值超标倍数 0.26

2．某厂的生产废气中含 SO_2 体积百分数为 0.012 2%，求废气中 SO_2 体积质量浓度？

答案：$Cp = 0.012\,2\% = 122\text{ppm}$；$M = 64$

$C = (M/22.4) \times Cp = (64/22.4) \times 122 = 348.6\ (\text{mg/m}^3)$

3．城市空气质量测得的 SO_2、NO_2 和 PM_{10} 的日均值分别为 0.215mg/m^3、0.180mg/m^3 和 0.320 mg/m^3，请计算各污染物的分指数，问当日的首要污染物是什么？空气质量如何？

污染指数	50	100	200
SO_2	0.050	0.150	0.800
NO_2	0.080	0.120	0.280
PM_{10}	0.050	0.150	0.350

答案：SO_2 分指数 I（SO_2）=100+（0.215－0.150）/（0.800－0.150）×（200－100）

=110

NO_2 分指数 I（NO_2）=100+（0.180－0.120）/（0.280－0.120）×（200－100）=138

PM_{10} 分指数 I（PM_{10}）=100+（0.320－0.150）/（0.320－0.150）×（200－100）=185

I（PM_{10}）＞I（NO_2）＞I（SO_2）

首要污染物为 PM_{10}，I=185，空气质量级别为Ⅲ$_2$，即轻度污染。

4．测定某地大气中的 NO_x 时，用装有 5ml 吸收液的筛板吸收管采样，采样流量为 0.3L/min，采气时间为 1h，采样后用比色法测得吸收液中含 4.0μgNO_x。已知采样点温度为 5℃，大气压为 100kPa，求气样中 NO_x 的含量？

答案：$V_N = V_t \dfrac{273}{273+t} \times \dfrac{P}{101.3} = 0.3 \times 60 \times \dfrac{273}{273+5} \times \dfrac{100}{101.3} = 17.4(\text{L})$

$NO_x = \dfrac{4.0 \times 10^{-3}}{17.4 \times 10^{-3}} = 0.230$（mg/m^3）

5．0.35ppm 的 SO_2 气体转换成 mg/m^3 是多少？

答案：0.35=（22.4/M）×X

X=0.35×64/22.4=1.0mg/ m^3

6．已知 NO_2 标准状况下浓度为 0.068mg/m^3 换算成 ppm 个浓度是多少？

答案：0.068/（46/22.4）=0.068/（2.05×0.025）=0.033ppm

参考文献

环境空气质量监测规范（试行）.

命题：王雅贞

审核：陈黎军

第二节 环境空气质量功能区划分原则与技术方法（HJ/T 14—1996）

一、填空题

1.《环境空气质量功能区划分原则与技术方法》（HJ/T 14—1996）中规定，环境空气质量功能区分为 ________、________、________环境空气质量功能区。

答案：一类 二类 三类

2.《环境空气质量功能区划分原则与技术方法》（HJ/T 14—1996）中规定，一类环境空气质量功能区指________、________和其他需要特殊环保的地区。

答案：自然保护区 风景名胜区

3.《环境空气质量功能区划分原则与技术方法》（HJ/T 14—1996）中规定三类环境空气质量功能区指________。

答案：特定工业区

4.《环境空气质量功能区划分原则与技术方法》（HJ/T 14—1996）中规定，一类区与三类区之间，一类区与二类区之间，二类区与三类区之间设置一定宽度的________。

答案：缓冲带

5.《环境空气质量功能区划分原则与技术方法》（HJ/T 14—1996）中规定，环境空气质量功能区由________环境保护行政主管部门划分。

答案：地级市以上（含地级市）

6.《环境空气质量功能区划分原则与技术方法》（HJ/T 14—1996）中规定三类区不应设在一、二类功能区的主导风向的________。

答案：上风向

7.《环境空气质量功能区划分原则与技术方法》（HJ/T 14—1996）中规定，缓冲带内的环境空气质量应向要求________的区域靠。

答案：高

8.《环境空气质量功能区划分原则与技术方法》（HJ/T 14—1996）中规定，环境空气质量功能区以保护生活环境和________，保障人体健康，及动植物正常生存、生长和________为宗旨。

答案：生态环境 文物古迹

9.《环境空气质量功能区划分原则与技术方法》（HJ/T 14—1996）中规定，环境空气质量功能区的划分应充分利用现行行政区界或________。

答案：自然分界线

10.《环境空气质量功能区划分原则与技术方法》（HJ/T 14—1996）中规定，环境空气质量功能区划分时既要考虑环境空气质量现状，又要________。

答案：兼顾城市发展规划

11.《环境空气质量功能区划分原则与技术方法》（HJ/T 14—1996）中规定，把区域类型相同的单元连成片，并绘制在底图上；同时将环境空气质量标准中例行监测的污染物和________的日平均值等值线绘制在底图上。

答案：特殊污染物

12.《环境空气质量功能区划分原则与技术方法》（HJ/T 14—1996）中规定，环境空气质量监测点位应依据________的分布而合理布置。

答案：不同类别空气质量功能区

13.《环境空气质量功能区划分原则与技术方法》（HJ/T 14—1996）中规定，本标准由________环境保护行政主管部门监督实施。

答案：县级以上（含县级）

14.《环境空气质量功能区划分原则与技术方法》（HJ/T 14—1996）中规定，缓冲带的宽度根据区划面积、________、大气扩散能力确定。

答案：污染源分布

15.《环境空气质量功能区划分原则与技术方法》（HJ/T 14—1996）中规定位于缓冲带内的污染源，应根据其对________的功能区的影响情况，确定该污染源执行排放标准的级别。

答案：环境空气质量要求高

16.《环境空气质量功能区划分原则与技术方法》（HJ/T 14—1996）中规定，环境空气质量功能区划分________，严格限制三类区。

答案：宜粗不宜细

17.《环境空气质量功能区划分原则与技术方法》（HJ/T 14—1996）中规定，三类区中的________，应根据实际情况和可能，有计划地分期分批从三类区迁出。

答案：生活区

18.《环境空气质量功能区划分原则与技术方法》（HJ/T 14—1996）中规定，一般情况下一类区与三类区之间的缓冲带宽度不小于________m，其他类别功能区之间的缓冲带宽度不小于________m。

答案：500　300

19.《环境空气质量功能区划分原则与技术方法》（HJ/T 14—1996）中规定，位于________内的污染源，应根据其对环境空气质量要求高的功能区的影响情况，确定该污染源执行排放标准的级别。

答案：缓冲带

20.《环境空气质量功能区划分原则与技术方法》（HJ/T 14—1996）中规定，自然保护区；风景名胜区指________以上人民政府划定的自然保护区、风景名胜区。

答案：县级

二、判断题

1.《环境空气质量功能区划分原则与技术方法》（HJ/T 14—1996）中规定，环境空气质量功能区分为三类。（ ）

答案：（√）

2.《环境空气质量功能区划分原则与技术方法》（HJ/T 14—1996）中规定，特定工业区不属于三类环境空气质量功能区。（ ）

答案：（×）

正确答案为：特定工业区属于三类环境空气质量功能区。

3.《环境空气质量功能区划分原则与技术方法》（HJ/T 14—1996）中规定，其他需要特殊保护的地区属于二类环境空气质量功能区。（ ）

答案：（×）

正确答案为：其他需要特殊保护的地区属于一类环境空气质量功能区。

4.《环境空气质量功能区划分原则与技术方法》（HJ/T 14—1996）中规定，对有明显人为氰化物排放源的区域，其功能区应严格按《环境空气质量标准》中的有关条款进行划分。（ ）

答案：（×）

正确答案为：对有明显人为氟化物排放源的区域，其功能区应严格按《环境空气质量标准》中的有关条款进行划分。

5.《环境空气质量功能区划分原则与技术方法》（HJ/T 14—1996）中规定，环境空气质量功能区划分宜细不宜粗，禁止三类区。（ ）

答案：（×）

正确答案为：环境空气质量功能区划分宜粗不宜细，严格限制三类区。

6.《环境空气质量功能区划分原则与技术方法》（HJ/T 14—1996）中规定，一类环境空气质量功能区指自然保护区、风景名胜区、居住区和其他需要特殊保护的地区。（ ）

答案：（×）

正确答案为：一类环境空气质量功能区指自然保护区、风景名胜区和其他需要特殊保护的地区。

7.《环境空气质量功能区划分原则与技术方法》（HJ/T 14—1996）中规定，一般工业区指工业企业集中区以及 1998 年 10 月 1 日后新建的所有工业区。（ ）

答案：（×）

正确答案为：一般工业区指特定工业区以外的工业企业集中区以及 1998 年 1 月 1 日后新建的所有工业区。

三、单选题

1.《环境空气质量功能区划分原则与技术方法》（HJ/T 14—1996）中规定，一、二类功能区不得小于________km^2。

A．2　　B．4　　C．5　　D．7

答案：B

2.《环境空气质量功能区划分原则与技术方法》（HJ/T 14—1996）中规定，一般情况下一类区与三类区之间的缓冲带宽度不小于________m。

A．100　　B．300　　C．500　　D．1 000

答案：C

3.《环境空气质量功能区划分原则与技术方法》（HJ/T 14—1996）中规定，对有明显人为________排放源的区域，其功能区应严格按《环境空气质量标准》中的有关条款进行划分。

A．氟化物　　B．氰化物　　C．氮氧化物　　D．硫化物

答案：A

4.《环境空气质量功能区划分原则与技术方法》（HJ/T 14—1996）中规定，环境空气质量功能区分为________类。

A．一　　B．二　　C．三　　D．四　　E．五

答案：C

四、多选题

1.《环境空气质量功能区划分原则与技术方法》（HJ/T 14—1996）中规定，二类环境空气质量功能区（二类区）指________、商业交通居民混合区、________、________以及一、三类区不包括的地区。

A．城镇规划中确定的居住区　　B．文化区

C．风景名胜区　　D．一般工业区和农村地区

答案：A　B　D

2.《环境空气质量功能区划分原则与技术方法》（HJ/T 14—1996）中规定，一类环境空气质量功能区（一类区）指________、________和其他需要特殊保护的地区。

A．文化区　　B．自然保护区　　C．风景名胜区　　D．特定工业区

答案：B　C

五、简答题

1.《环境空气质量功能区划分原则与技术方法》（HJ/T 14—1996）中规定，环境空气质量功能区划分原则。

答案：（1）环境空气质量功能区的划分应充分利用现行行政区界或自然分界线。

（2）环境空气质量功能区划分宜粗不宜细，严格限制三类区。

（3）环境空气质量功能区划分时既要考虑环境空气质量现状，又要兼顾城市发

展规划。

（4）不能随意降低原已划定的功能区的类别。

2．简述《环境空气质量功能区划分原则与技术方法》（HJ/T 14—1996）中特定工业区的含义。

答案：指冶金、建材、化工、矿区等工业企业较为集中，其生产过程排放到环境空气中的污染物种类多、数量大，且其环境空气质量超过三级环境空气质量标准的浓度限值，并无成片居民集中生活的区域，但不包括1988年后新建的任何工业区。

3．简述《环境空气质量功能区划分原则与技术方法》（HJ/T 14—1996）中需要特殊保护的地区。

答案：指因国家政治、军事和为国际交往服务需要，对环境空气质量有严格要求的区域。

4．简述《环境空气质量功能区划分原则与技术方法》（HJ/T 14—1996）中二类环境空气质量功能区。

答案：指城镇规划中确定的居住区、商业交通居民混合区、文化区、一般工业区和农村地区，以及一、三类区不包括的地区。

5．简述《环境空气质量功能区划分原则与技术方法》（HJ/T 14—1996）中环境空气质量功能区划分的方法。

答案：（1）分析区域或城市发展规划，确定环境空气质量功能区划分的范围并准备工作底图。

（2）根据调查和监测数据，以及环境空气质量功能区类别的定义、划分原则等进行综合分析，确定每一单元的功能类别。

（3）把区域类型相同的单元连成片，并绘制在底图上；同时将环境空气质量标准中例行监测的污染物和特殊污染物的日平均值等值线绘制在底图上。

（4）根据环境空气质量管理和城市总体规划的要求，依据被保护对象对环境空气质量的要求，兼顾自然条件和社会经济发展，将已建成区与规划中的开发区等所划区域最终边界的区域功能类型进行反复审核，最后确定该区域的环境空气功能区划分的方案。

（5）对有明显人为氟化物排放源的区域，其功能区应严格按《环境空气质量标准》中的有关条款进行划分。

6．简述《环境空气质量功能区划分原则与技术方法》（HJ/T 14—1996）中风景名胜区的定义。

答案：指具有观赏、文化或科学价值、自然景物、人文景物比较集中，环境优美，具有一定规模和范围，可供人们游览、休息或进行科学、文化活动的地区。

7．简述《环境空气质量功能区划分原则与技术方法》（HJ/T 14—1996）中自然保护区的含义。

答案：按GB/T 14529的规定，对有代表性的自然生态系统、珍稀濒危动植物物种的天然集中分布区，有特殊意义的自然遗迹等保护对象所在陆地、陆地水体或者海域，依法划出一定面积予以特殊保护和管理的区域。

8．简述《环境空气质量功能区划分原则与技术方法》（HJ/T 14—1996）中环境空气质量功能区的含义。

答案：指为保护生态环境和人群健康的基本要求而划分的环境空气质量保护区。

参考文献

环境空气质量功能区划分原则与技术方法（HJ/T 14—1996）.

命题：崔东阳

审核：陈黎军

第三节　大气污染物无组织排放监测技术导则（HJ/T 55—2000）

一、填空题

1．《大气污染物无组织排放监测技术导则》（HJ/T 55—2000）中根据 GB 16297—1996 的规定，________、________、________和________的监控点设在无组织排放源________，相对应的参照点设在________；其余物质的监控点________。

答案：二氧化硫　氮氧化物　颗粒物　氟化物　下风向 2～50m 范围内的浓度最高点　排放源上风向 2～50m 范围内　设在单位周界外 10m 范围内的浓度最高点

2．《大气污染物无组织排放监测技术导则》（HJ/T 55—2000）中按规定监控点最多可设________个，参照点只设________个。

答案：4　1

3．《大气污染物无组织排放监测技术导则》（HJ/T 55—2000）中按规定对无组织排放实行监测时，实行连续________h 的采样，或者实行在________h 内以等时间间隔采集________个样品计平均值。

答案：1　1　4

4．《大气污染物无组织排放监测技术导则》（HJ/T 55—2000）中在进行实际监测时，为了捕捉到监控点最高浓度的时候，实际安排的采样时间可________h。

答案：超过 1

5．《大气污染物无组织排放监测技术导则》（HJ/T 55—2000）中涡流实在气体运动中受到切变力的作用而形成的，当气流________，其结果是________，称为孔穴，此即涡流。

答案：在运动中遇到物体阻挡时就会产生涡流　在物体的背风而形成回旋气流

6．《大气污染物无组织排放监测技术导则》（HJ/T 55—2000）中在一般情况下，________、________和________三项气象因子中，以其中适宜程度最差的一项所达到的类别来估计该次监测中气象条件总的适宜程度。

答案：风向变化　平均风速　大气稳定度

7.《大气污染物无组织排放监测技术导则》（HJ/T 55—2000）中大气稳定度等级划分为强不稳定、不稳定、弱不稳定、中性、较稳定、稳定共六级，对应于________、________、________、________、________、________表示。

答案：A　B　C　D　E　F

二、判断题

1.《大气污染物无组织排放监测技术导则》（HJ/T 55—2000）中设置监控点不需要回避其他源的影响。（　）

答案：（√）

2.《大气污染物无组织排放监测技术导则》（HJ/T 55—2000）中参照点的设置要以能够代表监控点的污染物本底浓度为原则。（　）

答案：（√）

3.《大气污染物无组织排放监测技术导则》（HJ/T 55—2000）中无组织排放参照点的采样应同监控点的采样同步进行，采样时间和采样频次均应相同。（　）

答案：（√）

4.《大气污染物无组织排放监测技术导则》（HJ/T 55—2000）中无组织采样时，若污染物的浓度过低，可适当延长采样时间。（　）

答案：（√）

5.《大气污染物无组织排放监测技术导则》（HJ/T 55—2000）中无组织的排放监控点采样，一般采用 1h 采样计平均值。（　）

答案：（√）

6.《大气污染物无组织排放监测技术导则》（HJ/T 55—2000）中在一般情况下，风向变化、平均风速和大气稳定度三项气象因子中，以其中适宜程度最差的一项所达到的类别来估计该次监测中气象条件总的适宜程度。（　）

答案：（√）

7.《大气污染物无组织排放监测技术导则》（HJ/T 55—2000）中大气稳定度等级划分为强不稳定、不稳定、弱不稳定、中性、较稳定、稳定共六级，对应于 F、E、D、C、B、A 表示。（　）

答案：（×）

正确答案为：大气稳定度等级划分为强不稳定、不稳定、弱不稳定、中性、较稳定、稳定共六级，对应于 A、B、C、D、E、F 表示。

8.《大气污染物无组织排放监测技术导则》（HJ/T 55—2000）中将轻便风向风速表置于被测单位的任何地带。（　）

答案：（×）

正确答案为：将轻便风向风速表置于被测单位的开阔地带。

9.《大气污染物无组织排放监测技术导则》（HJ/T 55—2000）中局地流场的简易测定不能使用轻便风向风速表。（ ）

答案：（×）

正确答案为：局地流场的简易测定能使用轻便风向风速表。

10.《大气污染物无组织排放监测技术导则》（HJ/T 55—2000）中风向和风速的测定除采样之前进行外，还应在采样过程重复 1～2 次，如发现风向有显著变化，应移动监控点位置后重新采样。（ ）

答案：（√）

三、单选题

1.《大气污染物无组织排放监测技术导则》（HJ/T 55—2000）中将轻便风向风速表置于被测单位的开阔地带。若现场无适当的开阔地带，可将风向风速表置于高________处进行风向风速测定。

A．15m　　B．不超过 15m　　C．任何位置

答案：B

2.《大气污染物无组织排放监测技术导则》（HJ/T 55—2000）中按规定对无组织排放实行监测时，实行连续__________h 的采样，或者实行在_________h 内以等时间间隔采集________个样品计平均值。

A．1　1　4　　B．1　4　1　　C．4　1　1　　D．4　4　1

答案：A

3.《大气污染物无组织排放监测技术导则》（HJ/T 55—2000）中大气稳定度等级划分为级。

A．3　　B．4　　C．5　　D．6

答案：D

4.《大气污染物无组织排放监测技术导则》（HJ/T 55—2000）中无组织的排放监控点采样，一般采用________采样计平均值。

A．1h　　B．2h　　C．3h　　D．4h

答案：A

5.《大气污染物无组织排放监测技术导则》（HJ/T 55—2000）中按规定监控点最多可设________个，参照点只设________个。

A．4　1　　B．3　2　　C．2　4　　D．1　4

答案：A

6.《大气污染物无组织排放监测技术导则》（HJ/T 55—2000）中被测无组织排放源的

排放负荷应处于相对较高的状态，或者至少要处于________。

A．正常生产和排放状态　　B．任何状态

答案：A

7.《大气污染物无组织排放监测技术导则》（HJ/T 55—2000）中参照点________被测无组织排放源的影响。

A．应不受或者尽可能少受　　B．可以

答案：A

8.《大气污染物无组织排放监测技术导则》（HJ/T 55—2000）中参照点设置在排放源为圆心，距离排放源________和________为圆弧，与排放源成________夹角所称的扇形范围内设置。

A．2m　50m　120°　　B．2m　50m　90°　　C．20m　500m　180°

答案：A

9.《大气污染物无组织排放监测技术导则》（HJ/T 55—2000）中围墙的通透性不好，又不便于把采气口抬高，此时，为避开围墙造成的涡流区，宜将监控点设于距围墙高度________，距地面________处。

A．1.5～2.0 m　1.0m　　B．1.5～2.5 m　1.5m　　C．1.5～2.0 m　1.5m

答案：C

10.《大气污染物无组织排放监测技术导则》（HJ/T 55—2000）中浓度最高点的测值应是________h 连续采样或由等时间间隔采集的________个样品所得的 1h 平均值。

A．0.5　四　　B．1　三　　C．1.5　三　　D．1　四

答案：D

四、多选题

1.《大气污染物无组织排放监测技术导则》（HJ/T 55—2000）中在一般情况下，________、三项气象因子中，以其中适宜程度最差的一项所达到的类别来估计该次监测中气象条件总的适宜程度。

A．风向变化　B．平均风速　C．大气稳定度　D．大气舒适度

答案：A　B　C

2.《大气污染物无组织排放监测技术导则》（HJ/T 55—2000）中按规定对无组织排放实行监测时，实行连续________h 的采样，或者实行在________h 内以等时间间隔采集________个样品计平均值。

A．1　B．2　C．3　D．4

答案：A　A　D

3.《大气污染物无组织排放监测技术导则》（HJ/T 55—2000）中按规定监控点最多可设________个，参照点只设________个。

A. 1　B. 2　C. 3　D. 4

答案：D　A

五、简答题

1.《大气污染物无组织排放监测技术导则》(HJ/T 55—2000) 中监测前需做哪些准备？

答案：(1) 被测单位的名称、性质和立项建设时间；

(2) 主要原、辅材料和主、副产品，相应用量和产量；

(3) 单位平面布置图。

2.《大气污染物无组织排放监测技术导则》(HJ/T 55—2000) 中现场气象条件的简易测定和判定？

答案：(1) 风向和风速的简易测定；

(2) 局地流场的简易测定；

(3) 大气稳定度的简易测定；

(4) 涡流现象及涡流孔穴尺寸的简易测定。

3.《大气污染物无组织排放监测技术导则》(HJ/T 55—2000) 中什么是涡流？

答案：涡流是在气体运动中受到切变力的作用而形成的，当气流在运动中遇到物体阻挡时，就会产生涡流，其结果是在物体的背风而形成回旋气流，称为孔穴，此即涡流。

4.《大气污染物无组织排放监测技术导则》(HJ/T 55—2000) 中如何用轻便式风向风速计判定涡流区边界？

答案：先将风向风速计装置于远离涡流的位置，观测风向标的方位和摆动情况，然后逐渐向涡流区靠近，待观察到风向标的方位和摆动情况发生明显变化，即可判断该位置已进入涡流区。

5.《大气污染物无组织排放监测技术导则》(HJ/T 55—2000) 中如何简易判断涡流区边界？

答案：准备好人造烟源（如大小适合的香柱），将其置于涡流边界的上风向，用肉眼直接观察烟流的运动状况，可确定涡流区域的边界。

6.《大气污染物无组织排放监测技术导则》(HJ/T 55—2000) 中无组织排放监测的采样频次？

答案：无组织的排放监控点的采样，一般采用连续 1h 采样计平均值。

若污染物浓度过低，需要时可适当延长采样时间如果分析方法的灵敏度高，仅短时间采样时，实行等时间间隔采样，在 1h 内采集 4 个样品计平均值。

7.《大气污染物无组织排放监测技术导则》(HJ/T 55—2000) 中设置监控点的原则要求？

答案：要求设置监控点于无组织排放源下风向，距排放源 2～50m 范围内的浓度最高点，设置监控点不需要回避其他源的影响。

六、计算题

为对某污染源的大气污染物无组织排放进行监督控制，按规定于无组织排放源上风向设参照点，于排放源下风向的适当位置设四个监控点。如何依据测定结果判断该污染源的无组织排放是否超标？

答案：设：参照点 M 以等时间间隔采集四个样，测定值为 a_1、a_2、a_3、a_4；b_1、b_2、b_3、b_4；c_1、c_2、c_3、c_4；d_1、d_2、d_3、d_4。

计算：

参照点的 1h 平均值 $m=(m_1+m_2+m_3+m_4)/4$

四个监控点 a、b、c、d 的 1h 平均值分别为：$a=(a_1+a_2+a_3+a_4)/4$

$b=(b_1+b_2+b_3+b_4)/4$

$c=(c_1+c_2+c_3+c_4)/4$

$d=(d_1+d_2+d_3+d_4)/4$

比较四个监测点的测值大小后得出结论：$b>a>c>d$

计算该污染源无组织的“监控浓度值”x：$x=b-m$

判断该污染源无组织排放是否超标，若得出 x 值大于排放浓度，则超标，反之则不超标。

参考文献

大气污染物无组织排放监测技术导则（HJ/T 55—2000）.

命题：孙　文

审核：陈黎军

第四节　环境空气质量手工监测技术规范（HJ/T 194—2005）

一、填空题

1.《环境空气质量手工监测技术规范》（HJ/T 194—2005）规定环境空气质量手工监测是指在监测点位用采样装置采集________的环境空气样品，将采集的样品在实验室用分析仪器分析、处理的过程。

答案：一定时段

2.《环境空气质量手工监测技术规范》（HJ/T 194—2005）规定环境空气质量手工监测采样时间和采样频次是根据《环境空气质量标准》（GB 3095—1996）中各项污染物数据统计的________规定，确定相应污染物________及________。

答案：有效性　　采样时间　　采样频次

3.《环境空气质量手工监测技术规范》（HJ/T 194—2005）规定环境空气质量手工监测

的采样亭是安放采样系统各组件、便于采样的固定场所。采样亭面积及其空间大小应视合理安放采样装置、便于采样操作而定。一般面积不小于________m^2，采样亭墙体应具有良好的保温和防火性能，室内温度应维持在________。

答案：5　　25℃±5℃

4.《环境空气质量手工监测技术规范》(HJ/T 194—2005）规定环境空气质量手工监测设备的采样头为一个能防________、________防尘及其他异物的防护罩，其材料可用不锈钢或聚四氟乙烯。

答案：雨　　雪

5.《环境空气质量手工监测技术规范》(HJ/T 194—2005）规定环境空气质量手工监测颗粒物采样系统由________、________、________、滤膜夹和颗粒物采样器组成。

答案：颗粒物　　切割器　　滤膜

6.《环境空气质量手工监测技术规范》(HJ/T 194—2005）规定滤膜夹是用来安放和________采样滤膜的。

答案：固定

7.《环境空气质量手工监测技术规范》(HJ/T 194—2005）规定环境空气质量手工监测的间断采样是指在某一时段或________h 内采集一个环境空气样品，监测该时段或该小时环境空气中污染物的平均浓度所采用的采样方法。

答案：1

8.《环境空气质量手工监测技术规范》(HJ/T 194—2005）规定环境空气质量手工监测的无动力采样是指将采样装置或气样捕集介质暴露于________中，不需要抽气动力，依靠环境空气中待测污染物分子的自然扩散、迁移、沉降等作用而直接采集污染物的采样方式。

答案：环境空气

9.《环境空气质量手工监测技术规范》(HJ/T 194—2005）规定环境空气质量手工监测的硫酸盐化速率是指将用碳酸钾溶液浸渍过的玻璃纤维滤膜（碱片）暴露于环境空气中，环境空气中的二氧化硫、硫化氢、硫酸雾等于浸渍在滤膜中的________发生反应，生成硫酸盐而被固定的采样方法。

答案：碳酸钾

10.《环境空气质量手工监测技术规范》(HJ/T 194—2005）规定环境空气质量手工监测技术规范要求凡承担监测工作，报告监测数据者，必须参加________考核，并取得合格证。

答案：上岗证

11.《环境空气质量手工监测技术规范》(HJ/T 194—2005）规定环境空气质量手工监测技术规范要求凡属强制性检定的________，应按计量法规定，定期送法定计量检定机构检定，检定合格后方可使用。

答案：计量器具

12.《环境空气质量手工监测技术规范》(HJ/T 194—2005）规定环境空气质量手工监

测使用的量器具在日常使用过程中，应参照有关计量检定规程定期________和维护。

答案：校验

13.《环境空气质量手工监测技术规范》（HJ/T 194—2005）规定环境空气质量手工监测的分析人员在承担新的监测项目和新的分析方法时，应对该项目的分析方法进行________检验。进行全程序空白值测定，分析方法的检出浓度测定，标准曲线的绘制，方法的精密度、准确度及干扰因素的实验。

答案：实用性

14.《环境空气质量手工监测技术规范》（HJ/T 194—2005）规定采集大气总悬浮颗粒物时，通常用________，同时应注意滤膜的毛面向上。

答案：超细玻璃纤维滤膜

15.《环境空气质量手工监测技术规范》（HJ/T 194—2005）规定测定大气总悬浮颗粒物时，如标准滤膜称出的重量在原始重量± ________mg 范围内，则认为该批样品滤膜称量合格。

答案：5

二、判断题

1.《环境空气质量手工监测技术规范》（HJ/T 194—2005）规定在同样条件下，用三台采样器同时测定大气中的可吸入颗粒物，测定结果分别为 0.17、0.18、0.22mg/m^3，表明采样器的性能指标是符合要求的。（ ）

答案：（√）

2.《环境空气质量手工监测技术规范》（HJ/T 194—2005）规定 24h 连续采样，适用于环境空气中所有气态污染物采样。（ ）

答案：（×）

正确答案为：适用于二氧化硫、二氧化氮、可吸入颗粒物、总悬浮颗粒物、苯并[*a*]芘、氟化物、铅的采样。

3.《环境空气质量手工监测技术规范》（HJ/T 194—2005）规定用 2 台采样器同时测定大气中的总悬浮颗粒物，采样器之间的距离为 2.8m，测定结果分别为 0.17、0.23mg/m^3，经判断测定结果是可靠的。（ ）

答案：（√）

4.《环境空气质量手工监测技术规范》（HJ/T 194—2005）规定测定无组织排放时，经估算预测无组织排放的最大落地浓度位置在周界外 15m 处，但根据有关规定监控点应布设在周界外 10m 范围内。（ ）

答案：（×）

正确答案为：应布设在最大落地浓度范围内。

5.《环境空气质量功能区划分原则与技术方法》（HJ 194—1996）中所指的特定工业

区包括 1998 年后新建的所有工业区。（ ）

答案：（×）

正确答案为：不包括 1998 年后新建的所有工业区。

三、单选题

1.《环境空气质量手工监测技术规范》（HJ/T 194—2005）规定环境空气质量手工监测的采样亭是安放采样系统各组件、便于采样的固定场所。采样亭面积及其空间大小应视合理安放采样装置、便于采样操作而定。一般面积不小于________，采样亭墙体应具有良好的保温和防火性能，室内温度应维持在 25℃±5℃。

A. $2m^2$　　B. $2.5m^2$　　C. $5m^2$　　D. $6m^2$

答案：C

2.《环境空气质量手工监测技术规范》（HJ/T 194—2005）规定环境空气质量手工监测的采样亭内采样，采样头、进气口距采样亭顶盖上部的距离应为________m。

A. 1～2　　B. 2～4　　C. 3～5　　D. 4～6

答案：A

3.《环境空气质量手工监测技术规范》（HJ/T 194—2005）规定环境空气质量手工监测仪器的采样总管是将环境空气垂直引入采样亭内，采样总管内径为________mm。

A. 10～15　　B. 20～30　　C. 30～100　　D. 30～150

答案：D

4.《环境空气质量手工监测技术规范》（HJ/T 194—2005）规定环境空气质量手工监测气样吸收装置为多孔玻璃筛板吸收瓶（管），在规定采样流量下，装有吸收液的吸收瓶的阻力应为________kPa 吸收瓶的气泡应分布均匀。

A. 4.2±0.2　　B. 5.6±0.6　　C. 6.7±0.7　　D. 6.9±0.9

答案：C

5.《环境空气质量手工监测技术规范》（HJ/T 194—2005）规定环境空气质量手工监测的颗粒物采样器一般分为大流量采样器和中流量采样器两种，大流量采样器采样流量一般为________m^3/h。

A. 1.05　　B. 1.2　　C. 1.4　　D. 1.6

答案：A

四、多选题

1.《环境空气质量手工监测技术规范》（HJ/T 194—2005）规定环境空气质量手工监测采样系统一般由________、气体样品吸收装置及采样器等组成。

A. 采样头　B. 采样总管　C. 采样支管　D. 引风机　E. 采样亭

答案：A　B　C　D

2.《环境空气质量手工监测技术规范》(HJ/T 194—2005) 规定环境空气质量手工监测采样系统中采样器应具有________、________控制装置和________、________及温度指示仪表，采样器应具备定时、自动启动及计时的功能。

A. 恒温　　B. 恒流　　C. 流量　　D. 压力　　C. 报警功能

答案：A　B　C　D

3.《环境空气质量手工监测技术规范》(HJ/T 194—2005) 规定环境空气质量手工监测的颗粒物采样器一般分为大流量采样器和中流量采样器两种，前者一般流量为________，后者一般为________。

A. 1.05 m^3　　B. 100 L/min　　C. 1.04 m^3　　D. 110 L/min

答案：A　B

4.《环境空气质量手工监测技术规范》(HJ/T 194—2005) 规定环境空气质量手工监测的采样器由________及采样泵等装置组成。

A. 电源箱　　B. 流量计　　C. 流量调节阀　　D. 稳流器　　E. 计时器

答案：B　C　D　E

5.《环境空气质量手工监测技术规范》(HJ/T 194—2005) 规定环境空气质量手工监测采样开始后应记录________等参数。

A. 采样流量　　B. 开始采样时间　　C. 采样点位　　D. 气样温度　　E. 压力

答案：A　B　C　D

五、简答题

1. 简述《环境空气质量手工监测技术规范》(HJ/T 194—2005) 中环境空气监测网络设计的一般原则。

答案：监测网络设计的一般原则是：(1) 在监测范围内，必须能提供足够的、有代表性的环境质量信息。(2) 监测网络应考虑获得信息的完整性。(3) 以社会经济和技术水平为基础，根据监测的目的进行经济效益分析，寻求优化的、可操作性强的监测方案。(4) 根据现场的实际情况，考虑影响监测点位的其他因素。

2. 简述《环境空气质量手工监测技术规范》(HJ/T 194—2005) 中环境空气质量监测点位布设的一般原则。

答案：环境空气质量监测点位布设的一般原则是：(1) 点位应具有较好的代表性，应能客观反映一定空间范围内的空气污染水平和变化规律。(2) 应考虑各监测点之间设置条件尽可能一致，使各个监测点取得的监测资料具有可比性。(3) 各行政区在监测点位的布局上尽可能分布均匀，以反映其空气污染水平及规律；同时，在布局上还应考虑能反映城市主要功能区和主要空气污染源的污染现状及变化趋势。(4) 应结合城市规划考虑环境空气监测点位的布设，使确定的监测点位能兼顾城市未来发展的需要。

3. 简述《环境空气质量手工监测技术规范》(HJ/T 194—2005) 中什么是环境空气的

无动力采样？

答案：指将采样装置或气样捕集介质暴露于环境空气中，不需要抽气动力，依靠环境空气中待测污染物分子的自然扩散、迁移、沉降等作用而直接采集污染物的采样方式。

4．简述《环境空气质量手工监测技术规范》（HJ/T 194—2005）中新购置的采集气体样品的吸收管如何进行气密性检查？

答案：将吸收管内装适量的水，接至水抽气瓶上，两个水瓶的水面差为 1m，密封进气口，抽气至吸收管内无气泡出现，待抽气瓶水面稳定后，静置 10min，抽气瓶水面应无明显降低。

六、计算题

空气采样时，现场气温为 18℃，大气压力为 85.3kPa，实际采样体积为 450ml。问标准状态下的采样体积是多少？（在此不考虑采样器的阻力）

答案：$V_0 = \dfrac{0.45 \times 273 \times 85.3}{(273+18) \times 101.3} = 0.36\ \text{L}$

参考文献

环境空气质量手工监测技术规范（HJ/T 194—2005）.

命题：白进林

审核：陈黎军

第五节　环境空气质量指数（AQI）技术规定（试行）（HJ 633—2012）

一、填空题

1．《环境空气质量指数（AQI）技术规定（试行）》（HJ 633—2012）中规定，环境空气质量指数技术规定中首要污染物是指________大于 50 时________最大的空气污染物。

答案：AQI　IAQI

2．《环境空气质量指数（AQI）技术规定（试行）》（HJ 633—2012）中规定，环境空气质量指数技术规定中超标污染物是指浓度超过国家环境空气质量二级标准的污染物，即 IAQI 大于________的污染物。

答案：100

3．《环境空气质量指数（AQI）技术规定（试行）》（HJ 633—2012）中规定，环境空气质量级别分为________级。

答案：六

4．《环境空气质量指数（AQI）技术规定（试行）》（HJ 633—2012）中规定，环境空气质量指数在 0～50 时，空气质量指数级别为________级、指数类别为________、表示颜色为________。

答案：一　优　绿色

5.《环境空气质量指数（AQI）技术规定（试行）》（HJ 633—2012）中规定，空气质量指数 AQI 为 301 时，空气质量级别为________级，空气质量指数类别为________、表示颜色为________。

答案：六　严重污染　褐红色

6.《环境空气质量指数（AQI）技术规定（试行）》（HJ 633—2012）中规定，环境空气质量指数在 101～150 时，空气质量级别为________级、指数类别为________、表示颜色为________。

答案：三　轻度污染　橙色

7.《环境空气质量指数（AQI）技术规定（试行）》（HJ 633—2012）中规定，环境空气质量指数为 250 时，空气质量级别为________级，空气质量指数类别为________、表示颜色为________。

答案：五　重度污染　紫色

8.《环境空气质量指数（AQI）技术规定（试行）》（HJ 633—2012）中规定，空气质量监测点位日报发布内容包括________、________、各污染物的浓度及空气质量分指数、________、________。

答案：评价时段　监测点位置　空气质量指数　首要污染物及空气质量级别

9.《环境空气质量指数（AQI）技术规定（试行）》（HJ 633—2012）中规定，根据空气质量分指数及对应的污染物项目浓度限值，二氧化硫日均值为 256μg/m^3 时，计算二氧化硫的质量分指数 IAQI 为________。

答案：116

10.《环境空气质量指数（AQI）技术规定（试行）》（HJ 633—2012）中规定，根据空气质量分指数及对应的污染物项目浓度限值表，$PM_{2.5}$ 日均值为 100μg/m^3 时，计算 $PM_{2.5}$ 的质量分指数 IAQI 为________。

答案：131

二、判断题

1.《环境空气质量指数（AQI）技术规定（试行）》（HJ 633—2012）中规定，空气质量指数是定性描述空气质量状况的无量纲指数。（　）

答案：（×）

正确答案为：空气质量指数是定量描述空气质量状况的无量纲指数。

2.《环境空气质量指数（AQI）技术规定（试行）》（HJ 633—2012）中规定，环境空气质量指数技术规定 AQI 大于 100 时，IAQI 最大的污染物为首要污染物。（　）

答案：（×）

正确答案为：环境空气质量指数技术规定 AQI 大于 50 时，IAQI 最大的污染物为首要污染物。

3.《环境空气质量指数（AQI）技术规定（试行）》（HJ 633—2012）中规定，环境空气质量指数技术规定 IAQI 大于 100 的污染物为超标污染物。（　）

答案：（√）

4.《环境空气质量指数（AQI）技术规定（试行）》（HJ 633—2012）中规定，空气质量指数 AQI 为 100 时，空气质量为三级、轻度污染。（　）

答案：（×）

正确答案为：空气质量指数 AQI 为 100 时，空气质量为二级、良。

5.《环境空气质量指数（AQI）技术规定（试行）》（HJ 633—2012）中规定，空气质量日报时，包括二氧化硫、二氧化氮、可吸入颗粒物（PM_{10}）、细颗粒物（$PM_{2.5}$）、一氧化碳和臭氧的 24h 均值。（　）

答案：（×）

正确答案为：空气质量日报时，包括二氧化硫、二氧化氮、可吸入颗粒物（PM_{10}）、细颗粒物（$PM_{2.5}$）、一氧化碳的 24h 均值，以及臭氧的日最大 1h 平均、臭氧的日最大 8h 滑动平均。

6.《环境空气质量指数（AQI）技术规定（试行）》（HJ 633—2012）中规定，空气质量实时报时，报告指标包括二氧化硫、二氧化氮、可吸入颗粒物（PM_{10}）、细颗粒物（$PM_{2.5}$）、一氧化碳和臭氧的 1h 均值及臭氧 8h 滑动平均和可吸入颗粒物（PM_{10}）、细颗粒物（$PM_{2.5}$）的 24h 滑动平均。（　）

答案：（√）

7.《环境空气质量指数（AQI）技术规定（试行）》（HJ 633—2012）中规定，环境空气质量指数及空气质量分指数的计算结果应全部进位取整数，不保留小数。（　）

答案：（√）

8.《环境空气质量指数（AQI）技术规定（试行）》（HJ 633—2012）中规定，臭氧空气质量分指数按 8h 平均浓度计算的分指数报告。（　）

答案：（×）

正确答案为：臭氧空气质量分指数按 1h 平均浓度计算的分指数报告。

9.《环境空气质量指数（AQI）技术规定（试行）》（HJ 633—2012）中所指的首要污染物为 AQI 大于 100 时 IAQI 最大的空气污染物。（　）

答案：（×）

正确答案为：《环境空气质量指数（AQI）技术规定（试行）》（HJ 633—2012）中所指的首要污染物为 AQI 大于 50 时 IAQI 最大的空气污染物。

10.《环境空气质量指数（AQI）技术规定（试行）》（HJ 633—2012）中当空气质量指

数为三级时，空气质量为轻度污染，儿童、老年人及心脏病、呼吸系统疾病患者应减少长时间、高强度的户外锻炼。（ ）

答案：（√）

三、单选题

1.《环境空气质量指数（AQI）技术规定（试行）》（HJ 633—2012）中空气质量分指数是指________污染物的空气质量指数。

A．单项　　B．多项　　C．三项　　D．六项

答案：A

2.《环境空气质量指数（AQI）技术规定（试行）》（HJ 633—2012）中环境空气质量指数技术规定要求，空气质量指数级别为二级、良相应表示颜色为________。

A．红色　　B．黄色　　C．蓝色　　D．绿色

答案：B

3.《环境空气质量指数（AQI）技术规定（试行）》（HJ 633—2012）中规定，环境空气质量指数及空气质量分指数的计算结果应全部________。

A．保留一位小数　　B．进位取整数，不保留小数　　C．保留两位小数

答案：B

4.《环境空气质量指数（AQI）技术规定（试行）》（HJ 633—2012）中规定，根据空气质量分指数及对应的污染物项目浓度限值表，PM_{10} 日均值为 250μg/m^3 时，计算 PM_{10} 的质量分指数 IAQI 为________。

A．150　　B．149.5　　C．150.2　　D．151

答案：A

5.《环境空气质量指数（AQI）技术规定（试行）》（HJ 633—2012）中规定，空气质量分指数及对应的污染物项目浓度限值表，一氧化碳日均值为 0.8 mg/m^3 时，计算一氧化碳的质量分指数 IAQI 为________。

A．30　　B．20　　C．21　　D．20.6

答案：B

6.《环境空气质量指数（AQI）技术规定（试行）》（HJ 633—2012）中规定，空气质量分指数及对应的污染物项目浓度限值，臭氧日均值为 49.5μg/m^3 时，计算臭氧的质量分指数 IAQI 为________。

A．24.8　　B．24　　C．30　　D．25

答案：D

7.《环境空气质量指数（AQI）技术规定（试行）》（HJ 633—2012）中规定，二氧化硫 1h 平均浓度值高于________μg/m^3 的，不再进行其空气质量分指数计算，二氧化硫空气质量分指数按 24h 平均浓度计算的分指数报告。

A．500　　B．600　　C．800　　D．900

答案：C

8.《环境空气质量指数（AQI）技术规定（试行）》（HJ 633—2012）中规定，空气质量指数的计算方法为________。

A．各分指数的最大值　　B．各分指数之和

C．各分指数的算术平均值　　D．各分指数的几何平均值

答案：A

9.《环境空气质量指数（AQI）技术规定（试行）》（HJ 633—2012）中规定，环境空气质量的指标不包括________。

A．二氧化硫的 24h 平均　　B．二氧化氮的 24h 平均

C．一氧化碳的 24h 平均　　D．臭氧的 24h 平均

答案：D

四、多选题

1.《环境空气质量指数（AQI）技术规定（试行）》（HJ 633　2012）中规定，空气质量指数 AQI 为 151，则空气质量指数级别为________级、空气质量指数类别为________、表示颜色为________。

A．三级　B．四级　C．中度污染　D．橙色　E．红色

答案：B　C　E

2.《环境空气质量指数（AQI）技术规定（试行）》（HJ 633—2012）适用于________。

A．环境空气质量指数日报　　B．环境空气质量指数实时报

C．环境空气质量指数预报　　D．用于向公众提供健康指引

答案：A　B　C　D

3．根据《环境空气质量指数（AQI）技术规定（试行）》（HJ 633—2012）的相关内容，实时报的指标包括________。

A．二氧化硫 1h 平均值　　B．二氧化氮 1h 平均值

C．一氧化碳 1h 平均值　　D．臭氧 1h 平均值

答案：A　B　C　D

4.《环境空气质量指数（AQI）技术规定（试行）》（HJ 633—2012）的相关内容，空气质量指数级别为一级的空气质量指数有________。

A．45　B．51　C．20　D．33

答案：A　C　D

5．根据《环境空气质量指数（AQI）技术规定（试行）》（HJ 633—2012）的相关内容，下列污染物因子没有 1 h 均值空气质量分指数标准的是________。

A．二氧化硫　　B．二氧化氮

C．颗粒物（粒径小于等于 10μm）　　D．颗粒物（粒径小于等于 2.5μm）

答案：C　D

6.《环境空气质量指数（AQI）技术规定（试行）》（HJ 633—2012）的相关内容，下列选项中空气质量指数与空气质量指数级别有对应关系的是________。

A．0～50 一级　　B．101～150 三级

C．201～250 四级　　D．250～300 五级

答案：A　B

7.《环境空气质量指数（AQI）技术规定（试行）》（HJ 633—2012）中空气质量指数级别分为________。

A．优和良　　B．轻度污染和中度污染　　C．重度污染　　D．严重污染

答案：A　B　C　D

8.《环境空气质量指数（AQI）技术规定（试行）》（HJ 633—2012）中空气质量指数为严重污染时，下列表述错误的是________。

A．健康人群运动耐受力降低，有明显强烈症状，提前出现某些疾病

B．儿童、老年人和病人应当留在室内，避免体力消耗，一般人群应避免户外活动

C．易感人群症状有轻度加剧，健康人群出现刺激症状

D．各类人群可正常活动

答案：C　D

9.《环境空气质量指数（AQI）技术规定（试行）》（HJ 633—2012）规定了环境空气质量指数的________，以及空气质量指数日报和实时报的发布内容、发布格式和其他相关要求。

A．分级方案　　B．计算方法

C．环境空气质量级别　　D．环境空气质量类别

答案：A　B　C　D

10.《环境空气质量指数（AQI）技术规定（试行）》（HJ 633—2012）规定了空气质量监测点位日报和实时报的发布内容包括________、空气质量指数、首要污染物及空气质量级别，报告时说明监测指标和缺项指标。

A．评价时段　　B．监测点位置

C．各污染物的浓度　　D．环境质量分指数

答案：A　B　C　D

五、简答题

1.《环境空气质量指数（AQI）技术规定（试行）》（HJ 633—2012）中环境空气质量级别分为几级？相对应的指数类别分别为哪几类？

答案：环境空气质量级别分为六级，相对应的指数类别分别为优、良、轻度污染、中度污染、重度污染和严重污染。

2.《环境空气质量指数（AQI）技术规定（试行）》（HJ 633—2012）中环境空气质量指数技术规定要求，六级空气质量指数相应的表示颜色分别是什么？

答案：一级，绿色；二级，黄色；三级，橙色；四级，红色；五级，紫色；六级，褐红色。

3.《环境空气质量指数（AQI）技术规定（试行）》（HJ 633—2012）中环境空气质量指数技术规定中包括哪几项空气污染物？

答案：包括二氧化硫、二氧化氮、一氧化碳、可吸入颗粒物（PM_{10}）、细颗粒物（$PM_{2.5}$）和臭氧。

4.《环境空气质量指数（AQI）技术规定（试行）》（HJ 633—2012）中，环境空气质量指数技术规定要求，空气质量日报的主要内容和要求是什么？

答案：空气质量监测点位日报发布内容包括评价时段、监测点位置、各污染物的浓度及空气质量分指数、空气质量指数、首要污染物及空气质量级别，报告时说明监测指标和缺项指标。日报由地级以上（含地级）环境保护行政主管部门或其授权的环境监测站发布。日报时间周期为 24h，时段为当日零点前 24h。日报的指标包括二氧化硫、二氧化氮、可吸入颗粒物（PM_{10}）、细颗粒物（$PM_{2.5}$）、一氧化碳的 24h 平均，以及臭氧的日最大 1h 平均、臭氧的日最大 8h 滑动平均，共计 7 个指标。

六、论述题

根据《环境空气质量指数（AQI）技术规定（试行）》（HJ 633—2012）中，环境空气质量指数技术规定要求，空气质量日报和实时报的主要内容和要求是什么？

答案：空气质量监测点位日报和实时报的发布内容包括评价时段、监测点位置、各污染物的浓度及空气质量分指数、空气质量指数、首要污染物及空气质量级别，报告时说明监测指标和缺项指标。日报和实时报由地级以上（含地级）环境保护行政主管部门或其授权的环境监测站发布。日报时间周期为 24h，时段为当日零点前 24h。日报的指标包括二氧化硫、二氧化氮、可吸入颗粒物（PM_{10}）、细颗粒物（$PM_{2.5}$）、一氧化碳的 24h 平均，以及臭氧的日最大 1h 平均、臭氧的日最大 8h 滑动平均，共计 7 个指标。实时报时间周期为 1h，每一整点时刻后即可发布各监测点位的实时报，滞后时间不应超过 1h。实时报的指标包括二氧化硫、二氧化氮、可吸入颗粒物（PM_{10}）、细颗粒物（$PM_{2.5}$）、一氧化碳、臭氧的 1h 平均，以及臭氧 8h 滑动平均和可吸入颗粒物（PM_{10}）、细颗粒物（$PM_{2.5}$）的 24h 滑动平均，共计 9 个指标。

七、计算题

根据空气质量分指数及对应的污染物项目浓度限值，依据下列数据计算监测点位空气质量指数 AQI，并说明空气质量级别及类别。

空气质量分指数（IAQI）	二氧化硫 24h 平均/（μg/m^3）	二氧化氮 24h 平均/（μg/m^3）	PM_{10} 24h 平均/（μg/m^3）	$PM_{2.5}$ 24h 平均/（μg/m^3）	一氧化碳 24h 平均/（mg/m^3）	臭氧 8h 滑动平均/（μg/m^3）
0	0	0	0	0	0	0
50	50	40	50	35	2	100
100	150	80	150	75	4	160
150	475	180	250	115	14	215
点位监测浓度值	45	36	145	71	1.5	21

答案：（1）计算各污染物空气质量分指数 IAQI 值：

二氧化硫 IAQI=（50－0）（45－0）/（50－0）+0=45

二氧化氮 IAQI=（50－0）（36－0）/（40－0）+0=45

PM_{10} IAQI=（100－50）（145－50）/（150－50）+50=98

$PM_{2.5}$ IAQI=（100－50）（71－35）/（75－35）+50=95

一氧化碳 IAQI=（50－0）（1.5－0）/（4－2）+0=38

臭氧 IAQI=（50－0）（21－0）/（100－0）+0=11

（2）空气质量指数 AQI=max{二氧化硫 IAQI，二氧化氮 IAQI，PM_{10} IAQI，$PM_{2.5}$ IAQI，一氧化碳 IAQI，臭氧 IAQI }= PM_{10} IAQI=98。

（3）因为 AQI 为 98，空气质量级别为二级，良。

参考文献

环境空气质量指数（AQI）技术规定（试行）（HJ 633—2012）.

命题：索有芳

审核：陈黎军

第六节 固定源废气监测技术规范（HJ/T 397—2007）

一、填空题

1.《固定源废气监测技术规范》（HJ/T 397—2007）中锅炉烟气在温度为________K，压力为________Pa 时的状态，简称“标态”。

答案：273　101 325

2.《固定源废气监测技术规范》（HJ/T 397—2007）中烟气温度的测定中，常用水银玻璃温度计、电阻温度计和________温度计。

答案：热电偶

3.《固定源废气监测技术规范》（HJ/T 397—2007）中按等速采样原则测定锅炉烟尘浓度时，每个断面采样次数不得少于________次，每个测点连续采样时间不得少于________min，每台锅炉测定时所采集样品累计的总采气量应不少于 $1m^3$，取 3 次采样的算术均值作为管道的烟尘浓度值。

答案：3　3

4.《固定源废气监测技术规范》（HJ/T 397—2007）中锅炉颗粒物采样，须多点采样，原则上每点采样时间不少于________min，各点采样时间应相等，或每台锅炉测定时所采集样品累计的总采气量不少于________m^3。每次采样，至少采集________个样品，取其平均值。

答案：3　1　3

5．采集烟尘的常用滤筒有________滤筒和________滤筒两种。

答案：玻璃纤维　刚玉

6.《固定源废气监测技术规范》（HJ/T 397—2007）中固定污染源排气中颗粒物等速采样的原理是：将烟尘采样管由采样孔插入烟道中，采样嘴________气流，使采样嘴的吸气速度与测点处气流速度________，并抽取一定量的含尘气体，根据采样管上捕集到的颗粒物量和同时抽取的气体量，计算排气中颗粒物浓度。

答案：正对　相等

7.《固定源废气监测技术规范》（HJ/T 397—2007）中测定锅炉烟尘时，测点位置应尽量选择在垂直管段，并不宜靠近管道弯头及断面形状急剧变化的部位。测点位置应在距弯头、接头、阀门和其他变径管段的下游方向大于________倍直径处，距上述部件上游方向大于________倍直径处。

答案：6　3

8．固定污染源监测时，通常在风机后的压入式管道中进行烟尘采样，管道中的静压和动压都为________（填“正”或“负”），全压为________（填“正”或“负”）。

答案：正　正

9.《固定源废气监测技术规范》（HJ/T 397—2007）中在滤筒处理和称重中，用铅笔将滤筒编号，在________℃烘烤 1h，取出放入干燥皿中，在恒温恒湿的天平室中冷却至室温，用感量 0.1mg 天平称量，两次称量重量之差应不超过________mg。

答案：105～110　0.5

10.《固定源废气监测技术规范》（HJ/T 397—2007）中一般污染源的监督性监测每年不少于________次，如被国家或地方环境保护行政主管部门列为年度重点监管的排污单位，每年监督性监测不少于________次。

答案：1　4

二、判断题

1.《固定源废气监测技术规范》（HJ/T 397—2007）中等速采样是指将采样嘴平面正对排气气流，使进入采样嘴的气流速度与测点的排气速度相等。（　）

答案：（√）

2．在锅炉烟尘测试中，对排放浓度的测试必须在锅炉设计出力 70%以上的情况下进行。（ ）

答案：（√）

3．固定源废气监测中 S 形皮托管的测孔很小，当烟道内颗粒物浓度大时易被堵塞。所以它适用于测量较清洁的排气装置。（ ）

答案：（×）

正确答案为：标准型皮托管的测孔很小，当烟道内颗粒物浓度大时易被堵塞。所以它适用于测量较清洁的排气装置。

4．《固定源废气监测技术规范》（HJ/T 397—2007）中用 U 形压力计可测定固定污染源排气中的全压和静压。（ ）

答案：（√）

5．《固定源废气监测技术规范》（HJ/T 397—2007）中在固定污染源管道中流动的气体同时受到三种压力的作用，即全压、静压和动压。（ ）

答案：（×）

正确答案为：两种压力的作用，静压和动压。

6．固定源废气监测中在采集固定污染源的气体样品时，烟尘采样嘴的形态和尺寸不受限制。（ ）

答案：（√）

7．固定源废气监测中烟尘采样时如果采样速度小于采样点的烟气速度，所测定的样品浓度会高于实际浓度。（ ）

答案：（√）

8．固定污染源采样中，当管道内压力比大气压力大时，静压为正，反之，静压为负。（ ）

答案：（√）

9．《固定源废气监测技术规范》（HJ/T 397—2007）中由烟道中抽取一定体积的烟气，使之通过装有吸湿剂的吸湿管，吸湿管的增重即为已知排气中含有的水分含量。由此可以确定烟气中的水分含量。（ ）

答案：（√）

10．《固定源废气监测技术规范》（HJ/T 397—2007）中烟道内动压是单位体积气体所具有的动能，是气体流动的压力。由于动压仅作用于气体流动的方向，动压恒为正值。（ ）

答案：（√）

11．《固定源废气监测技术规范》（HJ/T 397—2007）中烟道中全压和静压有正负值之分。（ ）

答案：（√）

12．《固定源废气监测技术规范》（HJ/T 397—2007）烟气测试中，所采集的有害气体

不同，对采样管加热的温度要求也不同。（ ）

答案：（√）

13.《固定源废气监测技术规范》（HJ/T 397—2007）固定污染源监测中，因为气体流速与气体动压的平方成正比，所以可根据测得的动压计算气体的流速。（ ）

答案：（×）

正确答案为：气体流速与气体动压的平方根成正比。

三、单选题

1. 固定源废气监测中各种工业炉窑烟囱最低允许高度为________m。

A. 15　B. 20　C. 25　D. 30

答案：A

2.《固定源废气监测技术规范》（HJ/T 397—2007）中测定烟气流量和采集烟尘样品时，若测试现场空间位置有限、很难满足测试要求，应选择比较适宜的管段采样，但采样断面与弯头等的距离至少是烟道直径的________倍，并应适当增加测点的数量。

A. 1.5　B. 3　C. 6　D. 8

答案：A

3.《固定源废气监测技术规范》（HJ/T 397—2007）中烟尘采样管上的采样嘴，入口角度应不大于 45°，入口边缘厚度应不大于 0.21mm，入口直径偏差应不大于±0.1mm，其最小直径应不小于________mm。

A. 3　B. 4　C. 5　D. 6

答案：C

4.《固定源废气监测技术规范》（HJ/T 397—2007）中为了从烟道中取得有代表性的烟尘样品，必须用等速采样方法。即气体进入采样嘴的速度应与采样点烟气速度相等。其相对误差应控制在________%以内。

A. 5　B. 10　C. 15　D. 20

答案：B

5.《固定源废气监测技术规范》（HJ/T 397—2007）中监测平台面积应不小于________m^2。

A. 1　B. 1.5　C. 2　D. 2.5

答案：B

6.《固定源废气监测技术规范》（HJ/T 397—2007）中烟气采样前应对采样系统进行漏气检查。对不适于较高减压或增压的监测仪器，方法是先堵住进气口，再打开抽气泵抽气，当________min 内流量指示降至 0 时，可视为不漏气。

A. 2　B. 5　C. 10　D. 15

答案：A

7. 建设项目竣工环境保护验收监测应在工况稳定、生产负荷达到设计生产能力的

________%以上情况下进行。

A. 70　B. 75　C. 80　D. 85

答案：B

8.《固定源废气监测技术规范》（HJ/T 397—2007）中测定锅炉烟尘时，测点位置应尽量选择在垂直管段，并不宜靠近管道弯头及断面形状急剧变化的部位。测点位置应在距弯头、接头、阀门和其他变径管段的下游方向大于________倍直径处。

A. 3　B. 6　C. 8　D. 10

答案：B

9.《固定源废气监测技术规范》（HJ/T 397—2007）中一般污染源的监督性监测每年不少于 1 次，如被国家或地方环境保护行政主管部门列为年度重点监管的排污单位，每年监督性监测不少于________次。

A. 1　B. 2　C. 3　D. 4

答案：D

10.《固定源废气监测技术规范》（HJ/T 397—2007）中在选定的监测采样孔内径应不小于________mm。

A. 80　B. 90　C. 100　D. 110

答案：A

四、多选题

1.《固定源废气监测技术规范》（HJ/T 397—2007）中烟气温度的测定中，常用________、________和________。

A. 水银玻璃温度计　B. 电阻温度计　C. 热电偶温度计　D. 常规温度计

答案：A　B　C

2.《固定源废气监测技术规范》（HJ/T 397—2007）中按等速采样原则测定锅炉烟尘浓度时，每个断面采样次数不得少于________次，每个测点连续采样时间不得少于________min，每台锅炉测定时所采集样品累计的总采气量应不少于 1m^3，取 3 次采样的算术均值作为管道的烟尘浓度值。

A. 1　B. 2　C. 3　D. 3

答案：C　D

3.《固定源废气监测技术规范》（HJ/T 397—2007）中锅炉颗粒物采样，须多点采样，原则上每点采样时间不少于________min，各点采样时间应相等，或每台锅炉测定时所采集样品累计的总采气量不少于________m^3。每次采样，至少采集________个样品，取其平均值。

A. 3　B. 2　C. 1　D. 3

答案：A　C　D

4.《固定源废气监测技术规范》（HJ/T 397—2007）中测定锅炉烟尘时，测点位置应尽量选择在垂直管段，并不宜靠近管道弯头及断面形状急剧变化的部位。测点位置应在距弯头、接头、阀门和其他变径管段的下游方向大于________倍直径处，距上述部件上游方向大于________倍直径处。

A．4　　B．6　　C．5　D．3

答案：B　D

5.《固定源废气监测技术规范》（HJ/T 397—2007）中一般污染源的监督性监测每年不少于________次，如被国家或地方环境保护行政主管部门列为年度重点监管的排污单位，每年监督性监测不少于________次。

A．1　B．2　C．3　D．4

答案：A　D

五、简答题

1．简述《固定源废气监测技术规范》（HJ/T 397—2007）中固定污染源监测中颗粒物测定的原理。

答案：原理：将烟尘采样管由采样孔插入烟道中，使采样嘴置于测点上，正对气流，按颗粒物等速采样原理，抽取一定量的含尘气体。根据采样管滤筒上捕集到的颗粒物量和同时抽取的气体量，计算出排气中颗粒物浓度。

2．固定源废气监测中什么是动压平衡等速采样？

答案：利用装置在采样管上的孔板差压与皮托管指示的采样点气体动压相平衡来实现等速采样。

3．简述《固定源废气监测技术规范》（HJ/T 397—2007）中烟尘采样中的移动采样、定点采样和间断采样之间的不同点。

答案：移动采样：是用一个滤筒在已确定的各采样点上移动采样。各点采样时间相等，求出采样断面的平均浓度。定点采样：是分别在每个测点上采一个样，求出采样断面的平均浓度，并可了解烟道断面上颗粒物浓度变化状况。间断采样：是对有周期性变化的排放源，根据工况变化及其延续时间分段采样，然后求出其时间加权平均浓度。

4．《固定源废气监测技术规范》（HJ/T 397—2007）中已知烟道截面积（F）和工况下湿排气平均流速（V_s），试写出工况下湿排气流量（Q_s）的计算公式和单位。

答案：$Q_s=V_s\times F\times 3\,600$（$m^3/h$）

六、计算题

1．实测某台非火电厂燃煤锅炉烟尘的排放浓度为 120mg/m^3，过量空气系数为 1.98，试计算出该锅炉折算后的烟尘排放浓度。

答案：$C=C'\times(\alpha'/\alpha)=120\times(1.98/1.8)=132$（mg/m^3）

2．测得某台锅炉除尘器入口烟尘标态浓度 C_j=2 875mg/m^3，除尘器入口标态风量 Q_j=9 874m^3/h，除尘器出口烟尘标态浓度 C_c=352mg/m^3，除尘器出口标态风量 Q_c=10 350m^3/h，试求该除尘器的除尘效率。

答案：η=[（C_j×Q_j）－（C_c×Q_j）]/（C_j×Q_j）×100%
=[（2 875×9 874）－（352×10 350）]/（2 875×9 874）×100%
=87.2%

参考文献

[1] 固定源废气监测技术规范（HJ/T 397—2007）.

[2] 中国环境监测总站《环境监测人员持证上岗考核试题集》（上册）编写组. 2 版. 北京：中国环境科学出版社，2008.

命题：祁玉刚

审核：陈黎军

第七节　固定污染源排气中颗粒物的测定与气态污染物采样方法（GB/T 16157—1996）

一、填空题

1．《固定污染源排气中颗粒物的测定与气态污染物采样方法》（GB/T 16157—1996）中固定污染源排气中的颗粒物是指________和其他物质在燃烧、合成、分解以及各种物料在机械处理中所产生的悬浮于排放气体中的固体和液体颗粒状物质。

答案：燃料

2．《固定污染源排气中颗粒物的测定与气态污染物采样方法》（GB/T 16157—1996）固定污染源中的气态污染物是指以________分散在排放气体中的各种污染物。

答案：气体状态

3．《固定污染源排气中颗粒物的测定与气态污染物采样方法》（GB/T 16157—1996）规定固定污染源监测时的工况要求是指生产设备处于________进行监测，或根据有关污染物排放标准的要求，在所规定的工况条件下进行测定。

答案：正常运行状态下

4．《固定污染源排气中颗粒物的测定与气态污染物采样方法》（GB/T 16157—1996）规定固定污染源的采样孔应按照规范要求的位置进行选定，采样孔内径不小于________mm，采样孔管长应不大于 50mm。

答案：80

5．《固定污染源排气中颗粒物的测定与气态污染物采样方法》（GB/T 16157—1996）

规定采样平台为监测人员采样设置，应有足够的工作面积使工作人员安全、方便地操作。平台面积应不小于________m^2，并设有 1.1m 高的护栏，采样孔距平台面为 1.2～1.3m。

答案：1.5

6.《固定污染源排气中颗粒物的测定与气态污染物采样方法》（GB/T 16157—1996）规定固定污染源监测使用的热电偶或电阻温度计，其示值误差应不大于±________℃。

答案：3

7.《固定污染源排气中颗粒物的测定与气态污染物采样方法》（GB/T 16157—1996）规定使用玻璃温度计时，________抽出烟道外读数。

答案：不能

8. 采集烟尘的滤筒常用的有________滤筒和刚玉滤筒两种。

答案：玻璃纤维

9.《固定污染源排气中颗粒物的测定与气态污染物采样方法》（GB/T 16157—1996）规定，预测流速法只适用测量流速________的污染源。

答案：比较稳定

10.《固定污染源排气中颗粒物的测定与气态污染物采样方法》（GB/T 16157—1996）规定，当进入采样嘴的气流速度与测点处的烟气流速________时，才能取得有代表性的烟尘样品。这也就是________采样。

答案：相等　等速

11.《固定污染源排气中颗粒物的测定与气态污染物采样方法》（GB/T 16157—1996）规定当被测烟气是高温或有毒气体，且测点又处于正压状态时，采样孔应有________装置。

答案：防喷

12.《固定污染源排气中颗粒物的测定与气态污染物采样方法》（GB/T 16157—1996）对烟气温度测定常用的有________和热电偶温度计。

答案：水银玻璃温度计

13.《固定污染源排气中颗粒物的测定与气态污染物采样方法》（GB/T 16157—1996）规定用吸收瓶正式采集烟气样品前，应先用________抽气 5 min。

答案：旁路吸收瓶

14.《固定污染源排气中颗粒物的测定与气态污染物采样方法》（GB/T 16157—1996）规定烟气采样时采样管的入口可与气流方向________或背向气流。

答案：垂直

15.《固定污染源排气中颗粒物的测定与气态污染物采样方法》（GB/T 16157—1996）规定使用转子流量计其精度应不低于________。

答案：2.5%

二、判断题

1.《固定污染源排气中颗粒物的测定与气态污染物采样方法》（GB/T 16157—1996）规定标准状态下的干排气是指温度为292K，压力为101 300Pa条件下不含水分的排气。（ ）

答案：（×）

正确答案为：温度为273K，压力为101 300Pa条件下的不含水分的排气。

2.《固定污染源排气中颗粒物的测定与气态污染物采样方法》（GB/T 16157—1996）规定采样工况应在生产设备处于运行状态下进行。（ ）

答案：（×）

正确答案为：采样工况应在生产设备处于正常运行状态下进行。

3.《固定污染源排气中颗粒物的测定与气态污染物采样方法》（GB/T 16157—1996）规定S形皮托管适用于在尘粒浓度较大的烟尘采样中使用。（ ）

答案：（√）

4.《固定污染源排气中颗粒物的测定与气态污染物采样方法》（GB/T 16157—1996）规定使用的大气压力计最小分度值应不大于1kPa。（ ）

答案：（×）

正确答案为：使用的大气压力计其最小分度值不大于0.1kPa。

5.《固定污染源排气中颗粒物的测定与气态污染物采样方法》（GB/T 16157—1996）规定定电位电解法测定烟气中SO_2浓度时，要求采样管加热保温，温度不得低于120℃。（ ）

答案：（√）

三、单选题

1.《固定污染源排气中颗粒物的测定与气态污染物采样方法》（GB/T 16157—1996）规定了在烟道、烟囱及排气筒（以下简称烟道）等固定污染源排气中________的测定方法和气态污染源的采样方法。

A．SO_2　　B．NO_x　　C．颗粒物

答案：C

2.《固定污染源排气中颗粒物的测定与气态污染物采样方法》（GB/T 16157—1996）规定气态污染物是指以________状态分散在排放气体的各种污染物。

A．固体　B．液体　C．气体　D．晶体

答案：C

3.《固定污染源排气中颗粒物的测定与气态污染物采样方法》（GB/T 16157—1996）规定采集气体样品时其采样孔内径不小于________。

A．80 mm　B．40 mm　C．50 mm　D．60 mm

答案：B

4.《固定污染源排气中颗粒物的测定与气态污染物采样方法》(GB/T 16157—1996)规定标准型皮托管的测孔很小，它适用于测量________的排气。

A．较清洁　　B．较稳定　　C．稳定

答案：A

5.《固定污染源排气中颗粒物的测定与气态污染物采样方法》(GB/T 16157—1996)规定 U 形压力计用于测定排气中的全压和静压，其最小分度值应不大于________Pa。

A．15　　B．10　　C．20　　D．5

答案：B

6.《固定污染源排气中颗粒物的测定与气态污染物采样方法》(GB/T 16157—1996)规定采气态污染物时，可取靠近烟道________的一点作为采样点。

A．任意一点　　B．中心　　C．最里边

答案：B

7.《固定污染源排气中颗粒物的测定与气态污染物采样方法》(GB/T 16157—1996)规定，按等速采样原则测定烟尘浓度时，每个断面采样次数不得少于________次，每个测点连续采样时间不得少于________min。

A．3　3　　B．1　3　　C．3　1　　D．1　1

答案：A

四、多选题

1.《固定污染源排气中颗粒物的测定与气态污染物采样方法》(GB/T 16157—1996)规定气体污染物采样方法按测试分析方法不同分为________和________。

A．化学法　　B．直接测试法　　C．抽取法

答案：A　B

2.《固定污染源排气中颗粒物的测定与气态污染物采样方法》(GB/T 16157—1996)规定，对除尘器进出口管道内气体压力的测定，可用标准型皮托管或非标准型皮托管，配________压力计测定。

A．S 型　　B．U 型　　C．倾斜式

答案：A　B　C

3.《固定污染源排气中颗粒物的测定与气态污染物采样方法》(GB/T 16157—1996)规定气态污染物的吸收瓶或吸附管采样系统由________、________吸收瓶或吸附管，流量计箱和抽气泵等部分组成。

A．采样管　　B．连接导管　　C．三角架

答案：A　B

4.《固定污染源排气中颗粒物的测定与气态污染物采样方法》(GB/T 16157—1996)

规定，烟气采样中应记录现场大气压以及________。

A．采样流量（或采样体积） B．采样时间 C．流量计前的气体温度

D．压力 E．流速

答案：A B C D

5．《固定污染源排气中颗粒物的测定与气态污染物采样方法》（GB/T 16157—1996）适用于各种________、________及其他固定污染源排气中颗粒物的测定和气态污染物的采样。

A．锅炉 B．工业炉室 C．火电厂

答案：A B C

五、简答题

1．《固定污染源排气中颗粒物的测定与气态污染物采样方法》（GB/T 16157—1996）规定，什么是动压平衡型等速采样？

答案：是利用装置在采样管上孔板差压与采样管平行放置的皮托管指示的气体动压平衡来实现等速采样的。

2．《固定污染源排气中颗粒物的测定与气态污染物采样方法》（GB/T 16157—1996）规定，为了从烟道中取得有代表性的烟尘样品，应遵循什么采样原则？

答案：遵循等速采样的原则采集样品。

3．依据《固定污染源排气中颗粒物的测定与气态污染物采样方法》（GB/T 16157—1996）用某台等速烟尘采样器采集 8 个样品，其流量跟踪精度分别是 $1^{\#}$90%、$2^{\#}$105%、$3^{\#}$110%、$4^{\#}$85%、$5^{\#}$115%、$6^{\#}$95%、$7^{\#}$99%、$8^{\#}$102%。按照等速采样中相对误差的要求，哪几个是合格样品，哪几个是不合格样品？

答案：相对误差要求为 95%～110%。

合格样品是 $2^{\#}$、$3^{\#}$、$6^{\#}$、$7^{\#}$、$8^{\#}$，其余为不合格样品。

4．《固定污染源排气中颗粒物的测定与气态污染物采样方法》（GB/T 16157—1996）规定，烟尘采样中维持等速采样方法有哪几种？

答案：（1）普通型采样管法即预测流速法；

（2）平行采样法；

（3）等速管压即压力平衡法。

六、计算题

1．已知某台除尘器进口的动压和静压分别是 0.427kPa，－1.659 kPa，出口的动压和静压分别是 0.194 kPa、－0.059 kPa，求这台除尘器的阻力。

答案：$P_{出}=-1.659+0.427=-1.232$（kPa）

$P_{进}=-0.059+0.194=0.135$（kPa）

$\Delta P=P_{进}-P_{出}=0.135-(-1.232)=1.367$（kPa）

2．煤中含硫量 0.52%；用煤量为 1 005 kg/h，请根据以上条件用物料衡算法计算出燃煤产生 SO_2 的浓度值。

答案： $G_{SO_2}=1.6\times W\times S=1.6\times 1\,005\times 0.52/100=8.36$（kg/h）

$G'_{SO_2}=G_{SO_2}\times 10^{-6}/Q=8.36\times 10^{-6}/17\,220=485.6$（$mg/m^3$）$=486$（$mg/m^3$）

参考文献

固定污染源排气中颗粒物的测定与气态污染物采样方法（GB/T 16157—1996）.

命题：白进林

审核：陈黎军

第八节　固定污染源烟气排放连续监测技术规范（HJ/T 75—2007）

一、填空题

1．《固定污染源烟气排放连续监测技术规范》（HJ/T 75—2007）适用于以________、________为燃料或原料的火电厂锅炉、工业/民用锅炉以及工业炉窑等固定污染源的烟气 CEMS。

答案： 固体　液体

2．《固定污染源烟气排放连续监测技术规范》（HJ/T 75—2007）规定对固定污染源排放的污染源进行连续地、实时地跟踪测定，每个固定污染源的总测定小时数不得小于锅炉、炉窑总运行小时数的________每小时的测定时间不得低于________。

答案： 75%　45min

3．《固定污染源烟气排放连续监测技术规范》（HJ/T 75—2007）规定对固定污染源调试和检测是对烟气 CEMS 的安装、初调和至少运行________h 后，于技术验收前对烟气 CEMS 进行的校准和校验。

答案： 168

4．《固定污染源烟气排放连续监测技术规范》（HJ/T 75—2007）规定固定污染源烟气 CEMS 由________监测子系统、________监测子系统、________测量子系统、________、传输与处理子系统等组成。

答案： 颗粒物　气态污染物　烟气排放参数　数据采集

5．《固定污染源烟气排放连续监测技术规范》（HJ/T 75—2007）规定固定污染源烟气 CEMS 应安装在能准确可靠地连续监测固定污染源烟气排放状况的有________的位置上。

答案： 代表性

6．《固定污染源烟气排放连续监测技术规范》（HJ/T 75—2007）规定当烟气 CEMS 安装在矩形烟道时，若烟道的截面的高度大于 4m，则不宜在烟道________开设参比方法采样孔，若烟道截面的宽度大于 4m，则应在烟道________开设参比方法采样孔。

答案：顶层　　两侧

7.《固定污染源烟气排放连续监测技术规范》（HJ/T 75—2007）规定从事固定污染源烟气 CEMS 日常运行管理的单位和部门应根据该烟气 CEMS 使用说明书和本标准的要求编制仪器________，以此确定系统运行操作人员和管理维护人员的工作职责，人员经________后持证上岗。

答案：运行管理规程　　培训合格

8.《固定污染源烟气排放连续监测技术规范》（HJ/T 75—2007）规定环保部门对烟气 CEMS 进行不定期的性能技术指标进行比对监测，监测颗粒物、流速、烟温等样品数量至少________对，抽检气态污染物样品数量至少________对。

答案：3　　6

9.《固定污染源烟气排放连续监测技术规范》（HJ/T 75—2007）附录 A 规定对于完全抽取式和稀释抽取式气态污染物 CEMS，当进行零点和跨度校准线性误差和相应时间的监测时，要求________和________与样品气体通过的路径一致。

答案：零气　　标准气体

10.《固定污染源烟气排放连续监测技术规范》（HJ/T 75—2007）规定烟气 CEMS 有效数据捕集率每季度应达到________。

答案：75%

二、判断题

1.《固定污染源烟气排放连续监测技术规范》（HJ/T 75—2007）规定固定污染源烟气 CEMS 的有效小时值为整点 1h 不少于 40min 的有效数据的算术平均值。（　）

答案：（×）

正确答案为：有效小时值为整点 1h 不少于 45min 的有效数据的算术平均值。

2.《固定污染源烟气排放连续监测技术规范》（HJ/T 75—2007）规定固定污染源烟气 CEMS 的有效日均值是一日内不少于锅炉、炉窑运行时间（按 h 计）的 70%的有效小时均值的算术平均值。（　）

答案：（×）

正确答案为：有效日均值是一日内不少于锅炉、炉窑运行时间（按小时计）的 75%的有效小时均值的算术平均值。

3.《固定污染源烟气排放连续监测技术规范》（HJ/T 75—2007）规定固定污染源烟气 CEMS 的采样平台或监测平台应易于人员到达，有足够的空间，便于日常维护或比对监测，当采样平台设置在距地面高度≥5m 的位置时，应有通往平台的 Z 字梯/旋梯/升降梯。（　）

答案：（√）

4.《固定污染源烟气排放连续监测技术规范》(HJ/T 75—2007)规定为了便于颗粒物和流速参比方法的校验和比对监测，烟气 CEMS 不宜安装在烟气流速小于 10m/s 的位置。( )

答案：(×)

正确答案为：烟气 CEMS 不宜安装在烟气流速小于 5m/s 的位置。

5.《固定污染源烟气排放连续监测技术规范》(HJ/T 75—2007)规定每台固定污染源排放设备应安装一套烟气 CEMS。( )

答案：(√)

三、单选择

1.《固定污染源烟气排放连续监测技术规范》(HJ/T 75—2007)规定烟气 CEMS 有效小时值为 1h 内不少于________的有效数据的算术平均值。

A. 30min　B. 40min　C. 45min　D. 50min

答案：C

2.《固定污染源烟气排放连续监测技术规范》(HJ/T 75—2007)规定烟气 CEMS 的采样探头的过滤器一般加热到________以上，以防止水汽冷凝溶解水溶性气体或形成块状物堵塞过滤器便于高压气体反吹清除附着的微粒。

A. 100℃　B. 105℃　C. 120℃　D. 125℃

答案：C

3.《固定污染源烟气排放连续监测技术规范》(HJ/T 75—2007)规定固定污染物烟气 CEMS 的测定位置应避开烟道弯头和断面急剧变化的部位，对于颗粒物应________，当安装位置不能满足上述要求时，应尽可能选择在气流稳定的断面，但安装位置的前直管长度必须大于安装位置后直管段的长度。

A. 上四下二　B. 上五下三　C. 上二下一　D. 上二下半

答案：A

4.《固定污染源烟气排放连续监测技术规范》(HJ/T 75—2007)规定烟气 CEMS 不宜安装在烟道内烟气流速小于________的位置。

A. 2m/s　B. 4m/s　C. 5m/s　D. 6m/s

答案：C

5.《固定污染源烟气排放连续监测技术规范》(HJ/T 75—2007)规定对固定污染源 CEMS 的验收可采用事先通知或不通知的形式进行抽检，现场验收的时间应尽可能控制在________内完成。

A. 1 天　B. 2 天　C. 3 天　D. 1 周

答案：A

四、多选题

1.《固定污染源烟气排放连续监测技术规范》（HJ/T 75—2007）规定用参比方法对烟气 CEMS（含取样系统、分析系统）检查结果进行相对准确度________等的比对检查。

A．相关系数　B．置信区间　C．允许区间　D．相对误差　E．绝对误差

F．缺失数据的处理

答案：A　B　C　D　E

2.《固定污染源烟气排放连续监测技术规范》（HJ/T 75—2007）规定固定污染源烟气 CEMS 由________等组成。

A．颗粒物监测子系统　　B．气态污染物监测子系统

C．烟气排放参数测量子系统　　D．数据采集传输与处理子系统

答案：A　B　C　D

3.《固定污染源烟气排放连续监测技术规范》（HJ/T 75—2007）规定固定污染源烟气 CEMC 的安装要求是________等要求。

A．位于固定污染源排放控制设备的下游　　B．不受环境光线和电磁辐射的影响

C．烟道振动幅度尽可能小　　D．安装位置不漏风　　E．没有具体限制

答案：A　B　C　D

4.《固定污染源烟气排放连续监测技术规范》（HJ/T 75—2007）规定对固定污染源烟气 CEMS 的运行管理规程应包括________等方面。

A．日常巡检　　B．日常维护保养

C．烟气 CEMS 的校准和校验　　D．失控数据的判别

答案：A　B　C

5.《固定污染源烟气排放连续监测技术规范》（HJ/T 75—2007）规定固定污染源 CEMS 的日常运行质量保证有________。

A．定期校准　B．定期维护　C．定期校验　D．失控数据的判别

E．比对监测　F．数据审核

答案：A　B　C　D　E

五、简答题

1.《固定污染源烟气排放连续监测技术规范》（HJ/T 75—2007）的适用范围是哪些？

答案：本标准适用于以固体、液体为燃料或原料的火电厂锅炉、工业/民用锅炉以及工业炉窑等固定污染源的 CEMS。

2.《固定污染源烟气排放连续监测技术规范》（HJ/T 75—2007）中固定污染源烟气 CEMS 的组成有哪些？

答案：固定污染源烟气 CEMS 由颗粒物监测子系统、气态污染物监测子系统、烟气排

放参数测量子系统、数据传输与处理子系统等组成。

3.《固定污染源烟气排放连续监测技术规范》（HJ/T 75—2007）中固定污染源烟气 CEMS 的安装位置？

答案：固定污染源烟气 CEMS 应安装在能准确可靠地连续监测固定污染源烟气排放状况的有代表性的位置上。

4.《固定污染源烟气排放连续监测技术规范》（HJ/T 75—2007）中，固定污染源烟气 CEMS 的有效月均值是指什么？

答案：指一月内不少于锅炉、炉窑运行时间（按小时计）的 75%的有效小时均值的算术平均值。

5.《固定污染源烟气排放连续监测技术规范》（HJ/T 75—2007）中固定污染源烟气 CEMS 的点测量的点位应具备哪些条件？

答案：颗粒物 CEMS 的测量点位离烟道壁的距离不小于烟道直径的 30%，气态污染物 CEMS、氧气 CMS 以及流速 CMS 的测量点位离烟道壁距离不小于 1m。

六、论述题

1.《固定污染源烟气排放连续监测技术规范》（HJ/T 75—2007）中，对固定污染源烟气 CEMS 的比对监测中，采样时间不宜过短也不宜过长，为什么？

答案：采样时间过短可能导致比对监测数据不合格，原因是由于参比仪器和 CEMS 的测试原理不同，采样流量不同、导气管线长度不同，因此对气体污染物的相应时间不同，反之如果采样时间过长，一是增加了工作量，二是对参比仪器的寿命有不利的影响，三是如果烟道内湿度较高，导气管内会产生水滴，从而影响烟气的准确测量。

2. 对固定污染源烟气 CEMS 的安装，应尽可能选择安装在流速≥5m 的位置，为什么？

答案：因为当烟道内的烟气流速较低，这时参比仪器的皮托管差压传感器测试灵敏度下降，这样可能导致比对测试系统误差增大，从而出现比对不合格的情况。

七、计算题

1. 对某电厂 1 号机组进行颗粒物的比对监测中，1 号机组的 CEMS 显示的某时段的颗粒物浓度为 80mg/m^3、用参比方法在同一时段实测的颗粒物浓度是 78 mg/m^3，求两种方法的相对误差。

答案：R_{ep}（%）=（$C_{CEMS}-C_i$）/ $C_i\times 100\%$

R_{ep}（%）=（80−78）/78×100% =2.56%

两种方法的误差是 2.56%。

2. 某固定污染源 CEMS 所测得这个监测点的平均流速为 8.2m/s，同时段的参比方法所测得平均流速为 8.0 m/s，求这个监测点同时段流速的相对误差。

答案：R_{EV}=（$V_{CMS}-V_i$）/ $V_i\times 100\%$

R_{EV}=（8.2－8.0）/8.0×100%=2.5%

这个监测点流速的相对误差是 2.5%。

3．某固定污染源 CEMS 测得该监测点的湿烟气的浓度值为 50mg/m^3，烟气的湿度为 5.0%，求该监测点的干烟气浓度。

答案：C_d=C_w/（1－X_{sw}）

C_d =50/（1－5.0%）=53.19 mg/m^3

该监测点的干烟气浓度为 53.19 mg/m^3。

参考文献

固定污染源烟气排放连续监测技术规范（HJ/T 75—2007）.

命题：白进林

审核：陈黎军

第九节　固定污染源烟气排放连续监测系统技术要求及检测方法（试行）（HJ/T 76—2007）

一、填空题

1.《固定污染源烟气排放连续监测系统技术要求及检测方法（试行）》（HJ/T 76—2007）规定了 CEMS 的主要的技术指标、________、________和检测时的质量保证措施。

答案：检测项目　　检测方法

2.《固定污染源烟气排放连续监测系统技术要求及检测方法（试行）》（HJ/T 76—2007）适用于监测固定污染源的________、烟气中的________、________、________浓度和排放总量的 CEMS。

答案：烟气参数　颗粒物　二氧化硫　氮氧化物

3.《固定污染源烟气排放连续监测系统技术要求及检测方法（试行）》（HJ/T 76—2007）中固定污染源排气中的颗粒物是指________和其他物质燃烧、合成、分解以及各种物料在处理中所产生的悬浮于液体和烟气中的固体和液体颗粒状物质。

答案：燃料

4.《固定污染源烟气排放连续监测系统技术要求及检测方法（试行）》（HJ/T 76—2007）中标准状态下的干烟气是指温度在________、压力为________条件下不含水气的烟气。

答案：273K　101 325Pa

5.《固定污染源烟气排放连续监测系统技术要求及检测方法（试行）》（HJ/T 76—2007）中规定 CEMS 的点测量是指在烟道或管道断面某一点上，或沿着等于或小于断面直径________的路径上测定的 CEMS。

答案：10%

6.《固定污染源烟气排放连续监测系统技术要求及检测方法（试行）》（HJ/T 76—2007）中规定 CEMS 的气态污染物的安装要求和测定位置，必须位于气态污染物________的位置，该处测得的气态污染物浓度或排放速率能代表固定污染源的排放，在不影响参比方法取样的前提下，尽可能靠近参比方法取样口。

答案：混合均匀

7.《固定污染源烟气排放连续监测系统技术要求及检测方法（试行）》（HJ/T 76—2007）规定固定污染源烟气 CEMS 的现场安装完、初调后，CEMS 投入运行，运行调试时间不少于________h。

答案：168

8.《固定污染源烟气排放连续监测系统技术要求及检测方法（试行）》（HJ/T 76—2007）规定在 CEMS 技术指标检测合格，仪器连续运行 90 天后，开始复检。复检时间不少于________h。

答案：24

9.《固定污染源烟气排放连续监测系统技术要求及检测方法（试行）》（HJ/T 76—2007）规定固定污染源烟气 CEMS 的零点漂移 24h 零点漂移不超过满量程的±________%。

答案：2.0

10.《固定污染源烟气排放连续监测系统技术要求及检测方法（试行）》（HJ/T 76—2007）规定对固定污染源烟气 CEMS 线性误差进行检查时，用高、中、低浓度的标准气体检查时，CEMS 测定值与参考值的相对误差不超过________。

答案：5%

11.《固定污染源烟气排放连续监测系统技术要求及检测方法（试行）》（HJ/T 76—2007）规定固定污染源烟气 CEMS 系统对烟道或管道内的流速进行检测时，测量上限不低于________m/s。

答案：30

12.《固定污染源烟气排放连续监测系统技术要求及检测方法（试行）》（HJ/T 76—2007）规定固定污染源烟气 CEMS 系统温度连续系统示值偏差不大于±________℃。

答案：3

13.《固定污染源烟气排放连续监测系统技术要求及检测方法（试行）》（HJ/T 76—2007）规定参比方法与点测量气态污染物 CEMS 法比对时，设置________个采样点，应尽可能靠近 CEMS 的探头区域内。

答案：1

14.《固定污染源烟气排放连续监测系统技术要求及检测方法（试行）》（HJ/T 76—2007）规定为了保证准确地校准颗粒物 CEMS 和烟气流速连续测量系统，颗粒物 CEMS 和烟气流速连续测量系统应尽可能安装在流速大于________m/s 的位置。

答案：5

15.《固定污染源烟气排放连续监测系统技术要求及检测方法（试行）》（HJ/T 76—2007）规定 CEMS 完全抽取式采样法从探头到除湿装置或分析器的整个管路，其倾斜度不得小于________度。

答案：5

二、判断题

1.《固定污染源烟气排放连续监测系统技术要求及检测方法（试行）》（HJ/T 76—2007）规定固定污染源中的气态污染物是指以气体状态和固体状态分散在烟气中的各种污染物。（ ）

答案：（×）

正确答案为：固定污染源中的气态污染物是指以气体状态分散在烟气中的各种污染物。

2.《固定污染源烟气排放连续监测系统技术要求及检测方法（试行）》（HJ/T 76—2007）规定固定污染源烟气 CEMS 连续测定颗粒物和气态污染物浓度和排放率所需要的设备由采样系统、测试系统组成。（ ）

答案：（×）

正确答案为：固定污染源烟气 CEMS 连续测定颗粒物和气态污染物浓度和排放率所需要的设备由采样系统、测试系统、数据采集和处理三个子系统组成。

3.《固定污染源烟气排放连续监测系统技术要求及检测方法（试行）》（HJ/T 76—2007）规定根据实际应用需要设置 CEMS 的最大测量值，通常设置为高于排放源最大浓度的 1～2 倍。（ ）

答案：（√）

4.《固定污染源烟气排放连续监测系统技术要求及检测方法（试行）》（HJ/T 76—2007）规定固定污染源烟气 CEMS 的技术指标要求，当仪器设置多个测量挡时，最低挡的测量上限不超过 200mg/m^3。（ ）

答案：（×）

正确答案为：当仪器设置多个测量挡时，最低挡的测量上限不超过 500mg/m^3。

5.《固定污染源烟气排放连续监测系统技术要求及检测方法（试行）》（HJ/T 76—2007）规定固定污染源烟气 CEMS 系统要求速度场系数的精密度优于 5%。（ ）

答案：（√）

三、单选题

1.《固定污染源烟气排放连续监测系统技术要求及检测方法（试行）》（HJ/T 76—2007）规定固定污染源烟气 CEMS 对固定源进行连续地、实时地跟踪测定。每个固定污染源的总测定小时不得小于锅炉、炉窑总运行小时数的________。

A．70%　　B．75%　　C．80%　　D．85%

答案：B

2.《固定污染源烟气排放连续监测系统技术要求及检测方法（试行）》（HJ/T 76—2007）规定固定污染物烟气 CEMS 系统的线测量模式是指在沿着大于烟道或管道断面直径的________的路径上测定的 CEMS。

A．5%　　B．10%　　C．15%　　D．20%

答案：B

3.《固定污染源烟气排放连续监测系统技术要求及检测方法（试行）》（HJ/T 76—2007）规定 CEMS 的满量程值是指根据实际应用需要设置 CEMS 的最大测量值，通常设置为高于排放源最大排放浓度________。

A．1～2 倍　　B．2～3 倍　　C．3～4 倍　　D．5 倍

答案：A

4.《固定污染源烟气排放连续监测系统技术要求及检测方法（试行）》（HJ/T 76—2007）规定 CEMS 的量程漂移在 24h 内，量程漂移不得超过满量程的________。

A．1%　　B．1.4%　　C．1.5%　　D．2.0%

答案：D

5.《固定污染源烟气排放连续监测系统技术要求及检测方法（试行）》（HJ/T 76—2007）规定固定污染源烟气 CEMS 系统测量的响应时间不得大于________。

A．50s　　B．1min　　C．200s　　D．2min

答案：C

四、多选题

1.《固定污染源烟气排放连续监测系统技术要求及检测方法（试行）》（HJ/T 76—2007）规定固定污染源烟气排放连续监测系统连续测定颗粒物和/或气态污染物浓度和排放率所需要的全部设备，一般由________组成。

A．采样系统　　B．测试系统　　C．数据采集系统　　D．校准系统

答案：A　B　C

2.《固定污染源烟气排放连续监测系统技术要求及检测方法（试行）》（HJ/T 76—2007）规定固定污染源烟气 CEMS 测量系统的外观要求应有制造计量器具 CMC 标志（进口产品应取得我国质量技术监督部门的计量器具型式批准证书）和产品铭牌，铭牌上应标有仪器名称、________。

A．型号　　B．生产单位　　C．出厂编号　　D．制造日期　　E．技术指标

答案：A　B　C　D

3.《固定污染源烟气排放连续监测系统技术要求及检测方法（试行）》（HJ/T 76—2007）

规定固定污染源烟气 CEMS 系统测定颗粒物和烟气参数还包括________的参比方法。

A．流速　　B．温度　　C．压力　　D．密度

答案：A　B　C

4.《固定污染源烟气排放连续监测系统技术要求及检测方法（试行）》（HJ/T 76—2007）规定对于完全抽取式和稀释抽取式气态污染物 CEMS，当进行零点和量程校准时，原则上要求零气和标准气体与样品气体通过的路径________相同。

A．采样管　　B．过滤器　　C．洗涤器　　D．调节器　　E．冷凝器

答案：A　B　C　D

5.《固定污染源烟气排放连续监测系统技术要求及检测方法（试行）》（HJ/T 76—2007）规定固定污染源烟气 CEMS 测定气体浓度所需要的全部部件由采样系统________组成。

A．采样系统　　B．气体分析仪　　C．数据记录仪　　D．分析仪校准仪

答案：A　B　C

五、简答题

1.《固定污染源烟气排放连续监测系统技术要求及检测方法（试行）》（HJ/T 76—2007）中规定标准状态下干烟气值是指什么？

答案：标准状态下的干烟气值是指温度在 273K，压力为 101.325kPa 条件下不含水汽的烟气。

2. 简述《固定污染源烟气排放连续监测系统技术要求及检测方法（试行）》（HJ/T 76—2007）中 CEMS 的零点漂移的含义。

答案：在未进行计划外的维修、保养或调节的前提下，CEMS 按规定的时间运行后，仪器的读数与零输入之间的偏差。

3. 简述《固定污染源烟气排放连续监测系统技术要求及检测方法（试行）》（HJ/T 76—2007）中 CEMS 的速度场系数的含义。

答案：通过烟道或管道断面烟气的参比方法平均流速与相同时间区间通过同一断面或非同一断面中某一固定点或测定线的烟气平均流速的比值。

六、论述题

1. 根据《固定污染源烟气排放连续监测系统技术要求及检测方法（试行）》（HJ/T 76—2007）的规定，描述固定污染源烟气 CEMS 系统的组成。

答案：固定污染源烟气 CEMS 由颗粒物 CEMS 和气态污染物 CEMS（含 O_2 或 CO_2）烟气参数测定子系统组成通过采样方式和非采样方式，测定烟气中污染物浓度，同时测定烟气温度，烟气压力、流速或流量，烟气含水分量，烟气含氧量，计算烟气污染物排放率，排放量，显示或打印各种测试参数，图表，并通过数据、图文传输系统传输至管理部门。

2. 根据《固定污染源烟气排放连续监测系统技术要求及检测方法（试行）》（HJ/T 76—2007）的规定，描述对安装的 CEMS 仪器的检查内容。

答案：到达 CEMS 比对监测现场后，首先应该对现场安装的 CEMS 仪器的运行情况和运行状态进行检查；以确认 CEMS 是在正常、稳定（非故障）的状态下运行，从而保证 CEMS 比对监测结果有效。

参考文献

固定污染源烟气排放连续监测系统技术要求及检测方法（试行）（HJ/T 76—2007）.

命题：白进林

审核：陈黎军

第十节　气体参数测量和采样的固定位装置（HJ/T 1—92）

一、填空题

1.《气体参数测量和采样的固定位装置》（HJ/T 1—92）适用于通风、空调除尘及有毒有害气体________、排放等的封闭管道中气体参数测量和采样的固定位装置，该固定位装置适用于 400℃以下的条件。

答案：输送

2.《气体参数测量和采样的固定位装置》（HJ/T 1—92）规定的被固定件是指标准型皮托管、________采样管、湿温度计、热球风速仪等气体参数测量和采样用的仪器。

答案：S 形皮托管

3.《气体参数测量和采样的固定位装置》（HJ/T 1—92）规定的固定位装置系指将被固定件垂直刚性固定在________管道壁上，并能使固定件沿长度方向移动和转动的装置。

答案：封闭

4.《气体参数测量和采样的固定位装置》（HJ/T 1—92）规定的孔座系指用焊接或用螺纹和背帽固定在________的短管和固定位装置的末端连接的部件。

答案：管壁上

5.《气体参数测量和采样的固定位装置》（HJ/T 1—92）规定的孔盖系指不测定时用来堵塞短管（孔座）防止管道内气体________的部件。

答案：泄漏

6.《气体参数测量和采样的固定位装置》（HJ/T 1—92）规定的卡体系指由两个半空心圆柱体将被固定件夹在________对合后用卡母锁紧，且能刚性固定被固定件的部件。

答案：中间

7.《气体参数测量和采样的固定位装置》（HJ/T 1—92）规定的卡母系指在卡体对合后

的末端用来锁紧的部件，具有和________相同的外形。

答案：螺母

8.《气体参数测量和采样的固定位装置》（HJ/T 1—92）规定的锁紧螺栓系指位于卡体中轴线的中部，对称布置，从两面顶紧________的部件。

答案：被固定件

9.《气体参数测量和采样的固定位装置》（HJ/T 1—92）规定的密封圈系指夹在________平面中间，用橡胶石棉或橡胶制成的环形部件。

答案：两钢体

10.《气体参数测量和采样的固定位装置》（HJ/T 1—92）规定的锁紧扣系指用对称固定在________的两侧，用来锁紧孔盖的部件。

答案：孔座

11.《气体参数测量和采样的固定位装置》（HJ/T 1—92）规定的铜卡母系指用对称的两个半圆体 ________的内套型铜质构件。

答案：对合而成

12.《气体参数测量和采样的固定位装置》（HJ/T 1—92）规定对被固定件的定位要求，在测量期间要刚性地把固定件固定住，保证各测量点处在________上，被固定件固定在管壁时，不能有气体进出管道的泄漏。

答案：同一直线

13.《气体参数测量和采样的固定位装置》（HJ/T 1—92）规定固定位装置的所有组成部件，应有足够强度和________，在运输和使用中不应产生永久性的变形。

答案：硬度

14.《气体参数测量和采样的固定位装置》（HJ/T 1—92）规定和固定位装置配套使用的零部件及被固定件，应符合________有关标准的规定。

答案：国家

15.《气体参数测量和采样的固定位装置》（HJ/T 1—92）规定固定位装置用黑色金属制成的构件表面，应作________处理。

答案：防腐

16.《气体参数测量和采样的固定位装置》（HJ/T 1—92）规定固定位装置的全部部件表面，应无毛刺，尖角和锐角要倒钝，一般非结合表面粗糙度，应符合 GB 1031 的规定，不得低于________μm。

答案：12.5

17.《气体参数测量和采样的固定位装置》（HJ/T 1—92）规定固定位装置外表面电镀层无划伤和________，表面应光滑平整。

答案：压痕

18.《气体参数测量和采样的固定位装置》（HJ/T 1—92）规定卡体和匹配的铜卡母边

缘整齐，________，无缺损。

答案：厚度均匀

19.《气体参数测量和采样的固定位装置》（HJ/T 1—92）规定卡体、卡母、孔盖等部件采用硬铝合金时，应符合________规定，当用铸铝合金时，应符合 GB 1173 规定。

答案：GB 3190

20.《气体参数测量和采样的固定位装置》（HJ/T 1—92）规定孔座等用普通碳素结构钢，应符合________规定。

答案：GB 700

二、判断题

1.《气体参数测量和采样的固定位装置》（HJ/T 1—92）规定固定位装置使用的环境条件是：A 系列在气体温度不超过 150℃的条件时能正常使用。（ ）

答案：（×）

正确答案为：A 系列在气体温度不超过 100℃的条件时能正常使用。

2.《气体参数测量和采样的固定位装置》（HJ/T 1—92）规定固定位装置的孔座等用普通碳素结构钢，应符合 GB 700 规定。（ ）

答案：（√）

3.《气体参数测量和采样的固定位装置》（HJ/T 1—92）规定固定位装置的铜卡母用黄铜，应符合 GB 1220 的规定。（ ）

答案：（×）

正确答案为：应符合 GB 4424 的规定。

三、单选题

1.《气体参数测量和采样的固定位装置》（HJ/T 1—92）规定对于固定位装置的橡胶密封圈要求在气体温度低于________℃的条件下能正常使用。

A．100　　B．150　　C．200　　C．300

答案：C

2.《气体参数测量和采样的固定位装置》（HJ/T 1—92）规定固定位装置的全部部件表面，应无毛刺，尖角和锐角要倒钝，一般非结合表面粗糙度，应符合 GB 1031 的规定，不得低于________μm。

A．10.0　　B．12.5　　C．13.0　　D．15.0

答案：B

3.《气体参数测量和采样的固定位装置》（HJ/T 1—92）规定固定位装置的阀板、锁紧螺栓等用不锈钢，应符合________规定。

A．GB 1220　　B．GB 3190　　C．GB 4424　　D．GB 5574

答案：A

4.《气体参数测量和采样的固定位装置》（HJ/T 1—92）规定固定位装置的密封圈当使用温度 $t<200$℃用工业用硫化橡胶，应符合 GB 5574 规定，当使用温度 $t<400$℃用________。

A．硫化橡胶　　B．普通橡胶　　C．橡胶石棉　　D．普通石棉

答案：C

5.《气体参数测量和采样的固定位装置》（HJ/T 1—92）规定气体参数测量和采样的固定位装置的标准号为________。

A．GB/T 1—92　　B．GB 1—92　　C．HJ 1—92　　D．HJ/T 1—92

答案：D

四、多选题

1.《气体参数测量和采样的固定位装置》（HJ/T 1—92）规定了固定位装置的分类、基本规格、技术要求检验方法及规则、________等。

A．标志　　B．包装　　C．运输　　D．储存　　E．制作

答案：A　B　C　D

2.《气体参数测量和采样的固定位装置》（HJ/T 1—92）规定了被固定件是指标准型皮托管、________等气体参数测量和采样用的仪器。

A．S 形皮托管　　B．采样管　　C．湿温度计　　D．热球风速仪

答案：A　B　C　D

3.《气体参数测量和采样的固定位装置》（HJ/T 1—92）规定了固定位装置按用途特征分为________系列。

A．A　　B．B　　C．C　　D．D　　E．E

答案：A　B　C　D

4.《气体参数测量和采样的固定位装置》（HJ/T 1—92）规定了每套铜卡母、垫圈上，应标明________。

A．内径　　B．出厂编号　　C．型号　　D．方向

答案：A　B　C

5.《气体参数测量和采样的固定位装置》（HJ/T 1—92）规定了气体参数测量和采样的固定位装置的所有组件在运输过程中不应受________。

A．碰撞　　B．挤压　　C．抛投　　D．大风吹扫　　E．雨雪淋袭

答案：A　B　C　E

五、简答题

1.《气体参数测量和采样的固定位装置》（HJ/T 1—92）中气体参数测量的固定位装置

是指什么？

答案：系指将被固定件垂直刚性固定在封闭管道壁上，并能使被固定件沿长度方向移动和转动的装置。

2.《气体参数测量和采样的固定位装置》（HJ/T 1—92）中固定位装置的外观要求有哪些？

答案：（1）固定位装置外表面电镀层无划伤和压痕，表面应光滑平整。

（2）卡体和匹配的铜卡母边缘整齐，厚度均匀，无缺损。

参考文献

气体参数测量和采样的固定位装置（HJ/T 1—92）.

命题：白进林

审核：陈黎军

第十一节 烟气采样器技术条件（HJ/T 47—1999）

一、填空题

1.《烟气采样器技术条件》（HJ/T 47—1999）中采样器由________、________、________、________、________与________和________等部分组成。

答案：采样管 导气管 吸收装置 干燥器 流量测量 控制装置 抽气泵

2.《烟气采样器技术条件》（HJ/T 47—1999）中采样管的材料应选用________、________和________的材料。气体导管内经应________，采样管长度一般________。

答案：耐高温 耐腐蚀 不吸附被测气体 不小于6mm 不宜短于800mm

3.《烟气采样器技术条件》（HJ/T 47—1999）中采样管前端应能填入________，防止________。

答案：滤料以阻隔尘粒 尘粒物对烟气吸收的干扰

4.《烟气采样器技术条件》（HJ/T 47—1999）中采样管应设有________、________装置，整体温度控制在________和________两档，并有________装置。

答案：加热 保温 130℃±10℃ 150℃±10℃ 温度显示

5.《烟气采样器技术条件》（HJ/T 47—1999）中加热电源一般应取________安全电压，若用高电压做加热电源，则应有________，防止人身触电。

答案：36V 保安措施

6.《烟气采样器技术条件》（HJ/T 47—1999）中加热式导气管的内管应选用________、________和________的材料，管的内径应________，管外包裹________材料，外管用________、________的材料。

答案：耐热　耐腐蚀　不吸附被测气体　不小于 6mm　绝缘保温　绝缘性　柔软性好

7.《烟气采样器技术条件》（HJ/T 47—1999）中导气管整体应有________、________装置，整体温度控制在________以上，长度一般不宜短于________。

答案：加热　保温　140℃　2 000mm

8.《烟气采样器技术条件》（HJ/T 47—1999）中吸收瓶与气路的连接要__________，________。

答案：拆装方便　密封性好

9.《烟气采样器技术条件》（HJ/T 47—1999）中放置吸收瓶的采样盒应便于________、________、________和________。

答案：拆装　防漏　防腐蚀　便于更换降低吸收液温度的冷却剂

10.《烟气采样器技术条件》（HJ/T 47—1999）中保护流量计和抽气泵的干燥器应便于________及________吸湿剂，其有效容积________，气体出口应装有________，防止吸湿剂尘粒飞散，装料口处应有密封圈。

答案：拆卸　更换　不小于 200cm^3　滤料

二、判断题

1.《烟气采样器技术条件》（HJ/T 47—1999）中流量计，指示采样器的工作状况，流量范围 0～1.5L/min。（　）

答案：（√）

2.《烟气采样器技术条件》（HJ/T 47—1999）中限流孔温度保持在 45℃±2℃恒温状态。（　）

答案：（√）

3.《烟气采样器技术条件》（HJ/T 47—1999）中要求流量调节阀操作灵活，对流量控制均匀，流量波动保持在±15%以内。（　）

答案：（×）

正确答案为：要求流量调节阀操作灵活，对流量控制均匀，流量波动保持在±10%以内。

4.《烟气采样器技术条件》（HJ/T 47—1999）中采样器应能在 0～50℃，相对湿度≤85%的环境中正常工作。（　）

答案：（√）

5.《烟气采样器技术条件》（HJ/T 47—1999）中吸收瓶与气路的连接要拆装方便，密封性好，便于使用。（　）

答案：（√）

6.《烟气采样器技术条件》（HJ/T 47—1999）中气体导管内经应小于 6mm。（　）

答案：（×）

正确答案为：气体导管内经应不小于 6mm。

7.《烟气采样器技术条件》(HJ/T 47—1999) 中采样管长度一般不宜短于 800mm。(　)

答案：(√)

8.《烟气采样器技术条件》(HJ/T 47—1999) 中流量计，指示采样器的工作状况，流量范围 0～1.5L/min。(　)

答案：(√)

9.《烟气采样器技术条件》(HJ/T 47—1999) 中采样管前端应能填入滤料以阻隔尘粒，防止尘粒物对烟气吸收的干扰。(　)

答案：(√)

10.《烟气采样器技术条件》(HJ/T 47—1999) 中流量计控制采气流量，流量范围 0～1.5L/min，精确度应不低于 5%。(　)

答案：(×)

正确答案为：流量计控制采气流量，流量范围 0～1.5L/min，精确度应不低于 2.5%。

11.《烟气采样器技术条件》(HJ/T 47—1999) 中在同一流量下分别连续独立测量 6 次，其重复性应不超过 2%。(　)

答案：(√)

12.《烟气采样器技术条件》(HJ/T 47—1999) 中采样器正常工作时，平均声级应不大于 70dB。(　)

答案：(√)

13.《烟气采样器技术条件》(HJ/T 47—1999) 中采样器正常工作时，平均无故障时间不小于 1 000h。(　)

答案：(√)

14.《烟气采样器技术条件》(HJ/T 47—1999) 中监测环境要求有：环境温度、相对湿度和大气压力。(　)

答案：(√)

15.《烟气采样器技术条件》(HJ/T 47—1999) 中当采样系统负载阻力为 20kPa 时，抽气泵流量应不低于 1.0L/min，当流量计量装置放在抽气泵出口端时，抽气泵应不漏气。(　)

答案：(√)

三、单选题

1.《烟气采样器技术条件》(HJ/T 47—1999) 中流量计，指示采样器的工作状况，流量范围________L/min。

A. 0～1.0　　B. 0～1.5　　C. 0～2　　D. 0～5

答案：B

2.《烟气采样器技术条件》(HJ/T 47—1999) 中真空压力表的真空度量程上限应不大

于________kPa。

A．100　B．150　C．50　D．10

答案：C

3．《烟气采样器技术条件》（HJ/T 47—1999）中限流孔在环境温度 20℃，大气压 101 125Pa，系统负载阻力 10kPa 时，流量范围________L/min。

A．0.45～0.55　B．0.15～0.25　C．0.25～0.35　D．0.35～0.45

答案：A

4．《烟气采样器技术条件》（HJ/T 47—1999）中限流孔前应安装过滤器，过滤器内径为________mm。

A．10～20　B．20～30　C．25～35　D．25～40

答案：D

5．《烟气采样器技术条件》（HJ/T 47—1999）中限流孔温度保持在________℃恒温状态。

A．45±2　B．55±2　C．40±2　D．50±2

答案：A

6．《烟气采样器技术条件》（HJ/T 47—1999）中流量计控制采气流量，流量范围 0～1.5L/min，精确度应不低于________%。

A．1.0　B．2.5　C．2.0　D．3.5

答案：B

7．《烟气采样器技术条件》（HJ/T 47—1999）中温度计测量上限应不大于________℃，精度应不低于________%，最小分度值应不大于________℃。

A．150　2.5　1　B．100　2.0　5　C．200　1.0　2　D．100　2.5　2

答案：D

8．《烟气采样器技术条件》（HJ/T 47—1999）中要求流量调节阀操作灵活，对流量控制均匀，流量波动保持在________以内。

A．±10%　B．±20%　C．±25%　D．±30%

答案：A

9．采样器应能在________℃，相对湿度≤85%的环境中正常工作。

A．－10～100　B．10～100　C．0～50　D．－10～45

答案：C

10．《烟气采样器技术条件》（HJ/T 47—1999）中在 10～35℃，相对湿度≤85%的条件下，采样器电源端子对机壳及采样管外壳的绝缘电阻应不小于________MΩ。

A．10　B．50　C．20　D．40

答案：C

四、多选题

1.《烟气采样器技术条件》（HJ/T 47—1999）中吸收瓶与气路的连接要________。

A．拆装方便　　B．密封性好　　C．使用方便

答案：A　B

2.《烟气采样器技术条件》（HJ/T 47—1999）中放置吸收瓶的采样盒应便于________。

A．拆装　B．防漏　C．防腐蚀　D．便于更换降低吸收液温度的冷却剂

答案：A　B　C　D

3.《烟气采样器技术条件》（HJ/T 47—1999）中采样管前端应能填入________，防止________。

A．滤料以阻隔尘粒　B．尘粒物对烟气吸收的干扰　C．密封圈　D．腐蚀

答案：A　B

五、简答题

简述《烟气采样器技术条件》（HJ/T 47—1999）中采样器的组成。

答案：采样器由采样管、导气管、吸收装置、干燥剂、流量测量与控制装置和抽气泵组成。

六、计算题

测量温度 18℃，气压 78.5kPa，皂膜流量计通过体积 1.5L，用时 30s，试问在皂膜流量计测量中测量值多少？

答案：Q=（1.5/0.5）×（293/273+18）×（78.5/101.325）=44.0（L/min）

参考文献

烟气采样器技术条件（HJ/T 47—1999）.

命题：孙　文

审核：陈黎军

第十二节　大气污染物名称代码（HJ 524—2009）

一、填空题

1.《大气污染物名称代码》（HJ 524—2009）中大气污染物名称代码适用于全国各级环境保护部门有关大气污染物的信息采集、交换、存储、__________、__________以及________的管理工作。

答案：加工　使用　环境信息系统建设

2.《大气污染物名称代码》（HJ 524—2009）中大气是指包围地球表层的空气，由一定比例的氮、氧、________、水蒸气以及其他微量气体、________和固体杂质、________等组成的混合物。

答案：二氧化碳　液体　微粒

3.《大气污染物名称代码》（HJ 524—2009）中大气污染物是由于人类活动或自然过程排入大气的、浓度超过一定标准时对人或________产生有害影响的物质。

答案：环境

4.《大气污染物名称代码》（HJ 524—2009）中大气污染物指标分类根据大气污染物的物化特征、性质、结构相关指标的特征，按一定的规则对其进行 ________和 ________的过程。通过分类可以将大气污染物及相关指标按类排列顺序，有利于大气污染物________和使用。

答案：区分　归类　管理

5.《大气污染物名称代码》（HJ 524—2009）中大气污染物分类原则遵循科学性、______和可扩延性原则。

答案：实用性原则

6.《大气污染物名称代码》（HJ 524—2009）中大气污染物代码表示大气污染物及相关指标的一个或一组字符，具有层次性、________。

答案：唯一性

7.《大气污染物名称代码》（HJ 524—2009）中大气污染物编码就是在对大气污染物及相关指标调研、收集和分类的基础上，根据________及________规定，给大气污染物及相关指标赋予代码的过程。

答案：信息分类　编码原则

8.《大气污染物名称代码》（HJ 524—2009）中大气污染物分类设一级类目，根据大气污染物的结构和理化特征将大气污染物分为________类。

答案：二十三

9.《大气污染物名称代码》（HJ 524—2009）中大气污染物代码表 XML 数据架构以 XML 方式描述、定义大气污染物代码表的数据架构，便于统一、规定各类________中大气污染物代码表的存储和使用。

答案：环境信息系统

10.《大气污染物名称代码》（HJ 524—2009）中大气污染物分类类目设置要________、________，受关注的、重要的污染物单独列出类别，突出重点、方便检索。

答案：全面　实用

11.《大气污染物名称代码》（HJ 524—2009）中随着科学技术的发展和社会进步，会有更多新合成或新检出的污染物受到关注，因此在类目的扩展上预留 ________，保持分类体系有一定________，可在本编码体系上进行延拓。

答案：空间　适应性

12.《大气污染物名称代码》（HJ 524—2009）中每一种大气污染物或相关指标分配一个代码，一个代码 ________一种大气污染物或相关指标。

答案：唯一标识

13.《大气污染物名称代码》（HJ 524—2009）中大气污染物代码格式采用码位固定的字母数字混合格式。字母代码采用缩写码表示，即用________表示气，数字代码采用阿拉伯数字表示，即采用递增的数字码。

答案：a

14.《大气污染物名称代码》（HJ 524—2009）中大气污染物代码结构尽量简明，长度适当，以节省计算机等信息设备的________和降低代码________。

答案：存储空间　出错率

15.《大气污染物名称代码》（HJ 524—2009）中大气污染物编码采用层次码为主体，每层中采用________。

答案：顺序码

16.《大气污染物名称代码》（HJ 524—2009）中大气污染物对于代码表中未列出的污染物或相关指标，可依据分类原则对其进行归类，在其相应类别中已有编码的基础上________。

答案：顺延赋码

二、判断题

1.《大气污染物名称代码》（HJ 524—2009）中大气污染物名称代码对环境管理、环境统计、环境监测、环境影响评价、排污权交易、污染事故应急处置、各类大气环境质量标准、各类大气污染物排放标准、环境保护国际履约、环境科学研究、环境工程、环境与健康和实验室信息系统等业务设计的大气污染物及相关指标进行分类、列表、规定了大气污染物名称代码。（　）

答案：（√）

2.《大气污染物名称代码》（HJ 524—2009）中废气是指人类生活、工业生产或动力机械运转中所产生的对本过程有用的气体。（　）

答案：（×）

正确答案为：对本过程无用的气体。

3.《大气污染物名称代码》（HJ 524—2009）中大气污染物编码原则应遵循唯一性、合理性、不可扩充性、复杂性、稳定性和规范性原则。（　）

答案：（×）

正确答案为：合理性、可扩充性、简明性、稳定性和规范性原则。

4.《大气污染物名称代码》(HJ 524—2009)中植物叶片含氟量指标属于物理指标。( )

答案：(×)

正确答案为：植物叶片含氟量指标属于生物指标。

5.《大气污染物名称代码》(HJ 524—2009)中大气污染物编码方法采用层次码为主体，每层中采用顺序码。其中，层次码依据编码对象的分类层级将代码分成若干层级，并与分类对象的分类层次相对应；代码自右至左表示的层级由高到低，代码的左端为最高位层级代码，右端为最低位层级代码；采用固定递增格式。( )

答案：(×)

正确答案为：代码自左至右表示的层级由高到低。

6.《大气污染物名称代码》(HJ 524—2009)中每一种大气污染物或相关指标分配一个代码，一个代码唯一标识一种大气污染物或相关指标。( )

答案：(√)

7.《大气污染物名称代码》(HJ 524—2009)中大气污染物及相关指标分类表中的物理指标，不包括环境自动监测、在线监控信息系统相关的辅助参数、监测因子。( )

答案：(×)

正确答案为：包括环境自动监测、在线监控信息系统相关的辅助参数、监测因子。

8.《大气污染物名称代码》(HJ 524—2009)中根据大气污染物的物化性质和结构特征，适宜采用线分类方法进行分类，而对于一些特殊或使用频率高的类别宜采用面分类法。大气污染物分类采用以面分类法为主，线分类法为补充的混合分类法。( )

答案：(×)

正确答案为：对于一些特殊或使用频率高的类别宜采用线分类法为主。大气污染物分类采用以面分类法为补充。

三、单选题

1.《大气污染物名称代码》(HJ 524—2009)中大气污染物的代码结构分为________。

A. 一层　　B. 二层　　C. 三层　　D. 四层

答案：C

2.《大气污染物名称代码》(HJ 524—2009)中根据大气污染物及相关指标名称代码表，物理指标总共有________。

A. 15 项　　B. 20 项　　C. 18 项　　D. 21 项

答案：D

3.《大气污染物名称代码》(HJ 524—2009)中烟气量属于________。

A. 降水指标　　B. 其他指标　　C. 热污染指标　　D. 气态无机污染物

答案：B

四、多选题

1.《大气污染物名称代码》（HJ 524—2009）中大气污染物标准内容引用了下列文件中的条款________。

A. 信息分类和编码的基本原则与方法　B. 分类与编码通用术语

C. 环境信息分类与代码

答案：A　B

2.《大气污染物名称代码》（HJ 524—2009）中大气污染物的编码原则有唯一性原则、可扩充性原则和________。

A. 简明性原则　B. 稳定性原则　C. 规范性原则　D. 合理性原则

答案：A　B　C　D

3. 大气污染指标反映空气质量或污染程度，包括但不仅限于具体化学物质，涵盖物理指标、化学指标和________。

A. 热污染指标　B. 生物指标　C. 放射性指标　D. 其他指标

答案：A　B　C　D

五、简答题

1. 简述《大气污染物名称代码》（HJ 524—2009）中大气污染的含义。

答案：由于人类活动或自然过程，使得排放到大气中的物质的浓度及持续时间超过了一定尺度下大气环境所能允许的极限，达到有害程度，以致破坏生态系统和人类正常生存和发展的条件，对人、动植物以及设备、物质等方面直接或间接地造成危害的现象。

2.《大气污染物名称代码》（HJ 524—2009）中大气污染物的适用范围是什么？

答案：本标准对环境管理、环境统计、环境监测、环境影响评价、排污权交易、污染事故应急处置、各类大气环境质量标准、各类大气污染物排放标准、环境保护国际履约、环境科学研究、环境工程、环境与健康和实验室信息系统等业务涉及的大气污染物及相关指标进行分类、列表，规定了大气污染物名称代码。

适用于全国各级环境保护部门有关大气污染物的信息采集、交换、存储、加工、使用以及环境信息系统建设的管理工作。

3. 简述《大气污染物名称代码》（HJ 524—2009）中大气污染物代码表的含义。

答案：对大气污染物进行分类和编码后的表现形式。是将大气污染物及相关指标按照类别排列并列出每种大气污染物或相关指标的代码值。大气污染物名称代码表主要包括大气污染物及相关指标的代码、类别、中英文名称、化学符号、CAS 号、别名等。

4. 简述《大气污染物名称代码》（HJ 524—2009）中大气污染物分类方法。

答案：根据大气污染物的物化性质和结构特征，适宜采用线分类方法进行分类，而对于一些特殊或使用频率高的类别宜采用面分类方法。大气污染物分类采用以线分类法为主、面分类法为补充的混合分类法。大气污染物分类设一级类目，根据大气污染物的结构和物化特性将大气污染物分为23类。

5.《大气污染物名称代码》（HJ 524—2009）中大气污染物的代码结构是怎样规定的？

答案：大气污染物代码格式采用码位固定的字母数字混合格式。字母代码采用缩写码表示，即用“a”表示气；数字代码采用阿拉伯数字表示，即采用递增的数字码。

代码共分三层。第一层代码，用“a”表示气；第二层代码，表示大气污染物的类别，采用2位阿拉伯数字表示，即01～99；第三层代码为污染物代码，采用3位阿拉伯数字表示，即001～999，每一组阿拉伯数字表示一种污染物或相关指标。

二层及二层以上代码由上层代码加本层代码组成。代码结构如下图所示：

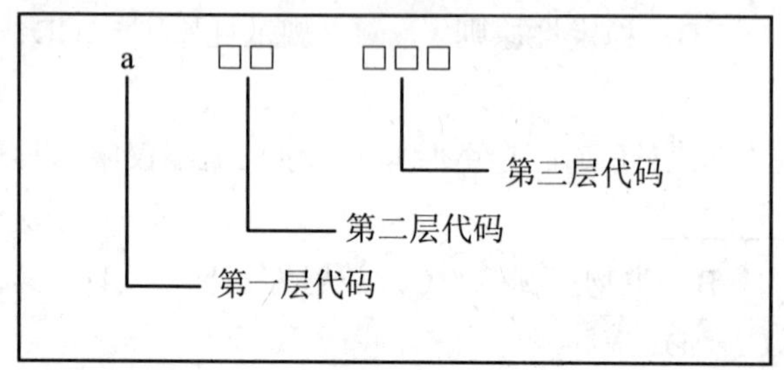

参考文献

大气污染物名称代码（HJ 524—2009）.

命题：解利平

审核：陈黎军

第十三节　环境空气 PM_{10} 和 $PM_{2.5}$ 的测定　重量法（HJ 618—2011）

一、填空题

1.《环境空气 PM_{10} 和 $PM_{2.5}$ 的测定 重量法》（HJ 618—2011）中，可吸入颗粒物（PM_{10}）是指悬浮在空气中，空气动力学当量直径≤________μm的颗粒物。

答案：10

2.《环境空气 PM_{10} 和 $PM_{2.5}$ 的测定 重量法》（HJ 618—2011）中，检出限是________ mg/m^3。

答案：0.010

3.《环境空气 PM_{10} 和 $PM_{2.5}$ 的测定 重量法》（HJ 618—2011）中，$PM_{2.5}$ 是指悬浮在空气中，空气动力学当量直径≤________μm的颗粒物。

答案：2.5

4.《环境空气 PM_{10} 和 $PM_{2.5}$ 的测定 重量法》（HJ 618—2011）中，环境空气中颗粒物

的采样方法主要有________法和________法。

答案：滤料　　自然沉降

5.《环境空气 PM_{10} 和 $PM_{2.5}$ 的测定 重量法》（HJ 618—2011）中，在环境空气采样期间，应记录采样________、________、气样温度和压力等参数。

答案：流量　　时间

6.《环境空气 PM_{10} 和 $PM_{2.5}$ 的测定 重量法》（HJ 618—2011）中，在环境空气颗粒物采样时，采样前应确认采样滤膜无________和________，滤膜的毛面向上；采样后应检查确定滤膜无________，滤膜上尘的边缘轮廓清晰，否则该样品膜作废，需要重新采样。

答案：针孔　　破损　　破裂

7.《环境空气 PM_{10} 和 $PM_{2.5}$ 的测定 重量法》（HJ 618—2011）中，对于 PM_{10} 和 $PM_{2.5}$ 颗粒物样品滤膜，两次重量之差分别小于________mg 或________mg。

答案：0.4　　0.04

8.《环境空气 PM_{10} 和 $PM_{2.5}$ 的测定 重量法》（HJ 618—2011）中，根据天平的感量（分度值），通常把天平分为三类：感量在__________g 范围的天平称为普通天平；感量在________g 以上的天平称为分析天平；感量在________mg 以上的天平称为微量天平。

答案：0.1～0.001　　0.000 1　　0.01

9.《环境空气 PM_{10} 和 $PM_{2.5}$ 的测定 重量法》（HJ 618—2011）中，空气中 PM_{10} 和 $PM_{2.5}$ 的手工测定方法是________。

答案：重量法

10.《环境空气 PM_{10} 和 $PM_{2.5}$ 的测定 重量法》（HJ 618—2011）中，在环境空气颗粒物采样时，采用间接采样方式测定 PM_{10} 日平均浓度时，其次数不应少于________次，累积采样时间不应少于________h。

答案：4　　18

二、判断题

1.《大气飘尘浓度测定方法》（GB 6921—1989）和《环境空气 PM_{10} 和 $PM_{2.5}$ 的测定 重量法》（HJ 618—2011）都是采集和分析大气颗粒物中 PM_{10} 的在用标准。（　）

答案：（×）

正确答案为：《大气飘尘浓度测定方法》（GB 6921—1989）不是在用标准，已被《环境空气 PM_{10} 和 $PM_{2.5}$ 的测定 重量法》（HJ 618—2011）替代。

2.《环境空气 PM_{10} 和 $PM_{2.5}$ 的测定 重量法》（HJ 618—2011）中，采集大气中 PM_{10} 样品，不宜在风速大于 10m/s 等天气条件下进行。（　）

答案：（×）

正确答案为：采集大气中 PM_{10} 样品，不宜在风速大于 8m/s 等天气条件下进行。

3.《环境空气 PM_{10} 和 $PM_{2.5}$ 的测定 重量法》（HJ 618—2011）中，间断采样方式采集

大气中 PM_{10} 样品时，若测定日均平均浓度，至少采集 4 次以上，可以将 4 次样品都采集在一张滤膜上。（ ）

答案：（√）

4.《环境空气 PM_{10} 和 $PM_{2.5}$ 的测定 重量法》（HJ 618—2011）中，PM_{10} “标准滤膜”的制作方法是：在恒温恒湿箱（室），按平衡条件平衡 24h 后再称重。每张滤膜应连续称重 10 次以上，将每张滤膜的平均值作为该滤膜的原始重量。（ ）

答案：（×）

正确答案为：每张滤膜应非连续称重 10 次以上，将每张滤膜的平均值作为该滤膜的原始重量。

5.《环境空气 PM_{10} 和 $PM_{2.5}$ 的测定 重量法》（HJ 618—2011）中，当环境空气中 PM_{10} 的含量很低时，采样时间不能过短。在使用感量 0.01mg 的分析天平称重时，滤膜上颗粒物负载量应大于 1mg。（ ）

答案：（×）

正确答案为：在使用感量 0.01mg 的分析天平称重时，滤膜上颗粒物负载量应大于 0.1mg。

6.《环境空气 PM_{10} 和 $PM_{2.5}$ 的测定 重量法》（HJ 618—2011）中，可以用同一台大气采样器分别采集大气 PM_{10} 和 $PM_{2.5}$ 样品，所不同的只是使用不同的切割器。（ ）

答案：（√）

7.《环境空气 PM_{10} 和 $PM_{2.5}$ 的测定 重量法》（HJ 618—2011）中，采集大气中 $PM_{2.5}$ 样品时，如果测定的是任何一次浓度，则应每次都更换滤膜样品。（ ）

答案：（√）

8.《环境空气 PM_{10} 和 $PM_{2.5}$ 的测定 重量法》（HJ 618—2011）中，已采集 $PM_{2.5}$ 样品的滤膜，在使用感量 0.01mg 的分析天平称重时，两次重量之差应小于 0.4mg。（ ）

答案：（×）

正确答案为：使用感量 0.01mg 的分析天平称重时，两次重量之差应小于 0.04mg。

9.《环境空气 PM_{10} 和 $PM_{2.5}$ 的测定 重量法》（HJ 618—2011）中，使用中流量采样器采集的 $PM_{2.5}$ 样品在称重过程中，若同时用“标准滤膜”称出的重量在原始质量±5mg 范围内时，则认为该批样品滤膜称量是合格的，数据可用。（ ）

答案：（×）

正确答案为：使用中流量采样器采集的 $PM_{2.5}$ 样品在称重过程中，若同时用“标准滤膜”称出的重量在原始质量±0.5mg 范围内时，则认为该批样品滤膜称量是合格的，数据可用。

10.《环境空气 PM_{10} 和 $PM_{2.5}$ 的测定 重量法》（HJ 618—2011）中，采集 $PM_{2.5}$ 样品后的滤膜，应在恒温恒湿箱（室）内平衡 24h。其平衡条件为 15～30℃，相对湿度应控制在 45%～55%。（ ）

答案：（×）

正确答案为：由于恒温恒湿箱（室）的控温精度为±1℃，其平衡条件应在 15～30℃中任何一点。

三、单选题

1.《环境空气　PM_{10}和$PM_{2.5}$的测定　重量法》（HJ 618—2011）中，采集大气中PM_{10}样品时，采样器性能指标应符合________中有关规定。

A.《大气飘尘浓度测定方法》（GB 6921—1989）

B.《环境空气 PM_{10}和$PM_{2.5}$的测定　重量法》（HJ 618—2011）

C.《采样器技术要求及检测方法》（HJ/T 93—2003）和《PM_{10}采样器技术要求及检测方法》（HJ/T 93—2003）

答案：C

2.《环境空气　PM_{10}和$PM_{2.5}$的测定　重量法》（HJ 618—2011）中，重量法测定PM_{10}含量时，若所使用的分析天平感量为 0.1mg，样品负载量为 1.0mg，采集环境空气量为 $108m^3$，则方法检出限为________mg/m^3。

A．0.100　　B．0.050　　C．0.020　　D．0.010

答案：D

3.《环境空气　PM_{10}和$PM_{2.5}$的测定　重量法》（HJ 618—2011）中，采用间断采样方式测定PM_{10}日平均浓度时，其采样次数不应少于 4 次，累计采样时间不应少于________h。

A．10　　B．15　　C．18　　D．20

答案：C

4.《环境空气　PM_{10}和$PM_{2.5}$的测定　重量法》（HJ 618—2011）中，采集交通枢纽环境空气中的$PM_{2.5}$时，采样点应布设在距人行道边缘外侧________m 处。

A．1　　B．1.5　　C．3　　D．5

答案：A

5.《环境空气　PM_{10}和$PM_{2.5}$的测定　重量法》（HJ 618—2011）中，采集和分析大气中$PM_{2.5}$时，应符合________中有关规定。

A.《大气飘尘浓度测定方法》（GB 6921—1989）

B.《环境空气 PM_{10}和$PM_{2.5}$的测定　重量法》（HJ 618—2011）

C.《采样器技术要求及检测方法》（HJ/T 93—2003）

答案：B

6.《环境空气质量标准》（GB 3095—2012）中规定$PM_{2.5}$ 24 h 均值的二级浓度限值为________$\mu g/m^3$。

A．15　　B．35　　C．70　　D．75

答案：D

7.《环境空气 PM_{10}和$PM_{2.5}$的测定 重量法》（HJ 618—2011）中，采集$PM_{2.5}$样品常用玻璃纤维滤膜和有机纤维滤膜，可以根据监测目的选择。但要求所用滤膜对0.3μm标准离子的截留率不低于________%，在气流速度为0.45m/s时，单张滤膜的阻力不大于3.5kPa。

A．90　B．95　C．98　D．99

答案：D

8.《环境空气 PM_{10}和$PM_{2.5}$的测定 重量法》（HJ 618—2011）中，使用孔口流量计对$PM_{2.5}$的中、小流量采样器进行流量校准时，常使用的采气流量单位是________。

A．L/min　B．m^3/min　C．ml/min

答案：A

9.《环境空气质量标准》（GB 3095—2012）中规定PM_{10}年均值的一级浓度限值为________μg/m^3。

A．20　B．40　C．50　D．70

答案：B

10.《环境空气 PM_{10}和$PM_{2.5}$的测定 重量法》（HJ 618—2011）中，若准备对采集PM_{10}样品的滤膜进行有机成分分析，为防止有机物的分解，不宜进行称重，应立即放入________冷冻箱内保存至样品处理前。

A．－20℃　B．－10℃　C．－5℃　D．4℃

答案：A

四、多选题

1.《环境空气质量标准》（GB 3095—2012）中，PM_{10}一类区年平均浓度限值是________μg/m^3，$PM_{2.5}$一类区年平均浓度限值是________μg/m^3。

A．40　B．15　C．35　D．70

答案：A　B

2.《环境空气质量标准》（GB 3095—2012）中，PM_{10}一类区日平均浓度限值是________μg/m^3，$PM_{2.5}$一类区日平均浓度限值是________μg/m^3。

A．50　B．75　C．35　D．150

答案：A　C

3.《环境空气 PM_{10}和$PM_{2.5}$的测定 重量法》（HJ 618—2011）中，PM_{10}与$PM_{2.5}$自动分析方法是________。

A．微量振荡天平法　B．重量法　C．差分吸收光谱分析法　D．β射线法

答案：A　D

4.《环境空气质量标准》（GB 3095—2012）中，PM_{10}二类区年平均浓度限值是________μg/m^3，$PM_{2.5}$二类区年平均浓度限值是________μg/m^3。

A．70　B．150　C．35　D．75

答案：A　　C

5．《环境空气质量标准》（GB 3095—2012）中，PM_{10} 二类区日平均浓度限值是________μg/m³，$PM_{2.5}$ 二类区日平均浓度限值是________μg/m³。

A．70　B．150　C．35　D．75

答案：B　　D

五、简答题

1.《环境空气 PM_{10} 和 $PM_{2.5}$ 的测定 重量法》（HJ 618—2011）中，重量法测定大气中可吸入颗粒物时，如何获得“标准滤膜”？

答案：取清洁滤膜若干张，在恒温恒湿箱（室）内按平衡条件平衡 24h 后称重。每张滤膜非连续称重 10 次以上，将每张滤膜的平均值作为该张滤膜的原始重量，即为“标准滤膜”。

2.《环境空气 PM_{10} 和 $PM_{2.5}$ 的测定 重量法》（HJ 618—2011）中，如何用“标准滤膜”来判断所称中流量“样品滤膜”是否合格？

答案：每次称“样品滤膜”的同时，称量两张“标准滤膜”。若称出“标准滤膜”的重量在原始重量±0.5mg 范围内，则认为对该批“样品滤膜”的称量合格，数据可用。

3.《环境空气 PM_{10} 和 $PM_{2.5}$ 的测定 重量法》（HJ 618—2011）中，环境空气中颗粒物采样结束后，取滤膜时，发现滤膜上尘的边缘轮廓不清晰，说明什么问题？应如何处理？

答案：表示采样时漏气，则本次采样作废，需重新采样。

4．简述《环境空气 PM_{10} 和 $PM_{2.5}$ 的测定 重量法》（HJ 618—2011）中，重量法测定 PM_{10} 的原理。

答案：一定时间、一定体积的空气进入颗粒物采样器的切割器，使 10μm 以上粒径的微粒得到分离，小于这粒径的微粒随着气流经分离器的出口被阻留在已恒重滤膜上。根据采样前后滤膜重量之差及采样标准体积，计算出飘尘浓度。

六、计算题

空气采样时，现场气温为 18℃，大气压力为 85.3kPa，实际采样体积为 450ml，问标准状态下的采样体积是多少？（在此不考虑采样器的阻力）

答案：V_o=0.45×273×85.3/（273+18）×101.3=0.36（L）

参考文献

环境空气 PM_{10} 和 $PM_{2.5}$ 的测定 重量法（HJ 618—2011）.

命题：马　娟

审核：陈黎军

第十四节　环境空气质量标准（GB 3095—2012）

一、填空题

1．中华人民共和国《环境空气质量标准》（GB 3095—2012）自________起在全国实施。

答案：2016年1月1日

2．按照有关法律规定，中华人民共和国《环境空气质量标准》（GB 3095—2012），具有________执行的效力。

答案：强制

3．中华人民共和国《环境空气质量标准》（GB 3095—2012）总悬浮颗粒物（TSP）指环境空气中空气动力学当量直径________100μm的颗粒物。

答案：小于或等于

4．根据《环境空气质量标准》（GB 3095—2012）中规定，环境空气污染物基本项目为________、________、________、________、________、________。

答案：SO_2　NO_2　CO　O_3　PM_{10}　$PM_{2.5}$

5．根据《环境空气质量标准》（GB 3095—2012）的规定，一类区适用________限值，二类区适用________限值。

答案：一级浓度　二级浓度

6．根据《环境空气质量标准》（GB 3095—2012）的相关规定，二氧化氮项目手工分析方法为________，标准编号为________。

答案：盐酸萘乙二胺分光光度法　HJ 479—2009

7．根据《环境空气质量标准》（GB 3095—2012）的相关规定，一氧化碳项目手工分析方法为________，标准编号为________。

答案：非分散红外法　GB 9801—2009

8．根据《环境空气质量标准》（GB 3095—2012）中污染物浓度数据有效性的最低要求的规定，计算二氧化氮1h平均浓度值时，每小时至少有________min的采样时间。

答案：45

9．《环境空气质量标准》（GB 3095—2012）中规定，氟化物是指以____________和________形式存在的无机氟化物。

答案：气态　颗粒态

10．《环境空气质量标准》（GB 3095—2012）中规定，总悬浮颗粒物日均值，每日应有________h的采样时间。

答案：24

二、判断题

1.《环境空气质量标准》（GB 3095—2012）中规定，环境空气中的铅是指存在于总悬浮物中的铅及其化合物。（　）

答案：（√）

2.《环境空气质量标准》（GB 3095—2012）中规定，环境空气中空气动力学当量直径大于等于 10μm 的颗粒物，称之为可吸入颗粒物。（　）

答案：（×）

正确答案为：《环境空气质量标准》（GB 3095—2012）中规定，环境空气中空气动力学当量直径小于等于 10μm 的颗粒物，称之为可吸入颗粒物。

3.《环境空气质量标准》（GB 3095—2012）中规定，将环境空气功能区分为三类区。（　）

答案：（×）

正确答案为：《环境空气质量标准》（GB 3095—2012）中规定，将环境空气功能区分为二类区。

4.《环境空气质量标准》（GB 3095—2012）中规定，环境空气中的苯并[*a*]芘是指存在于总悬浮颗粒物中的苯并[*a*]芘。（　）

答案：（×）

正确答案为：环境空气中的苯并[*a*]芘是指存在于可吸入颗粒物中的苯并[*a*]芘。

5.《环境空气质量标准》（GB 3095—2012）中规定总悬浮颗粒物每年至少有分布均匀的 80 个日平均浓度值来统计年均值。（　）

答案：（×）

正确答案为：《环境空气质量标准》（GB 3095—2012）中规定总悬浮颗粒物每年至少有分布均匀的 60 个日平均浓度值来统计年均值。

6. 根据《环境空气质量标准》（GB 3095—2012）的相关规定，一氧化碳手工分析方法为非分散红外吸收法。（　）

答案：（×）

正确答案为：根据《环境空气质量标准》（GB 3095—2012）的相关规定，一氧化碳手工分析方法为非分散红外法。

7. 根据《环境空气质量标准》（GB 3095—2012）的相关规定，可吸入颗粒物自动分析方法为微量震荡天平法和α射线法。（　）

答案：（×）

正确答案为：根据《环境空气质量标准》（GB 3095—2012）的相关规定，可吸入颗粒物自动分析方法为微量震荡天平法和β射线法。

8.《环境空气质量标准》（GB 3095—2012）自 2013 年 1 月 1 日起在全国实施。（　）

答案：（×）

正确答案为：《环境空气质量标准》（GB 3095—2012）自 2016 年 1 月 1 日起在全国实施。

9．根据《环境空气质量标准》（GB 3095—2012）的相关规定，二氧化硫和臭氧的自动分析方法均为紫外荧光法和差分吸收光谱分析法。（　）

答案：（√）

10．根据《环境空气质量标准》（GB 3095—2012）中规定，数据统计有效性规定，所有有效数据均应参加统计和评价，不得选择性地舍弃不利数据以及人为干预监测和评价结果。（　）

答案：（√）

11．《环境空气质量标准》（GB 3095—2012）中规定，季平均值指任何一季的月平均浓度的算术均值。（　）

答案：（×）

正确答案为：《环境空气质量标准》（GB 3095—2012）中规定，季平均值指任何一季内各日平均浓度的算术均值。

12．《环境空气质量标准》（GB 3095—2012）中规定，年平均值指任何一个日历年内各日平均浓度的算术平均值。（　）

答案：（√）

三、单选题

1．《环境空气质量标准》（GB 3095—2012）中将环境空气功能区分为________。

A．二类　　B．三类　　C．四类

答案：A

2．《环境空气质量标准》（GB 3095—2012）中规定，氟化物是指以气态和颗粒态形式存在的________氟化物。

A．无机　　B．有机　　C．无机和有机

答案：A

3．根据《环境空气质量标准》（GB 3095—2012）的规定，将污染物浓度限值分为________标准。

A．一级　　B．二级　　C．三级　　D．四级

答案：B

4．《环境空气质量标准》（GB 3095—2012）中二氧化硫（SO_2）年二级标准限值为________μg/m^3。

A．20　　B．60　　C．100　　D．150

答案：B

5．《环境空气质量标准》（GB 3095—2012）中规定，可吸入颗粒物（PM_{10}）二级标准

限值为________μg/m³。

A. 40　　B. 100　　C. 70　　D. 150

答案：C

6.《环境空气质量标准》（GB 3095—2012）中规定，环境空气质量常规项目中总悬浮颗粒物和可吸入颗粒物的分析都可使用________。

A. 重量法　　B. 化学发光法　　C. 紫外荧光法　　D. 非分散红外法

答案：A

7.《环境空气质量标准》（GB 3095—2012）中规定，细颗粒物（$PM_{2.5}$）日平均二级标准限值为________μg/m³。

A. 15　　B. 35　　C. 75　　D. 100

答案：B

8. 根据《环境空气质量标准》（GB 3095—2012）的相关规定，臭氧 8h 平均浓度要求每 8h 至少有________h 的平均浓度值。

A. 6　　B. 8　　C. 12　　D. 24

答案：A

9. 根据《环境空气质量标准》（GB 3095—2012）中污染物浓度数据有效性的最低要求的规定，计算二氧化硫年平均浓度值时，每年至少有________个日平均浓度值。

A. 366　　B. 365　　C. 324　　D. 144

答案：C

10. 根据《环境空气质量标准》（GB 3095—2012）的相关规定，环境空气中二氧化硫、二氧化氮的 24h 平均浓度要求每日至少有________h 平均浓度值或采样时间。

A. 24　　B. 20　　C. 12　　D. 8

答案：B

四、多选题

1.《环境空气质量标准》（GB 3095—2012）的相关规定，下列________属一类区。

A. 自然保护区　　B. 风景名胜区

C. 农村地区　　D. 其他需要特殊保护的区域

答案：A　B　D

2.《环境空气质量标准》（GB 3095—2012）的相关规定，下列________属二类区。

A. 工业区　　B. 商业交通居民混合区　　C. 文化区　　D. 农村地区

答案：A　B　C　D

3.《环境空气质量标准》（GB 3095—2012）中规定，下列________属二类区。

A. 一般工业区　　B. 居住区　　C. 特定工业区　　D. 风景名胜区

答案：A　B　C

4.《环境空气质量标准》（GB 3095—2012）中规定，关于环境空气功能区质量要求，以下说法正确的有________。

A．一类区适用一级浓度限值　B．二类区适用二级浓度限值

C．三类区适用三级浓度限值　D．三类区适用二级浓度限值

答案：A　B

5.《环境空气质量标准》（GB 3095—2012）为第三次修订，本次修订的主要内容为________。

A．调整了环境空气功能区的分类，将三类区并入二类区

B．增加了颗粒物（粒径小于等于 2.5μm）浓度限值和臭氧 8h 平均浓度限值

C．调整了颗粒物（粒径小于等于 10μm）、二氧化氮、铅和苯并芘等的浓度限值

D．调整了数据统计的有效性规定

答案：A　B　C　D

6.《环境空气质量标准》（GB 3095—2012）中规定，更新的《空气质量标准》（GB 3095—2012）中，下列属于环境空气污染物基本项目的是________。

A．二氧化硫　B．二氧化氮　C．氮氧化物　D．臭氧

答案：A　B　D

7.《环境空气质量标准》（GB 3095—2012）中，对二氧化硫的自动分析方法是________。

答案：A　D

A．紫外荧光法　B．甲醛吸收副玫瑰苯胺分光光度法

C．四氯汞盐副玫瑰苯胺分光光度法　D．差分吸收光谱分析法

8.《环境空气质量标准》（GB 3095—2012）中规定，自动监测测定环境空气中颗粒物（粒径小于等于 10μm）可选用的方法有________。

A．重量法　B．微量震荡天平法　C．β射线法　D．化学发光法

答案：B　C

9.《环境空气质量标准》（GB 3095—2012）中规定，每小时至少有 45min 采样时间的有________。

A．二氧化硫　B．二氧化氮　C．一氧化碳　D．臭氧　E．氮氧化物

答案：A　B　C　D　E

10.《环境空气质量标准》（GB 3095—2012）中，________每年至少有 324 个日均值。

A．二氧化硫　B．二氧化氮　C．氮氧化物　D．可吸入颗粒物

答案：A　B　C　D

五、简答题

1．自中华人民共和国《环境空气质量标准》（GB 3095—2012）实施之日起，相应的哪些标准废止？

答案：相应的《环境空气质量标准》（GB 3095—1996）、《〈环境空气质量标准〉（GB 3095—1996）修改单》（环发[2000]1 号）和《保护农作物的大气污染物最高允许浓度》（GB 9137—88）同时废止。

2．依据《环境空气质量标准》（GB 3095—2012）的规定，将环境空气功能区分为几类？分别是什么地区？

答案：环境空气功能区分为两类：一类区为自然保护区、风景名胜区和其他需要特殊保护的区域；二类区为居住区、商业交通居住混合区、文化区、工业区和农村地区。

六、计算题

某一环境空气监测点位二氧化硫测定小时浓度值为 650μg/m^3，根据《环境空气质量标准》（GB 3095—2012）计算该点位二氧化硫是否达到二级标准？如果超标，计算超标倍数为多少？

答案：根据《环境空气质量标准》（GB 3095—2012）二级小时浓度限值 500μg/m^3 判定，该点位二氧化硫小时浓度未达到二级标准。超标倍数=（650－500）/500=0.3。

参考文献

环境空气质量标准（GB 3095—2012）.

命题：索有芳

审核：陈黎军

第十五节　大气污染物综合排放标准（GB 16297—1996）

一、填空题

1．《大气污染物综合排放标准》（GB 16297—1996）中规定，排气筒高度是指自________至________计的高度。

答案：排气筒（或其主体建筑构造）所在的地平面　排气筒出口

2．《大气污染物综合排放标准》（GB 16297—1996）中规定的最高允许排放速率，现有污染源分为________级，新污染源分为________级。

答案：一、二、三　　二、三

3．根据《大气污染物综合排放标准》（GB 16297—1996）中规定，排气筒高度除须遵守排放速率的标准值外，还应高出周围________m 半径范围的建筑________m 以上，不能达到该要求的排气筒，应按其高度对应的排放速率标准值严格________执行。

答案：200　5　50%

4．《大气污染物综合排放标准》（GB 16297—1996）中规定，两个排放相同污染物（不论其是否由同一生产工艺过程产生）的排气筒，若其距离小于________，应合并视为一根等效排气筒。

答案：两者几何高度之和

5.《大气污染物综合排放标准》（GB 16297—1996）中规定，若某排气筒的高度处于本标准列出的两个值之间，其执行的最高允许排放速率以________进行计算；当某排气筒的高度大于或小于本标准列出的最大或最小值时，以________计算其最高允许排放速率。

答案：内插法　外推法

6.《大气污染物综合排放标准》（GB 16297—1996）中规定，新污染源的排气筒一般不应低于________m，若某新污染源的排气筒必须低于此值时，其排放速率标准按外推计算结果再严格________执行。

答案：15　50%

7.《大气污染物综合排放标准》（GB 16297—1996）中规定，工业生产尾气确需燃烧排放的，其烟气黑度不得超过林格曼________级。

答案：1

8.《大气污染物综合排放标准》（GB 16297—1996）中规定，排气筒中废气的采样，以连续________的采样获取平均值；或在________内，以等时间间隔采集________个样品，并计平均值。

答案：1h　1h　4

9.《大气污染物综合排放标准》（GB 16297—1996）中规定，无组织排放监控点和参照点监测的采样，一般采样连续________采样计平均值，若浓度偏低，需要时可适当延长采样时间；若分析方法灵敏度高，仅需用短时间采集样品时，应实行等时间间隔采样，采集________个样品计平均值。

答案：1h　4

10.《大气污染物综合排放标准》（GB 16297—1996）中规定由________以上人民政府环境保护行政主管部门负责监督实施。

答案：县级

11.《大气污染物综合排放标准》（GB 16297—1996）中规定，为了确定浓度最高点，无组织排放的实际监控点最多可设置________个。

答案：4

12.《大气污染物综合排放标准》（GB 16297—1996）中规定，无组织排放监控点的设点高度范围为________m 至________m。

答案：1.5　15

13.《大气污染物综合排放标准》（GB 16297—1996）中规定，在排放源上、下风向分别设置参照点和监控点时，监控点和参照点距无组织排放源最近不应小于________m。

答案：2

二、判断题

1．根据《大气污染物综合排放标准》（GB 16297—1996）中规定，低矮排气筒的排放属于有组织排放，因此在执行“无组织排放监控浓度限值”指标时，由点排气筒造成的监控点污染物浓度增加应予扣除。（　）

答案：（×）

正确答案为：低矮排气筒的排放属于有组织排放，但在一定条件下也可造成与无组织排放相同的后果。因此，在执行“无组织排放监控浓度限值”指标时，由点排气筒造成的监控点污染物浓度增加不予扣除。

2．《大气污染物综合排放标准》（GB 16297—1996）中规定，位于一类区的新、扩建污染源执行一级标准。（　）

答案：（×）

正确答案为：一类区禁止新、扩建污染源，现有污染源改建时执行现有污染源的一级标准。

3．《大气污染物综合排放标准》（GB 16297—1996）中规定，新污染源的无组织排放应从严控制，一般情况下不应有无组织排放存在，无法避免的无组织排放应达到规定的标准值。（　）

答案：（√）

4．《大气污染物综合排放标准》（GB 16297—1996）中规定，未经环境保护行政主管部门审批设立的污染源，应按补做的环境影响报告书（表）批准日期作为其设立日期。（　）

答案：（√）

5．《大气污染物综合排放标准》（GB 16297—1996）中规定，当进行污染事故排放监测时，采样时间和采样频次需符合标准中规定的要求。（　）

答案：（×）

正确答案为：当进行污染事故排放监测时，按需要设置的采样时间和采样频次，不受标准要求的限值。

6．根据《大气污染物综合排放标准》（GB 16297—1996）中规定，在对污染源的日常监督性监测中，采样期间的工况应与当时的运行工况相同，排污单位的人员和实施监测的人员都不应任意改变当时的运行工况。（　）

答案：（√）

7．《大气污染物综合排放标准》（GB 16297—1996）中规定的各项标准值，均以标准状态下的干空气为基准，标准状态指温度为20℃，压力为101 325Pa时的状态。（　）

答案：（×）

正确答案为：标准状态指温度为273K，压力为101 325Pa时的状态。

8．《大气污染物综合排放标准》（GB 16297—1996）中规定，在排放源上、下风向分

别设置参照点和监控点时，监控点应设于单位周界 10m 范围内的浓度最高点。（ ）

答案：（×）

正确答案为：在排放源上、下风向分别设置参照点和监控点时，监控点应设于排放源下风向的浓度最高点，不受单位周界的限值。

三、单选题

1.《大气污染物综合排放标准》（GB 16297—1996）中规定了________种大气污染物的排放限值。

A．30　　B．31　　C．32　　D．33

答案：D

2.《大气污染物综合排放标准》（GB 16297—1996）中规定，应按污染源所在的环境空气质量功能区类别，执行相应级别的排放速率标准，那么位于二类区的污染源，应执行________标准。

A．一级　　B．二级　　C．三级

答案：B

3.《大气污染物综合排放标准》（GB 16297—1996）中规定，________前设立的污染源与其之后设立（包括新建、扩建、改建）的污染源执行两套不同的标准值。

A．1996 年 1 月 1 日　　B．1996 年 7 月 1 日

C．1997 年 1 月 1 日　　D．1997 年 7 月 1 日

答案：C

4. 根据《大气污染物综合排放标准》（GB 16297—1996），以下说法正确的是________。

A．应以建设项目试运行开始时的日期作为污染源的设立日期

B．应以建设项目环境影响报告书（表）批准日期作为污染源的设立日期

C．应以建设项目正式投入运行时的日期作为污染源的设立日期

答案：B

5.《大气污染物综合排放标准》（GB 16297—1996）中规定，排放氯气的排气筒不得低于________m。

A．15　　B．18　　C．20　　D．25

答案：D

6.《大气污染物综合排放标准》（GB 16297—1996）中规定，排放氰化氢的排气筒不得低于________ m。

A．15　　B．18　　C．20　　D．25

答案：D

7.《大气污染物综合排放标准》（GB 16297—1996）中规定，排放光气的排气筒不得低于________m。

A．15　　B．18　　C．20　　D．25

答案：D

8．《大气污染物综合排放标准》（GB 16297—1996）中规定，无组织排放监控点设于单位周界时，一般应设于周界外________m 范围内。

A．5　　B．10　　C．15　　D．20

答案：B

9．《大气污染物综合排放标准》（GB 16297—1996）中规定，排气筒高度为 15m 时，一级标准中二氧化硫的最高允许排放速率为________kg/h。

A．1.4　　B．1.5　　C．1.6　　D．1.8

答案：C

10．《大气污染物综合排放标准》（GB 16297—1996）中规定，排气筒高度为 100m 时，二级标准中二氧化硫的最高允许排放速率为________kg/h。

A．31　　B．61　　C．81　　D．92

答案：B

11．《大气污染物综合排放标准》（GB 16297—1996）中规定，排气筒高度还应高出________m 半径范围的建筑物________m 以上。

A．200　3　　B．100　5　　C．50　3　　D．200　5

答案：D

12．《大气污染物综合排放标准》（GB 16297—1996）中规定，无组织排放最高点应设置在________范围内。

A．下风向　10m　　B．上风向　10m　　C．下风向　2～50m

D．上风向　2～50m

答案：A

13．《大气污染物综合排放标准》（GB 16297—1996）中规定，无组织排放监控点最多可设置________。

A．1　　B．2　　C．3　　D．4　　E．根据风向来定

答案：D

四、多选题

1．《大气污染物综合排放标准》（GB 16297—1996）中规定，现有污染源分________级。

A．一　　B．二　　C．三

答案：A　B　C

2．《大气污染物综合排放标准》（GB 16297—1996）中规定，新污染源分________级。

A．一　　B．二　　C．三

答案：B　C

3.《大气污染物综合排放标准》（GB 16297—1996）中规定，污染源大气污染物不得低于 25m 排放的污染物有________。

A．光气　B．氯气　C．铬酸雾　D．氰化氢　E．氯化氢

答案：A　B　D

五、简答题

1.《大气污染物综合排放标准》（GB 16297—1996）中规定，简述何为最高允许排放浓度？何为最高允许排放速率？

答案：最高允许排放浓度指处理设施后排气筒中污染物任何 1h 浓度平均值不得超过的限值；或指无处理设施排气筒中污染物任何 1h 浓度平均值不得超过的限值。最高允许排放速率指一定高度的排气筒任何 1h 排放污染物的质量不得超过的限值。

2. 根据《大气污染物综合排放标准》（GB 16297—1996）中规定，无组织排放指什么？

答案：指大气污染物不经过排气筒的无规则排放。低矮排气筒的排放属于有组织排放，但在一定条件下也可造成与无组织排放相同的后果。因此，在执行“无组织排放监控浓度限值”标准时，由低矮排气筒造成的监控点污染物浓度增加不予扣除。

六、计算题

1．某企业厂区内有两根排放二甲苯的排气筒，编号分别为排气筒 a 和排气筒 b。排气筒 a 高 15m，排气筒 b 高 25m，两根排气筒距离 35m，污染物排放速率分别为 3.1kg/h 和 4.8kg/h。分析进行达标排放论证时，是否需按等效排气筒进行考虑？如果需要，等效排气筒的排放速率、等效高度分别为多少？确定等效排气筒的位置。

答案：（1）等效速率：$Q=Q_1+Q_2=3.1+4.8=7.9$kg/h

（2）等效高度：$h=\sqrt{\frac{1}{2}(h_1^2+h_2^2)}=20.6$m

（3）位置：$x=a(Q-Q_1)/Q=aQ_2/Q$

式中：x——等效排气筒距排气筒 1 的距离

a——排气筒 1 至排气筒 2 的距离

$X=35\times(7.9-3.1)/7.9=21.3$m

等效排气筒在 a 和 b 的连线上，距离排气筒 a 的距离为 21.3m 的位置。

2．某企业新建三根排气筒，编号分别为 a、b 和 c，高度分别为 12m、27m、110m，排放的污染物为 SO_2，排放速率分别为 1.6kg/h、26.3kg/h、190kg/h，分析 3 个排气筒排放的 SO_2 是否达标？

SO_2 排放标准如下：15m——2.6kg/h　20m——4.3kg/h　25m——15kg/h

30m——25kg/h　50m——39kg/h　100m——170kg/h

答案：（1）对 a 排气筒：h=12m

$Q_c=Q_{15}\times(h/15)^2=2.6\times(12/15)^2=1.664$kg/h

$Q_c=1.664\times50\%=0.882$kg/h　　$Q=1.6$kg/h

因此 a 排气筒 SO_2 排放速率超标。

（2）对 c 排气筒：h=110m

$Q_c=Q_{100}\times(h/100)^2=170\times(110/100)^2=205.7$kg/h

$Q=190$kg/h

因此 c 排气筒 SO_2 排放速率达标。

（3）对 b 排气筒：h=27m

$H_{max}=30$m　　$h_{min}=25$m　　$Q_{30}=25$kg/h　　$Q_{25}=15$kg/h

$Q_{27}=Q_{25}+(Q_{30}-Q_{25})\times(h_{27}-h_{25})/(h_{30}-h_{25})$

$=15+(25-15)\times2/5=19$kg/h　　$Q=26.3$kg/h

因此 b 排气筒 SO_2 排放速率不达标。

参考文献

大气污染物综合排放标准（GB 16297—1996）.

命题：王雅贞

审核：陈黎军

第十六节　恶臭污染物排放标准（GB 14554—93）

一、填空题

1.《恶臭污染物排放标准》（GB 14554—93）中规定，恶臭污染物指一切刺激______引起人们不愉快及损害________的气体物质。

答案：嗅觉器官　　生活环境

2.《恶臭污染物排放标准》（GB 14554—93）中规定，无组织排放源指________排气筒或排气筒高度低于________m 的排放源。

答案：没有　　15

3.《恶臭污染物排放标准》（GB 14554—93）中规定，八种恶臭污染物包括氨、三甲胺、________、________、甲硫醚、二甲二硫、________、二硫化碳。

答案：硫化氢　　甲硫醇　　苯乙烯

4.《恶臭污染物排放标准》（GB 14554—93）中规定，恶臭污染物厂界标准值是对________的限值。

答案：无组织排放源

5.《恶臭污染物排放标准》(GB 14554—93)中规定，有组织排放源监测排气筒的最低高度不得低于________m。

答案：15

6.《恶臭污染物排放标准》(GB 14554—93)中规定，有组织排放源的监测采样点应为________，也可以在水平排气道和排气筒________采样监测。

答案：臭气进入大气的排气口　下部

7.《恶臭污染物排放标准》(GB 14554—93)中规定，有组织排放源采样频率应按________确定监测频率。

答案：生产周期

8.《恶臭污染物排放标准》(GB 14554—93)中规定，无组织排放源监测，厂界的监测点设置在工厂厂界的________风向侧，或有________方位的边界线上。

答案：下　臭气

9.《恶臭污染物排放标准》(GB 14554—93)中规定，臭气的水域监测包括海洋、河流、________、________、________的监测。

答案：湖泊　排水沟　渠

10.《恶臭污染物排放标准》(GB 14554—93)中规定，间歇排放源选择在气味_____时间内采样，样品采集次数不少于________次，取其________测定值。

答案：最大　3　最大

11.《恶臭污染物排放标准》(GB 14554—93)中规定，排气筒高度系指从________起至排气口的________高度。

答案：地面　垂直

12.《恶臭污染物排放标准》(GB 14554—93)中规定，臭气浓度指恶臭气体（包括异味）用无臭空气进行稀释，稀释到刚好________时，所需的________。

答案：无臭　稀释倍数

13.《恶臭污染物排放标准》(GB 14554—93)中规定，恶臭污染物厂界标准值分________级，排入 GB 3095 中一类区的执行一级标准，一类区中不得建________。

答案：三　新的排污单位

二、判断题

1.《恶臭污染物排放标准》(GB 14554—93)中规定，恶臭污染物厂界标准值分 5 级。(　)

答案：(×)

正确答案为：恶臭污染物厂界标准值分 3 级。

2.《恶臭污染物排放标准》(GB 14554—93)中规定，恶臭污染物厂界标准值是对有组织排放源的限值。(　)

答案：（×）

正确答案为： 恶臭污染物厂界标准值是对无组织排放源的限值。

3.《恶臭污染物排放标准》（GB 14554—93）中规定，有组织排放源监测排气筒的最低高度不得低于 15m。（ ）

答案：（√）

4.《恶臭污染物排放标准》（GB 14554—93）中规定，经过治理的污染源监测点设在治理装置的排气口，并应设置永久性标志。（ ）

答案：（√）

5.《恶臭污染物排放标准》（GB 14554—93）中规定，恶臭污染物指一切刺激嗅觉器官引起人们不愉快的气体物质。（ ）

答案：（×）

正确答案为： 恶臭污染物指一切刺激嗅觉器官引起人们不愉快的气体物质及损坏生活环境的气体物质。

6.《恶臭污染物排放标准》（GB 14554—93）中规定，臭气浓度指恶臭气体（包括异味）用无臭空气进行稀释，稀释到一定浓度时，所需的稀释倍数。（ ）

答案：（×）

正确答案为： 用无臭空气进行稀释，稀释到刚好无臭时，所需的稀释倍数。

7.《恶臭污染物排放标准》（GB 14554—93）中规定，1994 年 7 月 1 日起立项的新、扩、改建设项目及其建成后投产的企业执行二级、三级标准中相应的标准值。（ ）

答案：（×）

正确答案为： 1994 年 6 月 1 日起立项的新、扩、改建设项目及其建成后投产的企业执行二级、三级标准中相应的标准值。

8.《恶臭污染物排放标准》（GB 14554—93）中规定，排污单位排放的恶臭污染物，在排污单位边界上规定监测点的一次最大监督值（包括臭气浓度）都必须低于或等于恶臭污染物厂界标准值。（ ）

答案：（√）

9.《恶臭污染物排放标准》（GB 14554—93）中规定，排污单位经烟、气排气筒（高度在 15m 以下）排放的恶臭污染物的排放量和臭气浓度都必须低于或等于恶臭污染物排放标准。（ ）

答案：（×）

正确答案为： 排污单位经烟、气排气筒（高度在 15m 以上）排放的恶臭污染物的排放量和臭气浓度都必须低于或等于恶臭污染物排放标准。

10.《恶臭污染物排放标准》（GB 14554—93）中规定，恶臭污染物排放监测中所列的排气筒高度系指从地面（零地面）起至排气口的垂直高度。（ ）

答案：（√）

三、单选题

1.《恶臭污染物排放标准》(GB 14554—93)中规定，有组织排放源采样频率应按生产周期确定监测频率，生产周期在 8h 以内的，每________采集一次，生产周期大于 8h 的，每________采集一次，取其最大测定值。

A. 1h 2h B. 2h 3h C. 2h 4h D. 1h 3h

答案：C

2.《恶臭污染物排放标准》(GB 14554—93)中规定，经过治理的污染源监测点设在治理装置的排气口，并应设置________标志。

A. 明显 B. 特殊 C. 专用 D. 永久性

答案：D

3.《恶臭污染物排放标准》(GB 14554—93)中规定，有组织排放源监测排气筒的最低高度不得低于________m。

A. 10 B. 15 C. 20 D. 18

答案：B

4.《恶臭污染物排放标准》(GB 14554—93)中规定，有组织排放源的监测采样点应为臭气进入大气的排气口，也可以在水平排气道和排气筒________采样监测。

A. 下部 B. 上部 C. 水平位置 D. 垂直位置

答案：A

5.《恶臭污染物排放标准》(GB 14554—93)中规定，间歇排放源选择在气味最大时间内采样，样品采集次数不少于________次，取其________测定值。

A. 2 平均 B. 3 最大 C. 3 平均 D. 2 最大

答案：B

6.《恶臭污染物排放标准》(GB 14554—93)中规定，无组织排放源监测连续排放源相隔________采一次，共采集________次，取其最大测定值。

A. 2h 4 B. 1h 4 C. 2h 3 D. 1h 3

答案：A

7.《恶臭污染物排放标准》(GB 14554—93)中规定，恶臭污染物排放标准中当排气筒高度在 15m 时，臭气浓度的标准值________(无量纲)。

A. 2 500 B. 2 000 C. 4 000 D. 6 000

答案：B

8.《恶臭污染物排放标准》(GB 14554—93)中规定，恶臭污染物厂界标准值是对________的限值。

A. 无组织排放源 B. 有组织排放源 C. A、B 共同的 D. 间歇排放源

答案：A

9.《恶臭污染物排放标准》(GB 14554—93) 中规定，恶臭污染物厂界标准值分________级。

A. 2　　B. 3　　C. 4　　D. 5

答案：B

10.《恶臭污染物排放标准》(GB 14554—93) 中规定，恶臭污染物厂界标准值中氨的一级标准值为________mg/m^3。

A. 0.5　　B. 1.0　　C. 1.5　　D. 2.0

答案：B

11.《恶臭污染物排放标准》(GB 14554—93) 中规定，恶臭污染物排放标准中当排气筒高度在 20m 时，硫化氢的排放量________kg/h。

A. 0.33　　B. 0.45　　C. 0.48　　D. 0.58

答案：D

四、多选题

1.《恶臭污染物排放标准》(GB 14554—93) 中规定，排污单位排放包括________的恶臭污染物，在排污单位边界上规定监测点（无其他干扰因素）的一次最大监测值都必须低于或等于恶臭污染物厂界标准值。

A. 无组织　　B. 有组织　　C. 泄漏　　D. 排污口

答案：A　C

2.《恶臭污染物排放标准》(GB 14554—93) 中规定，排污单位经烟、气排气筒（高度在 15m 以上）排放的恶臭污染物的排放量和臭气浓度都必须________恶臭污染物排放标准。

A. 低于　　B. 大于　　C. 等于

答案：A　C

3.《恶臭污染物排放标准》(GB 14554—93) 中规定，排污单位经排水排出并散发的恶臭污染物和臭气浓度必须________恶臭污染物厂界标准值。

A. 等于　　B. 大于　　C. 低于

答案：A　C

4.《恶臭污染物排放标准》(GB 14554—93) 中规定，水域（包括海洋、河流、湖泊、排水沟、渠）的监测，应以岸边为厂界边界线，其________相同。

A. 采样点设置　　B. 采样频率　　C. 无组织排放源监测　　D. 采样周期

答案：A　B　C

五、简答题

1. 简述《恶臭污染物排放标准》(GB 14554—93) 中，恶臭污染物有组织排放源监测采样点，监测频率的布设。

答案：采样点：有组织排放源的监测采样点应为臭气进入大气的排气口，也可以在水平排气道和排气筒下部采样监测，测得臭气浓度或进行换算求得实际排放量。经过治理的污染源监测点设在治理装置的排气口，并应设置永久性标志。

有组织排放源采样频率应按生产周期确定监测频率，生产周期在 8h 以内的，每 2h 采集一次，生产周期大于 8h 的，每 4h 采集一次，取其最大测定值。

2．简述《恶臭污染物排放标准》（GB 14554—93）中，恶臭污染物无组织排放源的分类及监测采样点，监测频率的布设。

答案：恶臭污染物无组织排放源的分类：连续排放源、间歇排放源。

采样点：厂界的监测采样点，设置在工厂厂界的下风向侧，或有臭气方位的边界线上。

采样频率：连续排放源相隔 2h 采一次，共采集 4 次，取其最大测定值。间歇排放源选择在气味最大时间内采样，样品采集次数不少于 3 次，取其最大测定值。

3．简述《恶臭污染物排放标准》（GB 14554—93）中，水域监测的监测范围及监测采样点，监测频率的布设。

答案：水域监测包括海洋、河流、湖泊、排水沟、渠的监测。

采样点：厂界的监测采样点，设置在工厂厂界的下风向侧，或有臭气方位的边界线上。

采样频率：连续排放源相隔 2h 采一次，共采集 4 次，取其最大测定值。间歇排放源选择在气味最大时间内采样，样品采集次数不少于 3 次，取其最大测定值。

六、论述题

论述《恶臭污染物排放标准》（GB 14554—93）中，有组织排放源监测和无组织排放源监测的区别。

答案：（1）有组织排放源：

排气筒的最低高度不得低于 15m，若在两种高度之间的排气筒，采用四舍五入方法计算其排气筒的高度。采样点：有组织排放源的监测采样点应为臭气进入大气的排气口，也可以在水平排气道和排气筒下部采样监测，测得臭气浓度或进行换算求得实际排放量。经过治理的污染源监测点设在治理装置的排气口，并应设置永久性标志。

有组织排放源采样频率应按生产周期确定监测频率，生产周期在 8h 以内的，每 2h 采集一次，生产周期大于 8h 的，每 4h 采集一次，取其最大测定值。

（2）无组织排放源：

采样点：厂界的监测采样点，设置在工厂厂界的下风向侧，或有臭气方位的边界线上。

采样频率：连续排放源相隔 2h 采一次，共采集 4 次，取其最大测定值。间歇排放源选择在气味最大时间内采样，样品采集次数不少于 3 次，取其最大测定值。

参考文献

恶臭污染物排放标准（GB 14554—93）.

命题：高　静
审题：陈黎军

第十七节　工业窑炉大气污染物排放标准（GB 9078—1996）

一、填空题

1.《工业窑炉大气污染物排放标准》（GB 9078—1996）中锅炉烟气在温度为________K，压力为________Pa 时的状态，简称“标态”。

答案：273　　101 325

2.《工业窑炉大气污染物排放标准》（GB 9078—1996）中过量空气系数是指燃料燃烧时实际空气需要量与________之比。

答案：理论空气需要量

3.《工业窑炉大气污染物排放标准》（GB 9078—1996）中冲天炉掺风系数是指从加料口等处进入炉体的________与冲天炉工艺理论空气需要量之比值。

答案：空气量

4.《工业窑炉大气污染物排放标准》（GB 9078—1996）中凡不通过________或排气系统而泄漏烟囱、生产性粉尘和有害污染物，均称无组织排放。

答案：烟囱

5. 采集烟尘的常用滤筒有________滤筒和________滤筒两种。

答案：玻璃纤维　刚玉

6.《工业窑炉大气污染物排放标准》（GB 9078—1996）中各种工业炉窑烟囱（或排气筒）最低允许高度为________m。

答案：15

7.《工业窑炉大气污染物排放标准》（GB 9078—1996）中各种工业炉窑烟囱高度低于 15m 时，其烟尘或有害污染物最高允许排放浓度，应按相应区域排放标准值的________执行。

答案：50%

8.《工业窑炉大气污染物排放标准》（GB 9078—1996）中冲天炉（冷风炉，鼓风温度≤400℃）掺风系数规定为________。

答案：4.0

9.《工业窑炉大气污染物排放标准》（GB 9078—1996）中冲天炉（热风炉，鼓风温度>400℃）掺风系数规定为________。

答案：2.5

10.《工业窑炉大气污染物排放标准》（GB 9078—1996）中除冲天炉、熔炼炉、铁矿烧结炉，其他工业炉窑过量空气系数规定为________。

答案：1.7

二、判断题

1.《工业窑炉大气污染物排放标准》（GB 9078—1996）中规定了“标态”是指温度为273K，压力为100Pa时的状态。（ ）

答案：（×）

正确答案为：压力为101 325Pa时的状态。

2.《工业窑炉大气污染物排放标准》（GB 9078—1996）中冲天炉掺风系数是指从加料口等处进入炉体的空气量与冲天炉工艺理论空气需要量之比值。（ ）

答案：（√）

3.《工业窑炉大气污染物排放标准》（GB 9078—1996）中过量空气系数是指燃料燃烧时实际空气消耗量与理论需氧量之比。（ ）

答案：（√）

4.《工业窑炉大气污染物排放标准》（GB 9078—1996）中各种工业炉窑烟囱（或排气筒）最低允许高度为20m。（ ）

答案：（×）

正确答案为：各种工业炉窑烟囱（或排气筒）最低允许高度为15m。

5. 工业窑炉大气污染物监测时，在固定污染源管道中流动的气体同时受到三种压力的作用，即全压、静压和动压。（ ）

答案：（×）

正确答案为：受到静压和动压的作用。

6.《工业窑炉大气污染物排放标准》（GB 9078—1996）中烟囱周围半径200m范围内有建筑物且烟囱低于建筑物时，其烟尘或有害污染物最高允许排放浓度，应按相应区域排放标准值的30%执行。（ ）

答案：（×）

正确答案为：应按相应区域排放标准值的50%执行。

7. 工业窑炉大气污染物监测时烟道中全压和静压有正负值之分。（ ）

答案：（√）

8.《工业窑炉大气污染物排放标准》（GB 9078—1996）中冲天炉（冷风炉，鼓风温度≤400℃）掺风系数规定为4.0。（ ）

答案：（√）

9.《工业窑炉大气污染物排放标准》（GB 9078—1996）中冲天炉（热风炉，鼓风温度

>400℃）掺风系数规定为 2.5。（　）

答案：（√）

10.《工业窑炉大气污染物排放标准》（GB 9078—1996）中除冲天炉、熔炼炉、铁矿烧结炉，其他工业炉窑过量空气系数规定为 1.7。（　）

答案：（√）

11.《工业窑炉大气污染物排放标准》（GB 9078—1996）中规定某排气筒高度为 12m，有害污染物最高允许排放浓度应按内插法进行计算。（　）

答案：（×）

正确答案为：排气筒高度低于 15m 时，有害污染物最高允许排放浓度应按相应标准值的 50%执行。

12.《工业窑炉大气污染物排放标准》（GB 9078—1996）中规定在一类区禁止新建各种工业炉窑。（　）

答案：（×）

正确答案为：在一类区除市政、建筑施工临时用沥青加热炉外，禁止新建各种工业炉窑。

三、单选题

1.《工业窑炉大气污染物排放标准》（GB 9078—1996）中各种工业炉窑烟囱（或排气筒）最低允许高度为________m。

A．15　　B．20　　C．25　　D．30

答案：A

2.《工业窑炉大气污染物排放标准》（GB 9078—1996）中各种工业炉窑烟囱高度低于 15m 时，其烟尘或有害污染物最高允许排放浓度，应按相应区域排放标准值的______%执行。

A．20　　B．30　　C．40　　D．50

答案：D

3.《工业窑炉大气污染物排放标准》（GB 9078—1996）中冲天炉（冷风炉，鼓风温度≤400℃）掺风系数规定为________。

A．2.0　　B．3.0　　C．4.0　　D．5.0

答案：C

4.《工业窑炉大气污染物排放标准》（GB 9078—1996）中冲天炉（热风炉，鼓风温度>400℃）掺风系数规定为________。

A．1.5　　B．2.5　　C．3.5　　D．4.5

答案：B

5.《工业窑炉大气污染物排放标准》（GB 9078—1996）中除冲天炉、熔炼炉、铁矿烧结炉，其他工业炉窑过量空气系数规定为________。

A．1.2　　B．1.4　　C．1.7　　D．3.5

答案：C

6.《工业窑炉大气污染物排放标准》（GB 9078—1996）中石灰窑执行三级标准时，烟尘浓度排放限值为________。

A．100　　B．200　　C．300　　D．400

答案：D

7．建设项目竣工环境保护验收监测应在工况稳定、生产负荷达到设计生产能力的________%以上情况下进行。

A．70　B．75　C．80　D．85

答案：B

8．测定锅炉烟尘时，测点位置应尽量选择在垂直管段，并不宜靠近管道弯头及断面形状急剧变化的部位。测点位置应在距弯头、接头、阀门和其他变径管段的下游方向大于________倍直径处。

A．3　　B．6　　C．8　　D．10

答案：B

9．一般污染源的监督性监测每年不少于 1 次，如被国家或地方环境保护行政主管部门列为年度重点监管的排污单位，每年监督性监测不少于________次。

A．1　B．2　C．3　D．4

答案：D

10.《工业窑炉大气污染物排放标准》（GB 9078—1996）中干燥炉、窑执行一级标准时，烟尘最高允许排放浓度限值为________mg/m^3。

A．100　　B．150　　C．200　　D．250

答案：A

11.《工业窑炉大气污染物排放标准》（GB 9078—1996）中新建锅炉房烟囱周围半径200m 距离有建筑物时，其烟囱高度应高出建筑物________m 以上。

A．5　B．3　C．9　D．12

答案：B

四、多选题

1.《工业窑炉大气污染物排放标准》（GB 9078—1996）中冲天炉（冷风炉，鼓风温度≤400℃）掺风系数规定为_______，冲天炉（热风炉，鼓风温度＞400℃）掺风系数规定为_______。

A．2.0　B．3.0　C．4.0　D．2.5

答案：C　D

2．一般污染源的监督性监测每年不少于________次，如被国家或地方环境保护行政主管部门列为年度重点监管的排污单位，每年监督性监测不少于________次。

A．1　　B．2　　C．3　　D．4

答案：A　D

3.《工业窑炉大气污染物排放标准》（GB 9078—1996）中干燥炉、窑执行一级标准时，烟尘最高允许排放浓度限值为________mg/m^3，执行二级标准时，允许排放浓度限值为________mg/m^3。

A．100　　B．200　　C．250　　D．300

答案：A　D

4.《工业窑炉大气污染物排放标准》（GB 9078—1996）不适用于________的工业炉窑的管理。

A．炼焦炉　B．焚烧炉　C．熔炼炉　D．加热炉　E．水泥工业

答案：A　B　E

5.《工业窑炉大气污染物排放标准》（GB 9078—1996）中规定了________有害物质污染物的最高允许排放浓度。

A．SO_2　　B．NO_x　　C．氟及其化合物　　D．铅

答案：A　C　D

6.《工业窑炉大气污染物排放标准》（GB 9078—1996）中规定了________有害物质污染物的最高允许排放浓度。

A．SO_2　　B．汞　　C．砷　　D．铍及其化合物

答案：A　B　D

7.《工业窑炉大气污染物排放标准》（GB 9078—1996）中规定了________有害物质污染物的最高允许排放浓度。

A．烟粉尘　　B．烟气黑度　　C．镉　　D．铍及其化合物

答案：A　B　D

8.《工业窑炉大气污染物排放标准》（GB 9078—1996）中熔化炉包含________。

A．炼钢炉　　B．冲天炉　　C．冶炼炉　　D．金属熔化炉

答案：B　C　D

9.《工业窑炉大气污染物排放标准》（GB 9078—1996）中熔炼炉包含________。

A．化铁炉　B．有色金属冶炼炉　C．铁合金熔炼炉　　D．混铁炉

答案：B　C　D

五、简答题

1．简述《工业窑炉大气污染物排放标准》（GB 9078—1996）中无组织排放的含义。

答案：凡不通过烟囱或排气系统而泄漏烟尘、生产性粉尘和有害污染物，均称无组织排放。

2．简述《工业窑炉大气污染物排放标准》（GB 9078—1996）中过量空气系数的含义。

答案：过量空气系数是指燃料燃烧时实际空气消耗量与理论空气需要量之比。

3．简述《工业窑炉大气污染物排放标准》（GB 9078—1996）中冲天炉掺风系数的含义。

答案：冲天炉掺风系数是指从加料口等处进入炉体的空气量与冲天炉工艺理论空气需要量之比值。

4．简述工业窑炉大气污染物中在锅炉烟尘测试时，鼓风、引风和除尘系统应达到的要求。

答案：鼓风、引风系统应完整、工作正常、风门的调节应灵活、可调。除尘系统运行正常、不堵灰、不漏风、耐磨涂料不脱落。

参考文献

工业窑炉大气污染物排放标准（GB 9078—1996）.

命题：祁玉刚

审核：陈黎军

第十八节　锅炉大气污染物排放标准（GB 13271—2001）

一、填空题

1．《锅炉大气污染物排放标准》（GB 13271—2001）中锅炉烟气在温度为________K，压力为________Pa 时的状态，简称“标态”。

答案：273　　101 325

2．《锅炉大气污染物排放标准》（GB 13271—2001）中按锅炉建成使用年限分为两个阶段，执行不同的大气污染物排放标准，I 时段是________前建成使用的锅炉。

答案：2000 年 12 月 31 日

3．《锅炉大气污染物排放标准》（GB 13271—2001）中按锅炉建成使用年限分为两个阶段，执行不同的大气污染物排放标准，II 时段是________起建成使用的锅炉。

答案：2001 年 1 月 1 日

4．《锅炉大气污染物排放标准》（GB 13271—2001）中烟尘初始浓度是指________或进入净化装置的烟尘排放浓度。

答案：锅炉烟气出口

5．《锅炉大气污染物排放标准》（GB 13271—2001）中烟尘排放浓度是指烟气经________的烟尘排放浓度。

答案：净化装置后

6．《锅炉大气污染物排放标准》（GB 13271—2001）中过量空气系数是指燃料燃烧时实际空气消耗量与________之比。

答案：理论空气需要量

7.《锅炉大气污染物排放标准》（GB 13271—2001）中燃气锅炉烟尘最高允许排放浓度________。

答案：50mg/m^3

8.《锅炉大气污染物排放标准》（GB 13271—2001）中燃气锅炉二氧化硫最高允许排放浓度________。

答案：100 mg/m^3

9.《锅炉大气污染物排放标准》（GB 13271—2001）中小于 1 t 的燃煤锅炉烟囱最低允许高度________。

答案：20m

10.《锅炉大气污染物排放标准》（GB 13271—2001）中燃煤锅炉烟尘初始排放浓度过量空气系数为________。

答案：1.7

二、判断题

1.《锅炉大气污染物排放标准》（GB 13271—2001）中 20～40 t 的燃煤锅炉烟囱最低允许高度为 45m。（ ）

答案：（√）

2.《锅炉大气污染物排放标准》（GB 13271—2001）中燃煤锅炉烟尘初始排放浓度过量空气系数为 1.7。（ ）

答案：（√）

3.《锅炉大气污染物排放标准》（GB 13271—2001）中过量空气系数是指燃料燃烧时实际空气消耗量与理论需氧量之比。（ ）

答案：（√）

4.《锅炉大气污染物排放标准》（GB 13271—2001）中燃煤锅炉 I 时段二氧化硫最高允许排放浓度为 1 200mg/m^3。（ ）

答案：（√）

5.《锅炉大气污染物排放标准》（GB 13271—2001）中在采集固定污染源的气体样品时，烟尘采样嘴的形态和尺寸不受限制。（ ）

答案：（√）

6.《锅炉大气污染物排放标准》（GB 13271—2001）中烟尘初始浓度是指锅炉烟气出口或净化装置出口的烟尘排放浓度。（ ）

答案：（×）

正确答案为：烟尘初始浓度是指锅炉烟气进入净化装置的烟尘排放浓度。

7.《锅炉大气污染物排放标准》（GB 13271—2001）中按锅炉建成使用年限分为两个阶

段，执行不同的大气污染物排放标准，Ⅰ时段是 2001 年 12 月 31 日前建成使用的锅炉。（ ）

答案：（×）

正确答案为：Ⅰ时段是 2000 年 12 月 31 日前建成使用的锅炉。

8.《锅炉大气污染物排放标准》（GB 13271—2001）中燃煤锅炉Ⅱ时段氮氧化物最高允许排放浓度为 400mg/m^3。（ ）

答案：（√）

9.《锅炉大气污染物排放标准》（GB 13271—2001）中燃气锅炉全部区域烟尘最高允许排放浓度为 50mg/m^3。（ ）

答案：（√）

10.《锅炉大气污染物排放标准》（GB 13271—2001）中燃气锅炉烟尘、二氧化硫、氮氧化物排放浓度过量空气系数为 1.3。（ ）

答案：（×）

正确答案为：过量空气系数为 1.2。

11.《锅炉大气污染物排放标准》（GB 13271—2001）中每个锅炉需建一根烟囱。（ ）

答案：（×）

正确答案为：每个锅炉房只能建一根烟囱。

12.《锅炉大气污染物排放标准》（GB 13271—2001）中单台出力大于 65t/h 发电锅炉适用于该标准。（ ）

答案：（×）

正确答案为：单台出力大于 65t/h 发电锅炉适用于《火电厂大气污染物排放标准》（GB 13223—2011）。

三、单选题

1.《锅炉大气污染物排放标准》（GB 13271—2001）中各种工业炉窑烟囱最低允许高度为________m。

A．15　B．20　C．25　D．30

答案：A

2.《锅炉大气污染物排放标准》（GB 13271—2001）中 20～40 t 的燃煤锅炉烟囱最低允许高度为________m。

A．20　B．25　C．30　D．45

答案：D

3.《锅炉大气污染物排放标准》（GB 13271—2001）中燃煤锅炉烟尘初始排放浓度过量空气系数为________。

A．1.2　B．1.3　C．1.7　D．1.8

答案：C

4.《锅炉大气污染物排放标准》（GB 13271—2001）中燃煤锅炉Ⅰ时段二氧化硫最高允许排放浓度为________mg/m^3。

A．1 000　　B．1 100　　C．1 200　　D．1 300

答案：C

5.《锅炉大气污染物排放标准》（GB 13271—2001）中规定，实测的锅炉烟尘的排放浓度必须进行折算，燃煤锅炉烟尘初始排放浓度按过量空气系数折算值α为________进行折算。

A．1.2　　B．1.4　　C．1.7　　D．3.5

答案：C

6.《锅炉大气污染物排放标准》（GB 13271—2001）中燃气锅炉全部区域烟尘最高允许排放浓度为________mg/m^3。

A．20　　B．30　　C．40　　D．50

答案：D

7．建设项目竣工环境保护验收监测应在工况稳定、生产负荷达到设计生产能力的________%以上情况下进行。

A．70　　B．75　　C．80　　D．85

答案：B

8.《锅炉大气污染物排放标准》（GB 13271—2001）中燃气锅炉烟尘、二氧化硫、氮氧化物排放浓度过量空气系数为________。

A．1.0　　B．1.2　　C．1.4　　D．1.6

答案：B

9．一般污染源的监督性监测每年不少于 1 次，如被国家或地方环境保护行政主管部门列为年度重点监管的排污单位，每年监督性监测不少于________次。

A．1　B．2　C．3　D．4

答案：D

10.《锅炉大气污染物排放标准》（GB 13271—2001）中燃煤锅炉一类区内烟尘最高允许排放浓度限值为：Ⅰ时段________mg/m^3，Ⅱ时段________mg/m^3。

A．100　80　B．150　100　C．200　150　D．250　200

答案：A

11.《锅炉大气污染物排放标准》（GB 13271—2001）中新建锅炉房烟囱周围半径 200m 距离有建筑物时，其烟囱高度应高出建筑物________m 以上。

A．5　　B．3　　C．9　　D．12

答案：B

12.《锅炉大气污染物排放标准》（GB 13271—2001）中 28MW 的锅炉相当于________t/h 的锅炉。

A．40　B．35　C．45　D．无法计算

答案：A

四、多选题

1.《锅炉大气污染物排放标准》（GB 13271—2001）中燃煤锅炉一类区内烟尘最高允许排放浓度限值为：Ⅰ时段________mg/m^3，Ⅱ时段________mg/m^3。

A. 100　B. 80　C. 150　D. 200

答案：A　B

2.《锅炉大气污染物排放标准》（GB 13271—2001）中燃煤锅炉烟尘初始排放浓度过量空气系数为________，烟尘、二氧化硫、排放浓度过量空气系数为________。

A. 1.2　B. 1.7　C. 1.8　D. 2.0

答案：B　C

3.《锅炉大气污染物排放标准》（GB 13271—2001）中按锅炉建成使用年限分为两个阶段，执行不同的大气污染物排放标准，Ⅰ时段是________前建成使用的锅炉；Ⅱ时段是________起建成使用的锅炉。

A. 2000 年 12 月 31 日　　B. 2001 年 1 月 1 日

C. 2002 年 12 月 31 日　　D. 2003 年 1 月 1 日

答案：A　B

4.《锅炉大气污染物排放标准》(GB 13271—2001)中________锅炉烟囱高度不得低于 8m。

A. 燃煤　B. 燃气　C. 燃油　D. 燃轻柴油

答案：B　C　D

5.《锅炉大气污染物排放标准》（GB 13271—2001）中烟囱高度达不到标准的要求时，________、________、________最高允许排放浓度应按相应时段排放标准值的 50%执行。

A. CO　B. 烟尘　C. SO_2　D. NO_x

答案：B　C　D

五、简答题

1. 简述《锅炉大气污染物排放标准》(GB 13271—2001）中烟尘初始排放浓度的定义。

答案：烟尘初始浓度是指锅炉烟气出口或进入净化装置的烟尘排放浓度。

2. 简述《锅炉大气污染物排放标准》（GB 13271—2001）中自然通风锅炉的定义。

答案：自然通风锅炉是指利用烟囱、外温度不同所产生的压力差，将空气吸入炉膛参与燃烧，把燃烧产物排向大气的一种通风方式。

3. 简述《锅炉大气污染物排放标准》（GB 13271—2001）中标准状态的定义。

答案：锅炉烟气在温度为 273K，压力为 101 325Pa 时的状态，简称“标态”。

4. 简述《锅炉大气污染物排放标准》（GB 13271—2001）中“两控区”的定义。

答案：“两控区”是指《国务院关于酸雨控制区和二氧化硫污染控制区有关问题的批

复》中所划定的酸雨控制区和二氧化硫污染控制区的范围。

参考文献

固定源废气监测技术规范（HJ/T 397—2007）.

命题：祁玉刚

审核：陈黎军

第十九节 火电厂大气污染物排放标准（GB 13233—2011）

一、填空题

1.《火电厂大气污染物排放标准》（GB 13233—2011）在现有火力发电锅炉及燃气轮机组运行、建设项目竣工环保验收及其后的运行过程中，负责监管的环境保护行政主管部门，应对周围________、________、________等用途的敏感区域环境质量进行监测。

答案：居住 教学 医疗

2.《火电厂大气污染物排放标准》（GB 13233—2011）中火电厂包括_______、_______、________的发电厂。

答案：燃烧固体 液体 气体燃料

3.《火电厂大气污染物排放标准》（GB 13233—2011）中所规定的大气污染物浓度均指________下________的数值。

答案：标准状态 干烟气

4.《火电厂大气污染物排放标准》（GB 13233—2011）中标准状态是指烟气温度________、压力________的状态。

答案：273K 101 325Pa

5.《火电厂大气污染物排放标准》（GB 13233—2011）中在污染物排放监控的位置应设规范的________、________和________。

答案：永久性测试孔 采样平台 排污口标志

6.《火电厂大气污染物排放标准》（GB 13233—2011）中整体煤气化联合循环发电的燃气轮机组排放限值执行________排放限值。

答案：天然气的燃气轮机组

7.《火电厂大气污染物排放标准》（GB 13233—2011）中规定火电厂大气污染物排放标准中执行大气污染物特别排放限值的具体________、________由国务院环境保护行政主管部门规定。

答案：地域范围 实施时间

二、判断题

1.《火电厂大气污染物排放标准》(GB 13233—2011)中大气污染物排放标准不适用于各种容量的以生活垃圾、危险废物为燃料的火电厂。( )

答案：(√)

2.《火电厂大气污染物排放标准》(GB 13233—2011)中烟尘采样采用固定污染源排气中颗粒物测定与气态污染物采样方法。( )

答案：(√)

3.《火电厂大气污染物排放标准》(GB 13233—2011)中汞及其化合物是火电厂燃煤锅炉排放标准中2012年1月1日起是必测项目。( )

答案：(×)

正确答案为：自2015年1月1日起是必测项目。

4.《火电厂大气污染物排放标准》(GB 13233—2011)中不同时段建设的锅炉，若采用混合方式排放烟气，且选择的监控位置只能监测混合烟气中的大气污染物浓度，则应执行最新时段限值中最严格的排放限值。( )

答案：(×)

正确答案为：应执行各时段限值中最严格的排放限值。

5.《火电厂大气污染物排放标准》(GB 13233—2011)中大气污染物特别排放限值可适用于全部区域。( )

答案：(×)

正确答案为：执行大气污染物特别排放限值的具体地域范围、实施时间，由国务院环境保护行政主管部门规定。

6.《火电厂大气污染物排放标准》(GB 13233—2011)中汞及其化合物污染物浓度执行时间是2014年7月1日。( )

答案：(×)

正确答案为：自2015年1月1日起。

7.《火电厂大气污染物排放标准》(GB 13233—2011)中发电厂可以燃烧液体、气体和固体燃料。( )

答案：(√)

8.《火电厂大气污染物排放标准》(GB 13233—2011)中大气污染物排放标准中以气体为燃料的锅炉或燃气轮机组烟尘、SO_2、NO_x、汞及其化合物污染物是必测项目。( )

答案：(×)

正确答案为：以气体为燃料的锅炉或汽轮机组烟尘、SO_2、NO_x是必测项目。

9.《火电厂大气污染物排放标准》(GB 13233—2011)中大气污染物排放标准中应在污染物处理设施后安装在线设施。( )

答案：（√）

10.《火电厂大气污染物排放标准》（GB 13233—2011）中不同时段建设的锅炉，若采用混合方式排放烟气，且选择的监控位置只能监测到混合烟气的大气污染物浓度，则应执行各时段限值中排放限值。（ ）

答案：（×）

正确答案为：应执行各时段限值中最严格的排放限值。

11.《火电厂大气污染物排放标准》（GB 13233—2011）中环境质量敏感区是依据环境影响评价确定的周围敏感区。（ ）

答案：（√）

12.《火电厂大气污染物排放标准》（GB 13233—2011）中规定实测的火电厂烟尘、SO_2、NO_x、汞及其化合物排放浓度需按含氧量折算为标准状态下的排放浓度。（ ）

答案：（√）

三、单选题

1.《火电厂大气污染物排放标准》（GB 13233—2011）中规定 W 形火焰炉膛是指燃烧器置于炉膛前后墙拱顶，燃料和空气________喷射，燃烧产物转折________后从前后拱中间________排出而形成 W 形火焰的燃烧空间。

A. 向下 180° 向上 B. 向下 180° 向下 C. 向上 180° 向上

答案：A

2.《火电厂大气污染物排放标准》（GB 13233—2011）中规定新建燃煤锅炉 SO_2 排放限值为________mg/m^3。

A. 200 B. 30 C. 400 D. 100

答案：D

3.《火电厂大气污染物排放标准》（GB 13233—2011）中规定燃煤锅炉 SO_2 特别排放限值为________mg/m^3。

A. 200 B. 50 C. 20 D. 100

答案：B

4.《火电厂大气污染物排放标准》（GB 13233—2011）中规定火力发电锅炉及燃气轮机组大气污染物排放浓度限值特别规定的地区对________污染物做了规定。

A. 烟尘 B. 氮氧化物 C. SO_2

答案：C

5.《火电厂大气污染物排放标准》（GB 13233—2011）中规定火力发电锅炉及燃气轮机组大气污染物排放浓度限值特别规定的地区新建燃煤锅炉 SO_2 的排放限值是________mg/m^3。

A. 200 B. 50 C. 20 D. 100

答案：A

6.《火电厂大气污染物排放标准》（GB 13233—2011）中规定火力发电锅炉及燃气轮机组大气污染物排放浓度限值特别规定的地区现有燃煤锅炉 SO_2 的排放限值是________mg/m^3。

A．200　B．50　C．400　D．100

答案：C

7.《火电厂大气污染物排放标准》（GB 13233—2011）中规定现有火力发电锅炉及燃气轮机组烟尘、二氧化硫、氮氧化物及烟气黑度排放限值自________起执行。

A．2012 年 1 月 1 日　B．2015 年 1 月 1 日　C．2014 年 7 月 1 日

答案：C

8.《火电厂大气污染物排放标准》（GB 13233—2011）中规定新建火力发电锅炉及燃气轮机组烟尘、二氧化硫、氮氧化物及烟气黑度排放限值自________起执行。

A．2012 年 1 月 1 日　B．2015 年 1 月 1 日　C．2014 年 7 月 1 日

答案：A

9.《火电厂大气污染物排放标准》（GB 13233—2011）中规定燃煤锅炉规定的汞及其化合物排放限值自________起执行。

A．2012 年 1 月 1 日　B．2015 年 1 月 1 日　C．2014 年 7 月 1 日

答案：B

10.《火电厂大气污染物排放标准》（GB 13233—2011）中规定大气污染物排放标准中规定________对本辖区环境质量负责。

A．地方环境保护部门　B．地方政府

C．省级以上人民政府　D．省级以上环境保护部门

答案：B

11.《火电厂大气污染物排放标准》（GB 13233—2011）中规定大气污染物排放标准中规定燃煤锅炉基准含氧量是________%。

A．15　B．3　C．6　D．7

答案：C

12.《火电厂大气污染物排放标准》（GB 13233—2011）中规定大气污染物排放标准中规定燃气轮机组基准含氧量是________%。

A．15　B．3　C．6　D．7

答案：A

13.《火电厂大气污染物排放标准》（GB 13233—2011）中规定大气污染物排放标准中规定燃油锅炉及燃气锅炉基准含氧量是________%。

A．15　B．3　C．6　D．7

答案：B

14.《火电厂大气污染物排放标准》（GB 13233—2011）中规定大气污染物排放标准中规定烟气中的含氧量通常用________表示。

A. 干容积百分数　　B. 湿容积百分数　C. 干容积　D. 湿容积

答案：A

四、多选题

1.《火电厂大气污染物排放标准》（GB 13233—2011）中自 2015 年 1 月 1 日起，燃煤锅炉中________是必测项目。

A. 烟尘　　B. 二氧化硫　　C. 氮氧化物（以 NO_2 计）

D. 汞及其化合物　　E. 林格曼黑度

答案：A　B　C　D　E

2.《火电厂大气污染物排放标准》（GB 13233—2011）中规定测定氮氧化物的方法有________。

A. 紫外分光光度法　B. 非分散红外吸收法　C. 盐酸萘乙二胺分光光度法

答案：A　C

3.《火电厂大气污染物排放标准》（GB 13233—2011）中规定大气污染物 SO_2 浓度测定方法有________。

A. 紫外分光光度法　B. 定电位电解法　C. 碘量法

答案：B　C

4.《火电厂大气污染物排放标准》（GB 13233—2011）中规定火力发电锅炉及燃气轮机组大气污染物排放浓度限值特别规定的地区包括________。

A. 广西壮族自治区　B. 重庆市　C. 云南省　D. 贵州省　E. 四川省

答案：A　B　D　E

5.《火电厂大气污染物排放标准》（GB 13233—2011）中规定在火电厂大气污染物排放标准中________汞及其化合物的排放不需要监测。

A. 燃煤锅炉　B. 气体为燃料的锅炉或汽轮机组　C. 油为燃料的锅炉或汽轮机组

答案：B　C

6.《火电厂大气污染物排放标准》（GB 13233—2011）中规定大气污染物排放标准中适用于单台出力大于 65t/h 以上，除________燃煤发电锅炉。

A. 层燃炉　B. 抛煤发电机炉　C. 煤粉发电锅炉　D. 煤矸石

答案：C　D

7.《火电厂大气污染物排放标准》（GB 13233—2011）中规定大气污染物排放标准中适用于单台出力大于 65t/h 以上________发电锅炉。

A. 石油焦　B. 油页岩　C. 生物质　D. 抛煤发电机炉

答案：A　B　C

8.《火电厂大气污染物排放标准》（GB 13233—2011）中规定大气污染物排放标准中适用于单台出力大于 65t/h 以上________发电锅炉。

A．石油焦　B．油页岩　C．燃油　D．层燃炉　E．燃气

答案：A　B　C　E

9．《火电厂大气污染物排放标准》（GB 13233—2011）中规定大气污染物排放标准中适用于单台出力大于 65t/h 以上________发电锅炉。

A．粉煤发电锅炉　B．燃气轮机组　C．抛煤发电机炉　D．层燃炉　E．燃气

答案：A　B　E

五、简答题

1．简述《火电厂大气污染物排放标准》（GB 13233—2011）中污染物采样与监测要求。

答案：对企业排放废气的采样，应根据监测污染物的种类，在规定的污染物排放监控位置进行，有废气处理设施的，应在该设施后监控。在污染物排放监控位置须设置规范的永久性测试孔、采样平台和排污口标志。

2．简述《火电厂大气污染物排放标准》（GB 13233—2011）中重点地区的含义。

答案：指根据环境保护工作的要求，在国土开发密度较高，环境承载能力开始减弱，或大气环境容量较小、生态环境脆弱，容易发生严重大气环境污染问题而需要严格控制大气污染物排放的地区。

3．《火电厂大气污染物排放标准》（GB 13233—2011）中适用范围包括哪些锅炉？

答案：适用于使用单台出力 65t/h 以上除层燃炉、抛煤机炉外的燃煤发电锅炉；各种容量的煤粉发电锅炉；单台出力 65t/h 以上燃油、燃气发电锅炉；各种容量的燃气轮机组的火电厂；单台出力 65t/h 以上采用煤矸石、生物质、油页岩、石油焦等燃料的发电锅炉。整体煤气化联合循环发电的燃气轮机组执行本标准中燃用天然气的燃气轮机组排放限值。

4．简述《火电厂大气污染物排放标准》（GB 13233—2011）中大气污染物特别排放限值的含义。

答案：指为防治区域性大气污染、改善环境质量、进一步降低大气污染源的排放强度，更加严格地控制排污行为而制定并实施的大气污染物排放限值，该限值的排放控制水平达到国际先进或领先程度，适用于重点地区。

六、计算题

某火电厂燃气锅炉实测含氧量为 5.5%，基准含氧量为 3.0%，SO_2 实测浓度为 $85mg/m^3$，求 SO_2 折算排放浓度为多少？

答案：$c = c' \times \dfrac{21-O_2}{21-O_2'} = 85 \times \dfrac{21-3.0}{21-5.5} = 98.7mg/m^3$

SO_2 折算排放浓度为 $98.7mg/m^3$。

参考文献

火电厂大气污染物排放标准（GB 13233—2011）.

命题：陈黎军

审核：陈黎军

第二十节 水泥工业大气污染物排放标准（GB 4905—2004）

一、填空题

1.《水泥工业大气污染物排放标准》（GB 4905—2004）中规定水泥厂（含粉磨站）、水泥制品厂颗粒物无组织排放监控点是指厂界外________处，浓度限值________mg/m^3。

答案：20m　1.0

2.《水泥工业大气污染物排放标准》（GB 4905—2004）中规定新建生产线的物料________、________、________、________过程应当________，对块石、粘湿物料、浆料以及车船装、卸料过程也可采取其他有效抑尘措施。

答案：处理　输送　装卸　贮存　封闭

3.《水泥工业大气污染物排放标准》（GB 4905—2004）中规定水泥工业大气污染物必测项目分为________、________、________、________。

答案：颗粒物　二氧化硫　氮氧化物（以 NO_2 计）　氟化物（以总氟计）

4.《水泥工业大气污染物排放标准》（GB 4905—2004）中规定水泥制品生产指_____和________预制件的生产，不包括________的过程。

答案：预拌混凝土　混凝土　水泥用于现场搅拌

5.《水泥工业大气污染物排放标准》（GB 4905—2004）中规定水泥窑指水泥熟料煅烧设备，通常包括________和________两大类。

答案：回转窑　立窑

6.《水泥工业大气污染物排放标准》（GB 4905—2004）中规定排气筒高度指自排气筒（或其主体建筑构造）所在的________至________的高度。

答案：地平面　排气筒出口计

7.《水泥工业大气污染物排放标准》（GB 4905—2004）中规定产品产量按污染物监测时段的________实际小时________计算，如水泥窑、熟料冷却机以________计算，生料磨以________产出量计算，水泥磨以________产出量计算，煤磨以产生的________计算，烘干机、烘干磨以产生的________计算。对于窑磨一体机，在窑磨联合运转时，以磨机产生的________计算，在水泥窑单独运转时，以水泥窑产出的________计算。

答案：设备　产出量　熟料　生料　水泥　煤粉　干物料　物料量　熟料量

8.《水泥工业大气污染物排放标准》（GB 4905—2004）中规定（水泥生产过程主要包括________、________和________三部分。

答案：矿山开采　水泥制造　水泥制品生产

9.《水泥工业大气污染物排放标准》（GB 4905—2004）中规定单位产品排放量指各设备生产________所排放的________，单位________产品。

答案：每吨产品　有害物重量　kg/t

二、判断题

1.《水泥工业大气污染物排放标准》（GB 4905—2004）中规定只要采取污染防治措施后在环境空气质量一类功能区内开采矿山、生产水泥及其制品是可行的。（　）

答案：（×）

正确答案为：禁止在环境空气质量一类功能区内开采矿山、生产水泥及其制品。

2.《水泥工业大气污染物排放标准》（GB 4905—2004）中规定对于日常监督性监测，采样期间的工况可与当时正常工况不相同。（　）

答案：（×）

正确答案为：采样期间的工况可与当时正常工况相同。

3.《水泥工业大气污染物排放标准》（GB 4905—2004）中规定排污单位人员和实施监测人员不得任意改变当时的运行工况。（　）

答案：（√）

4.《水泥工业大气污染物排放标准》（GB 4905—2004）中规定以任何连续 1h 的采样获得平均值，或在任何 1h 内，以等时间间隔采集 3 个以上样品，计算平均值。（　）

答案：（√）

5.《水泥工业大气污染物排放标准》（GB 4905—2004）中规定《水泥工业大气污染物排放标准》中规定二噁英排放浓度最高不得超过 0.1ng TEQ/m^3。（　）

答案：（√）

6. 按《水泥工业大气污染物排放标准》（GB 4905—2004）中规定无组织排放监控点浓度限值是指监控点的污染物浓度在任何 1h 的平均值不得超过的限值。（　）

答案：（√）

7. 按《水泥工业大气污染物排放标准》（GB 4905—2004）中规定水泥窑可以用于焚烧重金属类危险废物。（　）

答案：（×）

正确答案为：不得用于焚烧重金属类危险废物。

8. 按《水泥工业大气污染物排放标准》（GB 4905—2004）中规定水泥制造中水泥窑及窑磨一体机必测项目不包括氟化物项目的监测。（　）

答案：（×）

正确答案为：水泥制造中水泥窑及窑磨一体机必测项目包括氟化物项目的监测。

9．按《水泥工业大气污染物排放标准》（GB 4905—2004）中规定破碎机、磨机、包装机及其他通风生产设备中 SO_2 作为必测项目。（ ）

答案：（×）

正确答案为：SO_2 不作为必测项目。

10．在《水泥大气污染物排放标准》（GB 4905—2004）中无组织排放监控点总悬浮颗粒物（TSP）是指 1h 浓度值。（ ）

答案：（√）

11．《水泥工业大气污染物排放标准》（GB 4905—2004）中规定水泥窑可焚烧危险废物。（ ）

答案：（√）

12．《水泥工业大气污染物排放标准》（GB 4905—2004）中规定水泥窑可焚烧医疗废物。（ ）

答案：（√）

13．《水泥大气污染物排放标准》（GB 4905—2004）中规定无组织排放监控点浓度限值指监控点的污染物浓度在任何时段不得超过的限值。（ ）

答案：（×）

正确答案为：监控点的污染物浓度在任何 1h 的平均值不得超过的限值。

14．《水泥大气污染物排放标准》（GB 4905—2004）中规定水泥制品生产指预拌混凝土和混凝土预制件的生产，也包括水泥用于建筑施工现场搅拌的过程。（ ）

答案：（×）

正确答案为：不包括建筑施工现场搅拌混凝土的过程。

三、单选题

1．《水泥大气污染物排放标准》（GB 4905—2004）中规定现有水泥窑采用的除尘装置，其相对于水泥窑通风机的年同步运转率不得小于________。

A．99%　　B．90%　　C．75%　　D．75%以上

答案：A

2．《水泥工业大气污染物排放标准》（GB 4905—2004）中规定除提升输送、储库下小仓的除尘设施外，生产设备排气筒（含车间排气筒）一律不得低于________。

A．15m　　B．10m　　C．高于本体建筑物 3m 以上

答案：A

3．《水泥工业大气污染物排放标准》（GB 4905—2004）中规定水泥制造中新建生产线各生产设备（设施）排气筒中的颗粒物烘干机、烘干磨、煤磨及冷却机颗粒物最高排放浓度________mg/m^3。

A．50　　B．30　　C．100

答案：A

四、多选题

1．按《水泥大气污染物排放标准》（GB 4905—2004）中的要求，固定污染源排气中二氧化硫的测定分析方法可采用________。

A．定点位电解法　　B．碘量法　　C．盐酸副玫瑰苯胺分光光度法

答案：A　B

2．《水泥工业大气污染物排放标准》（GB 4905—2004）中规定水泥制造中水泥窑及窑磨一体机环节必测的因子是________。

A．SO_2　B．颗粒物　C．NO_x　D．氟化物

答案：A　B　C　D

五、简答题

1．简述《水泥工业大气污染物排放标准》（GB 4905—2004）中标准状态的定义。

答案：指温度为 273K，压力为 101 325Pa 时的状态。

2．简述《水泥工业大气污染物排放标准》（GB 4905—2004）中规定的最高允许排放浓度。

答案：在《水泥工业大气污染物排放标准》中最高允许排放浓度指处理设施后排气筒中污染物任何 1h 浓度平均值不得超过的限值；或指无处理设施排气筒中污染物任何 1h 浓度平均值不得超过的限值。

3．简述《水泥工业大气污染物排放标准》（GB 4905—2004）中规定单位产品排放量的定义。

答案：在《水泥工业大气污染物排放标准》（GB 4905—2004）中指各设备生产每吨产品所排放的有害物重量，单位 kg/t 产品。

4．简述《水泥工业大气污染物排放标准》（GB 4905—2004）无组织排放的定义。

答案：在《水泥工业大气污染物排放标准》中无组织排放指大气污染物不经过排气筒的无规则排放，主要包括作业场所物料堆放、开放式输送扬尘和管道、设备的含尘气体泄漏等。低矮排气筒的排放属有组织排放，但在一定条件下也可造成与无组织排放相同的后果，因此在执行“无组织排放监控点浓度限值”指标时，由低矮排气筒造成的监控点污染物浓度增加不予扣除。

5．简述《水泥工业大气污染物排放标准》（GB 4905—2004）中烘干机、烘干磨、煤磨和冷却机的定义。

答案：烘干机指各种型式物料烘干设备；烘干磨指物料烘干兼粉磨设备；煤磨指各种型式煤粉制备设备；冷却机指各种类型（筒式、篦式等）冷却熟料设备。

6．简述《水泥工业大气污染物排放标准》（GB 4905—2004）中破碎机、磨机、包装机和其他通风生产设备的定义。

答案：破碎机指各种破碎块粒状物料设备；磨机指各种物料粉磨设备系统（不包括烘干磨和煤磨）；包装机指各种型式包装水泥设备（包括水泥散装仓）；其他通风生产设备指除上述主要生产设备以外的需要通风的生产设备，其中包括物料输送设备、料仓和各种类型贮库等。

7．简述《水泥工业大气污染物排放标准》（GB 4905—2004）中现有生产线、新建生产线的含义。

答案：按照《水泥工业大气污染物排放标准》（GB 4905—2004）现有生产线是指本标准实施之日（2005 年 1 月 1 日）前已建成投产或环境影响报告书已通过审批的水泥矿山、水泥制造、水泥制品生产线。

新建生产线是指本标准实施之日（2005 年 1 月 1 日）起环境影响报告书通过审批的新、改、扩建水泥矿山、水泥制造、水泥制品生产线。

六、论述题

《水泥工业大气污染物排放标准》（GB 4905—2004）中对水泥生产线安装在线监测装置的要求是什么？

答案：新、改、扩建水泥生产线，水泥窑及窑磨一体机排气筒（窑尾）应当安装烟气颗粒物、二氧化硫和氮氧化物连续监测装置；冷却机排气筒（窑头）应当安装烟气颗粒物连续监测装置；对现有水泥生产线，应按地方环境保护行政主管部门的规定安装连续监测装置。

七、计算题

1．按《水泥工业大气污染物排放标准》（GB 4905—2004）要求，颗粒物标准排放限值为 50mg/m^3，水泥窑及窑磨一体机要求排放高度 60m，某水泥厂水泥窑及窑磨一体机实际排放高度为 50m，求颗粒物实际排放浓度。

答案：$C = C_0 \dfrac{h^2}{h^2_{\ 0}} = 50\dfrac{50^2}{60^2} = 34.7$（mg/m^3）

某水泥厂水泥窑及窑磨一体机颗粒物实际排放浓度为 34.7mg/m^3。

2．按《水泥工业大气污染物排放标准》（GB 4905—2004）要求，SO_2 标准排放限值为 200mg/m^3，水泥窑及窑磨一体机要求排放高度 80m，某水泥厂水泥窑及窑磨一体机 SO_2 实际排放浓度为 150mg/m^3，求该水泥厂水泥窑及窑磨一体机实际排放高度。

答案：$h = \sqrt{\dfrac{c}{c_0}}h_0 = \sqrt{\dfrac{150}{200}}80 = 69.2$（m）

该水泥厂水泥窑及窑磨一体机实际排放高度达到 69.2m。

参考文献

水泥工业大气污染物排放标准（GB 4905—2004）.

命题：陈黎军

审核：陈黎军

第二十一节 饮食业油烟排放标准（试行）（GB 18483—2001）

一、填空题

1.《饮食业油烟排放标准（试行）》（GB 18483—2001）将食物烹任、加工过程中挥发的油脂、有机质及其加热分解或裂解产物，统称为________。

答案：油烟

2.《饮食业油烟排放标准（试行）》（GB 18483—2001）将食物烹任、加工过程中挥发的________、________及其________，统称为油烟。

答案：油脂　有机质　加热分解或裂解产物

3.《饮食业油烟排放标准（试行）》（GB 18483—2001）处于同一________内，隶属于________的所有排烟灶头，计为一个饮食业单位。

答案：建筑物　同一法人

4.《饮食业油烟排放标准（试行）》（GB 18483—2001）处于同一建筑物内，隶属于同一法人的所有排烟灶头，计为一个________。

答案：饮食业单位

5.《饮食业油烟排放标准（试行）》（GB 18483—2001）无组织排放是指未经任何油烟________设施的油烟排放。

答案：净化

6.《饮食业油烟排放标准（试行）》（GB 18483—2001）________指油烟经净化设施处理后，被去除的油烟与净化之前的油烟的质量的百分比。

答案：油烟去除效率

7.《饮食业油烟排放标准（试行）》（GB 18483—2001）油烟去除效率指油烟经净化设施处理后，被去除的________与________的百分比。

答案：油烟　净化之前的油烟的质量

8.《饮食业油烟排放标准（试行）》（GB 18483—2001）饮食业单位的油烟净化设施最低去除效率限值按规模分为________、________、________三级；饮食业单位的规模按________划分，基准灶头数按灶的总发热功率或排气罩灶面投影总面积折算。每个基准灶头对应的发热功率为 1.67×10J/h，对应的排气罩灶面投影面积为 1.1m。

答案：大　中　小　基准灶头数

9.《饮食业油烟排放标准（试行）》（GB 18483—2001）饮食业单位的油烟净化设施最低去除效率限值按规模分为大、中、小三级；饮食业单位的规模按基准灶头数划分，基准灶头数按________或________折算。每个基准灶头对应的发热功率为 1.67×10J/h，对应的排气罩灶面投影面积为 1.1m。

答案：灶的总发热功率　排气罩灶面投影总面积

10.《饮食业油烟排放标准（试行）》（GB 18483—2001）饮食业单位的油烟净化设施最低去除效率限值按规模分为大、中、小三级；饮食业单位的规模按基准灶头数划分，基准灶头数按灶的总发热功率或排气罩灶面投影总面积折算。每个基准灶头对应的发热功率为________，对应的排气罩灶面投影面积为________。

答案：1.67×10J/h　$1.1m^2$

11.《饮食业油烟排放标准（试行）》（GB 18483—2001）排放油烟的炊食业单位必须安装________设施，并保证操作期间按要求运行。油烟无组织排放视同超标。

答案：油烟净化

12.《饮食业油烟排放标准（试行）》（GB 18483—2001）排放油烟的炊食业单位必须安装油烟净化设施，并保证操作期间按要求运行。油烟无组织排放视同________。

答案：超标

13.《饮食业油烟排放标准（试行）》（GB 18483—2001）饮食业油烟排气筒出口段的长度至少应有________倍直径（或当量直径）的平直管段。

答案：4.5

14.《饮食业油烟排放标准（试行）》（GB 18483—2001）饮食业油烟排气筒出口朝向应避开易受影响的______。油烟排气筒的高度、位置等具体规定由省级环境保护部门制定。

答案：建筑物

15.《饮食业油烟排放标准（试行）》（GB 18483—2001）油烟排气筒的高度、位置等具体规定由________制定。

答案：省级环境保护部门

16.《饮食业油烟排放标准（试行）》（GB 18483—2001）饮食业油烟排烟系统应做到________完好，禁止人为稀释排气筒中污染物浓度。

答案：密封

17.《饮食业油烟排放标准（试行）》（GB 18483—2001）饮食业产生特殊气味时，参照________臭气浓度指标执行。

答案：《恶臭污染物排放标准》

18.《饮食业油烟排放标准（试行）》（GB 18483—2001）饮食业油烟采样位置应优先选择在垂直管段。应避开烟道________和________部位。

答案：弯头　断面急剧变化

19.《饮食业油烟排放标准（试行）》（GB 18483—2001）饮食业油烟采样位置应设置在距弯头、变径管下游方向不小于______倍直径，和距上述部件上游方向不小于_______倍直径处，对矩形烟道，其当量直径 $D=2AB/(A+B)$，式中 A、B 为边长。

答案：3 1.5

20.《饮食业油烟排放标准（试行）》（GB 18483—2001）饮食业油烟采样位置应设置在距弯头、变径管下游方向不小于 3 倍直径，和距上述部件上游方向不小于 1.5 倍直径处，对矩形烟道，其当量直径 D=________，式中________、________为边长。

答案：$2AB/(A+B)$ A B

21.《饮食业油烟排放标准（试行）》（GB 18483—2001）饮食业油烟采样时间应在油烟排放单位正常作业期间，采样次数为连续采样________次，每次________min。

答案：5 10

22.《饮食业油烟排放标准（试行）》（GB 18483—2001）样品采集应在油烟排放单位作业（炒菜、食品加工或其他产生油烟的操作）_______进行。

答案：高峰期

23.《饮食业油烟排放标准（试行）》（GB 18483—2001）五次采样分析结果之间，其中任何一个数据与最大值比较，若该数据小于最大值的四分之一，则该数据为_________，不能参与平均值计算。数据经取舍后，至少有________个数据参与平均值计算。若数据之间不符合上述条件，则需重新采样。

答案：无效值 3

24.《饮食业油烟排放标准（试行）》（GB 18483—2001）_______可视情况需要，对饮食单位油烟排放状况进行监督监测。

答案：县级以上环保部门

二、判断题

1.《饮食业油烟排放标准（试行）》（GB 18483—2001）指食物烹饪、加工过程中挥发的油脂、有机质及其加热分解或裂解产物，统称为油烟。（ ）

答案：（√）

2.《饮食业油烟排放标准（试行）》（GB 18483—2001）处于同一建筑物内，隶属于不同法人的所有排烟灶头，计为一个饮食业单位。（ ）

答案：（×）

正确答案为：《饮食业油烟排放标准（试行）》（GB 18483—2001）处于同一建筑物内，隶属于相同法人的所有排烟灶头，计为一个饮食业单位。

3.《饮食业油烟排放标准（试行）》（GB 18483—2001）无组织排放是指未经任何油烟净化设施净化的油烟排放。（ ）

答案：（√）

4.《饮食业油烟排放标准（试行）》（GB 18483—2001）油烟去除效率指油烟经净化设施处理后，被去除的油烟与净化之后的油烟的质量的百分比。（　）

答案：（×）

正确答案为：《饮食业油烟排放标准（试行）》（GB 18483—2001）油烟去除效率指油烟经净化设施处理后，被去除的油烟与净化之前的油烟的质量的百分比。

5.《饮食业油烟排放标准（试行）》（GB 18483—2001）每个基准灶头对应的发热功率为 1.67×10J/h，对应的排气罩灶面投影面积为 1.1m。（　）

答案：（√）

6.《饮食业油烟排放标准（试行）》（GB 18483—2001）排放油烟的炊食业单位必须安装油烟净化设施，并保证操作期间按要求运行。油烟无组织排放视同达标。（　）

答案：（×）

正确答案为：《饮食业油烟排放标准（试行）》（GB 18483—2001）排放油烟的饮食业单位必须安装油烟净化设施，并保证操作期间按要求运行。油烟无组织排放视同超标。

7.《饮食业油烟排放标准（试行）》（GB 18483—2001）饮食业油烟排气筒出口段的长度至少应有 5.5 倍直径（或当量直径）的平直管段。（　）

答案：（×）

正确答案为：《饮食业油烟排放标准（试行）》（GB 18483—2001）饮食业油烟排气筒出口段的长度至少应有 4.5 倍直径（或当量直径）的平直管段。

8.《饮食业油烟排放标准（试行）》（GB 18483—2001）饮食业油烟排气筒出口朝向应避开易受影响的建筑物。油烟排气筒的高度、位置等具体规定由县级环境保护部门制定。（　）

答案：（×）

正确答案为：《饮食业油烟排放标准（试行）》（GB 18483—2001）饮食业油烟排气筒出口朝向应避开易受影响的建筑物。油烟排气筒的高度、位置等具体规定由省级环境保护部门制定。

9.《饮食业油烟排放标准（试行）》（GB 18483—2001）饮食业产生特殊气味时，参照《恶臭污染物排放标准》臭气浓度指标执行。（　）

答案：（√）

10.《饮食业油烟排放标准（试行）》（GB 18483—2001）市级以上环保部门可视情况需要，对饮食单位油烟排放状况进行监督监测。（　）

答案：（×）

正确答案为：《饮食业油烟排放标准（试行）》（GB 18483—2001）县级以上环保部门可视情况需要，对饮食单位油烟排放状况进行监督监测。

三、单选题

1.《饮食业油烟排放标准（试行）》（GB 18483—2001）________可视情况需要，对饮食单位油烟排放状况进行监督监测。

A．省级以上环保部门　　B．市级以上环保部门

C．县级以上环保部门　　D．区级以上环保部门

答案：C

2.《饮食业油烟排放标准（试行)》(GB 18483—2001）样品采集应在油烟排放单位作业（炒菜、食品加工或其他产生油烟的操作）_______进行。

A．高峰期　　B．休息时　　C．停业时　　D．营业时

答案：A

3.《饮食业油烟排放标准（试行)》(GB 18483—2001）饮食业油烟排气筒出口朝向应避开易受影响的建筑物。油烟排气筒的高度、位置等具体规定由________制定。

A．省级环保部门　B．市级环保部门　C．县级环保部门　D．区级环保部门

答案：A

四、多选题

1.《饮食业油烟排放标准（试行)》(GB 18483—2001）食物烹饪、加工过程中挥发的________及其加热分解或裂解产物，统称为油烟。

A．油脂　B．无机物　C．有机质　D．重金属

答案：A　C

2.《饮食业油烟排放标准（试行)》(GB 18483—2001）测定前先预热红外测定仪________以上，调节好________，固定某一组校正系数。

A．0.5h　B．1h　C．零点　D．零点和满刻度

答案：B　D

五、简答题

《饮食业油烟排放标准（试行)》(GB 18483—2001）中油烟净化设施的去除效率测定分为哪几种情况？

答案：(1）安装在油烟排烟管道中的油烟净化设施，通过同时测定净化前后油烟排放浓度与风量即可按公式计算油烟去除效率。

(2）安装在排烟罩上净化设施，则需在进行效率测试前，确定一个稳定的抽烟发生源，然后测定出安装与不安装净化设施时的油烟排放浓度与风量，再按公式计算油烟去除效率。

参考文献

饮食业油烟排放标准（试行）(GB 18483—2001）.

命题：刘　宇

审核：陈黎军

第三章 噪 声

第一节 声环境质量常规监测暂行技术规定

一、填空题

1.《声环境质量常规监测暂行技术规定》中规定，按城市区域声环境质量总体水平等级划分一级区域其昼间平均等效声级为________dB，夜间平均等效声级为________dB；五级区域其昼间平均等效声级为________dB，夜间平均等效声级为________dB。

答案：≤50.0　≤40.0　>65.0　>55.0

2.《声环境质量常规监测暂行技术规定》中规定，声级计在测量前后应进行校准，灵敏度相差不得大于________dB，否则测量无效。

答案：0.5

3.《声环境质量常规监测暂行技术规定》中规定，城市道路是指在城市范围内具有一定技术条件和设施的道路，分为________、________、________。

答案：城市快速路　主干路　次干路

4.《声环境质量常规监测暂行技术规定》中规定，声环境质量的常规监测包含________、________、________。

答案：区域监测　道路交通监测　功能区监测

5.《声环境质量常规监测暂行技术规定》中规定，区域监测的点位高度距地面为________。

答案：1.2～4.0m

6.《声环境质量常规监测暂行技术规定》中规定，道路交通监测的点位选在路段两路口之间，距任一路口的距离大于________m，路段不足 100m 的选路段________点，测点位于人行道上距路面（含慢车道）________cm 处。

答案：50　中　20

7.《声环境质量常规监测暂行技术规定》中规定，在《声环境质量常规监测暂行技术规定》中道路交通监测的点位高度距地面为________。

答案：1.2～6.0m

8.《声环境质量常规监测暂行技术规定》中规定，道路交通监测时轻型汽车为最大总质量不超过________t 的车辆。

答案：3.5

9.《声环境质量常规监测暂行技术规定》中区域监测每个监测点位的测量时间为________。

答案：10min

10.《声环境质量常规监测暂行技术规定》中规定，功能区每个监测点位每次测量时间为________。

答案：连续监测 24h

11.《声环境质量常规监测暂行技术规定》中规定，道路交通噪声监测点位数量：特大城市≥________个；大城市≥________个；中等城市≥________个；小城市≥________个。一个测点可代表一条或多条相近的道路。

答案：100　80　50　20

12.《声环境质量常规监测暂行技术规定》中规定，功能区监测的点位高度距地面为________。

答案：1.2m 以上

13.《声环境质量常规监测暂行技术规定》中规定，声环境质量常规监测测量要求：传声器距水平基础支承面________以上，离任何反射面距离不小于________，与操作者距离不小于________。道路交通噪声监测，传声器指向________。

答案：1.2m　1m　0.5m　被测声源

14.《声环境质量常规监测暂行技术规定》中规定，按道路交通噪声强度等级划分一级区域其昼间平均等效声为________dB，夜间平均等效声级为________dB；五级区域其昼间平均等效声为________dB，夜间平均等效声级为________dB。

答案：≤68.0　≤58.0　>74.0　>64.0

15.《声环境质量常规监测暂行技术规定》中规定，功能区监测：每年每季度监测________，各城市每次测量日期应相对固定。

答案：1 次

16.《声环境质量常规监测暂行技术规定》中规定，道路交通监测：昼间监测每年________，监测应在昼间正常工作时段内测量，测量时段应覆盖整个正常工作时段。夜间监测每五年________，在每个五年计划的________监测，监测从夜间起始时间开始，测量时段应覆盖整个夜间时段。

答案：1 次　1 次　第三年

17.《声环境质量常规监测暂行技术规定》中规定，区域监测：昼间监测每年______，监测应在昼间正常工作时段内测量，测量时段应覆盖整个正常工作时段。夜间监测每五年________，在每个五年规划的________监测，监测从夜间起始时间开始，测量时段应覆盖整个夜间时段。

答案：五次　1 次　第三年

二、判断题

1.《声环境质量常规监测暂行技术规定》中规定，道路交通监测时重型汽车为最大总质量超过 4t 的车辆。(　)

答案：(×)

正确答案为：在《声环境质量常规监测暂行技术规定》中道路交通监测时重型汽车为最大总质量超过 3.5t 的车辆。

2. 在《声环境质量常规监测暂行技术规定》中规定道路交通监测的点位高度距地面为 1.2～6.0m。(　)

答案：(√)

3. 在《声环境质量常规监测暂行技术规定》中规定，区域监测每个监测点位的测量时间为 10min。(　)

答案：(√)

4. 在《声环境质量常规监测暂行技术规定》中功能区监测的点位高度距地面为 1.2m 以上。(　)

答案：(√)

5. 在《声环境质量常规监测暂行技术规定》中规定，功能区每个监测点位每次测量时间为 20min。(　)

答案：(×)

正确答案为：在《声环境质量常规监测暂行技术规定》中功能区每个监测点位每次测量时间为连续监测 24h。

三、单选题

1.《声环境质量常规监测暂行技术规定》中规定，道路交通监测时重型汽车为最大总质量超过________的车辆。

A. 3.5t　B. 4.0t　C. 6.0t

答案：A

2.《声环境质量常规监测暂行技术规定》中规定，区域噪声监测每个监测点位的测量时间，正确的为________。

A. 1min　B. 10 min　C. 20 min

答案：B

3.《声环境质量常规监测暂行技术规定》中规定，道路交通噪声监测点位数量：大城市≥________个。

A. 100　B. 80　C. 50

答案：B

4.《声环境质量常规监测暂行技术规定》中规定，道路交通噪声监测每个监测点位的测量时间，正确的为________。

A. 1min B. 10min C. 20min

答案：C

四、多选题

1.《声环境质量常规监测暂行技术规定》中规定，城市道路是指在城市范围内具有一定技术条件和设施的道路，分为________。

A. 城市快速路 B. 主干路 C. 次干路

答案：A B C

2.《声环境质量常规监测暂行技术规定》中规定，声环境质量的常规监测包含________。

A. 区域监测 B. 道路交通监测 C. 厂界监测

答案：A B

五、简答题

1. 简述《声环境质量常规监测暂行技术规定》中，声环境质量常规监测的内容。

答案：声环境质量常规监测也称例行监测。指为掌握城市声环境质量状况，环境监测部门所开展的城市区域声环境质量监测、城市道路交通噪声监测和城市各类功能区声环境质量监测。

2. 简述《声环境质量常规监测暂行技术规定》中城市区域声环境质量监测的目的。

答案：评价整个城市环境噪声总体水平；分析城市声环境质量的年度变化规律和变化趋势。

3. 简述《声环境质量常规监测暂行技术规定》中，城市区域噪声监测每个监测点位的测量项目有哪些？

答案：每个监测点位测量 10min 的等效连续 A 声级 L_{eq}（简称等效声级），累积百分声级 L_{10}、L_{50}、L_{90}、L_{max}、L_{min} 和标准偏差（*SD*）。

4. 简述《声环境质量常规监测暂行技术规定》中，城市道路交通噪声监测的目的。

答案：反映道路交通噪声源的噪声强度；分析道路交通噪声声级与车流量、路况等关系及变化规律；分析城市道路交通噪声的年度变化规律和变化趋势。

5. 简述《声环境质量常规监测暂行技术规定》中，城市道路交通噪声监测每个监测点位的测量项目有哪些。

答案：每个测点测量 20min 等效声级 L_{eq}，累积百分声级 L_{10}、L_{50}、L_{90}、L_{max}、L_{min} 和标准偏差（*SD*），分类（轻型汽车、重型汽车）记录车流量（辆/20min）。

6. 简述《声环境质量常规监测暂行技术规定》中，功能区监测的目的。

答案：评价声环境功能区监测点位的昼间和夜间达标情况；反映城市各类功能区监测点位的声环境质量随时间的变化状况；分析功能区监测点位随时间的变化规律和变化趋势。

7. 简述《声环境质量常规监测暂行技术规定》中，城市功能区噪声监测每个监测点位的测量项目有哪些？

答案：每个监测点位每次连续监测 24h，记录每小时等效声级 L_{eq}、小时累积百分声级 L_{10}、L_{50}、L_{90}、L_{max}、L_{min} 和标准偏差（SD）。

六、计算题

1. 在某条道路上三个路段测量其交通噪声的等效声级，已知各路段的长度分别为 6 700m、500m 和 700m 对应路段的声级为：74、70、68dB，试求整条道路的等效声级。

答案：$L_{平均}$=（6 700×74+500×70+700×68）/（6 700+500+700）=73.2（dB）

2. 某城市全市白天平均等效声级为 59dB，夜间全市平均等效声级为 48dB，问全市昼夜平均等效声级为多少？

答案：$L_{dn}=10\lg[(16\times10^{0.1\times59}+8\times10^{0.1\times(48+10)})/24]=58.7$（dB）

参考文献

声环境质量常规监测暂行技术规定.

命题：强建宁

审核：陈黎军

第二节 城市区域环境噪声适用区划分技术规范（GB/T 15190—94）

一、填空题

1. 在《城市区域环境噪声适用区划分技术规范》（GB/T 15190—94）中标准适用区域分为________类。

答案：五

2. 在《城市区域环境噪声适用区划分技术规范》（GB/T 15190—94）中 0 类标准适用区域颜色________，阴影线________。

答案：浅黄色 小点

3. 在《城市区域环境噪声适用区划分技术规范》（GB/T 15190—94）中 1 类标准适用区域颜色________，阴影线________。

答案：浅绿色 垂直线

4. 在《城市区域环境噪声适用区划分技术规范》（GB/T 15190—94）中 2 类标准适用

区域颜色________阴影线________。

答案：浅蓝色　　　斜线

5．在《城市区域环境噪声适用区划分技术规范》（GB/T 15190—94）中 3 类标准适用区域颜色________，阴影线________。

答案：褐色　　交叉线

6．在《城市区域环境噪声适用区划分技术规范》（GB/T 15190—94）中 4 类标准适用区域颜色________，阴影线________。

答案：红色　　粗黑线

7．在《城市区域环境噪声适用区划分技术规范》（GB/T 15190—94）中 0 类标准适用区域：________、________和________的区域。

答案：疗养区　　　高级宾馆区　　　别墅区等特别需要安静

8．在《城市区域环境噪声适用区划分技术规范》（GB/T 15190—94）中 1 类标准适用区域：________、________、________以及________、________单位集中的区域。

答案：居民区　　文教区　　居民集中区　　　机关　　　事业

9．在《城市区域环境噪声适用区划分技术规范》（GB/T 15190—94）中 2 类标准适用区域：________、________、________。

答案：居住　　商业与工业混合区　　规划商业区

10．在《城市区域环境噪声适用区划分技术规范》（GB/T 15190—94）中 3 类标准适用区域：________和________。

答案：规划工业区　　　　　已形成的工业集中地带

11．在《城市区域环境噪声适用区划分技术规范》（GB/T 15190—94）中 4 类标准适用区：________、________、________和________。

答案：城市道路中交通干线两侧区域　　穿越城区的内河航道两侧区域　　穿越城区的铁路主、次干线轻轨交通道路两侧区域

二、判断题

1．在《城市区域环境噪声适用区划分技术规范》（GB/T 15190—94）中有关噪声区划需经地方环境保护行政主管部门将区划方案报当地人民政府审批、公布实施。（　）

答案：（√）

2．在《城市区域环境噪声适用区划分技术规范》（GB/T 15190—94）中 0 类标准适用区域：居民区、文教区、居民集中区以及机关、事业单位集中的区域。（　）

答案：（×）

正确答案为：在《城市区域环境噪声适用区划分技术规范》中 0 类标准适用区域：疗养区、高级宾馆区和别墅区等特别需要安静的区域。

3．在《城市区域环境噪声适用区划分技术规范》（GB/T 15190—94）中 1 类标准适用

区域：居住、商业与工业混合区，规划商业区。（ ）

答案：（×）

正确答案为：《城市区域环境噪声适用区划分技术规范》（GB/T 15190—94）中1类标准适用区域：居民区、文教区、居民集中区以及机关、事业单位集中的区域。

4．在《城市区域环境噪声适用区划分技术规范》（GB/T 15190—94）中2类标准适用区域：居民区、文教区、居民集中区以及机关、事业单位集中的区域。（ ）

答案：（×）

正确答案为：在《城市区域环境噪声适用区划分技术规范》（GB/T 15190—94）中2类标准适用区域：居住、商业与工业混合区，规划商业区。

5．在《城市区域环境噪声适用区划分技术规范》（GB/T 15190—94）中3类标准适用区域：疗养区、高级宾馆区和别墅区等特别需要安静的区域。（ ）

答案：（×）

正确答案为：在《城市区域环境噪声适用区划分技术规范》中3类标准适用区域：规划工业区和业已形成的工业集中地带。

6．在《城市区域环境噪声适用区划分技术规范》（GB/T 15190—94）中2类标准适用区域：居住、商业与工业混合区，规划商业区。（ ）

答案：（√）

7．在《城市区域环境噪声适用区划分技术规范》（GB/T 15190—94）中4类标准适用区域：规划工业区和业已形成的工业集中地带。（ ）

答案：（×）

正确答案为：在《城市区域环境噪声适用区划分技术规范》中4类标准适用区域：城市道路中交通干线两侧区域：穿越城区的内河航道两侧区域；穿越城区的铁路主、次干线和轻轨交通道路两侧区域。

8．在《城市区域环境噪声适用区划分技术规范》（GB/T 15190—94）中的噪声区划中0类标准适用区域颜色是黄色，阴影线是小点。（ ）

答案：（√）

9．在《城市区域环境噪声适用区划分技术规范》（GB/T 15190—94）中的噪声区划中2类标准适用区域颜色是浅蓝色，阴影线是斜线。（ ）

答案：（√）

10．在《城市区域环境噪声适用区划分技术规范》（GB/T 15190—94）中的噪声区划中0类标准适用区域颜色是浅蓝色，阴影线是交叉线。（ ）

答案：（×）

正确答案为：在《城市区域环境噪声适用区划分技术规范》（GB/T 15190—94）中的噪声区划中0类标准适用区域颜色是黄色，阴影线是小点。

11．在《城市区域环境噪声适用区划分技术规范》的噪声区划中3类标准适用区域颜

色是褐色，阴影线是交叉线。（ ）

答案：（√）

12. 在《城市区域环境噪声适用区划分技术规范》（GB/T 15190—94）中的噪声区划中2类标准适用区域颜色是黄色，阴影线是小点。（ ）

答案：（×）

正确答案为：在《城市区域环境噪声适用区划分技术规范》的噪声区划中2类标准适用区域颜色是浅蓝色，阴影线是斜线。

13. 在《城市区域环境噪声适用区划分技术规范》（GB/T 15190—94）中的噪声区划中4类标准适用区域颜色是红色，阴影线是粗黑线。（ ）

答案：（√）

三、单选题

1. 在《城市区域环境噪声适用区划分技术规范》（GB/T 15190—94）中的噪声区划中2类标准适用区域颜色、阴影线是________。

A. 黄色 小点 B. 浅绿色 垂直线 C. 浅蓝色 斜线

答案：C

2. 在《城市区域环境噪声适用区划分技术规范》（GB/T 15190—94）中的噪声区划中________适用区域颜色、阴影线分别是褐色、交叉线。

A. 3类标准 B. 2类标准 C. 1类标准

答案：A

3. 在《城市区域环境噪声适用区划分技术规范》（GB/T 15190—94）中的噪声区划中1类标准适用区域颜色、阴影线分别是________。

A. 黄色 小点 B. 浅绿色 垂直线 C. 褐色 交叉线

答案：B

4. 在《城市区域环境噪声适用区划分技术规范》（GB/T 15190—94）中的噪声区划中________适用区域颜色、阴影线分别是红色、粗黑线。

A. 2类标准 B. 4类标准 C. 0类标准

答案：B

5. 在《城市区域环境噪声适用区划分技术规范》（GB/T 15190—94）中的噪声区划中2类标准适用区域：________。

A. 居民区、文教区、居民集中区以及机关、事业单位集中的区域

B. 居住、商业与工业混合区，规划商业区

C. 规划工业区和业已形成的工业集中地带

答案：B

6. 在《城市区域环境噪声适用区划分技术规范》（GB/T 15190—94）中的噪声区划中

3 类标准适用区域：________。

A. 居住、商业与工业混合区，规划商业区

B. 居民区、文教区、居民集中区以及机关、事业单位集中的区域

C. 规划工业区和业已形成的工业集中地带

答案：C

7. 在《城市区域环境噪声适用区划分技术规范》（GB/T 15190—94）中的噪声区划中疗养区、高级宾馆区和别墅区等特别需要安静的区域属于________。

A. 0 类标准适用区域　　B. 1 类标准适用区域　　C. 2 类标准适用区域

答案：A

四、多选题

1. 在《城市区域环境噪声适用区划分技术规范》（GB/T 15190—94）中的噪声区划中1 类标准适用区域：________。

A. 居民区　B. 文教区　　C. 居民集中区　　D. 商业与工业混合区

答案：A　B　C

2. 在《城市区域环境噪声适用区划分技术规范》（GB/T 15190—94）中的噪声区划中2 类标准适用区域：________。

A. 居住　　B. 商业与工业混合区　　C. 规划工业区　　D. 居民集中区

答案：A　B

五、简答题

1.《城市区域环境噪声适用区划分技术规范》（GB/T 15190—94）中的主题内容与适用范围是什么？

答案：（1）本规范规定了城市五类环境噪声标准适用区域划分的原则和方法。

（2）本规范适用于城市规划区。

2.《城市区域环境噪声适用区划分技术规范》（GB/T 15190—94）中什么是《城市区域环境噪声适用区划分技术规范》中噪声区划单元？

答案：在噪声区划工作中，由道路、河流、沟壑等明显线状地物和绿地等围成的城市结构、市局和环境状况相近的居、街委会或小区。

3. 在《城市区域环境噪声适用区划分技术规范》（GB/T 15190—94）中噪声区划各类标准适用区域的解释是什么？

答案：0 类标准适用区域：疗养区、高级宾馆区和别墅区等特别需要安静的区域。

1 类标准适用区域：居民区、文教区、居民集中区以及机关、事业单位集中的区域。

2 类标准适用区域：居住、商业与工业混合区，规划商业区。

3 类标准适用区域：规划工业区和业已形成的工业集中地带。

4 类标准适用区域：城市道路中交通干线两侧区域；穿越城区的内河航道两侧区域；穿越城区的铁路主、次干线和轻轨交通道路两侧区域。

4.《城市区域环境噪声适用区划分技术规范》（GB/T 15190—94）中噪声区划的基本原则是什么？

答案：（1）有效地控制噪声污染的程度和范围，提高声环境质量，保障城市居民正常生活、学习和工作场所的安静。

（2）以城市规划为指导，按区域规划用地的主导功能确定。

（3）便于城市环境噪声管理和促进噪声治理。

（4）有利于城市规划的实施和城市改造，做到区划科学合理，促进环境、经济、社会协调一致发展。

（5）宜粗不宜细，宜大不宜小。

5．在《城市区域环境噪声适用区划分技术规范》（GB/T 15190—94）中噪声区划的用地指标类型含义是什么？

答案：噪声区划用地指标是反映区域主导功能，由城市用地分类归纳成的三类用地。

其中：A 类用地含各类居住、行政办公、医疗卫生及教育科研设计用地；

B 类用地含各类工业相仓储用地；

C 类用地含对外交通、道路广场和交通设施用地。

6．在《城市区域环境噪声适用区划分技术规范》（GB/T 15190—94）中的噪声区划中有关各区域的颜色或阴影线规定有哪些？

答案：区划图可用不同颜色或阴影线在城市地图上绘制。

区域类别	颜色	阴影线
0 类标准适用区域	浅黄色	小点
1 类标准适用区域	浅绿色	垂直线
2 类标准适用区域	浅蓝色	斜线
3 类标准适用区域	褐色	交叉线
4 类标准适用区域	红色	粗黑线

参考文献

城市区域环境噪声适用区划分技术规范（GB/T 15190—94）.

命题：强建宁

审核：陈黎军

第三节 声环境质量标准（GB 3096—2008）

一、填空题

1.《声环境质量标准》（GB 3096—2008）中规定，A 声级是指用________网络测得的声压级，用 L_A 表示。

答案：A 计权

2.《声环境质量标准》（GB 3096—2008）中规定，A 声级的单位用________表示。

答案：dB（A）

3.《声环境质量标准》（GB 3096—2008）中规定，昼间等效声级是指在昼间时段内测得的等效连续 A 声级，昼间时段是指________的时段。

答案：6：00—22：00

4.《声环境质量标准》（GB 3096—2008）中规定，夜间等效声级是指在夜间时段内测得的等效连续 A 声级，用________表示，单位 dB（A）。

答案：L_n

5. L_{max} 表示在规定的测量时间段内测得的 A 声级的________。

答案：最大值

6.《声环境质量标准》（GB 3096—2008）中规定，集镇执行_______类声环境功能区要求。

答案：2

7.《声环境质量标准》（GB 3096—2008）中规定，声环境功能区根据区域的________和________进行划分。

答案：使用功能特点　　环境质量要求

8.《声环境质量标准》（GB 3096—2008）中规定，4b 类声环境功能区是指________两侧区域。

答案：铁路干线

9.《声环境质量标准》（GB 3096—2008）中规定，4b 类声环境功能区环境噪声限值适用于_______年 1 月 1 日起环境影响评价文件通过审批的新建铁路干线建设项目两侧区域。

答案：2011

10.《声环境质量标准》（GB 3096—2008）中规定，穿越城区的既有铁路干线两侧区域不通过列车时的环境背景噪声限值为：昼间________dB（A）、夜间________dB（A）。

答案：70　　55

二、判断题

1.《声环境质量标准》（GB 3096—2008）中规定，噪声测量时段一般分为昼间和夜间

两个时段，昼间为18h，夜间为6h。（ ）

答案：（×）

正确答案为：昼间为16h，夜间为8h。

2．《声环境质量标准》（GB 3096—2008）中规定，环境噪声测量时，传声器应水平放置，垂直指向最近的反射体。（ ）

答案：（×）

正确答案为：传声器应水平放置，尽量避开反射体。

3．无论采用何种方法进行噪声测量，测量前后均需对测量仪器进行校准，测量前后灵敏度相差不得大于0.5dB（A）。（ ）

答案：（√）

4．《声环境质量标准》（GB 3096—2008）中规定，机场周围区域受飞机通过（起飞、降落、低空飞越）噪声的影响，不适用于《声环境质量标准》（GB 3096—2008）。（ ）

答案：（√）

5．《声环境质量标准》（GB 3096—2008）中规定，4类声环境功能区监测点应设于4类区内第一排噪声敏感建筑物户外交通噪声空间垂直分布的可能最大值处。（ ）

答案：（√）

6．《声环境质量标准》（GB 3096—2008）中规定，0~3类声环境功能区普查监测，将全部网格中心测点测得的等效声级进行算数平均，所得到的平均值代表某一声环境功能区的总体环境噪声水平。（ ）

答案：（√）

7．《声环境质量标准》（GB 3096—2008）中规定，突发噪声指突然发生、持续时间较短、强度较高的噪声，如锅炉排气、工程爆破等产生的较高噪声。（ ）

答案：（√）

三、单选题

1．《声环境质量标准》（GB 3096—2008）中规定，根据《中华人民共和国噪声污染防治法》，“昼间”有________个小时。

A．8　　B．10　　C．12　　D．16

答案：D

2．《声环境质量标准》（GB 3096—2008）中规定，各类声环境功能区夜间突发噪声最大声级超过环境噪声限值的幅度不得高于________dB（A）。

A．5　　B．10　　C．15　　D．20

答案：C

3．《声环境质量标准》（GB 3096—2008）中规定，________区域属于4b类声环境功能区。

A．铁路干线两侧　B．内河航道两侧　C．高速公路　D．二级公路

答案：A

4．《声环境质量标准》（GB 3096—2008）中规定，集镇执行________类声环境功能区要求。

A．0　B．1　C．2　D．3

答案：C

5．《声环境质量标准》（GB 3096—2008）中规定，不得不在噪声敏感建筑物室内监测时，应在门窗全打开状况下进行室内噪声监测，并采用较该噪声敏感建筑物所在声环境功能区对应环境噪声限值低________dB（A）的值作为评价依据。

A．5　B．10　C．15　D．20

答案：B

6．《声环境质量标准》（GB 3096—2008）中规定，声环境功能区监测每次至少进行________的连续监测。

A．10min　B．20min　C．12h　D．24h

答案：D

7．《声环境质量标准》（GB 3096—2008）中规定，声级计测得的分贝值，是表征声源的________。

A．声压大小　B．声压级大小　C．声强大小　D．声场大小

答案：B

8．《声环境质量标准》（GB 3096—2008）中规定，声压级不随距离声源远近而变化的声源类型是________。

A．点声源　B．线声源　C．面声源　D．球声源

答案：B

9．《声环境质量标准》（GB 3096—2008）中规定，在测量有气流的管道中噪声时，为防止干扰应加装________。

A．防风罩　B．防潮罩　C．鼻锥　D．防水罩

答案：B

10．《声环境质量标准》（GB 3096—2008）中规定，噪声监测中的L_{50}，是表征在监测时间内噪声的________。

A．平均峰值　B．平均中值　C．平均本底值　D．等效平均值

答案：B

四、多选题

1．《声环境质量标准》（GB 3096—2008）中规定，较老标准而言，做了________修改。

A．扩大了标准的适用区域

B．将环境质量标准与测量方法标准合并为一项标准

C．对交通干线两侧 4 类区环境噪声限值做了调整

D．提出了声环境功能区监测和噪声敏感建筑物监测的要求

答案：A　B　C　D

2．《声环境质量标准》（GB 3096—2008）中规定，________型声级计可用于环境噪声监测。

A．Ⅰ　　B．Ⅱ　　C．Ⅲ　　D．Ⅳ

答案：A　B

3．《声环境质量标准》（GB 3096—2008）中规定，4a 类声环境功能区包括________。

A．高速公路两侧区域　　B．二级公路两侧区域

C．城市轨道交通两侧区域　　D．铁路干线两侧区域

答案：A　B　C

4．《声环境质量标准》（GB 3096—2008）中规定，下列有关噪声的叙述中，错误的是________。

A．当某噪声级与背景噪声级之差很小时，则感到很嘈杂

B．噪声影响居民的主要因素与噪声级、噪声的频谱、时间特性和变化情况有关

C．由于各人身心状态不同，对同一噪声级下的反应有相当大的出入

D．保证睡眠不受影响，室内噪声级的理想值为 30dB（A）

答案：B　C　D

5．《声环境质量标准》（GB 3096—2008）中规定，下列有关噪声性耳聋的叙述中，错误的是________。

A．因某噪声而引起的暂时性耳聋的程度，对估计因该噪声而引起的永久性耳聋有用

B．为测量耳聋的程度要进行听力检查

C．使用耳塞是防止噪声性耳聋的一种手段

D．当暴露时间为 8h，为防止噪声性耳聋的噪声允许值为 110dB

答案：A　B　C

6．《声环境质量标准》（GB 3096—2008）中规定，下列哪些区域属于 2 类声环境功能区________？

A．以行政办公为主的区域　B．居住、商业工业混合区域

C．以工业生产为主的区域　D．以集市贸易为主的区域

答案：B　D

7．《声环境质量标准》（GB 3096—2008）中规定，下列关于环境噪声限值的说法，错误的是________。

A．0 类声环境功能区昼间噪声限值为 40dB（A）

B．1 类声环境功能区昼间噪声限值为 50dB（A）

C．2 类声环境功能区夜间噪声限值为 45dB（A）

D．3 类声环境功能区夜间噪声限值为 55dB（A）

答案：A B C

8．《声环境质量标准》（GB 3096—2008）中规定，进行环境噪声测量时，应记录________内容。

A．使用仪器的型号及编号　　B．测量时的气象条件

C．测量的结果　　D．测量依据的标准

答案：A B C D

9．《声环境质量标准》（GB 3096—2008）中规定，《声环境质量标准》代替了________。

A．GB 3096—93　B．GB 12348—90　C．GB 12523—90　D．GB/T 14623—93

答案：A D

10．《声环境质量标准》（GB 3096—2008）中规定，最常用的累积百分声级是________。

A．L_{10}　B．L_{50}　C．L_{90}　D．L_{95}

答案：A B C

五、简答题

1．《声环境质量标准》（GB 3096—2008）规定中，什么是累积百分声级？最常用的累积百分声级是指 L_{10}、L_{50} 和 L_{90}，分别简述其含义。

答案：用于评价测量时间段内噪声强度时间统计分布特征的指标，指占测量时间段一定比例的累积时间内 A 声级的最小值，用 L_N 表示，单位为 dB（A）。

最常用的是 L_{10}、L_{50} 和 L_{90}，其含义分别如下：

L_{10}——在测量时间内有 10%的时间 A 声级超过的值，相当于噪声的平均峰值。

L_{50}——在测量时间内有 50%的时间 A 声级超过的值，相当于噪声的平均中值。

L_{90}——在测量时间内有 90%的时间 A 声级超过的值，相当于噪声的平均本底值。

2．《声环境质量标准》（GB 3096—2008）规定中，按区域的使用功能特点和环境质量要求，声环境功能区分为哪五种类型，并分别进行描述。

答案：0 类声环境功能区：指康复疗养区等特别需要安静的区域。

1 类声环境功能区：指以居民住宅、医疗卫生、文化体育、科研设计、行政办公为主要功能，需要保持安静的区域。

2 类声环境功能区：指以商业金融、集市贸易为主要功能，或者居住、商业、工业混杂，需要维护住宅安静的区域。

3 类声环境功能区：指以工业生产、仓储物流为主要功能，需要防止工业噪声对周围环境产生严重影响的区域。

4 类声环境功能区：指交通干线两侧一定距离之内，需要防止交通噪声对周围环境产生严重影响的区域，包括 4a 类和 4b 类两种类型。4a 类为高速公路、一

级公路、二级公路、城市快速路、城市主干路、城市次干路、城市轨道交通（地面段）、内河航道两侧区域；4b 类为铁路干线两侧区域。

六、计算题

某交通干线长 2 100m，交通噪声监测结果如下表：

监测点代码	监测结果	监测路段长度	20min 车流量（辆）
1	昼间 72.5dB（A）/夜间 63.8 dB（A）	500m	昼间：重型车 50 轻型车 112 夜间：重型车 10 轻型车 58
2	昼间 71.0dB（A）/夜间 62.8 dB（A）	400m	昼间：重型车 48 轻型车 108 夜间：重型车 8 轻型车 56
3	昼间 72.5dB（A）/夜间 61.2 dB（A）	300m	昼间：重型车 50 轻型车 114 夜间：重型车 7 轻型车 52
4	昼间 74.5dB（A）/夜间 65.0 dB（A）	400m	昼间：重型车 56 轻型车 121 夜间：重型车 10 轻型车 58
5	昼间 72.3dB（A）/夜间 63.8 dB（A）	500m	昼间：重型车 52 轻型车 118 夜间：重型车 12 轻型车 60

请评价该交通干线两侧区域的噪声强度等级，写明判断理由。

道路交通噪声质量等级划分　　单位：dB（A）

等 级	好	较 好	轻度污染	中度污染	重度污染
等效声级	≤68.0	68.0～70.0	70.0～72.0	72.0～74.0	＞74.0

答案：根据城市道路交通噪声平均值计算公式：$\bar{L}=\frac{1}{l}\sum_{i=1}^{n}(l_i \times L_i)$

该条交通干线的昼间噪声平均值

L_d=（500×72.5+400×71.0+300×72.5+400×74.5+500×72.3）/2 100=72.5 dB（A）

该条交通干线的夜间噪声平均值

L_n=（500×63.8+400×62.8+300×61.2+400×65.0+500×63.8）/2 100=63.5 dB（A）

根据道路交通噪声强度等级划分规定，昼间平均等效声级在 72.1～74.0 dB（A）范围内的，属于四级强度。该交通干线等效声级为 72.5 dB（A）夜间平均等效声级为 63.5 dB（A），因此该交通干线噪声强度为四级，评价为较差。

参考文献

声环境质量标准（GB 3096—2008）.

命题：初　春

审核：陈黎军

第四节　建筑施工场界环境噪声排放标准（GB 12523—2011）

一、填空题

1.《建筑施工场界环境噪声排放标准》（GB 12523—2011）中规定，建筑施工场界噪声限值及测量方法。本标准适用于建筑施工噪声排放的________、________及________。

答案：管理　　评价　　控制

2.《建筑施工场界环境噪声排放标准》（GB 12523—2011）中规定，夜间噪声最大声级超过限值的幅度不得高于________dB（A）。

答案：15

3.《建筑施工场界环境噪声排放标准》（GB 12523—2011）中规定，当场界无法测量到声源的实际排放，如：声源位于________、场界有________、噪声敏感建筑物________场界围墙等情况，测点应设在噪声敏感建筑物户外 1m 处测量。

答案：高空　声屏障　高于

4.《建筑施工场界环境噪声排放标准》（GB 12523—2011）中规定，建筑施工场界环境噪声测量：在施工期间，测量连续________min 的等效声级，夜间同时测量最大声级。

答案：20

5.《建筑施工场界环境噪声排放标准》（GB 12523—2011）中规定，噪声测量值与背景噪声值相差小于________dB 时，应采取措施降低背景噪声，否则测量无效。

答案：3

6.《建筑施工场界环境噪声排放标准》（GB 12523—2011）中规定，用 A 计权网络测得的声压级，用________表示，单位 dB（A）。

答案：L_A

7. 建筑施工场界噪声限值的不同施工阶段分别为______、______、______和 ______。

答案：土石方　打桩　结构　装修

8.《建筑施工场界环境噪声排放标准》（GB 12523—2011）中规定，最大声级是指在规定测量时间内测得的 A 声级最大值，用________表示，单位为 dB。

答案：L_{Amax}

9.《建筑施工场界环境噪声排放标准》（GB 12523—2011）中规定，测量建筑施工场环境噪声时，仪器时间计权特性设为 ________挡。

答案：快（F）

二、判断题

1.《建筑施工场界环境噪声排放标准》（GB 12523—2011）中规定，建筑施工场界是

指由政府有关部门限定或建筑施工过程中实际使用的施工场地边界。（ ）

答案：（√）

2.《建筑施工场界环境噪声排放标准》（GB 12523—2011）中规定，背景噪声是指被测量噪声以外所有环境噪声的总和。（ ）

答案：（√）

3. 根据《建筑施工场界环境噪声排放标准》（GB 12523—2011）中规定，一般情况夜间禁止施工。（ ）

答案：（√）

4.《建筑施工场界环境噪声排放标准》（GB 12523—2011）中规定，根据施工场地中声源位置及周围噪声敏感建筑物的布局，可布设多个测点，其中包括受施工噪声影响较小且距噪声敏感建筑物较远的位置。（ ）

答案：（×）

正确答案为：根据施工场地中声源位置及周围噪声敏感建筑物的布局，可布设多个测点，其中包括受施工噪声影响较大且距噪声敏感建筑物较近的位置。

5. 噪声对人的干扰不仅和声压级有关，而且和频率也有关。（ ）

答案：（√）

6.《建筑施工场界环境噪声排放标准》（GB 12523—2011）中规定，建筑施工噪声是指：建筑施工过程中产生的干扰周围生活环境的声音。（ ）

答案：（√）

7. 当某噪声级与背景噪声级之差很小时，则感到很嘈杂。（ ）

答案：（×）

正确答案为：当某噪声级与背景噪声级之差很大时，则感到很嘈杂。

8.《建筑施工场界环境噪声排放标准》（GB 12523—2011）中规定，在工厂用地内，因建筑施工而引起的噪声必须与工厂噪声规定值相同。（ ）

答案：（×）

正确答案为：在工厂用地内，因建筑施工而引起的噪声必须用建筑施工环境噪声规定值来评价。

9. 声压级、声强级和声功率级的单位都是分贝，所以是同一物理量。（ ）

答案：（×）

正确答案为：声压级、声强级和声功率级的单位都是分贝，但是不同物理量。

10.《建筑施工场界环境噪声排放标准》（GB 12523—2011）中规定，夜间噪声最大声级超过限制的幅度不得高于 15dB（A）。（ ）

答案：（√）

11. 不同的人群对同一噪声的主观感觉是不一样的。（ ）

答案：（√）

三、单选题

1.《建筑施工场界环境噪声排放标准》（GB 12523—2011）中规定，建筑施工场界噪声限值昼间________dB（A）；夜间________dB（A）。

A．75 50　　B．70 50　　C．70 50　　D．70 55

答案：D

2．锻压机噪声和打桩机噪声最易引起人们的烦恼，在下述理由中错误的是________。

A．噪声的峰值声级高　　B．噪声呈冲击性

C．多是伴随振动　　D．在声源控制对策上有技术方面的困难

答案：D

3．下列有关建筑施工噪声的叙述中，错误的是________。

A．因建筑施工噪声而引起的烦恼，相当一部分是施工机械和施工作业的冲击振动产生的固体声引起的

B．在施工机械和施工作业中，因使用打桩机或破碎机而产生冲击性噪声

C．在工厂用地内，因建筑施工而引起的噪声必须与工厂噪声规定值相同

答案：C

4．测量厂界噪声时，如果厂界有围墙，测点应位于________。

A．厂界外 1m，并高于围墙　　B．厂界外 1m，并与围墙等高

C．厂界内 1m，并与围墙等高　　D．厂界内 1m，并高于围墙

答案：A

5．常用声级计使用的是________传声器。

A．电动　　B．压电　　C．电容

答案：C

6．判断下列各题错误的是________。

A．声音传播的三要素是声源、途径和受主

B．使用声级计测量环境噪声和厂界噪声时“频率计权”应选择“A 计权”

C．使用环境噪声自动监测仪测量环境噪声和厂界噪声时，仪器的动态特性为“快”响应

D．户外测量时传声器加戴风罩，风力五级以上停止测量

答案：D

7.《建筑施工场界环境噪声排放标准》（GB 12523—2011）中规定，背景噪声值比噪声测量值低 10dB 以上时，噪声测量值________。

A．－1　　B．－2　　C．不做修正　　D．－3

答案：C

8.《建筑施工场界环境噪声排放标准》（GB 12523—2011）中规定，建筑施工场界环

境噪声的测量结果按照________进行评价。

A．各个测点的测量结果单独评价

B．最大声级 L_{Amax} 直接评价

C．取各测点平均值进行评价

D．取各个测点的测量结果单独评价或最大声级 L_{Amax} 直接评价

答案：D

四、多选题

1．《建筑施工场界环境噪声排放标准》（GB 12523—2011）中规定，测定噪声时，要求气象条件为________。

A．无雨雪　B．无雷电　C．气温不低于 0℃　D．小于 5m/s（或小于四级）

答案：A　B　D

2．《建筑施工场界环境噪声排放标准》（GB 12523—2011）中规定，建筑施工厂界噪声施工阶段分为________。

A．土石方　B．打桩　C．装修　D．浇注

答案：A　B　C

3．以下属于 2 类功能区的有________。

A．集市贸易　B．工业区　C．商业区　D．居民住宅

答案：A　B　C　D

五、简答题

1．简述《建筑施工场界环境噪声排放标准》（GB 12523—2011）中建筑施工厂界的定义。

答案：由有关主管部门批准的建筑施工场地边界或建筑施工过程中实际使用的施工场地边界。

2．简述《建筑施工场界环境噪声排放标准》（GB 12523—2011）中建筑施工噪声的定义。

答案：建筑施工过程中产生干扰周围生活环境的声音。

3．简述《建筑施工场界环境噪声排放标准》（GB 12523—2011）中噪声敏感建筑物的定义。

答案：指医院、学校、机关、科研单位、住宅等需要保持安静的建筑物。

4．噪声对人体主要有哪些危害？可采用哪些技术措施控制噪声？

答案：噪声对人类的影响和危害，概括起来可以划分为两大方面：

（1）强噪声可以引起耳聋和诱发出各种疾病：对听力机构的影响（噪声性耳聋）；对神经系统的影响；对心血管和消化系统的影响；对其他系统的影响。

（2）一般强度的噪声可以引起人们的烦恼，干扰语言交谈，以致对人们的工作、学习和生活带来较大的不利影响。

噪声控制的措施包括：

（1）声源控制：一是改进设备；二是采取隔振、阻尼处理等减小振动能量传递或减小振动。

（2）传播途径中的控制：采取隔声、隔振处理和隔声屏障、隔声间的使用以及吸声和消声处理等来控制噪声的传播。

（3）接受者的保护：工人可以戴耳罩或耳塞，对于仪器设备可以采取隔声、隔振设计等手段加以保护。

参考文献

建筑施工场界环境噪声排放标准（GB 12523—2011）.

命题：李红涛

审核：陈黎军

第五节 社会生活环境噪声排放标准（GB 22337—2008）

一、填空题

1.《社会生活环境噪声排放标准》(GB 22337—2008）中规定，测定噪声时，要求气象条件为________、________，风速为________。

答案：无雨雪　无雷电　小于 5m/s（或小于四级）

2.《社会生活环境噪声排放标准》(GB 22337—2008）中规定，在测量时间内，声级起伏不大于 3dB 的噪声视为________噪声，否则称为________噪声。

答案：稳态　非稳态

3.《社会生活环境噪声排放标准》(GB 22337—2008）中规定，室内噪声测量时，室内测量点位设在距任一反射面至少________m 以上、距地面________m 高度处，在受噪声影响方向的窗户________状态下测量。

答案：0.5　1.2　开启

4. 声级计按其精度可分为 4 种类型，O 型声级是作为实验用的标准声级，Ⅰ型声级计为精密声级计，Ⅱ型声级计为________声级计，Ⅲ型声级计为________声级计。

答案：普通　简易

5.《社会生活环境噪声排放标准》(GB 22337—2008）中规定，社会生活环境噪声测量应在被测声源正常工作时间进行，同时注明当时的________。

答案：工况

6.《社会生活环境噪声排放标准》（GB 22337—2008）中规定，社会生活环境噪声测量时，分别在昼间、夜间两个时段测量。夜间有频发、偶发噪声影响时同时测量________。

答案：最大声级

7.《社会生活环境噪声排放标准》（GB 22337—2008）中规定，对于社会生活环境噪声测量期间发生非稳态噪声（如电梯噪声等）的情况、最大声级超过限值的幅度不得高于________dB（A）。

答案：10

8.《社会生活环境噪声排放标准》（GB 22337—2008）中规定，最大声级（maximum sound level）在规定测量时间内对频发或偶发噪声事件测得的 A 声级的________，用 L_{max} 表示，单位为 dB（A）。

答案：最大值

9.《社会生活环境噪声排放标准》（GB 22337—2008）中规定，社会生活环境噪声测量时，当被测声源是稳态噪声，采用________min 等效声级。

答案：1

二、判断题

1.《社会生活环境噪声排放标准》（GB 22337—2008）中规定，对于社会生活环境噪声测量期间发生非稳态噪声（如电梯噪声等）的情况、最小声级超过限值的幅度不得高于 10dB（A）。（ ）

答案：（×）

正确答案为：对于社会生活环境噪声测量期间发生非稳态噪声（如电梯噪声等）的情况、最大声级超过限值的幅度不得高于 10dB（A）。

2.《社会生活环境噪声排放标准》（GB 22337—2008）中规定，根据《中华人民共和国环境噪声污染防治法》，“昼间”是指 6:00 至 22:00 之间的时段；“夜间”是指 22:00 至次日 6:00 之间的时段。县级以上人民政府为环境噪声污染防治的需要（如考虑时差、作息习惯差异等）而对昼间、夜间的划分另有规定的，应按其规定执行。（ ）

答案：（√）

3.《社会生活环境噪声排放标准》（GB 22337—2008）中规定，背景噪声（background noise）指被测量噪声源以及声源发出的环境噪声的总和。（ ）

答案：（×）

正确答案为：背景噪声（background noise）指被测量噪声源以外声源发出的环境噪声的总和。

4.《社会生活环境噪声排放标准》（GB 22337—2008）中规定，测量仪器和校准仪器应定期检定合格，并在有效使用期限内使用；每次测量前、后必须在测量现场进行声学校准，其前、后校准示值偏差不得大于 0.5dB，否则测量结果无效。（ ）

答案：（√）

5.《社会生活环境噪声排放标准》（GB 22337—2008）中规定，噪声敏感建筑物是指医院、学校、机关、科研单位、住宅等不需要保持安静的建筑物。（ ）

答案：（×）

正确答案为：噪声敏感建筑物是指医院、学校、机关、科研单位、住宅等需要保持安静的建筑物。

6.《社会生活环境噪声排放标准》（GB 22337—2008）中规定，测量仪器分为积分平均声级计或环境噪声自动监测仪，其性能应不低于 GB 3785 和 GB/T 17181 对 2 型仪器的要求。测量 35 dB 以下的噪声应使用 1 型声级计，且测量范围应满足所测量噪声的需要。（ ）

答案：（√）

7.《社会生活环境噪声排放标准》（GB 22337—2008）中规定，气象条件：测量应在无雨雪、无雷电天气，风速为 10m/s 以下时进行。不得不在特殊气象条件下测量时，应采取必要措施保证测量准确性，同时注明当时所采取的措施及气象情况。（ ）

答案：（×）

正确答案为：测量应在无雨雪、无雷电天气，风速为 5m/s 以下时进行。

8.《社会生活环境噪声排放标准》（GB 22337—2008）中规定，被测声源是非稳态噪声，测量被测声源有代表性时段的等效声级，必要时测量被测声源整个正常工作时段的等效声级。（ ）

答案：（√）

三、单选题

1.《社会生活环境噪声排放标准》（GB 22337—2008）中规定，环境敏感点的噪声监测点应设在________。

A．距扰民噪声源 1m 处　B．受影响居民户外 1m 处　C．噪声源厂界外 1m 处

答案：B

2.《社会生活环境噪声排放标准》（GB 22337—2008）中规定，环境噪声监测不得使用________声级计。

A．Ⅰ型　B．Ⅱ型　C．Ⅲ型

答案：C

3．因噪声而使收听清晰度下降问题，同________现象最有关系。

A．干涉　B．掩蔽　C．反射　D．衍射

答案：B

4.《社会生活环境噪声排放标准》（GB 22337—2008）中规定，社会生活环境噪声测量时，测量仪器时间计权设为“F”挡，采样时间间隔________1s。

A．不小于　B．不大于　C．等于

答案：B

5．下列有关噪声的叙述中，错误的是________。

A．当某噪声级与背景噪声级之差很小时，则感到很嘈杂

B．噪声影响居民的主要因素与噪声级、噪声的频谱、时间特性和变化情况有关

C．由于个人的身心状态不同，对同一噪声级下的反应有相当大的出入

D．保证睡眠不受影响，室内噪声级的理想值为 30dB

答案：A

6．下列有关噪声性耳聋的叙述中，错误的是________。

A．因某噪声而引起的暂时性耳聋的程度，对估计因该噪声而引起的永久性耳聋有用

B．为测量耳聋的程度，要进行听力检查

C．使用耳塞是防止噪声性耳聋的一种手段

D．当暴露时间为 8h，为防止噪声性耳聋的噪声容许值为 110dB

答案：D

7．《社会生活环境噪声排放标准》（GB 22337—2008）中规定，社会生活噪声测量值与背景噪声值相差在 3～10dB（A）时，噪声测量值与背景噪声值的差值取整后，按下表进行修正。

测量结果修正表　　单位：dB（A）

差值	3	4～5	6～10
修正值			－1

在表格空白处应该填的是________。

A．−3，−2　　B．−3，−1　　C．−3，2　　D．−4，−3

答案：A

8．《社会生活环境噪声排放标准》（GB 22337—2008）中规定，下列各题正确的是________。

A．噪声测量时段一般分为昼夜间两个阶段，昼间为 18h，夜间为 6h

B．环境噪声测量时，传声器应水平放置，垂直指向最近的反射体

C．若以一次测量结果表示某时段的噪声，则应测量该时段的最高声级

D．城市交通噪声监测统计中，平均车流量是各路段车流量的算术平均值

E．风罩用于减少风致噪声的影响和保护传声器，故户外测量时传声器应加戴风罩

答案：E

9．《社会生活环境噪声排放标准》（GB 22337—2008）中规定，稳态噪声是指在测量时间内，被测声源的声级起伏不大于________的噪声。

A．1dB　　B．2dB　　C．3dB　　D．4dB

答案：C

10．判断下列各题错误的是________。

A．声音传播的三要素是声源、途径和受主

B．使用声级计测量环境噪声和厂界噪声时，“频率计权”应选择“A 计权”

C．使用环境噪声自动监测仪测量环境噪声和厂界噪声时，仪器的动态特征为“快”响应

D．户外测量时传声器加戴风罩，风力五级以上停止测量

答案：D

四、多选题

1．《社会生活环境噪声排放标准》（GB 22337—2008）中规定，噪声敏感建筑物是指________等需要保持安静的建筑物。

A．学校　　B．机关　　C．住宅　　D．科研单位

答案：A　B　C　D

2．《社会生活环境噪声排放标准》（GB 22337—2008）中规定，噪声测量时记录内容包括________。

A．被测单位名称、地址

B．测量时气象条件、测量仪器

C．测点位置、测量时间

D．背景值、噪声测量值、测量人员

答案：A　B　C　D

五、简答题

1．简述如何保养噪声测量仪器。

答案：（1）保持仪器外部清洁；

（2）传声器不用时应干燥保存；

（3）传声器膜片应保持清洁，不得用手触摸；

（4）仪器长期不用时，应每月通电 2h，梅雨季节应每周通电 2h；

（5）仪器使用完毕应及时将电池取出。

2．简述噪声测量仪器的校准过程，并说出注意事项。

答案：校准过程：

（1）调节至校准状态。

（2）用活塞发声器或声级校准器对测量仪器进行整机校准。

（3）调节“输入灵敏度”电位器，使显示仪表显示校准信号的声级。

注意事项包括：

（1）活塞发声器只能校准有线性挡的仪器。

（2）仪器校准标定完毕，测量仪器的“输入灵敏度”电位器不得再改变位置。

（3）必须使用与传声器外径相同尺寸的校准器校准（活塞发声器或声级校准器有两种口径的适配器）。

3．简述《社会生活环境噪声排放标准》（GB 22337—2008）中，社会生活环境噪声的适用范围。

答案：社会生活环境噪声排放标准适用于营业性文化娱乐场所、商业经营活动中使用的向环境排放噪声的设备、设施的管理、评价与控制。

4．什么是频发噪声（frequent noise）？什么是偶发噪声（sporadic noise）？

答案：偶发噪声指偶然发生、发生的时间和间隔无规律、单次持续时间较短、强度较高的噪声。如短促鸣笛声、工程爆破噪声等。

频发噪声指频繁发生、发生的时间和间隔有一定规律、单次持续时间较短、强度较高的噪声，如排气噪声、货物装卸噪声等。

六、计算题

波长为 20cm 的声波，在空气、水、钢中的频率分别为多少赫兹？其周期 T 分别为多少秒？

（忆知空气中声速 C＝340m/s，水中声速 C＝1 483m/s，钢中声速 C＝6 100m/s）

答案：λ周期 $T=I/f$

在空气中：$f=C/\lambda$=340/（20/100）=1 700（Hz）；$T=1/f$=1/1 700s

在水中：$f=C/\lambda$=1 483/（20/100）=741.50（Hz）；$T=1/f$=1/741.5s

在钢中：$f=C/\lambda$=6 100/（20/100）=30 500（Hz）；$T=1/f$=1/30 500s

参考文献

社会生活环境噪声排放标准（GB 22337—2008）.

命题：李红涛

审核：陈黎军

第六节　工业企业厂界环境噪声排放标准（GB 12348—2008）

一、填空题

1．《工业企业厂界环境噪声排放标准》（GB 12348—2008）中规定，工业企业厂界环境噪声排放标准规定了________和________厂界环境噪声排放限值及其测量方法。

答案：工业企业　固定设备

2.《工业企业厂界环境噪声排放标准》(GB 12348—2008)中规定，噪声敏感物是指________、________、________、________、________等需要保持安静的建筑物。

答案：医院　学校　机关　科研单位　住宅

3.《工业企业厂界环境噪声排放标准》(GB 12348—2008)中规定，频发噪声是指频繁发生、发生的时间和间隔有________、单次持续时间________、________的噪声，如排气噪声、货物装卸噪声等。

答案：一定规律　较短　强度较高

4.《工业企业厂界环境噪声排放标准》(GB 12348—2008)中规定，稳态噪声是在测量事件内，被测声源的声级起伏不大于________dB(A)的噪声。

答案：3

5.《工业企业厂界环境噪声排放标准》(GB 12348—2008)中规定，按照工业企业厂界环境噪声排放限值的规定，夜间偶发噪声的最大声级超过限值的幅度不得高于______dB(A)。

答案：15

6.《工业企业厂界环境噪声排放标准》(GB 12348—2008)中规定，测量仪器时间计权特性设为“F”挡，采样时间间隔不大于________s。

答案：1

7.《工业企业厂界环境噪声排放标准》(GB 12348—2008)中规定，一般情况下，测点选在工业企业厂界外________m、高度________m 以上。

答案：1　1.2

8.《工业企业厂界环境噪声排放标准》(GB 12348—2008)中规定，噪声测量值与背景噪声值相差大于________dB(A)时，噪声测量值不做修正。

答案：10

二、判断题

1.《工业企业厂界环境噪声排放标准》(GB 12348—2008)中规定，工业企业厂界环境噪声是指在工业生产活动中使用固定设备等产生的、在厂界处进行测量和控制的干扰周围生活环境的声音。( )

答案：(√)

2.《工业企业厂界环境噪声排放标准》(GB 12348—2008)中规定，“昼间”是指 8:00 至 00:00 之间的时段，“夜间”是指 00:00 至次日 8:00 之间的时段。( )

答案：(×)

正确答案为：根据《工业企业厂界环境噪声排放标准》(GB 12348—2008)中规定，“昼间”是指 6:00 至 22:00 之间的时段，“夜间”是指 22:00 至次日 6:00 之间的时段。

3.《工业企业厂界环境噪声排放标准》(GB 12348—2008)中规定，偶发噪声是指偶然发生、发生时间和间隔无规律、单次时间较长、强度高的噪声。( )

答案：（×）

正确答案为：偶发噪声是指偶然发生、发生时间和间隔无规律、单次时间较短、强度高的噪声。

4. 噪声对人的干扰不仅和声压级有关，而且和频率也有关。（ ）

答案：（√）

5.《工业企业厂界环境噪声排放标准》（GB 12348—2008）中规定，传声器在测量时只有在有风时才应加防风罩。（ ）

答案：（×）

正确答案为：传声器在测量的任何时候都应加防风罩。

6.《工业企业厂界环境噪声排放标准》（GB 12348—2008）中规定，厂界无法测量到声源的实际排放状况时（如声源位于高空、厂界设有声屏障等），应按测点选在工业企业厂界外 1m、高度 1.2m 以上布设，同时在受影响的噪声敏感建筑物户外 1m 处另设测点。（ ）

答案：（√）

7. 人们对不同频率的噪声感觉有较大的差异。（ ）

答案：（√）

8.《工业企业厂界环境噪声排放标准》（GB 12348—2008）中规定，最大声级是指在规定测量时间内对频发或偶发噪声事件测得的 A 声级最大值，用 L_{max} 表示。（ ）

答案：（√）

9. 在实际工作中，低频噪声比高频噪声容易治理。（ ）

答案：（×）

正确答案为：在实际工作中，低频噪声比高频噪声难治理。

10. 对噪声的烦恼程度同噪声级、频率成分、冲击性、持续时间以及发生的频繁度有关。（ ）

答案：（√）

三、单选题

1.《工业企业厂界环境噪声排放标准》（GB 12348—2008）中规定，倍频带声压级采用符合 GB/T 3241 规定的倍频程滤波器所测量的频带声压级，其测量带宽和中心频率成正比。本标准采用的室内噪声频谱分析倍频带中心频率为 31.5Hz、63Hz、125Hz、250Hz、500Hz，其覆盖频率范围为________。

A．21～706Hz B．23～708Hz C．22～707Hz D．21～708Hz

答案：C

2.《工业企业厂界环境噪声排放标准》（GB 12348—2008）中规定，按照工业企业厂界环境噪声排放限值的规定，厂界外声环境一类功能区昼夜间的限值为：昼间________dB

(A)；夜间________dB(A)。

A. 55 45 B. 70 50 C. 75 50 D. 70 55

答案：A

3.《工业企业厂界环境噪声排放标准》(GB 12348—2008)中规定，按照工业企业厂界环境噪声排放限值的规定，夜间频发噪声的最大声级超过限值幅度不得高于________dB(A)。

A. 15 B. 10 C. 18 D. 12

答案：B

4.《工业企业厂界环境噪声排放标准》(GB 12348—2008)中规定，当厂界与噪声敏感建筑物距离小于________m时，厂界环境噪声应在噪声敏感建筑物的室内测量，并将工业企业厂界环境噪声排放限值表中的限值减10dB(A)作为评价依据。

A. 1 B. 1.5 C. 2 D. 2.5

答案：A

5.《工业企业厂界环境噪声排放标准》(GB 12348—2008)中规定，测量仪器和校准仪器应定期检定合格，并在有效使用期内使用；每次测量前后必须在测量现场进行声学校准，其前后校准示值偏差不得大于________dB(A)。

A. 0.2 B. 0.3 C. 0.4 D. 0.5

答案：D

6.《工业企业厂界环境噪声排放标准》(GB 12348—2008)中规定，当厂界有围墙且周围有影响的噪声敏感建筑物时，测点应选在厂界外________m、高于围墙________m以上的位置。

A. 1 1.2 B. 1 1.0 C. 1.2 1.5 D. 1 0.5

答案：D

7. 按噪声产生的机理，可分为机械噪声、________、电磁噪声。

A. 振动噪声 B. 工业噪声 C. 空气动力性噪声 D. 褐噪声

答案：C

8.《工业企业厂界环境噪声排放标准》(GB 12348—2008)中规定，工业企业厂界环境噪声不得超过下表规定的排放限值。

工业企业厂界环境噪声排放限值 单位：dB(A)

边界处声环境功能区类型	时段	
	昼间	夜间
0		
1	55	45
2	60	50
3	65	55
4	70	55

在表格空白处应该填的是________。

A. 55　40　B. 50　45　C. 55　45　D. 50　40

答案：D

四、多选题

1. 以下各物理量单位为 dB 是________。

A. 声压级　B. 声功率　C. 声强级

答案：A　B　C

2.《工业企业厂界环境噪声排放标准》（GB 12348—2008）中规定，突发噪声有________特点。

A. 突然发生　B. 频率高　C. 时间短　D. 强度较高

答案：A　C　D

3.《工业企业厂界环境噪声排放标准》（GB 12348—2008）中规定，测量仪器和校准仪器应定期检定合格，并在有效使用期限内使用；每次________必须在测量现场进行声学校准。

A. 测量前　B. 测量后　C. 测量时

答案：A　B

4.《工业企业厂界环境噪声排放标准》（GB 12348—2008）中规定，环境噪声监测使用的声级计有________。

A. Ⅰ型　B. Ⅱ型　C. Ⅲ型

答案：A　B

五、简答题

1. 简述《工业企业厂界环境噪声排放标准》（GB 12348—2008）中厂界的概念。

答案：有法律文书（如土地使用证、房产证、租赁合同等）中确定的业主所拥有使用权（或所有权）的场地或建筑物边界。各种产生的固定设备的厂界为其实际占地边界。

2.《工业企业厂界环境噪声排放标准》（GB 12348—2008）中规定，在测量工业企业噪声时对于测量条件有什么要求？

答案：气象条件：测量时应在无雨雪、无雷电的天气，风速为 5m/s 以下时进行。不得不在特殊气象条件下测量时，应采用必要措施保证测量的准确性，同时应注明当时所采取的措施及气象条件。测量应在被测声源正常工作时间进行，同时注明当时的工况。

3.《工业企业厂界环境噪声排放标准》（GB 12348—2008）中规定，噪声测量记录内容主要有哪些？

答案：噪声记录内容主要包括：被测量单位的名称、地址、厂界所处声环境功能区类别、测量时的气象条件、测量仪器、校准仪器、测点位置、测量时间、测量时段、仪器校准值、主要声源、测量工况、示意图、噪声测量值、背景值、测量人员、校对人、审核人等相关信息。

六、计算题

如某厂界被测声源噪声和背景噪声在声级计上的综合值为 65.8 dB，被测声源不工作时背景噪声读数为 62.3 dB，求被测声源实际的噪声值。

答案： 65.8－62.3=3.5（dB），65.8－2=63.8（dB）

被测声源实际的噪声值为 64dB。

参考文献

工业企业厂界环境噪声排放标准（GB 12348—2008）.

命题：李红涛

审核：陈黎军

第四章　生态与土壤

第一节　生态环境状况评价技术规范（试行）（HJ/T 192—2006）

一、填空题

1.《生态环境状况评价技术规范（试行）》（HJ/T 192—2006）中为加强生态环境保护，充分发挥环保部门统一监督管理的职能，综合评价我国 ________，特制定《生态环境状况评价技术规范》（试行）（HJ/T 192—2006）。

答案：县级以上区域生态环境状况及变化趋势

2.《生态环境状况评价技术规范（试行）》（HJ/T 192—2006）中生态环境状况评价技术规范（试行）规定了________的指标体系和计算方法。

答案：生态环境状况评价

3.《生态环境状况评价技术规范（试行）》（HJ/T 192—2006）中________指被评价区域内河流总长度，水域面积和水资源量占被评价区域面积的比重，用于反映被评价区域水的丰富程度。

答案：水网密度指数

4.《生态环境状况评价技术规范（试行）》（HJ/T 192—2006）中________是指被评价区域内受纳污染物负荷，用于反映评价区域所承受的环境污染压力。

答案：环境质量指数

5.《生态环境状况评价技术规范（试行）》（HJ/T 192—2006）中水田指有水源保证和________，在一般年景能正常灌溉，种植水稻、莲藕等水生作物的耕地，包括实行水稻和旱地轮种的耕地。

答案：灌溉设施

6.《生态环境状况评价技术规范（试行）》（HJ/T 192—2006）中湖泊是指天然或人工作用下形成的________。

答案：面状水体

7.《生态环境状况评价技术规范（试行）》（HJ/T 192—2006）中________指地表为岩石或石砾，植被覆盖度小于5%的土地。

答案：裸岩石砾

8.《生态环境状况评价技术规范（试行）》（HJ/T 192—2006）中河流长度是指空间分辨率________的遥感影像能够分辨的________水系图上的天然形成或人工开挖的河流及

主干渠长度。

答案：30m×30m　1∶25 万

9.《生态环境状况评价技术规范（试行）》（HJ/T 192—2006）中固体废物年排放量是指被评价区域内每年由于________产生并排放的固体废物总量。

答案：工业生产

10.《生态环境状况评价技术规范（试行）》（HJ/T 192—2006）中盐碱地指地表________，植被稀少，只能生长耐盐碱植物的土地。

答案：盐碱聚集

二、判断题

1.《生态环境状况评价技术规范（试行）》（HJ/T 192—2006）中生物丰贫指数是指通过单位面积上不同生态系统类型在生物物种数量上的差异，间接地反映被评价区域内生物丰度的丰贫程度。（　）

答案：（×）

正确答案为：应该是生物丰度指数。

2.《生态环境状况评价技术规范（试行）》（HJ/T 192—2006）中河流是指天然或人工形成的线状流体。（　）

答案：（×）

正确答案为：《生态环境状况评价技术规范（试行）》（HJ/T 192—2006）中河流是指天然或人工形成的线状水体。

3.《生态环境状况评价技术规范（试行）》（HJ/T 192—2006）中水资源量是指被评价区域内地表水资源量和饮用水资源量的总量。（　）

答案：（×）

正确答案为：水资源量是指被评价区域内地表水和地下水资源量的总量。

4.《生态环境状况评价技术规范（试行）》（HJ/T 192—2006）中归一化系数=100/$A_{最小值}$。（　）

答案：（×）

正确答案为：归一化系数=100/$A_{最大值}$。

5.《生态环境状况评价技术规范（试行）》（HJ/T 192—2006）中生态环境状况评价技术规范（试行）适用于我国县级以上区域生态环境现状及动态趋势的年度综合评价。（　）

答案：（√）

三、单选题

1.《生态环境状况评价技术规范（试行）》（HJ/T 192—2006）中生态环境状况指数的数值范围是________。

A．0～50　　B．0～100　　C．0～150　　D．0～200

答案：B

2.《生态环境状况评价技术规范（试行）》（HJ/T 192—2006）中有林地指郁闭度大于________的天然林和人工林，包括用材林、经济林、防护林等成片林地。

A．20%　　B．25%　　C．30%　　D．35%

答案：C

3.《生态环境状况评价技术规范（试行）》（HJ/T 192—2006）中植物覆盖指数是指被评价区域内林地、草地、农田、建设用地和________五种类型的面积占被评价区域面积的比重，用于反映被评价区域植被覆盖的程度。

A．耕地　　B．未利用地　　C．沙地　　D．旱地

答案：B

4.《生态环境状况评价技术规范（试行）》（HJ/T 192—2006）中疏林地指郁闭度为________的稀疏林地。

A．5%～10%　　B．10%～20%　　C．10%～30%　　D．10%～40%

答案：C

5.《生态环境状况评价技术规范（试行）》（HJ/T 192—2006）中________指地表土质覆盖，植被覆盖度在5%以下的土地。

A．裸土地　　B．裸岩石砾　　C．沙地　　D．沙漠

答案：A

6.《生态环境状况评价技术规范（试行）》（HJ/T 192—2006）中未利用地为未利用的土地，包括难利用的土地或植被覆盖度小于________的土地。

A．5%　　B．6%　　C．7%　　D．8%

答案：A

7.《生态环境状况评价技术规范（试行）》（HJ/T 192—2006）中沙地指地表为沙覆盖，植被覆盖度小于________的土地，包括沙漠，不包括水系中的沙滩。

A．5%　　B．6%　　C．7%　　D．8%

答案：A

8.《生态环境状况评价技术规范（试行）》（HJ/T 192—2006）中海岸线以外________海洋区域称为近岸海域面积。

A．1km　　B．2km　　C．3km　　D．4km

答案：B

9.《生态环境状况评价技术规范（试行）》（HJ/T 192—2006）中土地轻度侵蚀是土壤侵蚀模数≤2 500t/（km^2·a）平均流失厚度________mm/a 的区域。

A．0.6～0.9　　B．0.9～1.9　　C．≤1.9　　D．≥3.7

答案：C

10.《生态环境状况评价技术规范（试行）》（HJ/T 192—2006）中下列不包括在水域湿地的是________。

A．河渠　　B．湿地　　C．水库　　D．滩地

答案：B

四、多选题

1.《生态环境状况评价技术规范（试行）》（HJ/T 192—2006）中高覆盖度草地，指覆盖度大于 50%的________，此类草地一般水分条件较好，草被生长茂盛。

A．天然草地　　B．改良草地　　C．人工草地　　D．割草地

答案：A　B　D

2.《生态环境状况评价技术规范（试行）》（HJ/T 192—2006）中建设用地指城乡居民点及县辖以外的________等用地。

A．工矿　　B．交通　　C．建筑　　D．休闲

答案：A　B

3.《生态环境状况评价技术规范（试行）》（HJ/T 192—2006）中下列属于生态环境状况变化幅度的是________。

A．无变化　　B．略有变化　　C．明显变化　　D．显著变化

答案：B　C　D

4.《生态环境状况评价技术规范（试行）》（HJ/T 192—2006）中中覆盖度草地指覆盖度为 20%～50%的________，此类草地一般水分不足，草被较稀疏。

A．天然草地　　B．改良草地　　C．人工草地　　D．割草地

答案：A　B

5.《生态环境状况评价技术规范（试行）》（HJ/T 192—2006）中灌木林地指郁闭度大于 40%，高度在 2m 以下的________。

A．矮林地　　B．护林地　　C．用材林　　D．灌丛林地

答案：A　D

五、简答题

1．简述《生态环境状况评价技术规范（试行）》（HJ/T 192—2006）中土地退化指数的含义。

答案：指被评价区域内风蚀、水蚀、重力侵蚀、冻融侵蚀和工程侵蚀的面积占被评价区域面积的比重，用于反映被评价区域内土地的退化程度。

2．简述《生态环境状况评价技术规范（试行）》（HJ/T 192—2006）中滩涂湿地的含义。

答案：指受潮汐影响比较大、海边潮间带水分条件比较好的土地，或河、湖水域平水期水位与洪水期水位之间的土地。

3．简述《生态环境状况评价技术规范（试行）》（HJ/T 192—2006）中草地的概念。

答案：指以生长草木植物为主，覆盖度在 5%以上的各类草地，包括以牧为主的灌丛草地和郁闭度在 10%以下的疏林草地。

4.《生态环境状况评价技术规范（试行）》（HJ/T 192—2006）中怎么辨别土地重度侵蚀区域？

答案：指评价区域内受自然营力（风力、水力、重力及冻融等）和人类活动综合作用下，土壤侵蚀模数＞5 000t/（km^2·a），平均流失厚度＞3.7mm/a 的区域。

5.《生态环境状况评价技术规范（试行）》（HJ/T 192—2006）中城镇建设用地具体指什么？

答案：指大、中、小城市及县镇以上建成区用地。

六、论述题

1.《生态环境状况评价技术规范（试行）》（HJ/T 192—2006）中使用了“水域湿地”这一指标，并将其定义为“天然陆地水域和水利设施用地，包括河渠、水库、坑塘、滩涂和滩地”。简单谈谈你对这一概念的看法。

答案：从定义可以看出，《规范》忽视了人工湿地。当前，我国正在推进生态省、生态市和生态县建设，一方面强化了对天然湿地的保护与管理，另一方面也加大了人工湿地建设的力度，如深圳、澳门、番禺等地均在人工湿地建设方面给予了极大关注和投入，深圳规划在未来 10 年内将湿地面积从目前的 4%左右提高到 10%。可见，在评价水域湿地时人工湿地不可忽视。

2．根据《生态环境状况评价技术规范（试行）》（HJ/T 192—2006）中，未利用地包括沙地、盐碱地、裸土地和裸岩石砾，其他未利用地包括高寒荒漠、苔原、戈壁等。请简单谈谈你对这一概念的理解。

答案：我国各类盐碱地面积在 2 600×$10^4$$hm^2$ 以上，主要分布在西北的新疆、甘肃、宁夏、青海，华北的内蒙古、山西、河北和东北三省等 17 个省（区），南方较少分布。因此，盐碱地作为西北、华北和东北地区生态环境评价的指标体系比较适宜，但应用于其他地区则不具代表性。沙地、高寒荒漠和戈壁主要分布在西北各省，其他省份分布较少或没有，这几个指标应用于其他地区也不具代表性。

七、计算题

通过卫星遥感解译数据与中国植被类型叠加出某县的雨林、常绿阔叶林、常绿落叶阔叶混交林、落叶阔叶林、针叶林五种森林类型的面积，见表 1。森林类型权重见表 2。计算出该县森林面积。

表 1　各森林类型面积　　单位：km^2

雨林	常绿阔叶林	常绿落叶阔叶混交林	落叶阔叶林	针叶林
0.00	0.00	33.63	67.26	0.00

表 2　各森林类型权重

类型	雨林	常绿阔叶林	常绿落叶阔叶混交林	落叶阔叶林	针叶林
权重	1	0.6	0.5	0.3	0.15

答案：森林面积=1×雨林+0.6×常绿阔叶林+0.5×常绿落叶阔叶混交林+0.3×落叶阔叶林+0.15×针叶林=36.99km^2。

参考文献

生态环境状况评价技术规范（试行）（HJ/T 192—2006）.

命题：杨永顺
审核：陈黎军

第二节　农田土壤环境质量监测技术规范（NY/T 395—2000）

一、填空题

1.《农田土壤环境质量监测技术规范》（NY/T 395—2000）中规定，农用化学物质污染型土壤监测单元中污染物主要来源于________、________、________等农用化学物质。

答案：农药　化肥　生长素

2.《农田土壤环境质量监测技术规范》（NY/T 395—2000）中规定，土壤监测的布点数量要根据调查的目的、________和调查区域环境状况等因素确定，一般要求每个监测单元最少应设________个点。

答案：调查精度　3

3.《农田土壤环境质量监测技术规范》（NY/T 395—2000）中规定，加标量视被测组分含量而定，含量高的加入被测组分含量的________倍，含量低的加 2～3 倍，但加标后被测组分的总量不得超出方法的________。加标浓度宜高，体积应小，不应超过原试样体积的________。

答案：0.5～1.0　测定上限　1%

4.《农田土壤环境质量监测技术规范》（NY/T 395—2000）中规定，土壤样品测定值一般保留________位有效数字（以 mg/kg 计），含量较低的________、________可保留两位有效数字。

答案：3　镉　汞

5.《农田土壤环境质量监测技术规范》（NY/T 395—2000）中规定，对土壤进行环境监测时，在正式采样前，一般需要进行________，采集一定数量的样品分析测定，为制定监测方案提供依据；正式采样测试后，发现布设的样品点没有满足总体设计需求，则要进行________。

答案：前期采样　补充采样

6.《农田土壤环境质量监测技术规范》（NY/T 395—2000）中规定，土壤试样的“全分解”方法就是把土壤的________彻底破坏，使土壤中的全部________进入试样溶液中。

答案：矿物晶格　待测元素

7.《农田土壤环境质量监测技术规范》（NY/T 395—2000）中规定，用冷原子荧光法测定土壤或底质中汞时，样品保存液的配制方法为：称取 0.5g________，用少量水溶解，加________50ml，用水稀释至 1 000ml，混匀。

答案：重铬酸钾　硝酸

8.《农田土壤环境质量监测技术规范》（NY/T 395—2000）中规定，评价气相色谱检测器性能的主要指标有________、________和选择性，土壤中有机磷农药的测定常用的气相色谱检测器有氮磷检测器和 ________。

答案：灵敏度　线性范围　火焰光度检测器

9.《农田土壤环境质量监测技术规范》（NY/T 395—2000）中规定，供测定有机污染物的土壤或者底质样品，应该用________（材质）器具采样，采集的样品置于棕色________（材质、容器）中，瓶口不要玷污，以保证磨口塞能塞紧。

答案：金属　（磨口）玻璃瓶

10.《农田土壤环境质量监测技术规范》（NY/T 395—2000）中规定，分光光度法测定土壤中总砷时，制备土壤样品过程中，需取过 2mm 筛的土样，用玛瑙研钵将其研细至全部通过________mm 筛后，备用。

答案：0.149

二、判断题

1.《农田土壤环境质量监测技术规范》（NY/T 395—2000）中规定，综合污染型土壤监测单元中污染物主要来源于两种或两种以上污染途径。（　）

答案：（√）

2.《土壤环境监测技术规范》（HJ/T 166—2004）不适用于农田土壤环境。（　）

答案：（×）

正确答案为：适用于农田土壤环境。

3.《农田土壤环境质量监测技术规范》（NY/T 395—2000）中规定，一般土壤质量调查在保证土壤样品代表性的前提下，可根据实际情况自定。（　）

答案：（√）

4.《农田土壤环境质量监测技术规范》（NY/T 395—2000）中规定，污染事故监测时，应在收到事故报告后立即采样。（　）

答案：（√）

5.《农田土壤环境质量监测技术规范》（NY/T 395—2000）中规定，分析条件和方法本身比较稳定时，校准曲线可续用，此时应随样品测定，加测空白和校准曲线上两个浓度点与原校准曲线相应的浓度点，对测定值进行比较，相对偏差不大于 20%，否则应重新绘制。（　）

答案：（×）

正确答案为：对测定值进行比较，相对偏差不大于 5%～10%，否则应重新绘制。

6.《农田土壤环境质量监测技术规范》（NY/T 395—2000）中规定，土壤分析监测中，在分析结果表示时低于分析方法最低检出限的测定值按“未检出”报出，参加统计时按最低检出限计算，但在计算检出率时，按未检出统计。（　）

答案：（×）

正确答案为：但在计算检出率时，按二分之一统计。

7.《农田土壤环境质量监测技术规范》（NY/T 395—2000）中规定，土壤样品分析表示分析结果精密度的数据，只取一位有效数字，当测定次数很多时，最多只取两位有效数字。（　）

答案：（√）

8.《农田土壤环境质量监测技术规范》（NY/T 395—2000）中规定，除了特殊的污染纠纷调查或污染事故调查外，一般土壤的环境质量调查，样点应尽量避开污染源，特别是工业污染源的影响。（　）

答案：（√）

9.《农田土壤环境质量监测技术规范》（NY/T 395—2000）中规定，为防止空气中氨、二氧化碳及酸碱性气体的影响，土壤样品应贮存在密闭玻璃瓶中。（　）

答案：（√）

10.《农田土壤环境质量监测技术规范》（NY/T 395—2000）中规定，土壤样品的全消解法可分为酸分解法和碱溶法。离子选择电极法测定土壤氟化物的样品消解方法为酸分解法。（　）

答案：（×）

正确答案为：离子选择电极法测定土壤氟化物的样品消解方法为碱溶法。

三、单选题

1.《农田土壤环境质量监测技术规范》（NY/T 395—2000）中规定，土壤背景采样点离铁路、公路至少________m 以上。

A．50　　B．100　　C．200　　D．300

答案：D

2.《农田土壤环境质量监测技术规范》（NY/T 395—2000）中规定，土壤样品全分解时，若采用酸分解，则必须使用________。

A．硝酸　　B．高氯酸　　C．氢氟酸　　D．盐酸

答案：C

3.《农田土壤环境质量监测技术规范》（NY/T 395—2000）中规定，土壤监测误差可分为采样误差（SE）、制样误差（PE）和分析误差（AE）三类，通常情况下，________。

A．SE＞PE＜AE　　B．SE＜PE＞AE　　C．SE＞PE＞AE　　D．都不是

答案：C

4.《农田土壤环境质量监测技术规范》（NY/T 395—2000）中规定，分析土壤中挥发性和半挥发性有机污染物时，采集的样品应储存在________，且样品要________样品瓶。

A．透明玻璃瓶　装满　　B．棕色玻璃瓶　不装满

C．透明玻璃瓶　不装满　　D．棕色玻璃瓶　装满

答案：D

5.《农田土壤环境质量监测技术规范》（NY/T 395—2000）中规定，土壤样品测定中的全程序试剂空白溶液，是按照与土壤样品________的操作步骤进行制备。

A．不同　　B．差不多　　C．相同

答案：C

6.《农田土壤环境质量监测技术规范》（NY/T 395—2000）中规定，用冷原子荧光法测定土壤中汞时，若样品中含有大量的有机物，可以适当________。

A．增加硝酸-盐酸混合酸的浓度和用量　　B．对样品进行稀释　　C．减少取样量

答案：A

7.《农田土壤环境质量监测技术规范》（NY/T 395—2000）中规定，用氢化物-非色散原子荧光法测定土壤中砷时，土壤样品经硝酸-高氯酸消解后，对消解液要进行预还原，预还原受酸度影响较大，盐酸酸度选择在________均可。

A．5%～10%　　B．10%～20%　　C．20%～30%

答案：B

8.《农田土壤环境质量监测技术规范》（NY/T 395—2000）中规定，测定土壤中的氯仿总萃取物用________测定。

A．重量法　　B．红外法　　C．紫外法　　D．非分散红外法

答案：A

9.《农田土壤环境质量监测技术规范》（NY/T 395—2000）中规定，采集区域环境背景土壤样品时，一般采集________cm 的表层土。

A．0～20　　B．0～30　　C．0～40　　D．0～50

答案：A

四、多选题

1.《农田土壤环境质量监测技术规范》（NY/T 395—2000）中规定，农田土壤混合样品的采集方法有________。

A．对角线法　B．梅花点法　C．棋盘式法　D．蛇形法

答案：A　B　C　D

2.《农田土壤环境质量监测技术规范》（NY/T 395—2000）中规定，土壤分析检测时，审查上报的原始数据，必须有________签字，以示负责。

A．分析者　B．复核者　C．站长　D．室负责人

答案：A　B　D

3.《农田土壤环境质量监测技术规范》（NY/T 395—2000）中规定，土样交接时，采样组填写送样单一式三份，交________各一份，三方人员核对无误签字后开始磨样。

A．样品管理人员　B．质控人员　C．加工人员　D．采样组

答案：A　C　D

4.《农田土壤环境质量监测技术规范》（NY/T 395—2000）中规定，粗磨样品可直接用于土壤________，土壤速测养分含量、元素有效性含量分析。

A．土壤含水量　B．pH　C．土壤代换量　D．土壤元素全量

答案：B　C

5.《农田土壤环境质量监测技术规范》（NY/T 395—2000）中规定，新鲜土壤样用于________分析，无需制样，新鲜测定。

A．挥发性有机物　B．半挥发性有机物　C．可萃取有机物　D．全盐量

答案：A　B　C

6.《农田土壤环境质量监测技术规范》（NY/T 395—2000）中规定，农田土壤质量评价包括________。

A．单项污染指数　B．监测元素　C．综合污染指数　D．监测区域

答案：B　D

7．根据《土壤质量总砷的测定硼氢化钾-硝酸银分光光度法》（GB/T 17135—1997），样品消解完成后，加入抗坏血酸的目的表述不正确的是________。

A．氧化二价铁离子为三价铁离子　B．还原三价铁离子为二价铁离子

C．还原三价铁离子为单质铁　D．还原二价铁离子为单质

答案：A　C　D

8.《农田土壤环境质量监测技术规范》（NY/T 395—2000）中规定，用冷原子荧光法测定土壤中汞时，样品消解完毕后，若不能立即分析，通常加入________，以防止汞的损失。

A．硫酸　B．保存液　C．稀释液　D．重铬酸钾

答案：B　C

9.《农田土壤环境质量监测技术规范》（NY/T 395—2000）中规定，土壤样品经酸法消解完全后，其消解液一般应呈________，没有明显沉淀物。

A．无色　　B．黄色　　C．白色　　D．淡黄色

答案：C　D

五、简答题

1.《农田土壤环境质量监测技术规范》（NY/T 395—2000）中规定，农田土壤环境质量监测采样技术中土壤监测划分为哪几个单元？

答案：大气污染型土壤监测单元、灌溉水污染型土壤监测单元、固体废弃堆污染型土壤监测单元、农用固体废弃物污染型土壤监测单元、农用化学物质污染型土壤监测单元、综合污染型土壤监测单元。

2．简述《农田土壤环境质量监测技术规范》（NY/T 395—2000）中农田土壤监测点布点原则。

答案：布点原则应坚持哪里有污染就在哪里布点，把监测点布设在怀疑或已证实有污染的地方，根据技术力量和财力条件，优先布设在那些污染严重、影响农业生产活动的地方。

3.《农田土壤环境质量监测技术规范》（NY/T 395—2000）中的要求，简述农田土壤环境质量监测项目的分析方法选择原则。

答案：第一方法：标准方法（即仲裁方法），为土壤环境质量标准中选配的分析方法。

第二方法：由权威部门规定或推荐的方法。

第三方法：根据各站实情，自选等效方法。但应作比对实验，其检出限、准确度、精密度不低于相应的通用方法要求水平或待测物准确定量的要求。

4．依据《农田土壤环境质量监测技术规范》（NY/T 395—2000），在实验室对检测仪器设备有何要求？

答案：精密、大型仪器设备由专人负责保管使用，在使用前必须对仪器设备状态进行检查和定期由计量部门进行检定，凡检定不合格或超过检定期均不得用于检测工作。

六、论述题

按《农田土壤环境质量监测技术规范》（NY/T 395—2000）的要求，试述液体倾翻污染型事故中，土壤监测现场采样的要点。

答案：（1）污染物向低洼处流动的同时向深度方向渗透，并向两侧横向方向扩散，采样点不少于 5 个。（2）每个点分层采样，事故发生点周围样品点较密，采样深度较深，离事故发生点相对远处样点较疏，采样深度较浅。（3）要设 2～3 个背景对照点。（4）各点（层）取 1kg 土样装入样品袋，有腐蚀性或要测定挥发性化合物时，改用广口瓶装样。含易分解有机物的待测样品，采集后置于低温（冰箱）中，直至运送、移交到分析室。

七、计算题

1. 某区域农田土壤调查中，测得土壤中铜的含量为 75mg/kg。已知土壤环境质量标准值一级为 35 mg/kg、二级为 100 mg/kg、三级为 400 mg/kg，土壤背景值为 25 mg/kg。则土壤单项污染指数是多少？土壤污染累积指数是多少？

答案：农田土壤执行二级标准；

土壤单项污染指数=土壤污染物实测值/土壤污染物质量标准=75/100=0.75

土壤污染累积指数=土壤污染物实测值/污染物背景值=75/25=3

2. 对某区域农田土壤监测分析时，其中一点位样品测定结果为 8.21、8.47、8.56、8.38、8.42、8.29、8.64 和 8.53，推算在 0.95 置信水平下，总体值的置信区间。$t_{0.05(7)}=2.365$。

答案：$\overline{X}=8.438$

$$S=\sqrt{\frac{1}{n-1}\sum_{i=1}^{n}\left(X_i-\overline{X}\right)^2}=0.142\,8$$

$f=n-1=7$　双侧检验

$\delta=t_{a(f)}S/\sqrt{n}=2.365\times0.142\,8/\sqrt{8}=0.120$

在 0.95 置信水平下，总体均值的区间为$\left[\overline{X}-\delta,\overline{X}+\delta\right]=$［8.318，8.558］

参考文献

农田土壤环境质量监测技术规范（NY/T 395—2000）.

命题：马　伟

审核：陈黎军

第三节　土壤环境监测技术规范（HJ/T 166—2004）

一、填空题

1.《土壤环境监测技术规范》（HJ/T 166—2004）中________是指用于种植各种粮食作物、蔬菜、水果、纤维和糖料作物、油料作物及农区森林、花卉、药材、草料等作物的农业用地土壤。

答案：农田土壤

2.《土壤环境监测技术规范》（HJ/T 166—2004）中规定在农田耕作层采集若干点的等量耕作层土壤并经混合均匀后的土壤样品，组成混合样的分点数要在_______个。

答案：5～20

3.《土壤环境监测技术规范》（HJ/T 166—2004）中规定了土壤采样工具主要包括________、________、________、________、________以及适合特殊采样要求的工具等。

答案：铁锹　铁铲　圆状取土钻　螺旋取土钻　竹片

4.《土壤环境监测技术规范》（HJ/T 166—2004）中规定了土壤样品运输过程中严防样品的________、________、________。对光敏感的样品应有避光外包装。

答案：损失　混淆　沾污

5.《土壤环境监测技术规范》（HJ/T 166—2004）中规定土壤样品风干时采用 ________、________放置。

答案：白色搪瓷盘　木盘

6.《土壤环境监测技术规范》（HJ/T 166—2004）中规定已制备合格土壤样品主要有________、________或________三种包装容器，规格视量而定。

答案：具塞磨口玻璃瓶　具塞无色聚乙烯塑料瓶　特制牛皮纸袋

7.《土壤环境监测技术规范》（HJ/T 166—2004）中规定测试项目需要新鲜样品的土样，采集后用可密封的聚乙烯或玻璃容器在________℃以下避光保存，样品要充满容器。

答案：4

8.《土壤环境监测技术规范》（HJ/T 166—2004）中规定每批土壤样品每个项目分析时均须做________平行样品；当________个样品以下时，平行样不少于 1 个。

答案：20%　5

9.《土壤环境监测技术规范》（HJ/T 166—2004）中规定________是直接用土壤样品或模拟土壤样品制得的一种固体物质。

答案：土壤标准样品

10.《土壤环境监测技术规范》（HJ/T 166—2004）中土壤环境监测的误差由________、________、________三部分组成。

答案：采样误差　制样误差　分析误差

二、判断题

1.《土壤环境监测技术规范》（HJ/T 166—2004）适用于全国区域土壤背景、农田土壤环境、建设项目土壤环境评价等类型的监测，但不适用于土壤污染事故监测。（　）

答案：（×）

正确答案为：适用于土壤污染事故监测。

2.《土壤环境监测技术规范》（HJ/T 166—2004）规定在风干室将土样放置于风干盘中，摊成 2～3cm 的薄层，适时地压碎、翻动，拣出碎石、砂砾、植物残体。（　）

答案：（√）

3.《土壤环境监测技术规范》（HJ/T 166—2004）规定土壤制样工具每处理一份样后擦抹（洗）干净，严防交叉污染。（　）

答案：(√)

4.《土壤环境监测技术规范》(HJ/T 166—2004) 规定土壤环境质量评价一般以单项污染指数为主，指数小污染轻，指数大污染则重。( )

答案：(√)

5.《土壤环境监测技术规范》(HJ/T 166—2004) 规定土壤环境质量监测仅需在样品分析环节采取质控措施即可。( )

答案：(×)

正确答案为：土壤环境质量在样品分析环节采取监测质量控制涉及监测的全部过程。

6.《土壤环境监测技术规范》(HJ/T 166—2004) 规定由于土壤组成的不均匀性造成土壤监测的基础误差，该误差不能消除，但可通过研磨成小颗粒和混合均匀而减小。( )

答案：(√)

7.《土壤环境监测技术规范》(HJ/T 166—2004) 规定样品前处理可以将风干室和磨样室处于同一室内空间。风干室朝南（严防阳光直射土样），通风良好，整洁，无尘，无易挥发性化学物质。( )

答案：(×)

正确答案为：样品风干室和磨样室需分设。

8.《土壤环境监测技术规范》(HJ/T 166—2004) 规定在风干室将土样放置于风干盘中，摊成 2～3 cm 的薄层，适时地压碎、翻动，拣出碎石、砂砾、植物残体。( )

答案：(√)

9.《土壤环境监测技术规范》(HJ/T 166—2004) 规定土壤样品分析过程中，采样、运输、储存、分析失误造成的离群数据应保留。( )

答案：(×)

正确答案为：离群数据应删除。

10.《土壤环境监测技术规范》(HJ/T 166—2004) 规定每批样品每个项目分析时均须做 20%平行样品；当 5 个样品以下时，平行样可不做。( )

答案：(×)

正确答案为：平行样不少于 1 个。

三、单选题

1.《土壤环境监测技术规范》(HJ/T 166—2004) 规定在农田耕作层采集若干点的等量耕作层土壤并经混合均匀后的土壤样品，组成混合样的分点数要在________个。

A. 1～5　B. 3～5　C. 5～20　D. 20 以上

答案：C

2.《土壤环境监测技术规范》(HJ/T 166—2004) 规定土壤环境背景值监测，采样点离铁路、公路至少________以上。

A．100m　　B．200m　　C．300m　　D．50m

答案：C

3．《土壤环境监测技术规范》（HJ/T 166—2004）规定挖掘土壤剖面要使观察面________，表土和底土分两侧放置。

A．背阳　B．向阳　C．朝西　D．朝南

答案：B

四、多选题

1．《土壤环境监测技术规范》（HJ/T 166—2004）规定在土壤环境监测过程中，按________因素划分监测区域范围。

A．地形　B．成土母质　C．土壤类型　D．环境影响

答案：A　B　C　D

2.《土壤环境监测技术规范》(HJ/T 166—2004)规定以下哪些土壤类型________在青海省境内有广泛分布？

A．灰钙土　B．栗钙土　C．紫色土　D．高山草甸土　E．盐土

答案：A　B　D　E

3．土壤采样点简单随机数的获得可以利用________方法获得。

A．掷骰子　B．抽签　C．查随机数表

答案：A　B　C

4．土壤粗磨样（20 目）可直接用于________等土壤监测项目的分析。

A．pH　B．有机质　C．阳离子交换量　D．土壤全氮

答案：A　B　C

5．土壤样品保存主要按照________分类保存。

A．样品名称　B．编号　C．粒径　D．监测项目

答案：A　B　C

6．我国土壤标准样品系列主要有________。

A．ESS　B．DSS　C．GSS　D．HSS

答案：A　C

7．土壤环境监测的误差主要有 ________。

A．采样误差　B．制样误差　C．方法误差　D．分析误差

答案：A　B　D

五、简答题

1．简述《土壤环境监测技术规范》（HJ/T 166—2004）中土壤背景的含义。

答案：区域内很少受人类活动影响和不受或未明显受现代工业污染与破坏的情况下，

土壤原来固有的化学组成和元素含量水平。但实际上目前已经很难找到不受人类活动和污染影响的土壤，只能去找影响尽可能少的土壤。不同自然条件下发育的不同土类或同一种土类发育于不同的母质母岩区，其土壤环境背景值也有明显差异；就是同一地点采集的样品，分析结果也不可能完全相同，因此土壤环境背景值是统计性的。

2．简述《土壤环境监测技术规范》（HJ/T 166—2004）中土壤环境监测的主要类型。

答案：根据土壤监测目的，土壤环境监测有 4 种主要类型：区域土壤环境背景监测、农田土壤环境质量监测、建设项目土壤环境评价监测和土壤污染事故监测。

3．简述《土壤环境监测技术规范》（HJ/T 166—2004）中土壤样品库建设要求。

答案：保持干燥、通风、无阳光直射、无污染；要定期清理样品，防止霉变、鼠害及标签脱落。此外，样品入库、领用和清理均需记录。

4．简述《土壤环境监测技术规范》（HJ/T 166—2004）中建设项目土壤环境评价监测采样布点数量。

答案：每 100hm^2 占地不少于 5 个且总数不少于 5 个采样点，其中小型建设项目设 1 个柱状样采样点，大中型建设项目不少于 3 个柱状样采样点，特大型建设项目或对土壤环境影响敏感的建设项目不少于 5 个柱状样采样点。

5．《土壤环境监测技术规范》（HJ/T 166—2004）中城市土壤采样如何布点？

答案：城区内大部分土壤被道路和建筑物覆盖，城市土壤主要是指栽植草木的土壤，由于其复杂性分两层采样，上层（0～30 cm）可能是回填土或受人为影响大的部分，另一层（30～60 cm）为人为影响相对较小部分。两层分别取样监测。城市土壤监测点以网距 2 000 m 的网格布设为主，功能区布点为辅，每个网格设一个采样点。对于专项研究和调查的采样点可适当加密。

六、论述题

1．请细述《土壤环境监测技术规范》（HJ/T 166—2004）中土壤样品制样程序。

答案：制样者与样品管理员核实清点，交接样品，在样品交接单上双方签字确认。

（1）风干：在风干室将土样放置于风干盘中，摊成 2～3cm 的薄层，适时地压碎、翻动，拣出碎石、砂砾、植物残体。

（2）样品粗磨：磨样室将风干的样品倒在有机玻璃板上，用木锤敲打，用木滚、木棒、有机玻璃棒再次压碎，拣出杂质，混匀，并用四分法取压碎样，过孔径 0.25mm（20 目）尼龙筛。过筛后的样品全部置无色聚乙烯薄膜上，并充分搅拌混匀，再采用四分法取其两份，一份交样品库存放，另一份作样品的细磨用。粗磨样可直接用于土壤 pH、阳离子交换量、元素有效态含量等项目的分析。

（3）细磨样品：用于细磨的样品再用四分法分成两份，一份研磨到全部过孔径 0.25mm（60 目）筛，用于农药或土壤有机质、土壤全氮量等项目分析；另一份研磨到全部过孔径 0.15mm（100 目）筛，用于土壤元素全量分析。

2．请详述《土壤环境监测技术规范》（HJ/T 166—2004）中污染事故土壤环境监测技术要点。

答案：污染事故不可预料，接到举报后立即组织采样。现场调查和观察，取证土壤被污染时间，根据污染物及其对土壤的影响确定监测项目，尤其是污染事故的特征污染物是监测的重点。据污染物的颜色、印渍和气味以及结合考虑地势、风向等因素初步界定污染事故对土壤的污染范围。

固体污染物抛洒污染型，等污染物打扫后采集表层 5cm 土样，采样点数不少于 3 个。

液体倾翻污染型：污染物向低洼处流动的同时向深度方向渗透并向两侧横向方向扩散，每个点分层采样，事故发生点样品点较密，采样深度较深，离事故发生点相对远处样品点较疏，采样深度较浅。采样点不少于 5 个。

爆炸污染型：以放射性同心圆方式布点，采样点不少于 5 个，爆炸中心采分层样，周围采表层土（0～20cm）。

事故土壤监测要设定 2～3 个背景对照点，各点（层）取 1kg 土样装入样品袋，有腐蚀性或要测定挥发性化合物，改用广口瓶装样。含易分解有机物的待测定样品，采集后置于低温（冰箱）中，直至运送、移交到分析室。

3．请说明《土壤环境监测技术规范》（HJ/T 166—2004）中土壤环境监测前应收集的相关资料类型。

答案：收集包括监测区域的交通图、土壤图、地质图、大比例尺地形图等资料，供制作采样工作图和标注采样点位用；

收集包括监测区域土类、成土母质等土壤信息资料；

收集工程建设或生产过程对土壤造成影响的环境研究资料；

收集造成土壤污染事故的主要污染物的毒性、稳定性以及如何消除等资料；

收集土壤历史资料和相应的法律（法规）；

收集监测区域工农业生产及排污、污灌、化肥农药施用情况资料；

收集监测区域气候资料（温度、降水量和蒸发量）、水文资料；

收集监测区域遥感与土壤利用及其演变过程方面的资料等。

4．请详细说明《土壤环境监测技术规范》（HJ/T 166—2004）中农田土壤混合样的主要采集方法。

答案：混合样的采集主要有四种方法：

（1）对角线法：适用于污灌农田土壤，对角线分 5 等份，以等分点为采样分点；

（2）梅花点法：适用于面积较小，地势平坦，土壤组成和受污染程度相对比较均匀的地块，设分点 5 个左右；

（3）棋盘式法：适宜中等面积、地势平坦、土壤不够均匀的地块，设分点 10 个左右；受污泥、垃圾等固体废物污染的土壤，分点应在 20 个以上；

（4）蛇形法：适宜于面积较大、土壤不够均匀且地势不平坦的地块，设分点 15 个左右，多用于农业污染型土壤。各分点混匀后用四分法取 1kg 土样装入样品袋，多余部分弃去。

5. 请详细说明《土壤环境监测技术规范》（HJ/T 166—2004）中土壤环境监测中监测项目和所需使用的监测仪器。

答案：

监测项目	监测仪器
镉	原子吸收光谱仪
汞	测汞仪
砷	原子荧光仪
铜	原子吸收光谱仪-火焰（等离子体质谱联用法）
铅	石墨炉原子吸收光谱仪（等离子体质谱联用法）
铬	原子吸收光谱仪-火焰（等离子体质谱联用法）
锌	原子吸收光谱仪-火焰（等离子体质谱联用法）
镍	原子吸收光谱仪-火焰（等离子体质谱联用法）
六六六和滴滴涕	气相色谱仪
多环芳烃	液相色谱仪
pH	pII 计
阳离子交换量	滴定仪

参考文献

土壤环境监测技术规范（HJ/T 166—2004）.

命题：许庆民
审核：陈黎军

第四节　土壤环境质量标准 （GB 15618—1995）

一、填空题

1.《土壤环境质量标准》（GB 15618—1995）中规定供测定有机污染物用的土壤样品，应该用________（材质）器具采样，采集的样品置于棕色、__________（材质、容器）中，瓶口不要沾污。

答案：金属　（磨口）玻璃瓶

2.《土壤环境质量标准》（GB 15618—1995）中规定土壤样品测定中的全过程试剂空白溶液，是按照与土壤样品________的操作步骤制备。

答案：相同

3.《土壤环境质量标准》（GB 15618—1995）中规定土壤有机质主要来源于________和

________的残体，经生物分解形成各种________。

答案：动植物　微生物　有机化合物

4.《土壤环境质量标准》（GB 15618—1995）中规定分光光度法测定土壤中总砷时，制备土壤样品过程中，需取过2mm筛的土样，用玛瑙研钵将其研细至全部通过________mm筛后，备用。

答案：0.149

5.《土壤环境质量标准》（GB 15618—1995）中规定土壤样品在研磨过程中的分样，是将采集的土壤样品（一般不少于________g）混匀后用四分法缩分至________g。

答案：500　100

6.《土壤环境质量标准》（GB 15618—1995）中规定气相色谱法测定土壤中有机氯农药时，样品处理过程中应避免使用塑料制品以消除________对测定的干扰。

答案：邻苯二甲酸酯

7.《土壤环境质量标准》（GB 15618—1995）中规定土壤试样的"全分解"方法就是把土壤的________彻底破坏，使土壤中的________全部进入试样溶液中。

答案：晶格　待测元素

8.《土壤环境质量标准》（GB 15618—1995）中规定《土壤元素的近代分析方法》中测定氟的离子选择电极法，适用于一般土壤、岩石和沉积物中氟化物的测定，最低检出限为________μg。

答案：2.5

9.《土壤环境质量标准》（GB 15618—1995）中规定对土壤进行环境监测时，在正式采样前，一般需要进行________，采集一定数量的样品分析测定，为制定监测方案提供依据；正式采样测试后，发现布设的样点没有满足总体设计需要，则要进行________。

答案：前期采样　补充采样

二、判断题

1.《土壤环境质量标准》（GB 15618—1995）中规定土壤颜色可采用门塞尔比色卡比色，也可按照土壤颜色三角表进行描述。（　）

答案：（√）

2.《土壤环境质量标准》（GB 15618—1995）中规定土壤环境质量标准同样适用化工厂厂区范围内的土壤环境质量评价。（　）

答案：（×）

正确答案为：土壤环境质量标准不适用化工厂厂区范围内的土壤环境质量评价。

3.《土壤环境质量标准》（GB 15618—1995）中规定土壤样品的消解方法，分为浸取法和全消解法两种。（　）

答案：（√）

4.《土壤环境质量标准》（GB 15618—1995）中规定重铬酸钾容量法测定土壤中有机质含量时，使用的硫酸亚铁标准溶液易受空气氧化，使用时必须每周标定一次。（　）

答案：（×）

正确答案为：使用时必须每天标定一次。

5.《土壤环境质量标准》（GB 15618—1995）中规定分光光度法测定土壤中总砷时，应称取风干或冷冻干燥的样品进行测定。（　）

答案：（√）

6.《土壤环境质量标准》（GB 15618—1995）中规定光度法测定土壤中全氮时，如样品数量较多则可以不同时做空白。（　）

答案：（×）

正确答案为：无论样品数量，均应做空白。

7.《土壤环境质量标准》（GB 15618—1995）中规定土壤样品制备过程中，缩分后的土样经风干后，除去其中的石子和动植物残体等异物，只能使用玛瑙棒研磨，直至全部通过 4mm 尼龙筛。（　）

答案：（×）

正确答案为：可以用木棒或玛瑙棒研压，通过 2mm 尼龙筛。

8.《土壤环境质量标准》（GB 15618—1995）中规定土壤样品常用硫酸、盐酸、氢氟酸和高氯酸进行酸化分解。（　）

答案：（×）

正确答案为：无硫酸，常用硝酸进行酸化分解。

9.《土壤环境质量标准》（GB 15618—1995）中规定根据《水和土壤质量　有机磷农药的测定　气相色谱法》（GB/T 14552—2003）进行测定时，土壤不需要风干和研碎，应直接提取测定。（　）

答案：（√）

10.《土壤环境质量标准》（GB 15618—1995）中规定根据《土壤质量　六六六和滴滴涕的测定》（GB/T 14550—1993）进行测定时，土壤样品不需要风干和研碎，直接提取测定。（　）

答案：（×）

正确答案为：需要风干去杂物，研碎过 60 目筛后提取测定。

三、单选题

1.《土壤环境质量标准》（GB 15618—1995）中规定土壤样品测定中的全过程试剂空白溶液，是按照与土壤样品________的操作步骤制备。

A. 不同　　B. 差不多　　C. 相同

答案：C

2.《土壤环境质量标准》(GB 15618—1995) 中规定土壤有机质是指土壤中________的总称。

A. 含碳化合物　　B. 动植物残体　　C. 土壤微生物

答案：A

3.《土壤环境质量标准》(GB 15618—1995) 中规定分光光度法测定砷的土壤样品是用________缩分土样。

A. 四分法　　B. 梅花法　　C. 六分法

答案：A

4.《土壤环境质量标准》(GB 15618—1995) 中规定光度法测定土壤中全氮时，土壤消煮液显________。

A. 碱性　　B. 酸性　　C. 中性

答案：B

5.《土壤环境质量标准》(GB 15618—1995) 中规定消解土壤样品使用的酸均应为________级试剂。

A. 化学纯　　B. 分析纯　　C. 优级纯

答案：C

6.《土壤环境质量标准》(GB 15618—1995) 中规定艾氏剂和狄氏剂农药化学性质稳定，易在环境介质中累积，它们属于________类农药。

A. 有机磷　　B. 有机氯　　C. 菊酯　　D. 氨基甲酸酯

答案：B

7. 根据《全国土壤污染状况调查样品分析测试技术规定》，采用红外分光光度法测定土壤中石油类时，使用________。

A. 风干土样　　B. 新鲜土样　　C. 烘干土样

答案：A

8.《土壤环境质量标准》(GB 15618—1995) 中规定区域环境背景土壤采样适宜的野外点是：________。

A. 坡脚、洼地等具有从属景观特点的地点

B. 地形相对平坦、稳定、植被良好地点

C. 城镇、住宅、道路及沟渠附近

答案：B

四、多选题

1.《土壤环境质量标准》(GB 15618—1995) 适用________范围内的土壤环境质量评价。

A. 农田　　B. 蔬菜地　　C. 工厂　　D. 自然保护区

答案：A　B　D

2.《土壤环境质量标准》（GB 15618—1995）中规定Ⅰ类标准限值主要适用于______等区域的土壤。

A．国家规定的自然保护区（原有背景重金属含量高的除外）

B．集中式生活饮用水源地　　C．集中式茶园

D．基本牧场　　E．其他保护区

答案：A　B　C　D　E

3.《土壤环境质量标准》（GB 15618—1995）中规定Ⅱ类标准限值主要适用于______等区域的土壤。

A．一般农田　　B．一般蔬菜地　　C．果园

D．基本牧场　　E．矿产附近的蔬菜地

答案：A　B　C　E

4.《土壤环境质量标准》（GB 15618—1995）中规定Ⅲ类标准限值主要适用于______等区域的土壤。

A．林地　　B．矿场附近的农田土壤

C．矿产附近的蔬菜地　　D．高背景值土壤

答案：A　B　D

五、简答题

1．简述《土壤环境质量标准》（GB 15618—1995）中土壤样品pH值待测液的制备步骤。

答案：称取一定量的土壤样品，加一定体积的浸提液，用玻璃棒剧烈搅动1～2min或放在磁力搅拌器上搅拌1min，静置30min，待测。

2.《土壤环境质量标准》（GB 15618—1995）中分光光度法测定土壤中总砷时，硫化物的存在会形成干扰，如何除去？试剂中硫化物怎么除去？

答案：在样品消解时，硫化物被酸氧化分解；试剂中存在的少量硫化物，可被乙酸铅脱脂棉吸收除去。

3.《土壤环境质量标准》（GB 15618—1995）中酸法分解土壤样品过程中，所用的氢氟酸主要起什么作用？

答案：除去样品中的硅，使之生成挥发性物质而逸出。

4.《土壤环境质量标准》（GB 15618—1995）中酸法分解土壤试样过程中，在驱赶高氯酸时为什么不可将试样蒸至干涸？

答案：若蒸至干涸，则铝盐和铁盐可能生成难溶的氧化物而包藏镉、铅，使结果偏低。

5.《土壤环境质量标准》（GB 15618—1995）中测定土壤中的砷有哪几种方法？（至少列出3种）

答案：二乙氨基二硫代甲酸银光度法、新银盐光度法、氢化物发生原子吸收光度法、

氢化物非色散原子荧光法（原子荧光法）。

六、计算题

1．某区域农田土壤调查中，测得土壤中铜的含量为 75mg/kg。已知土壤环境质量标准值一级为 35mg/kg，二级标准值为 100mg/kg，三级为 400mg/kg，土壤背景值为 25mg/kg。试计算土壤单项污染指数和土壤污染累积指数。

答案：农田土壤执行二级标准。

土壤单项污染指数=污染物实测值/土壤污染物质量标准=75/100=0.75

土壤污染累积指数=土壤污染物实测值/污染物背景值=75/25=3

2．准确称取 0.5g 风干土壤样品到聚四氟乙烯坩埚中，经盐酸-硝酸-氢氟酸-高氯酸消解后，定容至 100ml，用火焰原子吸收分光光度发测定，溶液中铜的浓度为 0.35μg/ml，试计算该土壤样品中铜的含量。

答案：（0.35×100）/0.5=70（μg/g）=70mg/kg

3．准确称取风干土壤样品 8.00g，置于称量瓶中，在 105℃烘箱中烘 4～5h，烘干至恒重，称得烘干恒重后的土样重量为 7.80g，试计算该土样的水分含量。

答案：以百分数表示风干土样含水量 f：

f=（W_1-W_2）×100%/W_1=（8.00－7.80）×100%/8.00=2.5%

参考文献

土壤环境质量标准（GB 15618—1995）.

命题：许庆民

审核：陈黎军

第五章　固体废弃物

第一节　危险废物鉴别标准 通则（GB 5085.7—2007）

一、填空题

1.《危险废物鉴别标准 通则》（GB 5085.7—2007）适用于________废物的鉴别，但不适于排入水体的废水的鉴别。

答案：液态

2.《危险废物鉴别标准 通则》（GB 5085.7—2007）适用于任何生产、生活和其他活动中产生的________废物的危险特性鉴别。

答案：固体

3.《危险废物鉴别标准 通则》（GB 5085.7—2007）不适用于________废物。

答案：放射性

4.《危险废物鉴别标准 通则》（GB 5085.7—2007）中固体废物是指在生产、生活和其他活动中产生的丧失原有利用价值或者虽未丧失利用价值但被抛弃或者放弃的________、________和________的物品、物质以及法律、行政法规规定纳入________管理的物品、物质。

答案：固态　半固态　置于容器中的气态　固体废物

5.《危险废物鉴别标准 通则》（GB 5085.7—2007）中危险废物是指列入国家危险废物名录或者根据国家规定的危险废物鉴别标准和鉴别方法认定的具有________、________、________、________和________等一种或一种以上危险特性，以及不排除具有以上危险特性的固体废物。

答案：腐蚀性　毒性　易燃性　反应性　感染性

6.《危险废物鉴别标准 通则》（GB 5085.7—2007）自________起实施。

答案：2007 年 10 月 1 日

7.《危险废物鉴别标准 通则》（GB 5085.7—2007）由________负责监督实施。

答案：县级以上人民政府环境保护行政主管部门

8.《危险废物鉴别标准 通则》（GB 5085.7—2007）中对未列入《国家危险废物名录》或根据危险废物鉴别标准无法鉴别，但可能对人体健康或生态环境造成有害影响的固体废物，由________组织专家认定。

答案：国务院环境保护行政主管部门

9.《危险废物鉴别标准 通则》（GB 5085.7—2007）规定危险废物与放射性废物混合，混合后的废物应按照________管理。

答案：放射性废物

10.《危险废物鉴别标准 通则》（GB 5085.7—2007）中仅具有腐蚀性、易燃性或反应性的危险废物与其他固体废物混合，混合后的废物经________、________、________鉴别不再具有危险特性的，不属于危险废物。

答案：GB 5085.1　GB 5085.4　GB 5085.5

11.《危险废物鉴别标准 通则》（GB 5085.7—2007）中依据________、________判断待鉴别的物品、物质是否属于固体废物，不属于固体废物的，则不属于危险废物。

答案：《中华人民共和国固体废物污染环境防治法》　《固体废物鉴别导则》

二、判断题

1.《危险废物鉴别标准 通则》（GB 5085.7—2007）不适用于放射性废物。（　）

答案：（√）

2.《危险废物鉴别标准 通则》（GB 5085.7—2007）适用于放射性废物。（　）

答案：（×）

正确答案为：《危险废物鉴别标准 通则》（GB 5085.7—2007）不适用于放射性废物。

3.《危险废物鉴别标准 通则》（GB 5085.7—2007）适用于液态废物的鉴别，但不适于排入水体的废水的鉴别。（　）

答案：（√）

4.《危险废物鉴别标准 通则》（GB 5085.7—2007）适用于液态废物的鉴别，也适于排入水体的废水的鉴别。（　）

答案：（×）

正确答案为：《危险废物鉴别标准 通则》（GB 5085.7—2007）适用于液态废物的鉴别，但不适于排入水体的废水的鉴别。

5.《危险废物鉴别标准 通则》（GB 5085.7—2007）中依据《中华人民共和国固体废物污染环境防治法》、《固体废物鉴别导则》判断待鉴别的物品、物质是否属于固体废物，不属于固体废物的，则不属于危险废物。（　）

答案：（√）

6.《危险废物鉴别标准 通则》（GB 5085.7—2007）中具有毒性（包括浸出毒性、急性毒性及其他毒性）和感染性等一种或一种以上危险特性的危险废物与其他固体废物混合，混合后的废物属于危险废物。（　）

答案：（√）

7.《危险废物鉴别标准 通则》（GB 5085.7—2007）中危险废物与放射性废物混合，混合后的废物应按照放射性废物管理。（　）

答案：（√）

8.《危险废物鉴别标准 通则》（GB 5085.7—2007）中危险废物与放射性废物混合，混合后的废物应按照危险废物管理。（ ）

答案：（×）

正确答案为：《危险废物鉴别标准 通则》（GB 5085.7—2007）中危险废物与放射性废物混合，混合后的废物应按照放射性废物管理。

9.《危险废物鉴别标准 通则》（GB 5085.7—2007）中具有毒性（包括浸出毒性、急性毒性及其他毒性）和感染性等一种或一种以上危险特性的危险废物处理后的废物仍属于危险废物，国家有关法规、标准另有规定的除外。（ ）

答案：（√）

10.《危险废物鉴别标准 通则》（GB 5085.7—2007）中凡列入《国家危险废物名录》的，属于危险废物，不需要进行危险特性鉴别（感染性废物根据《国家危险废物名录》鉴别）。（ ）

答案：（√）

11.《危险废物鉴别标准 通则》（GB 5085.7—2007）中具有毒性（包括浸出毒性、急性毒性及其他毒性）和感染性等一种或一种以上危险特性的危险废物处理后的废物就不属于危险废物。（ ）

答案：（×）

正确答案为：《危险废物鉴别标准 通则》（GB 5085.7—2007）中具有毒性（包括浸出毒性、急性毒性及其他毒性）和感染性等一种或一种以上危险特性的危险废物处理后的废物仍属于危险废物，国家有关法规、标准另有规定的除外。

12.《危险废物鉴别标准 通则》（GB 5085.7—2007）中具有毒性（包括浸出毒性、急性毒性及其他毒性）和感染性等一种或一种以上危险特性的危险废物与其他固体废物混合，混合后的废物属于固体废物。（ ）

答案：（×）

正确答案为：《危险废物鉴别标准 通则》（GB 5085.7—2007）中具有毒性（包括浸出毒性、急性毒性及其他毒性）和感染性等一种或一种以上危险特性的危险废物处理后的废物仍属于危险废物，国家有关法规、标准另有规定的除外。

13.《危险废物鉴别标准 通则》（GB 5085.7—2007）中仅具有腐蚀性、易燃性或反应性的危险废物与其他固体废物混合，混合后的废物经 GB 5085.1、GB 5085.4、GB 5085.5 鉴别不再具有危险特性的，不属于危险废物。（ ）

答案：（√）

三、多选题

1.《危险废物鉴别标准 通则》（GB 5085.7—2007）中危险废物的危险特性包

括________。

A. 腐蚀性　B. 毒性　C. 易燃性　D. 反应性　E. 感染性

答案：A　B　C　D　E

2.《危险废物鉴别标准 通则》(GB 5085.7—2007）适用于________的危险特性鉴别。

A. 液态废物　B. 固体废物　C. 排入水体的废水　D. 放射性废物

答案：A　B

3.《危险废物鉴别标准 通则》(GB 5085.7—2007）不适用于________的鉴别。

A. 液态废物　B. 固体废物　C. 排入水体的废水　D. 放射性废物

答案：C　D

4.《危险废物鉴别标准 通则》(GB 5085.7—2007）中属于危险废物鉴别程序的是________。

A. 依据《中华人民共和国固体废物污染环境防治法》、《固体废物鉴别导则》判断待鉴别的物品、物质是否属于固体废物，不属于固体废物的，则不属于危险废物。

B. 经判断属于固体废物的，则依据《国家危险废物名录》判断。凡列入《国家危险废物名录》的，属于危险废物，不需要进行危险特性鉴别（感染性废物根据《国家危险废物名录》鉴别）；未列入《国家危险废物名录》的，应按照第 4.3 条的规定进行危险特性鉴别。

C. 依据 GB 5085.1～GB 5085.6 鉴别标准进行鉴别，凡具有腐蚀性、毒性、易燃性、反应性等一种或一种以上危险特性的，属于危险废物。

D. 对未列入《国家危险废物名录》或根据危险废物鉴别标准无法鉴别，但可能对人体健康或生态环境造成有害影响的固体废物，由国务院环境保护行政主管部门组织专家认定。

答案：A　B　C　D

5.《危险废物鉴别标准 通则》(GB 5085.7—2007）中危险废物混合后判定规则包括________。

A. 具有毒性（包括浸出毒性、急性毒性及其他毒性）和感染性等一种或一种以上危险特性的危险废物与其他固体废物混合，混合后的废物属于危险废物。

B. 仅具有腐蚀性、易燃性或反应性的危险废物与其他固体废物混合，混合后的废物经 GB 5085.1、GB 5085.4、GB 5085.5 鉴别不再具有危险特性的，不属于危险废物。

C. 危险废物与放射性废物混合，混合后的废物应按照放射性废物管理。

答案：A　B　C

6.《危险废物鉴别标准 通则》(GB 5085.7—2007）中危险废物处理后判定规则包括________。

A. 具有毒性（包括浸出毒性、急性毒性及其他毒性）和感染性等一种或一种以上危险特性的危险废物处理后的废物仍属于危险废物，国家有关法规、标准另有规定的除外。

B. 仍具有腐蚀性、易燃性或反应性的危险废物处理后，经 GB 5085.1、GB 5085.4、GB 5085.5 鉴别不再具有危险特性的，不属于危险废物。

答案：A B

四、简答题

1. 简述《危险废物鉴别标准 通则》（GB 5085.7—2007）中危险废物的鉴别程序。

答案：（1）依据《中华人民共和国固体废物污染环境防治法》、《固体废物鉴别导则》判断待鉴别的物品、物质是否属于固体废物，不属于固体废物的，则不属于危险废物。

（2）经判断属于固体废物的，则依据《国家危险废物名录》判断。凡列入《国家危险废物名录》的，属于危险废物，不需要进行危险特性鉴别（感染性废物根据《国家危险废物名录》鉴别）；未列入《国家危险废物名录》的，应按照第4.3条的规定进行危险特性鉴别。

（3）依据GB 5085.1～GB 5085.6鉴别标准进行鉴别，凡具有腐蚀性、毒性、易燃性、反应性等一种或一种以上危险特性的，属于危险废物。

（4）对未列入《国家危险废物名录》或根据危险废物鉴别标准无法鉴别，但可能对人体健康或生态环境造成有害影响的固体废物，由国务院环境保护行政主管部门组织专家认定。

2. 简述《危险废物鉴别标准 通则》（GB 5085.7—2007）中危险废物混合后的判定规则。

答案：（1）具有毒性（包括浸出毒性、急性毒性及其他毒性）和感染性等一种或 种以上危险特性的危险废物与其他固体废物混合，混合后的废物属于危险废物。

（2）仅具有腐蚀性、易燃性或反应性的危险废物与其他固体废物混合，混合后的废物经GB 5085.1、GB 5085.4、GB 5085.5鉴别不再具有危险特性的，不属于危险废物。

（3）危险废物与放射性废物混合，混合后的废物应按照放射性废物管理。

3. 简述《危险废物鉴别标准 通则》（GB 5085.7—2007）中危险废物处理后判定规则。

答案：（1）具有毒性（包括浸出毒性、急性毒性及其他毒性）和感染性等一种或一种以上危险特性的危险废物处理后的废物仍属于危险废物，国家有关法规、标准另有规定的除外。

（2）仍具有腐蚀性、易燃性或反应性的危险废物处理后，经GB 5085.1、GB 5085.4、GB 5085.5鉴别不再具有危险特性的，不属于危险废物。

4. 简述《危险废物鉴别标准 通则》（GB 5085.7—2007）中固体废物的含义。

答案：固体废物是指在生产、生活和其他活动中产生的丧失原有利用价值或者虽未丧失利用价值但被抛弃或者放弃的固态、半固态和置于容器中的气态的物品、物质以及法律、行政法规规定纳入固体废物管理的物品、物质。

5. 简述《危险废物鉴别标准 通则》（GB 5085.7—2007）中危险废物的含义。

答案：危险废物是指列入国家危险废物名录或者根据国家规定的危险废物鉴别标准和鉴别方法认定的具有腐蚀性、毒性、易燃性、反应性和感染性等一种或一种以上危险特性，以及不排除具有以上危险特性的固体废物。

参考文献

危险废物鉴别标准 通则（GB 5085.7—2007）.

命题：韩丽媛

审核：陈黎军

第二节　危险废物鉴别技术规范（HJ/T 298—2007）

一、填空题

1.《危险废物鉴别技术规范》（HJ/T 298—2007）中固体废物包括________、________和________。

答案：固态　半固态废物　液态废物（排入水体的废水除外）

2.《危险废物鉴别技术规范》（HJ/T 298—2007）中适用于固态废物的危险特性鉴别，不适用于________产生的危险废物的应急鉴别。

答案：突发性环境污染事故

3.《危险废物鉴别技术规范》（HJ/T 298—2007）中固体废物产生量是指产生固体废物的装置按设计生产能力________运行时产生的固体废物量。

答案：满负荷

4.《危险废物鉴别技术规范》（HJ/T 298—2007）中固体废物为连续生产时，应以确定的工艺环节________的固体废物产生量为依据。

答案：一个月内

5.《危险废物鉴别技术规范》（HJ/T 298—2007）中固体废物为间歇产生时，应以确定的工艺环节一个月内的固体废物产生量为依据，如果固体废物产生的时间间隔大于一个月，以________为依据。

答案：每次产生的固体废物总量

6.《危险废物鉴别技术规范》（HJ/T 298—2007）中固体废物采样工具、采样程序、采样记录和盛样容器参照________的要求进行。

答案：《工业固体废物采样制样技术规范》（HJ/T 20—1998）

7.《危险废物鉴别技术规范》（HJ/T 298—2007）中固体废物按照________中分析方法的要求进行样品的预处理。

答案：《危险废物鉴别标准》（GB 5085）

8.《危险废物鉴别技术规范》（HJ/T 298—2007）中固体废物特性鉴别的检测项目应依据固体废物的________特性确定。

答案：产生源

9.《危险废物鉴别技术规范》(HJ/T 298—2007)中进行毒性物质含量的检测时，当同一种毒性成分在一种以上毒性物质中存在时，以_______的毒性物质进行计算和结果判断。

答案：分子量最高

10.《危险废物鉴别技术规范》(HJ/T 298—2007)中在采样过程中应采取必要的________，同时应采取措施防止造成________。

答案：个人安全防护措施　　　二次污染

11.《危险废物鉴别技术规范》(HJ/T 298—2007)带卸料口的贮罐（槽）装的固态、半固态废物应尽可能在________过程中采取样品。

答案：卸除废物

12.《危险废物鉴别技术规范》(HJ/T 298—2007)自________起实施。

答案：2007 年 7 月 1 日

13.《危险废物鉴别技术规范》(HJ/T 298—2007)中固态、半固态样品连续产生时，采集应在设备稳定运行时的________内等时间间隔采样。

答案：8h 或一个生产班次

二、判断题

1.《危险废物鉴别技术规范》(HJ/T 298—2007)适用于固态废物的危险特性鉴别，不适用于突发性环境污染事故产生的危险废物的应急鉴别。(　)

答案：(√)

2.《危险废物鉴别技术规范》(HJ/T 298—2007)适用于固态废物的危险特性鉴别，同时适用于突发性环境污染事故产生的危险废物的应急鉴别。(　)

答案：(×)

正确答案为：《危险废物鉴别技术规范》(HJ/T 298—2007)适用于固态废物的危险特性鉴别，不适用于突发性环境污染事故产生的危险废物的应急鉴别。

3.《危险废物鉴别技术规范》(HJ/T 298—2007)中进行毒性物质含量的检测时，当同一种毒性成分在一种以上毒性物质中存在时，以分子量最高的毒性物质进行计算和结果判断。(　)

答案：(√)

4.《危险废物鉴别技术规范》(HJ/T 298—2007)中进行毒性物质含量的检测时，当同一种毒性成分在一种以上毒性物质中存在时，以分子量最低的毒性物质进行计算和结果判断。(　)

答案：(×)

正确答案为：《危险废物鉴别技术规范》(HJ/T 298—2007)中进行毒性物质含量的检测时，当同一种毒性成分在一种以上毒性物质中存在时，以分子量最高的毒性物质进行计算和结果判断。

5.《危险废物鉴别技术规范》（HJ/T 298—2007）中固体废物为连续生产时，应以确定的工艺环节一个月内的固体废物产生量为依据。（ ）

答案：（√）

6.《危险废物鉴别技术规范》（HJ/T 298—2007）中固体废物产生量是指产生固体废物的装置按设计生产能力满负荷运行时产生的固体废物量。（ ）

答案：（√）

7.《危险废物鉴别技术规范》（HJ/T 298—2007）中带卸料口的贮罐（槽）装的固态、半固态废物应尽可能在卸除废物过程中采取样品。（ ）

答案：（√）

8.《危险废物鉴别技术规范》（HJ/T 298—2007）中带卸料口的贮罐（槽）装的固态、半固态废物应尽可能不在卸除废物过程中采取样品。（ ）

答案：（×）

正确答案为：《危险废物鉴别技术规范》（HJ/T 298—2007）中带卸料口的贮罐（槽）装的固态、半固态废物应尽可能在卸除废物过程中采取样品。

9.《危险废物鉴别技术规范》（HJ/T 298—2007）中固体废物产生量是指产生固体废物的装置按设计生产能力的75%运行时产生的固体废物量。（ ）

答案：（×）

正确答案为：《危险废物鉴别技术规范》（HJ/T 298—2007）中固体废物产生量是指产生固体废物的装置按设计生产能力满负荷运行时产生的固体废物量。

10.《危险废物鉴别技术规范》（HJ/T 298—2007）中固体废物为间歇产生时，应以确定工艺环节一个生产周期内的固体废物产量为依据。（ ）

答案：（×）

正确答案为：《危险废物鉴别技术规范》（HJ/T 298—2007）中固态、半固态样品间歇产生时，采集应在设备稳定运行时的8h或一个生产班次内等时间间隔采样。

11.《危险废物鉴别技术规范》（HJ/T 298—2007）中固态、半固态样品间歇产生时，采集应在设备稳定运行时的8h或一个生产班次内等时间间隔采样。（ ）

答案：（√）

三、单选题

1.《危险废物鉴别技术规范》（HJ/T 298—2007）中固体废物产生量是指产生固体废物的装置按设计生产能力________运行时产生的固体废物量。

A．75%　　B．85%　　C．95%　　D．100%

答案：D

2．进行毒性物质含量的检测时，当同一种毒性成分在一种以上毒性物质中存在时，以分子量________的毒性物质进行计算和结果判断。

A. 最低　B. 最高　C. 平均值　D. 差值

答案：B

3.《危险废物鉴别技术规范》(HJ/T 298—2007) 由________负责监督管理。

A. 县级以上人民政府环境保护行政主管部门

B. 省级以上人民政府环境保护行政主管部门

C. 环境保护部行政主管部门　D. 当地环境保护行政主管部门

答案：A

4. 无法确认固体废物是否存在危险特性或毒性物质时，其检测顺序是________。

(1) 浸出毒性中无机物质项目的检测；

(2) 反应性、易燃性、腐蚀性检测；

(3) 浸出毒性中有机物质项目的检测；

(4) 急性毒性鉴别项目的检测；

(5) 毒性物质含量鉴别项目中无机物质项目的检测；

(6) 毒性物质含量鉴别项目中有机物质项目的检测。

A. (2)(1)(3)(5)(6)(4)　B. (1)(2)(3)(4)(5)(6)

C. (5)(6)(1)(3)(2)(4)　D. (3)(5)(2)(1)(4)(6)

答案：A

四、多选题

1.《危险废物鉴别技术规范》(HJ/T 298—2007) 中固体废物包括：________。

A. 固态　B. 半固态废物　C. 液态废物（排入水体的废水除外）　D. 气态

答案：A　B　C

2.《危险废物鉴别技术规范》(HJ/T 298—2007) 中液态废物的样品采集应根据容器的大小采用________进行采样。

A. 玻璃采样管　B. 重瓶采样器　C. 塑料桶　D. 铁桶

答案：A　B

3.《危险废物鉴别技术规范》(HJ/T 298—2007) 中无法确定固体废物的产生源时，应进行________分析，根据结果确定检测项目。

A. 全成分元素分析　B. 水分　C. 有机分　D. 灰分

答案：A　B　C　D

五、简答题

1. 简述《危险废物鉴别技术规范》(HJ/T 298—2007) 的适用范围。

答案：(1) 规定了固体废物的危险特性鉴别中样品的采集和检测，以及检测结果的判断等过程的技术要求；

（2）标准中的固体废物包括：固态、半固态废物和液态废物（排入水体的废水除外）；

（3）标准适用于固态废物的危险特性鉴别，不适用于突发性环境污染事故产生的危险废物的应急鉴别。

2.《危险废物鉴别技术规范》（HJ/T 298—2007）中无法确认固体废物是否存在危险特性或毒性物质时，其检测顺序是什么？

答案：（1）反应性、易燃性、腐蚀性检测；

（2）浸出毒性中无机物质项目的检测；

（3）浸出毒性中有机物质项目的检测；

（4）毒性物质含量鉴别项目中无机物质项目的检测；

（5）毒性物质含量鉴别项目中有机物质项目的检测；

（6）急性毒性鉴别项目的检测。

3.《危险废物鉴别技术规范》（HJ/T 298—2007）中固态废物样品采集的份样量应满足哪些要求？

答案：（1）满足分析操作的需要；

（2）依据固态废物的原始颗粒最大粒径，不小于下表规定的质量。

不同颗粒直径的固态废物的一个份样所需采取的最小份样量

原始颗粒最大粒径（以 d 表示）/cm	最小份样量/g	原始颗粒最大粒径（以 d 表示）/cm	最小份样量/g
$d<0.50$	500	$d>1.0$	2 000
$0.50<d\leqslant1.0$	1 000		

（3）半固态和液态废物样品采集的份样量应满足分析操作的需要。

4.《危险废物鉴别技术规范》（HJ/T 298—2007）中液态废物的样品采集方法。

答案：液态废物的样品采集根据容器的大小采用玻璃采样管或者重瓶采样器进行采样。将容器内液态废物混匀（含易挥发物质的液态废物除外）后打开容器，将玻璃采样管或重瓶采样器从容器中心处垂直缓慢插入液面至容器底；待采样管（采样器）内装满液态废物后，缓缓提出，将样品注入采样容器。每采取一次，作为一个份样。

参考文献

危险废物鉴别技术规范（HJ/T 298—2007）.

命题：韩丽媛

审核：陈黎军

第三节　危险废物鉴别标准——腐蚀性鉴别、急性毒性初筛（GB 5085.1～2—2007）

一、填空题

1.《危险废物鉴别标准——腐蚀性鉴别、急性毒性初筛》（GB 5085.1～2—2007）由________负责监督实施。

答案：县级以上人民政府环境保护行政主管部门

2.《危险废物鉴别标准——腐蚀性鉴别、急性毒性初筛》（GB 5085.1～2—2007）的起草单位是________、________。

答案：中国环境科学研究院固体废物污染控制技术研究所　环境标准研究所

3.《危险废物鉴别标准——腐蚀性鉴别、急性毒性初筛》（GB 5085.1～2 —2007）口服毒性半数致死量是经过统计学方法得出的一种物质的单一计量，可使________口服后，在________内死亡一半的物质剂量。

答案：青年白鼠　14 天

4.《危险废物鉴别标准——腐蚀性鉴别、急性毒性初筛》（GB 5085.1～2 —2007）中皮肤接触毒性半数致死量是使白鼠的裸露皮肤________24h，最可能引起这些试验动物在 14 天内死亡一半的物质剂量。

答案：持续接触

5.《危险废物鉴别标准——腐蚀性鉴别、急性毒性初筛》（GB 5085.1～2 —2007）中吸入毒性半数致死浓度是使雌雄青年白鼠持续吸入 1h，最可能引起这些试验动物在 14 天内死亡一半的________、________、________的浓度。

答案：蒸汽　烟雾　粉尘

6.《危险废物鉴别标准——腐蚀性鉴别、急性毒性初筛》（GB 5085.1～2 —2007）中皮肤接触毒性半数致死量是使白鼠的裸露皮肤持续接触 24h，最可能引起这些试验动物在 14 天内死亡________的物质剂量。

答案：一半

7.《危险废物鉴别标准——腐蚀性鉴别、急性毒性初筛》（GB 5085.1～2 —2007）中皮肤接触毒性半数致死量是使白鼠的裸露皮肤持续接触________，最可能引起这些试验动物在 14 天内死亡一半的物质剂量。

答案：24h

8.《危险废物鉴别标准——腐蚀性鉴别、急性毒性初筛》（GB 5085.1～2 —2007）中吸入毒性半数致死浓度是使雌雄青年白鼠持续吸入________，最可能引起这些试验动物在 14 天内死亡一半的蒸汽、烟雾或粉尘的浓度。

答案：1h

二、判断题

1.《危险废物鉴别标准——腐蚀性鉴别、急性毒性初筛》（GB 5085.1～2—2007）中由县级以上人民政府环境保护行政主管部门负责监督实施。（ ）

答案：（√）

2.《危险废物鉴别标准——腐蚀性鉴别、急性毒性初筛》（GB 5085.1～2—2007）中的起草单位是环境保护部、环境标准研究所。（ ）

答案：（×）

正确答案为：《危险废物鉴别标准——腐蚀性鉴别、急性毒性初筛》（GB 5085.1～2 —2007）的起草单位是中国环境科学研究院固体废物污染控制技术研究所、环境标准研究所。

3.《危险废物鉴别标准——腐蚀性鉴别、急性毒性初筛》（GB 5085.1～2—2007）中急性毒性初筛、反应性鉴别不属于国家危险废物鉴别标准。（ ）

答案：（×）

正确答案为：《危险废物鉴别标准——腐蚀性鉴别、急性毒性初筛》（GB 5085.1～2 —2007）中急性毒性初筛、反应性鉴别属于国家危险废物鉴别标准。

4.《危险废物鉴别标准——腐蚀性鉴别、急性毒性初筛》（GB 5085.1～2 —2007）中口服毒性半数致死量是经过统计学方法得出的一种物质的单一剂量，可使青年白鼠口服后，在 14 天内死亡一半的物质剂量。（ ）

答案：（√）

5.《危险废物鉴别标准——腐蚀性鉴别、急性毒性初筛》（GB 5085.1～2 —2007）中皮肤接触毒性半数致死量是使白鼠的裸露皮肤持续接触 24h，最可能引起这些试验动物在 14 天内死亡一半的物质剂量。（ ）

答案：（√）

6.《危险废物鉴别标准——腐蚀性鉴别、急性毒性初筛》（GB 5085.1～2 —2007）中吸入毒性半数致死浓度是使雌雄青年白鼠持续吸入 1h，最可能引起这些试验动物在 14 天内死亡一半的蒸汽、烟雾或粉尘的浓度。（ ）

答案：（√）

7.《危险废物鉴别标准——腐蚀性鉴别、急性毒性初筛》（GB 5085.1～2 —2007）中固体废物按照 GB/T 15555.12—1995 制备的浸出液，pH≥12.5，或者≤2.0 的，属于危险废物。（ ）

答案：（√）

8.《危险废物鉴别标准——腐蚀性鉴别、急性毒性初筛》（GB 5085.1～2 —2007）中固体废物在 55℃条件下，对 GB/T 699 中规定的 20 号钢材的腐蚀速率≥6.35mm/a 的，属

于危险废物。（　）

答案：（√）

9.《危险废物鉴别标准——腐蚀性鉴别、急性毒性初筛》（GB 5085.1～2 —2007）中皮肤接触毒性半数致死量是使白鼠的裸露皮肤持续接触 12h，最可能引起这些试验动物在 14 天内死亡一半的物质剂量。（　）

答案：（×）

正确答案为：《危险废物鉴别标准——腐蚀性鉴别、急性毒性初筛》（GB 5085.1～2—2007）中皮肤接触毒性半数致死量是使白鼠的裸露皮肤持续接触 24h，最可能引起这些试验动物在 14 天内死亡一半的物质剂量。

10.《危险废物鉴别标准——腐蚀性鉴别、急性毒性初筛》（GB 5085.1～2 —2007）中皮肤接触毒性半数致死量是使白鼠的裸露皮肤持续接触 24h，最可能引起这些试验动物在 15 天内死亡一半的物质剂量。（　）

答案：（×）

正确答案为：《危险废物鉴别标准——腐蚀性鉴别、急性毒性初筛》（GB 5085.1～2—2007）中皮肤接触毒性半数致死量是使白鼠的裸露皮肤持续接触 24h，最可能引起这些试验动物在 14 天内死亡一半的物质剂量。

11.《危险废物鉴别标准——腐蚀性鉴别、急性毒性初筛》（GB 5085.1～2 —2007）中吸入毒性半数致死浓度是使雌雄青年白鼠持续吸入 1h，最可能引起这些试验动物在 14 天内死亡的蒸汽、烟雾或粉尘的浓度。（　）

答案：（×）

正确答案为：《危险废物鉴别标准——腐蚀性鉴别、急性毒性初筛》（GB 5085.1～2—2007）中吸入毒性半数致死浓度是使雌雄青年白鼠持续吸入 1h，最可能引起这些试验动物在 14 天内死亡一半的蒸汽、烟雾或粉尘的浓度。

12.《危险废物鉴别标准——腐蚀性鉴别、急性毒性初筛》（GB 5085.1～2 —2007）中口服毒性半数致死量是经过统计学方法得出的一种物质的单一剂量，可使青年白鼠口服后，在 24h 内死亡一半的物质剂量。（　）

答案：（×）

正确答案为：《危险废物鉴别标准——腐蚀性鉴别、急性毒性初筛》（GB 5085.1～2—2007）中口服毒性半数致死量是经过统计学方法得出的一种物质的单一剂量，可使青年白鼠口服后，在 14 天内死亡一半的物质剂量。

13.《危险废物鉴别标准——腐蚀性鉴别、急性毒性初筛》（GB 5085.1～2 —2007）中的起草单位是中国环境科学研究院固体废物污染控制技术研究所、环境标准研究所。（　）

答案：（√）

14.《危险废物鉴别标准——腐蚀性鉴别、急性毒性初筛》（GB 5085.1～2 —2007）

中腐蚀性鉴别、急性毒性初筛、浸出毒性鉴别、易燃性鉴别、反应性鉴别、毒性物质含量鉴别均属于国家危险废物鉴别标准。（ ）

答案：（√）

三、单选题

1.《危险废物鉴别标准——腐蚀性鉴别、急性毒性初筛》（GB 5085.1～2 —2007）中皮肤接触毒性半数致死量是使白鼠的裸露皮肤持续接触________，最可能引起这些试验动物在 14 天内死亡一半的物质剂量。

A．12h　　B．24h　　C．18h　　D．20h

答案：B

2.《危险废物鉴别标准——腐蚀性鉴别、急性毒性初筛》（GB 5085.1～2—2007）中吸入毒性半数致死浓度是使雌雄青年白鼠持续吸入________，最可能引起这些试验动物在 14 天内死亡一半的蒸汽、烟雾或粉尘的浓度。

A．1h　　B．2h　　C．3h　　D．4h

答案：A

3.《危险废物鉴别标准——腐蚀性鉴别、急性毒性初筛》（GB 5085.1～2 —2007）中口服毒性半数致死量是经过统计学方法得出的一种物质的单一计量，可使青年白鼠口服后，在________内死亡一半的物质剂量。

A．1 天　　B．7 天　　C．14 天　　D．28 天

答案：C

四、多选题

1.《危险废物鉴别标准——腐蚀性鉴别、急性毒性初筛》（GB 5085.1～2—2007）中的起草单位是________。

A．中国环境科学研究院固体废物污染控制技术研究所

B．环境保护部　　C．环境标准研究所　　D．中国环境科学研究院

答案：A　C

2.《危险废物鉴别标准——腐蚀性鉴别、急性毒性初筛》（GB 5085.1～2—2007）中属于国家危险废物鉴别标准组成的是________。

A．危险废物鉴别标准　腐蚀性鉴别　　B．危险废物鉴别标准　急性毒性初筛

C．危险废物鉴别标准　浸出毒性鉴别　　D．危险废物鉴别标准　易燃性鉴别

E．危险废物鉴别标准　反应性鉴别

答案：A　B　C　D　E

五、简答题

1.《危险废物鉴别标准——腐蚀性鉴别、急性毒性初筛》（GB 5085.1～2—2007）中国家危险废物鉴别标准的组成包括哪些？

答案：危险废物鉴别标准　通则
危险废物鉴别标准　腐蚀性鉴别
危险废物鉴别标准　急性毒性初筛
危险废物鉴别标准　浸出毒性鉴别
危险废物鉴别标准　易燃性鉴别
危险废物鉴别标准　反应性鉴别
危险废物鉴别标准　毒性物质含量鉴别

2.《危险废物鉴别标准——腐蚀性鉴别、急性毒性初筛》（GB 5085.1～2 —2007）中适用范围是什么？

答案：标准规定了腐蚀性危险废物的鉴别标准，适用于任何生产、生活和其他生活中产生的固体废物的腐蚀性鉴别。

3.《危险废物鉴别标准——腐蚀性鉴别、急性毒性初筛》（GB 5085.1～2 —2007）中危险废物的鉴别标准。

答案：符合下列条件之一的固体废物，属于危险废物：

（1）按照 GB/T 15555.12—1995 制备的浸出液，pH≥12.5，或者 pH≤2.0；

（2）在 55℃条件下，对 GB/T 699 中规定的 20 号钢材的腐蚀速率≥6.35mm/a。

4.《危险废物鉴别标准——腐蚀性鉴别、急性毒性初筛》（GB 5085.1～2 —2007）中什么是口服毒性半数致死量 LD_{50}？

答案：口服毒性半数致死量 LD_{50} 是经过统计学方法得出的一种物质的单一计量，可使青年白鼠口服后，在 14 天内死亡一半的物质剂量。

5.《危险废物鉴别标准——腐蚀性鉴别、急性毒性初筛》（GB 5085.1～2 —2007）中什么是皮肤接触毒性半数致死量 LD_{50}？

答案：皮肤接触毒性半数致死量 LD_{50} 是使白鼠的裸露皮肤持续接触 24h，最可能引起这些试验动物在 14 天内死亡一半的物质剂量。

6.《危险废物鉴别标准——腐蚀性鉴别、急性毒性初筛》（GB 5085.1～2 —2007）中什么是吸入毒性半数致死浓度 LC_{50}？

答案：吸入毒性半数致死浓度 LC_{50} 是使雌雄青年白鼠持续吸入 1h，最可能引起这些试验动物在 14 天内死亡一半的蒸汽、烟雾或粉尘的浓度。

六、计算题

某 20 号钢材试验前总重量 1 500 g，试验后的试样重量 1 450g，试样的总面积为 80 cm^2

材料的密度为 1.7kg/m^3，试验时间为 100 h，试计算该钢材的腐蚀速率？是否属于危险废物？

答案：R=8.76×107×（M－M_1）/（STD）=8.76×107×（1 500－1 450）/（80×100×1.7）=3.45 mm/a≤6.35mm/a

其中：R——腐蚀速率，mm/a；

M——试验前的试样重量，g；

M_1——试验后的试样重量，g；

S——试样的总面积，cm^2；

T——试验时间，h；

D——材料的密度，kg/m^3。

判定条件：在 55℃条件下，对 GB/T 699 中规定的 20 号钢材的腐蚀速率≥6.35mm/a，该 20 号钢材的腐蚀速率=3.45 mm/a≤6.35mm/a，不属于危险废物。

参考文献

危险废物鉴别标准——腐蚀性鉴别、急性毒性初筛（GB 5085.1～2—2007）.

命题：韩丽媛

审核：陈黎军

第四节　危险废物鉴别标准　浸出毒性鉴别 （GB 5085.3—2007）

一、填空题

1.《危险废物鉴别标准　浸出毒性鉴别》（GB 5085.3—2007）标准附录 A 中电感耦合等离子发射光谱仪分析测定中使用的氩气的纯度应不低于________。

答案：99.9%

2.《危险废物鉴别标准　浸出毒性鉴别》（GB 5085.3—2007）标准附录 A 中电感耦合等离子发射光谱仪通常分为________及________两种。

答案：多道式　　　顺序扫描式

3.《危险废物鉴别标准　浸出毒性鉴别》（GB 5085.3—2007）标准附录 A 中 ICP-AES 法通常存在两类干扰，一类是________，另一类是________。

答案：光谱干扰　　　非光谱干扰

4.《危险废物鉴别标准　浸出毒性鉴别》（GB 5085.3—2007）标准附录 A 中 ICP-AES 法中的非光谱干扰主要包括________、________、________以及________等。

答案：化学干扰　　电离干扰　　物理干扰　　去溶剂干扰

5.《危险废物鉴别标准　浸出毒性鉴别》（GB 5085.3—2007）标准附录 B 中 ICP-MS

中的干扰包括________以及等离子气，试剂或样品基体产生的________干扰。

答案：同量异位素　　多原子离子

6.《危险废物鉴别标准　浸出毒性鉴别》（GB 5085.3—2007）标准附录 B 中 ICP-MS 中样品基体引起的仪器响应抑制或增强效应以及仪器漂移必须使用________。

答案：内标补偿

7.《危险废物鉴别标准　浸出毒性鉴别》（GB 5085.3—2007）标准附录 C 中当用石墨炉原子吸收法测定含有大量有机质的试样时，在进样之前应进行________，这样会使宽带吸收减至最小。

答案：消解氧化

8.《危险废物鉴别标准　浸出毒性鉴别》（GB 5085.3—2007）标准附录 D 中测定铝所用的火焰类型为________型。

答案：富燃

9.《危险废物鉴别标准　浸出毒性鉴别》（GB 5085.3—2007）标准附录 F 中离子色谱是一种液相色谱，通过________分离离子组分，然后用适当的检测方法检测。

答案：离子交换

10.《危险废物鉴别标准　浸出毒性鉴别》（GB 5085.3—2007）标准附录 F 中离子色谱仪由________、________、________、________、________组成。

答案：泵　　分析柱　　抑制器　　电导检测器　　数据处理系统

11.《危险废物鉴别标准　浸出毒性鉴别》（GB 5085.3—2007）标准附录 I 中在酸性或碱性条件下，有机磷酯会发生________。

答案：水解

二、判断题

1.《危险废物鉴别标准　浸出毒性鉴别》（GB 5085.3—2007）标准附录 A 中 ICP-AES 法中的非光谱干扰，主要包括连续背景和谱线重叠干扰。（　）

答案：（×）

正确答案为： ICP-AES 法中的光谱干扰，主要包括连续背景和谱线重叠干扰。

2.《危险废物鉴别标准　浸出毒性鉴别》（GB 5085.3—2007）标准附录 B 中 ICP-MS 分析中所用的玻璃器皿均需用（1+1）HCl 溶液浸泡 24h，或热 HCl 荡洗后，再用去离子水洗净后方可使用。（　）

答案：（×）

正确答案为： ICP-MS 分析中所用的玻璃器皿均需用（1+1）HNO_3 溶液浸泡 24h，或热 HNO_3 荡洗后，再用去离子水洗净后方可使用。

3.《危险废物鉴别标准　浸出毒性鉴别》（GB 5085.3—2007）标准附录 A 中规定采集重金属样品的水样必须用硝酸酸化至 pH＜2。（　）

答案：（√）

4.《危险废物鉴别标准　浸出毒性鉴别》（GB 5085.3—2007）中，分析银的标准和样品都应贮于棕色瓶中，并放置在暗处。（　）

答案：（√）

5.《危险废物鉴别标准　浸出毒性鉴别》（GB 5085.3—2007）附录 D 中，测定固体废物中铁所用的火焰类型为富燃型。（　）

答案：（×）

正确答案为：测定固体废物中铁所用的火焰类型为贫燃型。

6.《危险废物鉴别标准　浸出毒性鉴别》（GB 5085.3—2007）标准附录 F 中规定用于测定离子浓度所用的固体废物样品应在 4℃冷藏保存并于 1 个月内进行分析。（　）

答案：（√）

7.《危险废物鉴别标准　浸出毒性鉴别》（GB 5085.3—2007）标准附录 I 中规定气相色谱法测定固体废物中的有机磷化合物不适合检测酸或碱分离处理过的样品。（　）

答案：（√）

8.《危险废物鉴别标准　浸出毒性鉴别》（GB 5085.3—2007）标准附录 I 中规定气相色谱法测定固体废物中的有机磷化合物适用于检测超声处理过的样品。（　）

答案：（×）

正确答案为：不适用于检测超声处理过的样品。

9.《危险废物鉴别标准　浸出毒性鉴别》（GB 5085.3—2007）标准附录 K 中测定半挥发性有机化合物的提取样品应在-10℃保存，避光，且存放于密闭的容器中。（　）

答案：（√）

10.《危险废物鉴别标准　浸出毒性鉴别》（GB 5085.3—2007）标准附录 Q 中规定平衡顶空法测定固体废物中的挥发性有机物，样品分析前应于 4℃低温保存，储存地点应不含有机溶剂蒸气。（　）

答案：（√）

三、单选题

1.《危险废物鉴别标准　浸出毒性鉴别》（GB 5085.3—2007）标准中当固体废物中烷基汞的浓度为________时，则判定该固体废物是具有浸出毒性特征的危险废物。

A．1mg/L　　B．1mg/L　　C．1mg/L　　D．检出

答案：D

2.《危险废物鉴别标准　浸出毒性鉴别》（GB 5085.3—2007）附录 C 中，对石墨炉的阴离子干扰研究表明，在非恒温条件下，采用________更为适宜。

A．盐酸　　B．硫酸　　C．硝酸

答案：C

3.《危险废物鉴别标准　浸出毒性鉴别》（GB 5085.3—2007）附录 C 中，石墨炉测定重金属的玻璃仪器应该用________浸泡。

A．1∶5 盐酸　　B．5∶1 盐酸　　C．1∶5 硝酸　　D．5∶1 硝酸

答案：C

4.《危险废物鉴别标准　浸出毒性鉴别》（GB 5085.3—2007）标准附录 F 中用于测定离子浓度的固体废物应用________采样。

A．聚丙烯瓶　　B．聚乙烯瓶　　C．玻璃瓶　　D．上述任何一种均可

答案：A

5.《危险废物鉴别标准　浸出毒性鉴别》（GB 5085.3—2007）标准附录 H 中用于测定有机氯农药所用的固体废物应在 4℃冷藏保存并于________内进行分析。

A．30 天　　B．40 天　　C．50 天　　D．一个月

答案：B

6.《危险废物鉴别标准　浸出毒性鉴别》（GB 5085.3—2007）标准附录 I 中在使用火焰光度检测器或氮-磷检测器时，可以使用________作为进样溶剂。

A．甲烷　　B．乙烷　　C．二氯甲烷　　D．三氯甲烷

答案：C

7.《危险废物鉴别标准　浸出毒性鉴别》（GB 5085.3—2007）标准中，要求当固体废物浸出液中汞的含量超过______mg/L 时，可判定该固体废物是具有浸出毒性的危险废物。

A．0.1　　B．0.5　　C．1.0　　D．1.5

答案：A

8.《危险废物鉴别标准　浸出毒性鉴别》（GB 5085.3—2007）标准中，要求当固体废物浸出液中六六六的含量超过________mg/L 时，可判定该固体废物是具有浸出毒性的危险废物。

A．0.1　　B．0.5　　C．1.0　　D．1.5

答案：B

9.《危险废物鉴别标准　浸出毒性鉴别》（GB 5085.3—2007）附录 C 标准中，石墨炉原子吸收法测定固体废物中无机元素所用的净化气为________。

A．空气　　B．乙炔　　C．氮气　　D．氩气

答案：D

10.《危险废物鉴别标准　浸出毒性鉴别》（GB 5085.3—2007）标准附录 O 中，气相色谱/质谱法应用于测定固体废物中沸点低于________的挥发性有机化合物。

A．100℃　　B．200℃　　C．300℃　　D．400℃

答案：B

四、多选题

1.《危险废物鉴别标准　浸出毒性鉴别》(GB 5085.3—2007) 标准中，以下固体废物属于具有浸出毒性特征的固体废物的是________。

A. 固体废物浸出液中铜的含量为 78mg/L　B. 固体废物浸出液中铅的含量为 8mg/L

C. 固体废物浸出液中锌的含量为 103mg/L　D. 固体废物浸出液中镉的含量为 1.2mg/L

答案：B　C　D

2.《危险废物鉴别标准　浸出毒性鉴别》(GB 5085.3—2007) 标准中，以下固体废物属于具有浸出毒性特征的固体废物的是________。

A. 固体废物浸出液中汞的含量为 0.14mg/L

B. 固体废物浸出液中总银的含量为 8mg/L

C. 固体废物浸出液中无极氟化物的含量为 98mg/L

D. 固体废物浸出液中氰化物的含量为 6mg/L

答案：A　B　D

3.《危险废物鉴别标准　浸出毒性鉴别》(GB 5085.3—2007) 标准中，以下固体废物属于具有浸出毒性特征的固体废物的是________。

A. 固体废物浸出液中苯的含量为 1.3mg/L

B. 固体废物浸出液中甲苯的含量为 2.0mg/L

C. 固体废物浸出液中乙苯的含量为 5.3mg/L

D. 固体废物浸出液中二甲苯的含量为 4.8mg/L

答案：A　B　C　D

4.《危险废物鉴别标准　浸出毒性鉴别》(GB 5085.3—2007) 标准附录 A 中，ICP-AES 法通常存在两类干扰，分别是________。

A. 正干扰　B. 负干扰　C. 光谱干扰　D. 非光谱干扰

答案：C　D

5.《危险废物鉴别标准　浸出毒性鉴别》(GB 5085.3—2007) 标准附录 A 中，ICP-AES 法中的非光谱干扰主要包括________。

A. 化学干扰　B. 电离干扰　C. 物理干扰　D. 去溶剂干扰

答案：A　B　C　D

五、简答题

1. 简述《危险废物鉴别标准　浸出毒性鉴别》(GB 5085.3—2007) 标准附录 A 中电感耦合等离子体发射光谱法的测定原理?

答案：等离子体发射光谱法可以同时测定样品中多元素的含量。当氩气通过等离子体火炬时，经射频发生器所产生的交变电磁场使其电离，加速并与其他氩原子碰撞，这种连锁反应使更多的氩原子电离，形成原子、离子、电子的粒子混合气体，即等离子体。过滤或消解处理过的样品经进样器中的雾化器被雾化并由氩载气带入等离子体火炬中，气化的样品分子在等离子体火炬的高温下被气化、电离、激发。不同元素的原子在激发或电离时可发射出特征光谱，所以等离子体发射光谱可用来定性测定样品中存在的元素。特征光谱的强弱与样品中原子浓度有关，与标准溶液进行比较，即可定量测定样品中各元素的含量。

2.《危险废物鉴别标准　浸出毒性鉴别》（GB 5085.3—2007）标准附录 A 中电感耦合等离子体发射光谱法测定固体废物中金属元素的样品应如何采集、保存和预处理？

答案：（1）所有的采样容器都应预先用洗涤剂、酸和试剂水洗涤，塑料和玻璃容器均可使用。如果要分析极易挥发的硒、锑和砷化合物要使用特殊容器（如用于挥发性有机物的容器）；（2）水样必须用硝酸酸化至 pH＜2；（3）非水样品应冷藏保存，并尽快分析；（4）当分析样品中可溶性砷时，不要求冷藏，但应避光保存，温度不能超过室温；（5）银的标准和样品都应贮于棕色瓶中，并放置在暗处。

3.《危险废物鉴别标准　浸出毒性鉴别》（GB 5085.3—2007）标准附录 A 中什么是 ICP-AES 法中的物理干扰，应如何消除？

答案：物理干扰一般由样品的黏滞程度及表面张力变化而致，尤其是当样品中含有大量可溶盐或样品酸度过高，都会对测定产生干扰。消除此类干扰的最简单方法是将样品稀释。

4．简述《危险废物鉴别标准　浸出毒性鉴别》（GB 5085.3—2007）标准附录 B 中电感耦合等离子体质谱法的测定原理？

答案：将样品溶液以气动雾化方式引入射频等离子体，等离子体中的能量传输过程导致去溶、原子化和电离。等离子体产生的离子通过一个差级真空接口系统提取进入四级杆质谱分析器，然后根据其质荷比进行分离，其最小分辨率为 5%峰高处峰宽 1amu，四级杆传输的离子流用电子倍增器或法拉第检测器检测，数据处理系统处理离子信息。

5.简述《危险废物鉴别标准　浸出毒性鉴别》（GB 5085.3—2007）标准附录 B 中 ICP-MS 法所需的三种类型的空白溶液及其作用。

答案：（1）校准空白溶液，用来建立分析校准曲线；（2）实验室试剂空白溶液，用来评价样品制备过程中可能的污染和背景谱干扰；（3）清洗空白溶液，在测定过程中用来清洗仪器，以降低记忆效应干扰。

6．简述《危险废物鉴别标准　浸出毒性鉴别》（GB 5085.3—2007）标准附录 C 中石墨炉原子吸收法的测定原理。

答案：样品溶液雾化后在石墨炉中经过蒸发被干燥、灰化并原子化，成为基态原子蒸气，对元素空心阴极灯或无极放电灯的特征辐射进行选择性吸收。在一定浓度范围内，其吸收强度与试液中待测物的含量成正比。

7．简述《危险废物鉴别标准　浸出毒性鉴别》（GB 5085.3—2007）标准附录 D 中火焰原子吸收法的测定原理。

答案：样品溶液雾化后在火焰原子化器中被原子化，成为基态原子蒸气，对元素空心阴极灯或无极放电灯的特征辐射进行选择性吸收。在一定浓度范围内，其吸收强度与试液中待测物的含量成正比。

8．简述《危险废物鉴别标准　浸出毒性鉴别》（GB 5085.3—2007）标准附录 E 中原子荧光法测定固体废物中砷、锑、铋、硒的原理。

答案：在消解处理后的水样中加入硫脲，把砷、锑、铋还原成三价，硒还原成四价。在酸性介质中加入硼氢化钾溶液，三价砷、锑、铋和四价硒分别形成砷化氢、锑化氢、铋化氢和硒化氢，由载气（氩气）直接导入石英管原子化器中，进而在氩氢火焰中原子化。基态原子受特种空心阴极灯光源的激发，产生原子荧光，通过检测原子荧光的相对强度，利用荧光强度与溶液中的砷、锑、铋和硒的含量呈正比的关系，计算样品溶液中相应成分的含量。

9．简述《危险废物鉴别标准　浸出毒性鉴别》（GB 5085.3—2007）标准附录 G 中离子色谱法测定固体废物中离子成分的原理。

答案：固体废物中的离子用水提取，而后水溶液中的常见阴离子随碳酸盐淋洗液进入阴离子交换分析柱中（由保护柱和分离柱组成），根据分析柱对不同离子的亲和力不同进行分离，已分离的阴离子流经电解膜抑制器转化成具有高电导率的强酸，而淋洗液则转化成低电导率的弱酸，由电导检测器测量各种离子组分的电导率，以相对保留时间定性被测离子的类型，以峰面积或峰高定量被测离子的含量。

10．简述《危险废物鉴别标准　浸出毒性鉴别》（GB 5085.3—2007）标准附录 J 中高效液相色谱法测定硝基芳烃和硝基苯的原理。

答案：液态样品用乙腈和氯化钠盐析萃取操作法进行萃取和反萃取（高浓度的水体样品可稀释后过滤，土壤和沉积物样品可用乙腈在超声浴中萃取后过滤），用高效液相色谱测定，经 C18 反相色谱柱分离，紫外检测器检测。

六、计算题

1．平行称取两份 50.0g 的固体废物样品，一份采用浸出法制备浸出液用火焰原子吸收法测定样品中的总铬，一份烘干测定样品中的含水率，测得浸出液中总铬的浓度为 0.030mg/L，烘干后样品重量为 47.2g，求该固体废物样品中总铬的浓度。

答案：m=0.030÷（47.2÷50.0）=0.032（mg/L）

2．用浸出法测定固体废物中的铜，称样量为 50.0g，样品干重为 41.7g，加标量为 1.50×10^{-3}mg，浸出液消解定容体积为 50ml，用 ICP 法测得样品浸出液中铜的含量为 0.025 mg/L，求该固体废物样品中铜的加标回收率。

答案：m=0.023÷（41.7÷50.0）=0.028（mg/L）

R=0.028×0.05÷0.001 5×100%=93%

参考文献

危险废物鉴别标准　浸出毒性鉴别标准（GB 5085.3—2007）.

命题：王延花

审核：陈黎军

第五节　危险废物鉴别标准 易燃性鉴别（GB 5065.4—2007）

一、填空题

1．按照有关法律规定《危险废物鉴别标准 易燃性鉴别》（GB 5065.4—2007）标准具有________的效力。

答案：强制执行

2．《危险废物鉴别标准 易燃件鉴别》（GB 5065.4—2007）标准自________起实施。

答案：2007 年 10 月 1 日

3．《危险废物鉴别标准 易燃性鉴别》（GB 5065.4—2007）标准适用于任何________、________和其他活动中产生的固体废物的易燃性鉴别。

答案：生产　生活

4．《危险废物鉴别标准 易燃性鉴别》（GB 5065.4—2007）标准中闪点指在________下，液体表面上方释放出的易燃蒸气与空气完全混合后，可以被火焰或火花点燃的________。

答案：标准大气压（101.3kPa）　最低温度

5．《危险废物鉴别标准 易燃性鉴别》（GB 5065.4—2007）标准中易燃下限指可燃气体或蒸气与空气（或氧气）组成的混合物在点火后可以使火焰蔓延的________，以%表示。

答案：最低浓度

6．《危险废物鉴别标准 易燃性鉴别》（GB 5065.4—2007）标准中易燃上限指可燃气体或蒸气与空气（或氧气）组成的混合物在点火后可以使火焰蔓延的________，以%表示。

答案：最高浓度

7．《危险废物鉴别标准 易燃性鉴别》（GB 5065.4—2007）标准中易燃范围指可燃气体或蒸气与空气（或氧气）组成的混合物能被________火焰的浓度范围，通常以可燃气体或蒸气在混合物中所占的________表示。

答案：引燃并传播　体积分数

8．《危险废物鉴别标准 易燃性鉴别》（GB 5065.4—2007）标准中液态易燃性危险废物是指闪点温度低于 60℃的________、________或含有________的液体。

答案：液体　液体混合物　固体物质

9.《危险废物鉴别标准 易燃性鉴别》（GB 5065.4—2007）标准中固态易燃性危险废物是指在________下因摩擦或自发性燃烧而起火，经点燃后能剧烈而持续地燃烧并产生________的固体废物。

答案：标准温度和压力（25℃，101.3 kPa） 危害

10.《危险废物鉴别标准 易燃性鉴别》（GB 5065.4—2007）标准由________负责监督实施。

答案：县级以上人民政府环境保护行政主管部门

二、判断题

1.《危险废物鉴别标准 易燃性鉴别》（GB 5065.4—2007）标准中闪点指在标准大气压（101.3kPa）下，液体表面上方释放出的易燃蒸气与空气完全混合后，可以被火焰或火花点燃的最低温度。（ ）

答案：（√）

2.《危险废物鉴别标准 易燃性鉴别》（GB 5065.4—2007）标准中易燃范围指可燃气体或蒸气与空气（或氧气）组成的混合物能被引燃并传播火焰的浓度范围，通常以可燃气体或蒸气在混合物中所占的质量分数表示。（ ）

答案：（×）

正确答案为：通常以可燃气体或蒸气在混合物中所占的体积分数表示。

3.《危险废物鉴别标准 易燃性鉴别》（GB 5065.4—2007）标准中液态易燃性危险废物是指闪点温度低于80℃的液体、液体混合物或含有固体物质的液体。（ ）

答案：（×）

正确答案为：液态易燃性危险废物是指闪点温度低于60℃的液体、液体混合物或含有固体物质的液体。

4.《危险废物鉴别标准 易燃性鉴别》（GB 5065.4—2007）标准中气态易燃性危险废物是指在20℃，101.3 kPa状态下，在与空气的混合物中体积分数≤13%时可点燃的气体，或者在该状态下，不论易燃下限如何，与空气混合，易燃范围的易燃上限与易燃下限之差大于或等于10个百分点的气体。（ ）

答案：（×）

正确答案为：与空气混合，易燃范围的易燃上限与易燃下限之差大于或等于 12 个百分点的气体。

三、单选题

1.《危险废物鉴别标准 易燃性鉴别》（GB 5065.4—2007）标准中闪点指在标准大气压（101.3kPa）下，液体表面上方释放出的易燃蒸气与空气完全混合后，可以被火焰或火花点燃的________。

A. 最低浓度　　B. 最高浓度　　C. 最低温度　　D. 最高温度

答案：C

2.《危险废物鉴别标准 易燃性鉴别》（GB 5065.4—2007）标准中易燃下限指可燃气体或蒸气与空气（或氧气）组成的混合物在点火后可以是火焰蔓延的________，以%表示。

A. 最低浓度　　B. 最高浓度　　C. 最低温度　　D. 最高温度

答案：A

3.《危险废物鉴别标准 易燃性鉴别》（GB 5065.4—2007）标准中易燃范围指可燃气体或蒸气与空气（或氧气）组成的混合物能被引燃并传播火焰的浓度范围，通常以可燃气体或蒸气在混合物中所占的________表示。

A. 质量分数　　B. 体积分数　　C. 质量浓度　　D. 体积浓度

答案：B

4.《危险废物鉴别标准 易燃性鉴别》（GB 5065.4—2007）标准由________负责监督实施。

A. 环境保护局　　B. 省级人民政府环境保护行政主管部门

C. 县级以上人民政府环境保护行政主管部门　　D. 人民政府

答案：C

5.《危险废物鉴别标准 易燃性鉴别》（GB 5065.4—2007）标准自________起实施。

A. 2007 年 10 月 1 日　　B. 2007 年 9 月 30 日

C. 2007 年 3 月 27 日　　D. 2008 年 10 月 1 日

答案：A

6.《危险废物鉴别标准 易燃性鉴别》（GB 5065.4—2007）标准中气态易燃性危险废物是指在 20℃，101.3 kPa 状态下，在与空气的混合物中体积分数________时可点燃的气体，或者在该状态下，不论易燃下限如何，与空气混合，易燃范围的易燃上限与易燃下限之差大于或等于 12 个百分点的气体。

A. ≥13%　　B. ≤13%　　C. ＞13%　　D. ＜13%

答案：B

四、多选题

1.《危险废物鉴别标准 易燃性鉴别》（GB 5065.4—2007）标准中闪点指在标准大气压（101.3 kPa）下，液体表面上方释放出的易燃蒸气与空气完全混合后，可以被________点燃的最低温度。

A. 火焰　　B. 乙炔　　C. 火花　　D. 空气

答案：A　C

2.《危险废物鉴别标准 易燃性鉴别》（GB 5065.4—2007）标准中易燃范围指可燃气体或蒸气与________组成的混合物能被引燃并传播火焰的浓度范围，通常以可燃气体或蒸气在混合物中所占的体积分数表示。

A．氮气　B．空气　C．氧气　D．乙炔

答案：B　C

3．《危险废物鉴别标准 易燃性鉴别》（GB 5065.4—2007）标准中液态易燃性危险废物是指闪点温度低于 60℃________。

A．液体　B．液体混合物　C．气体　D．含有固体物质的液体

答案：A　B　D

4．《危险废物鉴别标准 易燃性鉴别》（GB 5065.4—2007）标准中气态易燃性危险废物是指在 20℃，101.3 kPa 状态下，在与空气的混合物中体积分数≤13% 时可点燃的气体，或者在该状态下，不论易燃下限如何，与空气混合，易燃范围的易燃上限与易燃下限之差________12 个百分点的气体。

A．大于　B．等于　C．大于或等于　D．小于或等于

答案：A　B　C

5．可以负责监督实施《危险废物鉴别标准 易燃性鉴别》（GB 5065.4—2007）标准的环境保护行政主管部门包括________。

A．镇级人民政府　B．县级人民政府

C．州、地市级人民政府　D．省级人民政府

答案：B　C　D

五、简答题

1．简述制定《危险废物鉴别标准 易燃性鉴别》（GB 5065.4—2007）标准的目的。

答案：为贯彻《中华人民共和国环境保护法》和《中华人民共和国固体废物污染环境防治法》。防治危险废物造成的环境污染，加强对危险废物的管理，保护环境，保障人体健康，制定本标准。

2．简述《国家危险废物鉴别标准》（GB 5065.4—2007）由哪几个标准组成。

答案：（1）危险废物鉴别标准-通则；（2）危险废物鉴别标准-腐蚀性鉴别；（3）危险废物鉴别标准-急性毒性初筛；（4）危险废物鉴别标准-浸出毒性鉴别；（5）危险废物鉴别标准-易燃性鉴别；（6）危险废物鉴别标准-反应性鉴别；（7）危险废物鉴别标准-毒性物质含量鉴别。

3．简述《危险废物鉴别标准 易燃性鉴别》（GB 5065.4—2007）标准的适用范围。

答案：《危险废物鉴别标准 易燃性鉴别》规定了易燃性危险废物的鉴别标准，适用于任何生产、生活和其他活动中产生的固体废物的易燃性鉴别。

4．《危险废物鉴别标准 易燃性鉴别》（GB 5065.4—2007）标准中气态易燃性危险废物是指什么？

答案：气态易燃性危险废物是指在 20℃，101.3 kPa 状态下，在与空气的混合物中体

积分数≤13%时可点燃的气体，或者在该状态下，不论易燃下限如何，与空气混合，易燃范围的易燃上限与易燃下限之差大于或等于 12 个百分点的气体。

5.《危险废物鉴别标准 易燃性鉴别》（GB 5065.4—2007）标准中液态易燃性危险废物是指什么？

答案：液态易燃性危险废物是指闪点温度低于 60℃的液体、液体混合物或含有固体物质的液体。

6.《危险废物鉴别标准 易燃性鉴别》（GB 5065.4—2007）标准中固态易燃性危险废物是指什么？

答案：固态易燃性危险废物是指在标准温度和压力（25℃，101.3 kPa）下因摩擦或自发性燃烧而起火，经点燃后能剧烈而持续地燃烧并产生危害的固体废物。

7.《危险废物鉴别标准 易燃性鉴别》（GB 5065.4—2007）标准中什么是闪点？

答案：闪点指在标准大气压（101.3kPa）下，液体表面上方释放出的易燃蒸气与空气完全混合后，可以被火焰或火花点燃的最低温度。

8.《危险废物鉴别标准 易燃性鉴别》（GB 5065.4—2007）标准中什么是易燃下限？

答案：易燃下限指可燃气体或蒸气与空气（或氧气）组成的混合物在点火后可以使火焰蔓延的最低浓度，以%表示。

9.《危险废物鉴别标准 易燃性鉴别》（GB 5065.4—2007）标准中什么是易燃上限？

答案：易燃上限指可燃气体或蒸气与空气（或氧气）组成的混合物在点火后可以使火焰蔓延的最高浓度，以%表示。

10.《危险废物鉴别标准 易燃性鉴别》（GB 5065.4—2007）标准什么是易燃范围？

答案：易燃范围指可燃气体或蒸气与空气（或氧气）组成的混合物能被引燃并传播火焰的浓度范围，通常以可燃气体或蒸气在混合物中所占的体积分数表示。

参考文献

危险废物鉴别标准 易燃性鉴别标准（GB 5065.4—2007）.

命题：王延花

审核：陈黎军

第六节　危险废物鉴别标准 反应性鉴别（GB 5085.5—2007）

一、填空题

1.《危险废物鉴别标准 反应性鉴别》（GB 5085.5—2007）适用于任何________和其他活动中产生的固体废物的反应性鉴别。

答案：生产生活

2.《危险废物鉴别标准 反应性鉴别》（GB 5085.5—2007）标准由________负责监督实施。

答案：县级以上人民政府环境保护行政主管部门

3.《危险废物鉴别标准 反应性鉴别》（GB 5085.5—2007）标准中爆炸是指在极短的时间内，释放出大量_______，产生_______，并放出大量_______，在周围形成________的化学反应或状态变化的现象。

答案：能量　　高温　　气体　　高压

4.《危险废物鉴别标准 反应性鉴别》（GB 5085.5—2007）标准中爆轰是指以________为特征，以________传播的爆炸。冲击波传播速度通常能达到________，且外界条件对爆速的影响较小。

答案：冲击波　　超音速　　上千到数千米每秒

5.《危险废物鉴别标准 反应性鉴别》（GB 5085.5—2007）标准中《固体废物-遇水反应性的测定》方法中所用的试剂水为不含________的去离子水。

答案：有机物

6.《危险废物鉴别标准 反应性鉴别》（GB 5085.5—2007）标准中《固体废物-遇水反应性的测定》方法规定了与酸溶液接触后氢氰酸和硫化氢的________的测定方法。

答案：比释放率

7.《危险废物鉴别标准 反应性鉴别》（GB 5085.5—2007）标准中《固体废物-遇水反应性的测定》方法适用于遇酸后不会形成________混合物的所有废物。

答案：爆炸性

8.《危险废物鉴别标准 反应性鉴别》（GB 5085.5—2007）标准中《固体废物-水反应性的测定》方法只检测在实验条件下产生的________和 ________。

答案：氢氰酸　　硫化物

9.《危险废物鉴别标准 反应性鉴别》（GB 5085.5—2007）标准中《固体废物-遇水反应性的测定》样品采集后应在________保存。

答案：暗处冷藏

10.《危险废物鉴别标准 反应性鉴别》（GB 5085.5—2007）标准中《固体废物-遇水反应性的测定》实验应在________内进行。

答案：通风橱

11.《危险废物鉴别标准 反应性鉴别》（GB 5085.5—200）标准中极易引起燃烧或爆炸的废弃________属于危险废物。

答案：氧化剂

12.《危险废物鉴别标准 反应性鉴别》（GB 5085.5—2007）标准中对热、震动或摩擦极为敏感的含________的废弃有机过氧化物属于危险废物。

答案：过氧基

二、判断题

1.《危险废物鉴别标准 反应性鉴别》(GB 5085.5—2007)标准中采集含有或怀疑含有硫化物或硫化物与氰化物混合物的废物样品时，应尽量将样品暴露于空气。( )

答案：(×)

正确答案为：应尽量将样品避免暴露于空气。

2.《危险废物鉴别标准 反应性鉴别》(GB 5085.5—2007)标准中采集含有或怀疑含有硫化物或硫化物与氰化物混合物的废物样品时，样品瓶应完全装满，顶部不留任何空间。( )

答案：(√)

3.《危险废物鉴别标准 反应性鉴别》(GB 5085.5—2007)标准中极易引起燃烧爆炸的废弃氧化剂属于危险废物。( )

答案：(√)

4.《危险废物鉴别标准 反应性鉴别》(GB 5085.5—2007)标准中对热、震动或摩擦极为敏感的含过氧基的废弃有机过氧化物不属于危险废物。( )

答案：(×)

正确答案为：对热、震动或摩擦极为敏感的含过氧基的废弃有机过氧化物属于危险废物。

5.《危险废物鉴别标准 反应性鉴别》(GB 5085.5—2007)标准中常温常压下不稳定，在无引爆条件下，易发生剧烈变化的固体废物属于危险废物。( )

答案：(√)

6.《危险废物鉴别标准 反应性鉴别》(GB 5085.5—2007)标准中标准温度和压力下(25℃，101.3 kPa)，易发生爆轰或爆炸性分解反应的固体废物不属于危险废物。( )

答案：(×)

正确答案为：易发生爆轰或爆炸性分解反应的固体废物属于危险废物。

7.《危险废物鉴别标准 反应性鉴别》(GB 5085.5—2007)标准中受强起爆剂作用或在封闭条件下加热，能发生爆轰或爆炸反应的固体废物属于危险废物。( )

答案：(√)

8.《危险废物鉴别标准 反应性鉴别》(GB 5085.5—2007)标准中与水混合产生剧烈化学反应，并放出大量易燃气体和热量的固体废物属于危险废物。( )

答案：(√)

9.《危险废物鉴别标准 反应性鉴别》(GB 5085.5—2007)标准中与水混合能产生足以危害人体健康或环境的有毒气体、蒸气或烟雾的固体废物不属于危险废物。( )

答案：(×)

正确答案为：足以危害人体健康或环境的有毒气体、蒸气或烟雾的固体废物属于危险废物。

三、单选题

1.《危险废物鉴别标准 反应性鉴别》（GB 5085.5—2007）标准中爆轰是指以冲击波为特征，以超音速传播的爆炸。冲击波传播速度通常能达到________，且外界条件对爆速的影响较小。

A．上百到数百米每秒　　B．上千到数千米每秒　　C．上万到数万米每秒

答案：B

2.《危险废物鉴别标准 反应性鉴别》（GB 5085.5—2007）标准中固体废物-遇水反应性的测定中所用的试剂水为不含________的去离子水。

A．有机物　　B．无机物　　C．重金属

答案：A

3.《危险废物鉴别标准 反应性鉴别》（GB 5085.5—2007）标准中在酸性条件下，每千克含氰化物废物分解产生________mg 氰化物气体的固体废物为危险废物。

A．≥150　　B．≥250　　C．≥500　　D．≥1 000

答案：B

4.《危险废物鉴别标准 反应性鉴别》（GB 5085.5—2007）标准中在酸性条件下，每千克含硫化物废物分解产生________mg 硫化氢气体的固体废物为危险废物。

A．≥150　　B．≥250　　C．≥500　　D．≥1 000

答案：C

5.《危险废物鉴别标准 反应性鉴别》（GB 5085.5—2007）标准中对于含硫化物的废物样品，可以用强碱将样品调至 pH12 并在样品中加入________进行保存。

A．硝酸钠　　B．醋酸　　C．硝酸　　D．醋酸锌

答案：D

四、多选题

1.《危险废物鉴别标准 反应性鉴别》（GB 5085.5—2007）标准中可以负责监督实施《危险废物鉴别标准 反应性鉴别》标准的环境保护行政主管部门包括________。

A．镇级人民政府　　B．县级人民政府

C．州、地市级人民政府　　D．省级人民政府

答案：B　C　D

2.《固体废物-遇水反应性的测定》方法只检测在实验条件下产生的________。

A．氢氰酸　　B．氰化物　　C．硫化物

答案：A　C

五、简答题

1.《危险废物鉴别标准 反应性鉴别》(GB 5085.5—2007)标准中规定什么是爆炸?

答案:爆炸是指在极短的时间内,释放出大量能量,产生高温,并放出大量气体,在周围形成高压的化学反应或状态变化的现象。

2.《危险废物鉴别标准 反应性鉴别》(GB 5085.5—2007)标准中规定什么是爆轰?

答案:爆轰是指以冲击波为特征,以超音速传播的爆炸。冲击波传播速度通常能达到上千到数千米每秒,且外界条件对爆速的影响较小。

3. 简述《危险废物鉴别标准 反应性鉴别》(GB 5085.5—2007)标准中规定反应性危险废物的特征。

答案:(1)具有爆炸性质;(2)与水或酸接触产生易燃气体或有毒气体;(3)废弃氧化剂或有机过氧化物。

4.《危险废物鉴别标准 反应性鉴别》(GB 5085.5—2007)标准中规定何种反应性危险废物具有爆炸性质?

答案:(1)常温常压下不稳定,在无引爆条件下,易发生剧烈变化。

(2)标准温度和压力下(25℃,101.3kPa),易发生爆轰或爆炸性分解反应。

(3)受强起爆剂作用或在封闭条件下加热,能发生爆轰或爆炸反应。

5.《危险废物鉴别标准 反应性鉴别》(GB 5085.5—2007)标准中规定何种反应性危险废物与水或酸接触产生易燃气体或有毒气体?

答案:(1)与水混合产生剧烈化学反应,并放出大量易燃气体和热量。

(2)与水混合能产生足以危害人体健康或环境的有毒气体、蒸气或烟雾。

(3)在酸性条件下,每千克含氰化物废物分解产生≥250mg 氰化物气体,或者每千克含硫化物废物分解产生≥500mg 硫化氢气体。

6.《危险废物鉴别标准 反应性鉴别》(GB 5085.5—2007)标准中规定固体废物-遇水反应性的测定原理是什么?

答案:在装有定量废物的封闭体系中加入一定量的酸,将产生的气体吹入吸气瓶,测定被分析物。

7. 简述《危险废物鉴别标准 反应性鉴别》(GB 5085.5—2007)标准中固体废物遇水反应性的测定的分析步骤。

答案:(1)加 50ml0.25mol/L 的 NaOH 溶液于刻度洗气瓶中,用试剂水稀释至液面高度。

(2)封闭测量系统,用转子流量计调节氮气流量,流量应为 60ml/min。

(3)向圆底烧瓶中加入 10g 待测废物。

(4)保持氮气流量,加入足量硫酸使烧瓶半满,同时开始 30min 的实验过程。

(5)在酸进入圆底烧瓶的同时开始搅拌,搅拌速度在整个实验过程应保持不变。

注意：搅拌速度以不产生旋涡为宜。

（6）30min 后，关闭氮气，卸下洗气瓶，分别测定洗气瓶中氰化物和硫化物的含量。

8．简述《危险废物鉴别标准 反应性鉴别》（GB 5085.5—2007）标准中固体废物-遇水反应性的测定实验中用到的仪器和装置及其用途。

答案：（1）圆底烧瓶，500ml，三颈，带 24/40 磨口玻璃接头。

（2）洗气瓶：50ml 刻度洗气瓶。

（3）搅拌装置，转速可达到约 30r/min，可以将磁转子与搅拌棒联合使用，也可以使用顶置马达驱动的螺旋搅拌器。

（4）等压分液漏斗，带均压管、24/40 磨口玻璃接头和聚四氟乙烯套管。

（5）软管：用于连接氮气源与设备。

（6）氮气：贮于带减压阀的气瓶中。

（7）流量计：用于监测氮气流量。

（8）分析天平：可称重至 0.001g。

六、论述题

《危险废物鉴别标准 反应性鉴别》（GB 5085.5—2007）标准中含有或怀疑含有硫化物或硫化物与氰化物混合物的废物样品应如何采集、保存和预处理？

答案：采集含有或怀疑含有硫化物或硫化物与氰化物混合物的废物样品时，应尽量避免将样品暴露于空气。样品瓶应完全装满，顶部不留任何空间，盖紧瓶盖。样品应在暗处冷藏保存，并尽快进行分析。

对于含氰化物的废物样品，建议尽快进行分析。尽管可以用强碱将样品调至 pH12 进行保存，但这样会使样品稀释，提高离子强度，并有可能改变废物的其他理化性质，影响氢氰酸的释放速率。样品应在暗处冷藏保存。

对于含硫化物的废物样品，建议尽快进行分析。尽管可以用强碱将样品调至 pH12 并在样品中加入醋酸锌进行保存，但这样会使样品稀释，提高离子强度，并有可能改变废物的其他理化性质，影响硫化氢的释放速率。样品应在暗处冷藏保存。实验应在通风橱内进行。

七、计算题

称取 50.0g 固体废物测定氢氰酸的比释放率，测得洗气瓶中 HCN 的浓度为 0.6mg/L，洗气瓶中溶液的体积为 50ml，测量时间为 30min，求该固体废物中氢氰酸的比释放率？

答案：R=（0.6×0.05）/（0.05×1 800）=3.33×10^{-4}[mg/（kg・s）]

参考文献

危险废物鉴别标准 反应性鉴别（GB 5085.5—2007）.

命题：王延花

审核：陈黎军

第七节 危险废物鉴别标准 毒性物质含量鉴别（GB 5085.6—2007）

一、填空题

1.《危险废物鉴别标准 毒性物质含量鉴别》（GB 5085.6—2007）规定了含________、________、________和________物质的危险废物鉴别标准。

答案：有毒性　致癌性　致突变性　生殖毒性

2.《危险废物鉴别标准 毒性物质含量鉴别》（GB 5085.6—2007）中剧毒物质是指具有非常强烈________的化学物质，包括人工合成的化学品及其混合物和天然毒素。

答案：毒性危害

3.《危险废物鉴别标准 毒性物质含量鉴别》（GB 5085.6—2007）规定有毒物质是指经吞食、吸入或皮肤接触后可能造成________或严重________损害的物质。

答案：死亡　健康

4.《危险废物鉴别标准 毒性物质含量鉴别》（GB 5085.6—2007）规定致癌性物质是指可诱发癌症或增加癌症________的物质。

答案：发生率

5.《危险废物鉴别标准 毒性物质含量鉴别》（GB 5085.6—2007）规定固体废物中含有本标准附录 A 一种或一种以上剧毒物质的总含量________时可认定该固体废物为危险废物。

答案：≥0.1%

6.《危险废物鉴别标准 毒性物质含量鉴别》（GB 5085.6—2007）规定固体废物中含有本标准附录 C 中一种或一种以上致癌性物质的含量________时可认定该固体废物为危险废物。

答案：≥0.1%

7.《危险废物鉴别标准 毒性物质含量鉴别》（GB 5085.6—2007）附录 G 中规定加速溶剂萃取法适用于从固体废物中加速溶剂萃取法萃取不溶于水或微溶于水的________的过程。

答案：挥发性有机化合物

8.《危险废物鉴别标准 毒性物质含量鉴别》（GB 5085.6—2007）附录 L 中规定高效

液相色谱-柱后衍生荧光法测定固体废物中草甘膦荧光检测的激发波长为________，发射波长为 ________。

答案：340nm >455nm

9.《危险废物鉴别标准 毒性物质含量鉴别》（GB 5085.6—2007）附录 O 中规定红外光谱法适用于固体废物中由________可提取放入石油烃总量的测定。

答案：超临界色谱法

10.《危险废物鉴别标准 毒性物质含量鉴别》（GB 5085.6—2007）附录 P 中规定高效液相色谱法测定固体废物中的羰基化合物样品提取后用________漏斗过滤。

答案：玻璃纤维

11.《危险废物鉴别标准 毒性物质含量鉴别》（GB 5085.6—2007）附录 P 中规定高效液色谱法测定固体废物中的羰基化合物的标准液放在带________内衬螺纹盖玻璃仪器中。

答案：聚四氟乙烯

12.《危险废物鉴别标准 毒性物质含量鉴别》（GB 5085.6—2007）附录 Q 中规定高效液相色谱法测定固体废物中的多环芳烃类化合物的样品提取物经色谱分离后用________检测器。

答案：紫外和荧光

13.《危险废物鉴别标准 毒性物质含量鉴别》（GB 5085.6—2007）附录 S 中规定 HRGC/HRMS 测定固体废物样品中的多氯代二苯并二噁英和多氯代二苯并呋喃的样品采集后在样品装入容器前应将样品________。

答案：混匀

二、判断题

1.《危险废物鉴别标准 毒性物质含量鉴别》（GB 5085.6—2007）规定含有多氯二苯并对二噁英多氯二苯并呋喃的含量≤15TEQ/kg 的物质为危险废物。（ ）

答案：（×）

正确答案为：含有多氯二苯并对二噁英多氯二苯并呋喃的含量≥15TEQ/kg 的物质为危险废物。

2.《危险废物鉴别标准 毒性物质含量鉴别》（GB 5085.6—2007）规定固体样品中致癌物质苯的量和致突变性物质苯并[*a*]芘的含量之和≥1 时可认定该物质为危险废物。（ ）

答案：（√）

3.《危险废物鉴别标准 毒性物质含量鉴别》（GB 5085.6—2007）附录 G 中规定加速溶剂萃取法萃取固体废物中的半挥发性有机化合物仅适用于固体样品。（ ）

答案：（√）

4.《危险废物鉴别标准 毒性物质含量鉴别》（GB 5085.6—2007）附录 G 中规定加速溶剂萃取法萃取固体废物中的半挥发性有机化合物无水硫酸钠应在萃取后加入。（ ）

答案：（×）

正确答案为：加速溶剂萃取法萃取固体废物中的半挥发性有机化合物无水硫酸钠应在萃取前加入。

5.《危险废物鉴别标准　毒性物质含量鉴别》（GB 5085.6—2007）附录 H 中测定的 *N*-甲基氨基甲酸酯易酸性水解对热敏感。（　）

答案：（×）

正确答案为：*N*-甲基氨基甲酸酯易碱性水解对热敏感。

6.《危险废物鉴别标准　毒性物质含量鉴别》（GB 5085.6—2007）附录 K 中规定气相色谱法测定固体废物中的苯胺及其选择性衍生物的样品取样后立即用氢氧化钠或硫酸将样品 pH 调整至 6～8。（　）

答案：（√）

7.《危险废物鉴别标准　毒性物质含量鉴别》（GB 5085.6—2007）附录 O 中规定红外光谱法适用于测定汽油或挥发性组分。（　）

答案：（×）

正确答案为：不适用于测定汽油或挥发性组分。

三、单选题

1.《危险废物鉴别标准　毒性物质含量鉴别》（GB 5085.6—2007）规定固体废物中含有本标准附录 B 中一种或一种以上有毒物质的总含量________时可认定该固体废物为危险废物。

A．≥0.1%　　B．≥0.3%　　C．≥3%　　D．≥5%

答案：C

2.《危险废物鉴别标准　毒性物质含量鉴别》（GB 5085.6—2007）规定固体废物中含有本标准附录E中一种或一种以上生殖毒性物质的总含量________时可认定该固体废物为危险废物。

A．≥0.1%　　B．≥0.3%　　C．≥3%　　D．≥0.5%

答案：D

3.《危险废物鉴别标准　毒性物质含量鉴别》（GB 5085.6—2007）附录 H 中规定由于 *N*-甲基氨基甲酸酯在碱性介质中极不稳定，水、废水和浸出液采集后必须立即用________酸化至 pH 4～5 后保存。

A．0.1mol/L 氯乙酸　B．1.0mol/L 氯乙酸　C．0.1mol/L 乙酸　D．1.0mol/L 乙酸

答案：A

4.《危险废物鉴别标准　毒性物质含量鉴别》（GB 5085.6—2007）附录 I 中规定衍生-固相提取-液质联用法测定固体废物中的杀草强的检出限为________。

A．0.01μg/L　　B．0.01μg/L　　C．0.03μg/L　　D．0.04μg/L

答案：A

5.《危险废物鉴别标准 毒性物质含量鉴别》(GB 5085.6—2007)附录K规定气相色谱法测定固体废物中的苯胺及其选择性衍生物的样品采集后向样品中加入 0.75ml10%的________。

A. Na_2SO_4 B. Na_2O C. $NaHSO_4$ D. $MgSO_4$

答案：C

6.《危险废物鉴别标准 毒性物质含量鉴别》(GB 5085.6—2007)附录P规定高效液相色谱法测定固体废物中的羰基化合物的检测波长为________nm。

A. 460 B. 360 C. 440 D. 340

答案：B

7.《危险废物鉴别标准 毒性物质含量鉴别》(GB 5085.6—2007)附录Q规定高效液相色谱法测定固体废物中的多环芳烃类化合物的方法提供了用高效液相色谱检测________含量多环芳烃的HPLC条件。

A. ppt B. ppb C. ppm

答案：B

8.《危险废物鉴别标准 毒性物质含量鉴别》(GB 5085.6—2007)附录R中规定气相色谱法测定固体废物中的丙烯酰胺用的检测器为________。

A. 紫外检测器 B. 荧光检测器 C. 电子捕获检测器 D. 四级杆阵列检测器

答案：C

四、多选题

1.《危险废物鉴别标准 毒性物质含量鉴别》(GB 5085.6—2007)中规定，剧毒物质是指具有非常强烈毒性危害的化学物质，包括________。

A. 人工合成的化学品 B. 人工合成的化学品及其混合物 C. 天然毒素

答案：A B C

2.《危险废物鉴别标准 毒性物质含量鉴别》(GB 5085.6—2007)附录O中规定，红外光谱法不适应于测定________。

A. 挥发性组分 B. 汽油 C. 非挥发性组分

答案：A B

3.《危险废物鉴别标准 毒性物质含量鉴别》(GB 5085.6—2007)附录G中规定加速溶剂萃取法适用于从固体废物中加速溶剂萃取________挥发性有机化合物的过程。

A. 不溶于水的 B. 溶于水的 C. 微溶于水的

答案：A C

4.《危险废物鉴别标准 毒性物质含量鉴别》(GB 5085.6—2007)中规定了含________物质的危险废物鉴别标准。

A. 有毒性 B. 致癌性 C. 致突变性 D. 生殖毒性

答案：A B C D

5.《危险废物鉴别标准 毒性物质含量鉴别》（GB 5085.6—2007）规定下列固体废物中属于危险废物的是________。

A．固体废物中含有本标准附录 B 中一种或一种以上有毒物质的总含量≥3%

B．固体废物中含有本标准附录 A 中一种或一种以上剧毒物质的总含量≥0.5%

C．固体废物中含有多氯二苯并对二噁英多氯二苯并呋喃的含量≥15TEQ/kg

D．固体废物中含有本标准附录 E 中一种或一种以上生殖毒性物质的总含量≥0.1%

答案：A C

五、简答题

1.《危险废物鉴别标准 毒性物质含量鉴别》（GB 5085.6—2007）中规定什么是剧毒物质？

答案：《危险废物鉴别标准 毒性物质含量鉴别》（GB 5085.6—2007）中规定剧毒物质是指具有非常强烈毒性危害的化学物质，包括人工合成的化学品及其混合物和天然毒素。

2.《危险废物鉴别标准 毒性物质含量鉴别》（GB 5085.6—2007）中规定什么是有毒物质？

答案：有毒物质是指经吞食、吸入或皮肤接触后可能造成死亡或严重健康损害的物质。

3.《危险废物鉴别标准 毒性物质含量鉴别》（GB 5085.6—2007）中规定什么是致癌性物质？

答案：致癌性物质是指可诱发癌症或增加癌症发生率的物质。

4.《危险废物鉴别标准 毒性物质含量鉴别》（GB 5085.6—2007）中规定什么是致突变性物质？

答案：致突变性物质是指可引起人类的生殖细胞突变并能遗传给后代的物质。

5.《危险废物鉴别标准 毒性物质含量鉴别》（GB 5085.6—2007）中规定什么是生殖毒性物质？

答案：生殖毒性物质是指对成年男性或女性性功能和生育能力以及后代的发育具有有害影响的物质。

6.《危险废物鉴别标准 毒性物质含量鉴别》（GB 5085.6—2007）中规定什么持久性有机污染物？

答案：持久性有机污染物是指具有毒性、难降解和生物蓄积等特性，可以通过空气、水和迁徙物种长距离迁移并沉积，在沉积地的陆地生态系统和水域生态系统中蓄积的有机化学物质。

7.《危险废物鉴别标准 毒性物质含量鉴别》（GB 5085.6—2007）附录 H 中高效液相色谱法测定固体废物中 *N*-甲基氨基甲酸酯的样品应如何采集、保存和预处理？

答案：（1）由于 *N*-甲基氨基甲酸酯在碱性介质中极不稳定，水、废水和浸出液采集后必须立即用 0.1mol/L 氯乙酸酸化至 pH 4～5 后保存。（2）样品从采集至分析前须避免阳光直射，4℃保存，*N*-甲基氨基甲酸酯易碱性水解对热敏感。（3）所有样品必须在采集后 7 天内萃取，在萃取后 40 天内分析完。

8.《危险废物鉴别标准 毒性物质含量鉴别》（GB 5085.6—2007）附录 K 中气相色谱法测定固体废物中的苯胺及其选择性衍生物的样品应如何采集、保存和预处理？

答案：（1）液体基质应保存在有螺纹的 Teflon 的盖子的 1L 琥珀色玻璃瓶，向样品中加入 0.75ml 10%的 $NaHSO_4$，冷却至 4℃保存。（2）样品采集后必须被冷冻或冷藏与 4℃，直至进行提取，对于含氯样品，立即在其中加入硫代硫酸钠，样品中每 ppm/L 的游离氯应加入 35mg，取样后立即用氢氧化钠或硫酸将样品 pH 调整至 6～8。

参考文献

危险废物鉴别标准 毒性物质含量鉴别（GB 5085.6—2007）.

命题：王延花

审核：陈黎军

第八节 危险废物填埋污染控制标准（GB 18598—2001）

一、填空题

1. 根据《危险废物填埋污染控制标准》（GB 18598—2001）中规定，危险废物是指列入________或者根据________认定具有危险特性的废物。

答案：国家危险废物名录　　国家规定的危险废物鉴别标准和鉴别方法

2. 根据《危险废物填埋污染控制标准》（GB 18598—2001）规定的填埋场是指处置废物的一种陆地处置设施，它由若干处置单元和构筑物组成，处置场有界限规定，主要包括________设施、________设施和________设施。

答案：废物预处理　　废物填埋　　渗滤液收集处理

3. 根据《危险废物填埋污染控制标准》（GB 18598—2001）规定，危险废物的相容性指某种危险废物或填埋场中其他物质接触时不产生________、________、________，不会燃烧或爆炸，不发生其他可能对填埋场产生的不利影响的反应和变化。

答案：气体　热量　有害物质

4. 根据《危险废物填埋污染控制标准》（GB 18598—2001）规定，填埋场的防渗层包括________和________。

答案：双人工衬层　　复合衬层

5. 根据《危险废物填埋污染控制标准》（GB 18598—2001）规定，如果填埋场天然基础层的饱和渗透系数小于 1.0×10^{-7} cm/s，且厚度大于 5m 可以选用________衬层。

答案：天然材料

6. 根据《危险废物填埋污染控制标准》(GB 18598—2001)，填埋场必须设置________系统、________系统和________系统。

答案：渗滤液集排水　　雨水集排水　　集排气

7. 根据《危险废物填埋污染控制标准》(GB 18598—2001)，填埋场周围应设置绿化带，其宽度不小于________m。

答案：10

8. 根据《危险废物填埋污染控制标准》(GB 18598—2001)，采用天然材料衬层或符合衬层的填埋场应设渗滤液主集排水系统，它包括________、________和________。

答案：底部排水层　　集排水管道　　集水井

9. 根据《危险废物填埋污染控制标准》(GB 18598—2001) 中规定，填埋场设置的辅助集排水系统的集水井主要用作人工合成的衬层的________监测。

答案：渗漏

10. 根据《危险废物填埋污染控制标准》(GB 18598—2001) 中规定，填埋场使用的人工合成材料衬层可以采用高密度聚乙烯 (HDPE)，其渗透系数不大于 10^{-12}cm/s，且厚度不小于 1.5mm。HDPE 材料必须是优质品，禁止使用________。

答案：再生产品

11. 根据《危险废物填埋污染控制标准》(GB 18598—2001) 中规定，当发现厂址或处置系统的设计有不可改正的错误，或发生严重事故及发生不可预见的自然灾害使得填埋场不能继续运行时，填埋场应实行________封场。

答案：非正常

12. 根据《危险废物填埋污染控制标准》(GB 18598—2001) 中规定，实施非正常封场必须得到________的批准。

答案：环保部门

二、判断题

1. 根据《危险废物填埋污染控制标准》(GB 18598—2001) 中规定，对填埋场实施大气监测时，上风向应为重要监测范围。(　)

答案：(×)

正确答案为：下风向应为重要监测范围。

2. 根据《危险废物填埋污染控制标准》(GB 18598—2001) 中规定，对填埋场实施大气监测时，超标地区、人口密度大和距工业区近的地区加大采样点密度。(　)

答案：(√)

3. 根据《危险废物填埋污染控制标准》(GB 18598—200) 中规定，对填埋场实施渗

滤液监测时，渗滤液水质和水位监测频率至少为每季度一次。（ ）

答案：（×）

正确答案为：渗滤液水质和水位监测频率至少为每月一次。

4．根据《危险废物填埋污染控制标准》（GB 18598—200）中规定，对填埋场的监督性监测的项目和频率应按照有关环境监测技术规范进行，监测结果应定期报送当地环保部门，并接受当地环保部门的监督检查。（ ）

答案：（√）

5．《危险废物填埋污染控制标准》（GB 18598—2001），于 2001 年 12 月 28 日起实施。（ ）

答案：（×）

正确答案为：于 2001 年 7 月 1 日起实施。

6．根据《危险废物填埋污染控制标准》（GB 18598—2001）中规定，填埋场在作业期间，噪声控制应按照（GB 12348—1996）规定执行。（ ）

答案：（×）

正确答案为：噪声控制应按照 GB 12348—2008 的规定执行。

7．根据《危险废物填埋污染控制标准》（GB 18598—2001）中规定，填埋场的运行应满足的基本要求中，废物堆填表面要维护最小坡度，一般为 1∶3（垂直∶水平）。（ ）

答案：（√）

8．根据《危险废物填埋污染控制标准》（GB 18598—2001）中规定，危险废物填埋场废物渗滤液第二类污染物排放控制项目为：pH、SS、BOD_5、COD_{Cr}、NH_3-N、磷酸盐（以 P 计）。（ ）

答案：（√）

9．根据《危险废物填埋污染控制标准》（GB 18598—2001）中规定，填埋场场址必须位于五十年一遇的洪水标高线以上，并在长远规划中的水库等人工蓄水设施淹没区和保护区之外。（ ）

答案：（×）

正确答案为：填埋场场址必须位于一百年一遇的洪水标高线以上。

10．根据《危险废物填埋污染控制标准》（GB 18598—2001）中规定，填埋场的最终覆盖层应为多层结构中的保护层，其厚度不应小于 30cm。（ ）

答案：（×）

正确答案为：其厚度不应小于 20cm。

三、单选题

1．《危险废物填埋污染控制标准》（GB 18598—2001）中规定，填埋场距飞机场、军事基地的距离应在________m 以上。

A. 1 500　　B. 2 000　　C. 3 000　　D. 5 000

答案：C

2.《危险废物填埋污染控制标准》(GB 18598—2001）中规定，填埋场场址距地表水域的距离不应小于________m。

A. 100　　B. 150　　C. 200　　D. 300

答案：B

3.《危险废物填埋污染控制标准》(GB 18598—2001）中规定，填埋场场界应位于居民区________m 以外，并保证在当地气象条件下对附近居民区大气环境不产生影响。

A. 500　　B. 800　　C. 1 000　　D. 1 200

答案：B

4.《危险废物填埋污染控制标准》(GB 18598—2001）中规定，填埋场天然基础层的饱和渗透系数不应大于________cm/s，且厚度不应小于________m。

A. 1.0×10^{-5}　2　　B. 2.0×10^{-5}　2　　C. 1.0×10^{-5}　3　　D. 2.0×10^{-5}　3

答案：A

5.《危险废物填埋污染控制标准》(GB 18598—2001）中规定，填埋场场址必须有足够大的可使用面积以保证填埋场建成后具有________年或更长的使用期，在使用期内能充分接纳所产生的危险废物。

A. 5　　B. 10　　C. 15　　D. 20

答案：D

6.《危险废物填埋污染控制标准》(GB 18598—2001）中规定，填埋场设置各个系统在设计时采用的暴雨强度重现期不得低于________年。填埋场底部应以不小于________%的坡度坡向集排水管道。

A. 30　3　　B. 30　2　　C. 50　3　　D. 50　2

答案：D

四、多选题

1.《危险废物填埋污染控制标准》(GB 18598—2001）中规定，填埋场下列哪些废物入场后禁止填埋________。

A. 医疗废物　　B. 与衬层具有相容性反应的废物

C. 城市生活垃圾　　D. 与衬层具有不相容性反应的废物

答案：A　B

2.《危险废物填埋污染控制标准》(GB 18598—2001）中规定，采用双人工合成材料衬层的填埋场除设置渗滤液主集排水系统外，还应设置辅助集排水系统，它包括________。

A. 底部排水层　　B. 坡面排水层　　C. 集排水管道　　D. 集水井

答案：A　B　C　D

3.《危险废物填埋污染控制标准》（GB 18598—2001）中规定，填埋场的最终覆盖层应为多层结构，它包括________。

A．底层　B．防渗层　C．排水层及排水管网　D．保护层

E．植被恢复层

答案： A B C D E

4.《危险废物填埋污染控制标准》（GB 18598—2001）中规定，填埋场封场后应继续进行下列________维护管理工作，并延续到封场后30年。

A．维护最终覆盖层的完整性和有效性　B．维护和监测检漏系统

C．继续进行渗滤液的收集和处理　D．继续监测地下水水质的变化

答案： A B C D

5.《危险废物填埋污染控制标准》（GB 18598—2001）中规定，填埋场场址的地质条件应符合哪些要求________？

A．现场或其附近有充足的黏土资料以满足构筑防渗层的需要

B．位于地下水饮用水水源地主要补给区范围之外，且下游无集中供水井

C．地下水位应在不透水层3m以下，否则，必须提高防渗设计标准并进行环境影响评价，取得主管部门同意

D．天然地层岩层性相对均匀、渗透率低

E．地质结构相对简单、稳定，无断层

答案： A B C D E

6.《危险废物填埋污染控制标准》（GB 18598—2001）中规定，填埋场场址的选择应避开________区域。

A．破坏性地震及活动构造区　B．海啸及涌浪影响区

C．废弃的矿区或塌陷区　D．山洪、泥石流地区

E．稳定沙丘区

答案： A B C D

7.《危险废物填埋污染控制标准》（GB 18598—2001）中规定，在铺设人工合成材料衬层时应满足________要求。

A．在保证质量的条件下，焊缝尽量少

B．在坡面上铺设衬层，不得出现水平焊缝

C．底部衬层应避免埋设垂直穿孔的管道或其他构筑物

D．边坡与底面交界处不得设角焊缝，角焊缝不得跨过交界处

答案： A B C D

8.《危险废物填埋污染控制标准》（GB 18598—2001）中规定，危险废物安全填埋分区的原则是________。

A．可以使每个填埋区能在尽量短的时间内得到封闭

B．使不相容的废物分区填埋

C．使相容的废物分区填埋

D．分区的顺序应有利于废物运输和填埋

答案：A B D

9.《危险废物填埋污染控制标准》（GB 18598—2001）中规定，填埋场的运行应满足基本要求是________。

A．散装废物入场后要进行分层碾压，每层厚度视填埋容量和场地情况而定

B．应保证在不同季节气候条件下，填埋场进出口道路通畅

C．填埋工作面应尽可能小，使其得到及时覆盖

D．填埋场运行管理人员，无须参加环保管理部门的岗位培训

答案：A B C

10.《危险废物填埋污染控制标准》（GB 18598—2001）规定填埋场应设置预处理站，预处理站应包括的设施有________。

A．废物临时堆放 B．分拣破碎 C．减容减量处理 D．稳定化养护

答案：A B C D

五、简答题

1．根据《危险废物填埋污染控制标准》（GB 18598—2001），简述如果天然材料衬层经机械压实后的渗透系数大于 1.0×10^{-6} cm/s，则必须选用双人工衬层，而双人工衬层必须满足的几个条件？

答案：（1）天然材料衬层经机械压实后的渗透系数不大于 1.0×10^{-7}cm/s，厚度不小于0.5mm；（2）上人工合成衬层可以采用HDPE材料，厚度不小于2.0mm；（3）下人工合成衬层可以采用HDPE材料，厚度不小于1.0mm。

2．根据《危险废物填埋污染控制标准》（GB 18598—2001），危险废物安全填埋场分区的原则什么？

答案：（1）可以使每个填埋区能在尽量短的时间内得到封闭；（2）使不相容的废物分区填埋；（3）分区的顺序应有利于废物运输和填埋。

3．根据《危险废物填埋污染控制标准》（GB 18598—2001），对填埋场地下水监测井布设应满足哪些要求？

答案：（1）在填埋场上游应设置一眼监测井，以取得背景水源数值。在下游至少设置三眼井，组成三维监测点，以适应下游地下水的羽流几何形流向；（2）监测井应设在填埋场的实际最近距离上，并且位于地下水上下游相同水力坡度上；（3）监测井深度应足以采取具有代表性的样品。

参考文献

危险废物填埋污染控制标准（GB 18598—2001）.

命题：华青卓玛

审核：陈黎军

第九节 工业固体废物采样制样技术规范（HJ/T 20—1998）

一、填空题

1.《工业固体废物采样制样技术规范》（HJ/T 20—1998）中规定，工业固体废物是指在________、________等生产活动中产生的固体废物。

答案：工业　交通

2.《工业固体废物采样制样技术规范》（HJ/T 20—1998）中规定，在工业固体废物采样前，应设计详细的________，在采样过程中，应认真按采样方案进行操作。

答案：采样方案

3.《工业固体废物采样制样技术规范》（HJ/T 20—1998）中规定，采样过程中要防止待采工业固体废物受到________和________。

答案：污染　发生变质

4.《工业固体废物采样制样技术规范》（HJ/T 20—1998）中规定，在采集工业固体废物样品的第一个份样时，不可在第一间隔的起点开始，可在第一间隔内________确定。

答案：随机

5.《工业固体废物采样制样技术规范》（HJ/T 20—1998）中规定，工业固体废物的份样量取决于废物的________。

答案：粒度上限

6.《工业固体废物采样制样技术规范》（HJ/T 20—1998）中规定，工业固体废物样品保存应防止________或________污染。

答案：受潮　受灰尘

7.《工业固体废物采样制样技术规范》（HJ/T 20—1998）中规定，工业固体废物样品应在特定场所由________。

答案：专人保管

8.《工业固体废物采样制样技术规范》（HJ/T 20—1998）中规定，对于有________的工业固体废物样品，要充分搅拌，摇动混匀后，再按需要制成试样。

答案：固态悬浮物

9.《工业固体废物采样制样技术规范》（HJ/T 20—1998）中规定，工业固体废物样品装入容器后应立即________。

答案：贴上样品标签

二、判断题

1.《工业固体废物采样制样技术规范》（HJ/T 20—1998）中规定，由对被采批工业废物非常熟悉的个人来采集样品时，可以置随机性于不顾，凭采样者的知识获得有效的样品。（ ）

答案：（√）

2.《工业固体废物采样制样技术规范》（HJ/T 20—1998）中规定，工业固体废物样品采集时，小样指的是由一批中的全部份样或逐个进行粉碎和缩分后组成的样品。（ ）

答案：（×）

正确答案为：小样是指由一批中的 2 个或 2 个以上的份样或逐个进行粉碎和缩分后组成的样品。

3.《工业固体废物采样制样技术规范》（HJ/T 20—1998）中规定，工业固体废物采样是一项技术性很强的工作，应由受过专门培训、有经验的人员承担。采样时，应由两人以上在场进行操作。（ ）

答案：（√）

4.《工业固体废物采样制样技术规范》（HJ/T 20—1998）中规定，当一批工业固体废物由许多车、桶、箱、袋等容器盛装时，由于各容器件比较分散，所以要分阶段采样。（ ）

答案：（√）

5.《工业固体废物采样制样技术规范》（HJ/T 20—1998）中规定，在运送带上或落口处采工业固体废物份样时，需截取废物流的半面积。（ ）

答案：（×）

正确答案为：需截取废物流的全面积。

6.《工业固体废物采样制样技术规范》（HJ/T 20—1998）中规定，工业固体废物的粒度越大，均匀性越差，份样量就应越多，它大致与废物的最大粒度直径某次方成正比，与废物不均匀性程度成反比。（ ）

答案：（×）

正确答案为：工业固体废物的粒度越大，均匀性越差，份样量就应越多，它大致与废物的最大粒度直径某次方成正比，与废物不均匀性程度成正比。

7.《工业固体废物采样制样技术规范》（HJ/T 20—1998）中规定，对于要撤销的工业固体废物样品不许随意丢弃，应送回原采样处或处置场所。（ ）

答案：（√）

8.《工业固体废物采样制样技术规范》（HJ/T 20—1998）中规定，制样过程中要防止待制工业固体废物受到交叉污染、发生变质和样品损失。（ ）

答案：（√）

三、单选题

1.《工业固体废物采样制样技术规范》（HJ/T 20—1998）中规定，工业液态废物样品缩分时，将样品混匀后，采用二分法，每次减量一半，直至试验分析用量的________倍为止。

A．2　B．5　C．10　D．20

答案：C

2.《工业固体废物采样制样技术规范》（HJ/T 20—1998）中规定，工业固体废物样品保存期一般为 ________，易变质的不受此限制。

A．一个月　B．三个月　C．半年　D．一年

答案：A

3.《工业固体废物采样制样技术规范》（HJ/T 20—1998）中规定，每份工业固体废物样品保存量至少应为试验和分析需用量的________倍。

A．2　B．3　C．5　D．10

答案：B

4.《工业固体废物采样制样技术规范》（HJ/T 20—1998）中规定，工业固体废物样品中的小样是由一批中的________或________以上的份样或逐个经过粉碎和缩分后组成的样品。

A．一个　一个以上　B．两个　两个以上

C．全部　部分　D．三个　三个以上

答案：B

5.《工业固体废物采样制样技术规范》（HJ/T 20—1998）中规定，批量是指构成一批工业固体废物的________。

A．量　B．数量　C．质量

答案：C

6.《工业固体废物采样制样技术规范》（HJ/T 20—1998）中规定，一批工业固体废物分次排出或某生产工艺过程的废物间歇排出过程中，可分________层采样，根据每层的质量，按比例采取份样。

A．n　B．$n+1$　C．$n+2$　D．2

答案：A

7.《工业固体废物采样制样技术规范》（HJ/T 20—1998）中规定，从一批工业固体废物中采取具有代表性的样品，通过试验和分析，获得在允许________范围内的数据。

A．偏差　B．相对偏差　C．相对误差　D．误差

答案：D

四、多选题

1.《工业固体废物采样制样技术规范》（HJ/T 20—1998）中规定，工业固体废物采样方法包括________。

A．简单随机采样法　　B．系统采样法　　C．分层采样法

D．两段采样法　　E．权威采样法

答案：A　B　C　D　E

2.《工业固体废物采样制样技术规范》（HJ/T 20—1998）中规定，工业固体废物中的固态废物样品制备包括________四项操作。

A．粉碎　B．筛分　C．混合　D．缩分　E．分离

答案：A　B　C　D

五、简答题

1．简述《工业固体废物采样制样技术规范》（HJ/T 20—1998）规定中，工业固体废物采样记录一般应包括的内容。

答案：应记录工业固体废物的名称、来源、数量、性状、包装、贮存、处置、环境、编号、份样量、份样数、采样点、采样法、采样日期和采样人等。

2.《工业固体废物采样制样技术规范》（HJ/T 20—1998）规定中，盛装工业固体废物的容器应满足哪些条件？

答案：（1）盛样容器材质与样品物质不起作用，没有渗透性。（2）具有符合要求的盖、塞或阀门，使用前应洗净、干燥。（3）对光敏性工业固体废物样品，盛样容器应是不透光的。

3.《工业固体废物采样制样技术规范》（HJ/T 20—1998）规定中，工业固体废物制样方案内容包括哪些？

答案：包括制样目的和要求、制样程序、安全措施、质量控制、制样、记录和报告。

4．简述《工业固体废物采样制样技术规范》（HJ/T 20—1998）规定中，对易挥发工业固体废物的保存方法。

答案：采取无顶空存样，并取冷冻方式保存。

5．简述《工业固体废物采样制样技术规范》（HJ/T 20—1998）规定中，对光敏工业固体废物的保存方法。

答案：对光敏废物，样品应装入深色容器中并置于避光处。

6．简述《工业固体废物采样制样技术规范》（HJ/T 20—1998）规定中，工业固体废物制样的目的。

答案：制样的目的是从采取的小样或大样中获取最佳量、具有代表性、能满足试验或分析要求的样品。

六、计算题

在一批废物以运送带、管道等形式连续排出的移动过程中，按一定的质量间隔采份样，如果批量 Q 为 1.5t，查表得最少份样数 n 为 10，试计算采样质量间隔 T。

答案：$T \leqslant Q/n=1.5/10=0.15$（t）

参考文献

工业固体废物采样制样技术规范（HJ/T 20—1998）.

命题：丁梅梅

审核：陈黎军

第十节　生活垃圾卫生填埋场环境监测技术要求（GB/T 1877—2008）

一、填空题

1.《生活垃圾卫生填埋场环境监测技术要求》（GB/T 1877—2008）中规定，渗沥液是指________中垃圾分解产生的液体及渗入的地表水的混合液。

答案：填埋过程

2.《生活垃圾卫生填埋场环境监测技术要求》（GB/T 1877—2008）中规定，在气体收集导排系统的________应设置采样点。

答案：排气口

3.《生活垃圾卫生填埋场环境监测技术要求》（GB/T 1877—2008），渗沥液监测采样点应设在进入________和________。

答案：渗沥液处理设施入口　　渗沥液处理设施的排放口

4.《生活垃圾卫生填埋场环境监测技术要求》（GB/T 1877—2008）中规定，填埋场外排水采样点应设在________外排口。

答案：垃圾填埋场废水

5.《生活垃圾卫生填埋场环境监测技术要求》（GB/T 1877—2008）中规定，填埋场外排水监测采样频次按 HJ/T 91—2002 中的处理方法确定污水采样次数，污水处理后连续外排时，________应监测一次，其他处理方式应________监测一次。

答案：每日　　每旬

6.《生活垃圾卫生填埋场环境监测技术要求》（GB/T 1877—2008）中规定，地下水监测采样频次是在填埋场投入运行前应监测________一次，运行期间每年按丰、平、枯水期各监测________。

答案：本底水平　　一次

7.《生活垃圾卫生填埋场环境监测技术要求》（GB/T 1877—2008）中规定，苍蝇密度监测点布设依据填埋作业区面积及特征确定监测点数量和位置，宜每隔________设一点，每个监测点上放置________诱取苍蝇。

答案：30～50m　诱蝇笼

8.《生活垃圾卫生填埋场环境监测技术要求》（GB/T 1877—2008）中规定，封场后的填埋场环境监测要求在填埋场封场后对________、________、________进行持续监测。

答案：填埋气体　渗沥液　地下水

9.《生活垃圾卫生填埋场环境监测技术要求》（GB/T 1877—2008）中规定，标准不适用于________及________。

答案：工业固体废弃物　危险废弃物填埋场

10.《生活垃圾卫生填埋场环境监测技术要求》（GB/T 1877—2008）中规定，垃圾成分可以分为________、________、________以及其他类。

答案：有机类　无机类　有毒有害类

二、判断题

1.《生活垃圾卫生填埋场环境监测技术要求》（GB/T 1877—2008）中规定，地下水监测，采样方法用泵抽吸水样，严禁用小水桶提取水样。（　）

答案：（×）

正确答案为：地下水监测，采样方法用特制的小水桶提取水样，严禁用泵抽吸水样。

2.《生活垃圾卫生填埋场环境监测技术要求》（GB/T 1877—2008）中规定，填埋场外排水监测，采样点的布设采样点应设在垃圾填埋场废水外排口。（　）

答案：（√）

3.《生活垃圾卫生填埋场环境监测技术要求》（GB/T 1877—2008）中规定，垃圾容器的测定将100～200kg样品重复2～4次放满标准容器，压实但不得振动。（　）

答案：（×）

正确答案为：稍加振动但不得压实。

4.《生活垃圾卫生填埋场环境监测技术要求》（GB/T 1877—2008）中规定，标准适用于生活垃圾卫生填埋场、工业固体废弃物及危险废弃物填埋场。（　）

答案：（×）

正确答案为：《生活垃圾卫生填埋场环境监测技术要求》标准只适用于生活垃圾卫生填埋场。

5.《生活垃圾卫生填埋场环境监测技术要求》（GB/T 1877—2008）中规定，填埋场外排水监测通常采集瞬时水样，采集量和固定方法按监测项目要求确定。（　）

答案：（√）

6.《生活垃圾卫生填埋场环境监测技术要求》（GB/T 1877—2008）中规定，地下水监

测采样频次封场后应每半年监测一次。（　）

答案：（×）

正确答案为：采样频次封场后应每年监测一次。

7.《生活垃圾卫生填埋场环境监测技术要求》（GB/T 1877—2008）中规定，苍蝇密度监测应在晴天时进行。（　）

答案：（√）

8.《生活垃圾卫生填埋场环境监测技术要求》（GB/T 1877—2008）中规定，苍蝇密度测定将采集的苍蝇以每只计数。（　）

答案：（×）

正确答案为：将采集的苍蝇以每笼计数。

三、单选题

1.《生活垃圾卫生填埋场环境监测技术要求》（GB/T 18772—2008）增加了封场后的填埋场环境监测和________两项内容。

A．地下水监测　B．环境监测　C．噪声监测　D．大气监测

答案：C

2.《生活垃圾卫生填埋场环境监测技术要求》（GB/T 18772—2008）在大气监测中增加了“________”和“________”两项。

A．臭气浓度　甲硫醇　B．硫化氢　甲硫醚

C．恶臭浓度　二甲二硫　D．氮氧化物　甲硫醇

答案：A

3.《生活垃圾卫生填埋场环境监测技术要求》（GB/T 18772—2008）中删除了“________”和“________”两项。

A．二氧化氮　二氧化硫　B．二氧化碳　二氧化硫

C．氮氧化物　二氧化碳　D．一氧化碳　二氧化硫

答案：D

4.《生活垃圾卫生填埋场环境监测技术要求》（GB/T 18772—2008）中填埋场外排水监测采样点应设在________。

A．污水排口　B．废水总排口　C．渗沥液排口　D．废水外排口

答案：D

5.《生活垃圾卫生填埋场环境监测技术要求》（GB/T 18772—2008）于________首次发布。

A．2002 年 8 月　B．2001 年 7 月　C．2002 年 7 月　D．2001 年 8 月

答案：C

6.《生活垃圾卫生填埋场环境监测技术要求》（GB/T 18772—2008）中规定，大气污

染物监测采样频次每年应监测________次，每季度________次。

A．4 1　B．3 2　C．4 2　D．3 3

答案：A

7.《生活垃圾卫生填埋场环境监测技术要求》（GB/T 18772—2008）中规定，苍蝇密度监测频次根据气候特征，在苍蝇活跃季节每月应监测________次。

A．3　B．2　C．4　D．1

答案：B

8.《生活垃圾卫生填埋场环境监测技术要求》（GB/T 18772—2008）中规定，渗沥液监测采样频次封场后________年内应每年________次。

A．3 2　B．2 2　C．3 3　D．2 3

答案：A

9.《生活垃圾卫生填埋场环境监测技术要求》（GB/T 18772—2008）中规定，填埋气体监测项目甲烷采用________分析方法。

A．液相色谱　B．气相色谱　C．离子色谱　D．原子吸收分光光谱

答案：B

10.《生活垃圾卫生填埋场环境监测技术要求》（GB/T 18772—2008）中规定，填埋物监测，监测点选择及采样方法应采集当日收运到垃圾处理场的垃圾车中的垃圾，在间隔的每辆车内或在其卸下的垃圾堆中采用________法采集垃圾。

A．蛇形　B．扇形　C．同心圆　D．立体对角线

答案：D

四、多选题

1.《生活垃圾卫生填埋场环境监测技术要求》（GB/T 18772—2008）中规定，在地下水监测内容中删除了“________”和“总氮”项目。

A．硫化物　B．总磷　C．总悬浮物　D．化学需氧量

答案：A B C D

2.《生活垃圾卫生填埋场环境监测技术要求》（GB/T 18772—2008）中规定，渗沥液监测中只保留了“悬浮物”“________”，余项删除。

A．化学需氧量　B．五日生化需氧量　C．氨氮　D．大肠菌值

答案：A B C D

3.《生活垃圾卫生填埋场环境监测技术要求》（GB/T 18772—2008）中规定，填埋场外排水只保留了“________”和“大肠菌值”5 项，余项删除。

A．悬浮物　B．化学需氧量　C．五日化学需氧量　D．氨氮

答案：A B C D

4.《生活垃圾卫生填埋场环境监测技术要求》（GB/T 18772—2008）中规定，填埋物

监测增加了“________”3 项内容。

A. 样品测定　B. 样品采集　C. 含水率的测定　D. 采样步骤

答案：B C D

5.《生活垃圾卫生填埋场环境监测技术要求》（GB/T 18772—2008）中规定，标准规定了生活垃圾卫生填埋场大气污染物监测、________、填埋物监测、苍蝇密度监测、封场后的填埋场环境监测的内容和方法。

A. 填埋气体监测　B. 渗沥液监测　C. 填埋物外排水监测

D. 地下水监测　E. 噪声监测

答案：A B C D E

五、简答题

1. 简述《生活垃圾卫生填埋场环境监测技术要求》（GB/T 18772—2008）规定中，填埋场外排水监测方法。

答案：填埋场外排水监测，采样点应设在垃圾填埋场废水外排口，采样频次按 HJ/T 91—2002 中的处理方法确定污水采样次数，污水处理后连续外排时每日应监测一次，其他处理方式应每旬监测一次。采样方法用采样器提取外排水，弃去前 3 次水样，用第 4 次水样作为分析样品。通常采集瞬时水样，采样量和固定方法按监测项目要求确定。

2. 简述《生活垃圾卫生填埋场环境监测技术要求》（GB/T 18772—2008）规定中，地下水监测方法。

答案：采样点的布设：填埋场地下水采样点应布设 5 点，本底井一眼，设在填埋场地下水流向 30～50m 处；污染扩散井二眼，设在地面水流向两侧各 30～50m 处；污染监视井二眼，各设在填埋场地下水流向下游 30m 处、50m 处。采样频次在填埋场投入运行前应监测本底水平一次，运行期间每年按丰、平、枯水期各监测一次，采样方法用特制的小水桶提取水样，严禁用泵抽吸水样，弃去前 3 次水样，用第 4 次水样作为分析样品，每个样品采集 2 000 ml，特殊项目的采样量和固定方法按其所监测项目的分析方法要求进行。

参考文献

生活垃圾卫生填埋场环境监测技术要求（GB/T 18772—2008）.

命题：李　婷

审核：陈黎军

第十一节　生活垃圾填埋场污染控制标准（GB 16889—2008）

一、填空题

1.《生活垃圾填埋场污染控制标准》（GB 16889—2008）中规定，生活垃圾填埋场污染控制标准规定了生活垃圾填埋场选址、___________、填埋废物的入场条件、________、________、后期维护与管理的污染控制和监测等方面的要求。

答案：设计与施工　　运行　　封场

2.《生活垃圾填埋场污染控制标准》（GB 16889—2008）中规定，生活垃圾填埋场的选址应符合________、________和当地的城市规划。

答案：区域性环境规划　环境卫生设施建设规划

3.《生活垃圾填埋场污染控制标准》（GB 16889—2008）中规定，生活垃圾填埋场场址的位置及与周围人群的距离应依据________确定，并经________批准。

答案：环境影响评价结论　　　地方环境保护行政主管部门

4.《生活垃圾填埋场污染控制标准》（GB 16889—2008）中规定，生活垃圾填埋场污染控制标准的部分规定适用于与生活垃圾填埋场配套建设的________的建设、运行。

答案：生活垃圾转运站

5.《生活垃圾填埋场污染控制标准》（GB 16889—2008）中规定，生活垃圾填埋场应设置________，以保证在防渗衬层发生渗滤液渗漏时能及时发现并采取必要的污染控制措施。

答案：防渗衬层渗漏检测系统

6.《生活垃圾填埋场污染控制标准》（GB 16889—2008）中规定，为检测渗滤液深度，生活垃圾填埋场内应设置________。

答案：渗滤液监测井

7.《生活垃圾填埋场污染控制标准》（GB 16889—2008）中规定，生活垃圾填埋场运行期内，应定期并根据场地和气象情况随时进行__________、__________和________工作。

答案：防蚊蝇　灭鼠　除臭

8.《生活垃圾填埋场污染控制标准》（GB 16889—2008）中规定，生活垃圾填埋场应设置________，生活垃圾渗滤液（含调节池废水）等污水经处理并符合本标准规定的污染物排放控制要求后，可直接排放。

答案：污水处理装置

9.《生活垃圾填埋场污染控制标准》（GB 16889—2008）中规定，生活垃圾填埋场在运行中应采取必要的措施防止________的扩散。

答案：恶臭物质

10.《生活垃圾填埋场污染控制标准》（GB 16889—2008）中规定，生活垃圾填埋场管理机构应每天进行一次________和________的甲烷浓度监测。

答案：填埋场区　　　填埋气体排放口

二、判断题

1.《生活垃圾填埋场污染控制标准》（GB 16889—2008）中规定，生活垃圾填埋场污染控制标准适用于所有污染物排放行为。（　）

答案：（×）

正确答案为：本标准适用于生活垃圾填埋场建设、运行和封场后的维护与管理过程中的污染控制和监督管理。本标准的部分规定也适用于与生活垃圾填埋场配套建设的生活垃圾转运站的建设、运行。

2.《生活垃圾填埋场污染控制标准》（GB 16889—2008）中规定，生活垃圾填埋场选址的标高应位于重现期小于 50 年一遇的洪水位之上。（　）

答案：（×）

正确答案为：生活垃圾填埋场选址的标高应位于重现期不小于 50 年一遇的洪水位之上。

3.《生活垃圾填埋场污染控制标准》（GB 16889—2008）中规定，填埋场人工合成材料防渗衬层铺设完成后，必须采取有效的工程措施防止人工合成材料防渗衬层在日光下直接暴露。（　）

答案：（×）

正确答案为：未填埋的部分应采取有效的工程措施防止人工合成材料防渗衬层在日光下直接暴露。

4.《生活垃圾填埋场污染控制标准》（GB 16889—2008）中规定，地方环境保护行政主管部门应每半年对填埋区和填埋气体排放口的甲烷浓度进行一次性监督。（　）

答案：（×）

正确答案为：每 3 个月对填埋区和填埋气体排放口的甲烷浓度进行一次性监督。

5.《生活垃圾填埋场污染控制标准》（GB 16889—2008）中规定，在任何情况下，生活垃圾填埋场均应遵守生活垃圾填埋场污染控制标准的污染物排放控制要求，采取必要措施保证污染防治设施正常运行。（　）

答案：（√）

6.《生活垃圾填埋场污染控制标准》（GB 16889—2008）中规定，对现有和新建生活垃圾填埋场执行水污染特别排放限值的地域范围、时间，由国务院环境保护主管部门或省级人民政府规定。（　）

答案：（√）

三、单选题

1.《生活垃圾填埋场污染控制标准》（GB 16889—2008）中规定，生活垃圾填埋场终止填埋作业后，进行后续维护、污染控制和环境保护管理直至填埋场达到________时期。

A．波动　　B．相对波动　　C．稳定化　　D．相对稳定化

答案：C

2.《生活垃圾填埋场污染控制标准》（GB 16889—2008）中规定，如果天然基础层饱和渗透系数________1.0×10^{-7}cm/s，且厚度不________2m，可采用天然黏土防渗衬层。

A．大于　　大于　　　　B．小于　　小于

C．等于　　大于　　　　D．大于　　小于

答案：B

3.《生活垃圾填埋场污染控制标准》（GB 16889—2008）中规定，生活垃圾填埋场应建设渗滤液导排系统，该导排系统应确保在填埋场的运行期内防渗衬层上的渗滤液深度不大于________。

A．60cm　　B．30cm　　C．40cm　　D．20cm

答案：B

4.《生活垃圾填埋场污染控制标准》（GB 16889—2008）中规定，在进行天然黏土防渗层施工之前，应通过现场施工实验确定________等因素，以确保可以达到设计要求。

A．有没有破损　　　　B．漏洞

C．压实方法、压实设备、压实次数　　　　D．渗滤液导排系统

答案：C

5.《生活垃圾填埋场污染控制标准》（GB 16889—2008）中规定，封场后进入后期维护与管理阶段的生活垃圾填埋场，应继续处理填埋场产生的________，并定期进行监测。

A．渗滤液　B．液态废物和废水　C．渗滤液和填埋气　D．恶臭物质

答案：C

6.《生活垃圾填埋场污染控制标准》（GB 16889—2008）中规定，填埋作业应采取________措施，减少渗滤液的产生量。

A．防渗　　B．雨污分流　　C．防渗衬层　　D．贮存设施

答案：B

7.《生活垃圾填埋场污染控制标准》（GB 16889—2008）中规定，填埋工作面上 2m 以下高度范围内甲烷的体积百分比应不大于________。

A．0.2%　　B．0.4%　　C．0.3%　　D．0.1%

答案：D

四、多选题

1.《生活垃圾填埋场污染控制标准》（GB 16889—2008）中规定，生活垃圾填埋场的封场系统应包括气体导排层、________。

A. 防渗层　B. 雨水导排层　C. 最终覆土层　D. 植被层

答案：A　B　C　D

2.《生活垃圾填埋场污染控制标准》（GB 16889—2008）中规定，环境敏感点指生活垃圾填埋场周围可能受污染物影响的住宅、________以及公共场所等地点。

A. 学校　B. 医院　C. 行政办公区　D. 商业区

答案：A　B　C　D

3.《生活垃圾填埋场污染控制标准》（GB 16889—2008）中规定，生活垃圾填埋场场址不应选在城市工农业发展规划区、________、供水远景规划区、矿产资源储备区、军事要地、国家保密地区和其他需要特别保护的区域内。

A. 农业保护区　B. 自然保护区　C. 风景名胜区　D. 文物保护区

E. 生活饮用水水源保护区

答案：A　B　C　D　E

4.《生活垃圾填埋场污染控制标准》（GB 16889—2008）中规定，生活垃圾填埋场应包括下列主要设施：防渗衬层系统、________填埋气体导排系统、覆盖和封场系统。

A. 渗滤液导排系统　B. 渗滤液处理设施　C. 雨污分流系统

D. 地下水导排系统　E. 地下水监测设施

答案：A　B　C　D　E

5.《生活垃圾填埋场污染控制标准》（GB 16889—2008）中规定，生活垃圾填埋场的封场系统应包括气体导排层、________。

A. 防渗层　B. 雨水导排层　C. 最终覆土层　D. 植被层

答案：A　B　C　D

6.《生活垃圾填埋场污染控制标准》（GB 16889—2008）中规定，可以直接进入生活垃圾填埋场填埋处置的废物有：________。

A. 环境卫生机构收集或者自行收集的混合生活垃圾，以及企事业单位产生的办公废物

B. 生活垃圾焚烧炉渣（不包括焚烧飞灰）

C. 生活垃圾堆肥处理产生的固态残余物

D. 服装加工、食品加工以及其他城市生活服务行业产生的性质与生活垃圾相近的一般工业固体废物

答案：A　B　C　D

7.《生活垃圾填埋场污染控制标准》（GB 16889—2008）中规定，在进行天然黏土防渗衬层施工之前，应通过现场施工实验确定________等因素，以确保可以达到设计要求。

A．压实方法　B．压实设备　C．压实次数　D．压实检验

答案： A　B　C

五、简答题

1．简述《生活垃圾填埋场污染控制标准》（GB 16889—2008）中规定，甲烷监测的基本要求。

答案：（1）生活垃圾填埋场管理机构应每天进行一次填埋场区和填埋气体排放口的甲烷浓度监测；（2）地方环境保护行政主管部门应每3个月对填埋区和填埋气体排放口的甲烷浓度进行一次监督性监测；（3）对甲烷浓度的每日监测可采用符合GB 13486要求或者具有相同效果的便携式甲烷测定器进行测定。对甲烷浓度的监督性监测应按照HJ/T 38中甲烷的测定方法进行测定。

2．简述《生活垃圾填埋场污染控制标准》（GB 16889—2008）规定中，防渗衬层的定义。

答案： 设置于生活垃圾填埋场底部及四周边坡的由天然材料和（或）人工合成材料组成的防止渗漏的垫层。

3．《生活垃圾填埋场污染控制标准》（GB 16889—2008）规定中，采用天然黏土防渗衬层应满足什么基本条件？

答案：（1）压实后的黏土防渗衬层饱和渗透系数应小于1.0×10^{-7}cm/s；

（2）黏土防渗衬层的厚度应不小于2m。

4．简述《医疗机构水污染物排放标准》（GB 18466—2005）规定中，环境敏感点的定义。

答案： 环境敏感点指生活垃圾填埋场周围可能受污染物影响的住宅、学校、医院、行政办公区、商业区以及公共场所等地点。

参考文献

生活垃圾填埋场污染控制标准（GB 16889—2008）.

命题：李　婷

审核：陈黎军

第十二节　生活垃圾填埋场渗滤液处理工程技术规范（试行）（HJ 564—2010）

一、填空题

1．《生活垃圾填埋场渗滤液处理工程技术规范（试行）》（HJ 564—2010）生活垃圾填埋场渗滤液主体处理构筑物与设备包括________、________、________、________等。

答案： 预处理系统　生物处理系统　深度处理系统　污泥及浓缩液处理系统

2.《生活垃圾填埋场渗滤液处理工程技术规范（试行）》（HJ 564—2010）计算生活垃圾填埋场渗滤液产生量时应充分考虑当地________、________、________、其他外部来水渗入、垃圾的特性、表面覆土和防渗系统下层排水设施的排水能力等因素。

答案：降雨量　蒸发量　地面水损失

3.《生活垃圾填埋场渗滤液处理工程技术规范（试行）》（HJ 564—2010）生活垃圾填埋场渗滤液处理工艺可分为________、________和________三种。

答案：预处理　生物处理　深度处理

4.《生活垃圾填埋场渗滤液处理工程技术规范（试行）》（HJ 564—2010）主要恶臭污染源产生于________、________、________和________等环节。

答案：调节池　厌氧反应设施　曝气设施　污泥脱水设施

5.《生活垃圾填埋场渗滤液处理工程技术规范（试行）》（HJ 564—2010）生活垃圾填埋场渗滤液可分为________、________和________。

答案：初期渗滤液　中后期渗滤液　封场后渗滤液

6.《生活垃圾填埋场渗滤液处理工程技术规范（试行）》（HJ 564—2010）好氧生物处理工艺包括________、________和________。

答案：膜生物法　氧化沟　纯氧曝气法

7.《生活垃圾填埋场渗滤液处理工程技术规范（试行）》（HJ 564—2010）深度处理工艺包括________、________和________。

答案：纳滤　反渗透　吸附过滤

8.《生活垃圾填埋场渗滤液处理工程技术规范（试行）》（HJ 564—2010）渗滤液必测因子为________、________、________、________和________。

答案：五日生化需氧量　化学需氧量　氨氮　悬浮物　pH 值

9.《生活垃圾填埋场渗滤液处理工程技术规范（试行）》（HJ 564—2010）生活垃圾填埋场渗滤液预处理工艺可采用________、________和________。

答案：生物法　物理法　化学法

10.《生活垃圾填埋场渗滤液处理工程技术规范（试行）》（HJ 564—2010）生物处理工艺可采用________和________，处理对象主要是渗滤液中的________和________、________等。

答案：厌氧生物处理法　好氧生物处理法　有机污染物　氮　磷

11.《生活垃圾填埋场渗滤液处理工程技术规范（试行）》（HJ 564—2010）预处理工艺一般采用________和________。

答案：混凝技术　水解酸化技术

12.《生活垃圾填埋场渗滤液处理工程技术规范（试行）》（HJ 564—2010）混凝技术作为预处理工艺时，常用的药剂有________、________、________、________和聚丙烯酰胺（PAM）等。

答案：硫酸铝　　聚合氯化铝　　硫酸亚铁　　三氯化铁

二、判断题

1.《生活垃圾填埋场渗滤液处理工程技术规范（试行）》（HJ 564—2010）在填埋区与渗滤液处理设施间必须设置渗滤液调节池。（　）

答案：（√）

2.《生活垃圾填埋场渗滤液处理工程技术规范（试行）》（HJ 564—2010）渗滤液处理中产生的污泥宜与城市污水处理厂污泥一并处理。（　）

答案：（√）

3.《生活垃圾填埋场渗滤液处理工程技术规范（试行）》（HJ 564—2010）生物处理工艺处理对象主要是渗滤液中的有机污染物、氮和磷等。（　）

答案：（√）

4.《生活垃圾填埋场渗滤液处理工程技术规范（试行）》（HJ 564—2010）中渗滤液处理厂（站）宜单独设置在垃圾填埋场管理区的上风向。（　）

答案：（×）

正确答案为：渗滤液处理厂（站）宜单独设置在垃圾填埋场管理区的下风向。

5.《生活垃圾填埋场渗滤液处理工程技术规范（试行）》（HJ 564—2010）中生物膜法宜选择膜生物反应器法、氧化沟活性污泥法。（　）

答案：（×）

正确答案为：生物膜法宜选择接触氧化法、生物转盘法。

6.《生活垃圾填埋场渗滤液处理工程技术规范（试行）》（HJ 564—2010）中使用年限、填埋作业方式、当地经济条件等影响是选择处理工艺的前提条件。（　）

答案：（√）

三、单选题

1.《生活垃圾填埋场渗滤液处理工程技术规范（试行）》（HJ 564—2010）在生活垃圾填埋场渗滤液处理工程曝气设施中________是必测因子。

A．氨　B．硫化氢　C．甲烷　D．臭气浓度

答案：A

2.《生活垃圾填埋场渗滤液处理工程技术规范（试行）》（HJ 564—2010）渗滤液处理中产生的污泥宜与城市污水处理厂污泥一并处理，当进入垃圾填埋场填埋处理或单独处理时，含水率不宜大于________。

A．50%　B．60%　C．70%　D．80%

答案：D

3.《生活垃圾填埋场渗滤液处理工程技术规范（试行）》（HJ 564—2010）生活垃圾填

埋场渗滤液处理规模宜按垃圾填埋场________渗滤液产生量计算。

A．月平均　B．小时平均　C．日平均

答案：C

4．《生活垃圾填埋场渗滤液处理工程技术规范（试行）》（HJ 564—2010）渗滤液处理厂（站）宜单独设置在垃圾填埋场管理区的________。

A．下风向　B．上风向　C．根据地形布设

答案：A

5．《生活垃圾填埋场渗滤液处理工程技术规范（试行）》（HJ 564—2010）中曝气设施中应配备________检测仪表和报警装置。

A．甲烷　B．硫化氢　C．氨气

答案：C

四、多选题

1．《生活垃圾填埋场渗滤液处理工程技术规范（试行）》（HJ 564—2010）渗滤液处理厂（站）进、出水水质________因子是必须监测的。

A．化学需氧量　B．六价铬　C．总氮　D．挥发酚

答案：A　B　C

2．《生活垃圾填埋场渗滤液处理工程技术规范（试行）》（HJ 564—2010）渗滤液处理厂（站）进、出水水质________因子是必须监测的。

A．氰化物　B．总砷　C．五日生化需氧量　D．悬浮物

答案：B　C　D

3．《生活垃圾填埋场渗滤液处理工程技术规范（试行）》（HJ 564—2010）渗滤液处理厂（站）进、出水水质________因子是必须监测的。

A．氨氮　B．总磷　C．阴离子表面活性剂　D．总铅

答案：A　B　D

4．《生活垃圾填埋场渗滤液处理工程技术规范（试行）》（HJ 564—2010）渗滤液处理厂（站）进、出水水质________因子是必须监测的。

A．pH 值　B．浊度　C．总氮　D．粪大肠菌群数

答案：A　C　D

5．《生活垃圾填埋场渗滤液处理工程技术规范（试行）》（HJ 564—2010）在生活垃圾填埋场渗滤液处理工程调节池、厌氧反应设施中________是必测因子。

A．氨　B．硫化氢　C．甲烷　D．臭气浓度

答案：B　C

6．《生活垃圾填埋场渗滤液处理工程技术规范（试行）》（HJ 564—2010）生活垃圾填埋场渗滤液可分为________。

A．初期渗滤液　　B．中后期渗滤液　　C．封场后渗滤液

答案：A　B　C

7.《生活垃圾填埋场渗滤液处理工程技术规范（试行）》（HJ 564—2010）好氧生物处理工艺可采用________。

A．活性污泥法　B．生物膜法　C．升流式厌氧污泥床法

答案：A　B

8.《生活垃圾填埋场渗滤液处理工程技术规范（试行）》（HJ 564—2010）中深度处理工序应采用________。

A．微滤　B．超滤　C．纳滤　D．反渗透　E．吸附过滤

答案：C　D

9.《生活垃圾填埋场渗滤液处理工程技术规范（试行）》（HJ 564—2010）中应急处理措施中应配备________控制与防护措施。

A．氨气　B．硫化氢　C．甲烷

答案：B　C

10.《生活垃圾填埋场渗滤液处理工程技术规范（试行）》（HJ 564—2010）中全厂（站）技术经济指标应从几方面进行核算________。

A．COD 去除总量　B．COD 去除电耗（kW・h/kgCOD）

C．污水处理运行成本（元/t）　D．COD 去除效率

答案：A　B　C

11.《生活垃圾填埋场渗滤液处理工程技术规范（试行）》（HJ 564—2010）中渗滤液处理厂（站）性能试验包括________。

A．进、出水水质化验

B．纳滤和反渗透产水率、浓缩液的电导率或含盐量

C．渗滤液处理厂（站）内有毒、有害气体的测定

D．计算全厂（站）技术经济指标

E．统计全厂（站）进出水量、用电量和主体设备用电量

答案：A　B　C　D　E

12.《生活垃圾填埋场渗滤液处理工程技术规范（试行）》（HJ 564—2010）中调节设施中应配备________检测仪表和报警装置。

A．甲烷　B．硫化氢　C．氨气

答案：A　B

13.《生活垃圾填埋场渗滤液处理工程技术规范（试行）》（HJ 564—2010）中渗滤液处理工艺可分为________。

A．预处理　B．生物处理　C．深度处理

答案：A　B　C

14.《生活垃圾填埋场渗滤液处理工程技术规范（试行）》（HJ 564—2010）中选择渗滤液处理工艺时，应以稳定连续达标排放为前提，综合考虑垃圾填埋场的填埋年限和渗滤液________的经济性、合理性、可操作性。

A. 水质　　B. 水量　　C. 处理工艺

答案：A　B　C

五、简答题

1. 简述《生活垃圾填埋场渗滤液处理工程技术规范（试行）》（HJ 564—2010）中渗滤液的定义。

答案：垃圾在堆放和填埋过程中由于压实、发酵等物理、生物、化学作用，同时在降水和其他外部来水的渗流作用下产生的含有机或无机成分的液体。

2. 简述《生活垃圾填埋场渗滤液处理工程技术规范（试行）》（HJ 564—2010）调节池的定义。

答案：在渗滤液处理设施前设置的具有均化水质、调蓄水量或兼有渗滤液预处理功能的构筑物。

3.《生活垃圾填埋场渗滤液处理工程技术规范（试行）》（HJ 564—2010）渗滤液处理厂（站）水质监测指标应至少包括哪些？

答案：各处理单元的进出水指标色度、悬浮物、化学需氧量、五日生化需氧量、氨氮、总氮、总磷等主要污染物浓度以及进出水的总汞、总砷、总镉、总铅、总铬、六价铬等重金属浓度和粪大肠菌群数。

4.《生活垃圾填埋场渗滤液处理工程技术规范（试行）》（HJ 564—2010）渗滤液处理厂（站）性能试验包括哪些？

答案：（1）按照设计流量全流程通过所有构筑物，确认各构筑物高程布置是否合理；

（2）测试并计算各构筑物及主体设备的工艺参数；

（3）进、出水水质化验，包括 pH 值、温度、悬浮物、化学需氧量、五日生化需氧量、氨氮、总氮、总磷、总汞、总砷、总镉、总铅、总铬、六价铬、粪大肠菌群数；

（4）纳滤和反渗透产水率、浓缩液的电导率或含盐量；

（5）渗滤液处理厂（站）内有毒、有害气体的测定；

（6）统计全厂（站）进出水量、用电量和主体设备用电量；

（7）计算全厂（站）技术经济指标：COD 去除总量、COD 去除电耗（kW·h/kgCOD）、污水处理运行成本（元/吨）。

5.《生活垃圾填埋场渗滤液处理工程技术规范（试行）》（HJ 564—2010）渗滤液处理中主要产生的恶臭污染源在哪些环节？

答案：主要恶臭污染源：调节池、厌氧反应设施、曝气设施、污泥脱水设施等。

6.《生活垃圾填埋场渗滤液处理工程技术规范（试行）》（HJ 564—2010）预处理工艺水解酸化技术主要控制技术是什么？

答案：（1）水力停留时间宜为2.5～5.0h；（2）pH 值宜为6.5～7.5。

参考文献

生活垃圾填埋场渗滤液处理工程技术规范（试行）（HJ 564—2010）.

命题：陈黎军

审核：陈黎军

第十三节　一般工业固体废物贮存、处置场污染物控制标准（GB 18599—2001）

一、填空题

1.《一般工业固体废物贮存、处置场污染物控制标准》（GB 18599—2001）中将一般工业固体废物置于非永久性的集中堆放场所称为________。

答案：贮存场

2.《一般工业固体废物贮存、处置场污染物控制标准》（GB 18599—2001）中将一般工业固体废物置于永久性的集中堆放场所称为________。

答案：处置场

3.《一般工业固体废物贮存、处置场污染物控制标准》（GB 18599—2001）中的竣工验收中，必须经原审批环境影响报告书（表）的________验收合格后，方可投入生产或使用。

答案：环境保护行政主管部门

4.《一般工业固体废物贮存、处置场污染物控制标准》（GB 18599—2001）中，禁止________和________混入。

答案：危险废物　生活垃圾

5.《一般工业固体废物贮存、处置场污染物控制标准》（GB 18599—2001）中以________为控制项目，其中属于自燃性煤矸石的贮存、处置场，以________和________为控制项目。

答案：颗粒物　颗粒物　二氧化硫

6.《一般工业固体废物贮存、处置场污染物控制标准》（GB 18599—2001）适用于新建、扩建、改建及已经建成投产的________贮存、处置场的建设、运行和监督管理。

答案：一般工业固体废物

二、判断题

1.《一般工业固体废物贮存、处置场污染物控制标准》（GB 18599—2001）划分为Ⅰ和Ⅱ两个类型。（ ）

答案：（√）

2.《一般工业固体废物贮存、处置场污染物控制标准》（GB 18599—2001）中应选在工业区和居民集中区主导风向上风侧，厂界距居民集中区 800m 以外。（ ）

答案：（×）

正确答案为：应选在工业区和居民集中区主导风向下风侧，厂界距居民集中区 500m 以外。

3.《一般工业固体废物贮存、处置场污染物控制标准》（GB 18599—2001）中Ⅰ类场天然基础层地表距地下水位的距离不得小于 1.5m。（ ）

答案：（×）

正确答案为：Ⅱ类场天然基础层地表距地下水位的距离不得小于 1.5m。

4.《一般工业固体废物贮存、处置场污染物控制标准》（GB 18599—2001）中设置导流渠的目的为防止渗滤液径流进入贮存、处置场内，避免渗滤液量增加和滑坡。（ ）

答案：（×）

正确答案为：设置导流渠的目的为防止雨水径流进入贮存、处置场内，避免渗滤液量增加和滑坡。

5.《一般工业固体废物贮存、处置场污染物控制标准》（GB 18599—2001）中扩建、改建和超期服役的贮存、处置场，向当地环境保护局登记备案即可进行运营。（ ）

答案：（×）

正确答案为：当贮存、处置场服务期满或因故不再承担新的贮存、处置场任务时，应分别予以关闭或封场，关闭或封场前必须编制关闭或封场计划，报请所在地县级以上环境主管部门核准，并采取污染防治措施。

6.《一般工业固体废物贮存、处置场污染物控制标准》（GB 18599—2001）中Ⅱ类场应优先选用废弃的采矿坑、塌陷区。（ ）

答案：（×）

正确答案为：Ⅰ类场应优先选用废弃的采矿坑、塌陷区。

7.《一般工业固体废物贮存、处置场污染物控制标准》（GB 18599—2001）中Ⅱ类场天然基础层地表距地下水位的距离不得小于 1.5m。（ ）

答案：（√）

8.《一般工业固体废物贮存、处置场污染物控制标准》（GB 18599—2001）不适用于危险废物和生活垃圾填埋场。（ ）

答案：（√）

9.《一般工业固体废物贮存、处置场污染物控制标准》（GB 18599—2001）中 pH 值在 6～9 范围之外的一般工业固体废物，是第Ⅰ类一般工业固体废物的必要条件之一。（　）

答案：（×）

正确答案为：任何一种污染物的浓度均为超过（GB 8978—1996）最高允许排放浓度，且 pH 值在 6～9 范围的属Ⅰ类一般工业固体废物。

10.《一般工业固体废物贮存、处置场污染物控制标准》（GB 18599—2001）中 pH 值在 6～9 范围之内的一般工业固体废物，是第Ⅱ类一般工业固体废物的必要条件。（　）

答案：（×）

正确答案为：有一种或一种以上的污染物的浓度均为超过（GB 8978—1996）最高允许排放浓度，且 pH 值在 6～9 范围之外的属Ⅱ类一般工业固体废物。

11.《一般工业固体废物贮存、处置场污染物控制标准》（GB 18599—2001）中可将Ⅰ和Ⅱ两个类型的固体废弃物混合堆存。（　）

答案：（×）

正确答案为：Ⅰ和Ⅱ两个类型的固体废弃物不能混合堆存。

12.《一般工业固体废物贮存、处置场污染物控制标准》（GB 18599—2001）中一般工业固体废物贮存、处置场封场后，渗滤液及其处理后的排放水的监测系统也随之停止。（　）

答案：（×）

正确答案为：封场后，渗滤液及其处理后的排水监测系统应继续正常运转，直至水质稳定为止，地下水监测系统应继续维持正常运转。

三、单选题

1.《一般工业固体废物贮存、处置场污染物控制标准》（GB 18599—2001）中为监控渗滤液对地下水污染，贮存、处置场周边至少应设置________地下水质监控井。

A. 一口　B. 两口　C. 三口　D. 四口

答案：C

2.《一般工业固体废物贮存、处置场污染物控制标准》（GB 18599—2001）中设在贮存、处置场上游的监测井应作为________。

A. 污染监视监测井　B. 污染扩散监测井　C. 对照井

答案：C

3.《一般工业固体废物贮存、处置场污染物控制标准》（GB 18599—2001）中沿地下水流向设在贮存、处置场下游，应作为________。

A. 污染监视监测井　B. 污染扩散监测井　C. 对照井

答案：A

4.《一般工业固体废物贮存、处置场污染物控制标准》（GB 18599—2001）中最可能出现扩散影响的贮存、处置场周边，应作为________。

A．污染监视监测井 B．污染扩散监测井 C．对照井

答案：B

5．《一般工业固体废物贮存、处置场污染物控制标准》（GB 18599—2001）中对Ⅱ类场所的要求是：当天然基础层的渗透系数________时，应采用天然或人工材料构筑防渗层。

A．大于 1.0×10^{-7}cm/s B．小于 1.0×10^{-7}cm/s

C．等于 1.0×10^{-7}cm/s D．大于 1.0×10^{-6}cm/s

答案：A

6．《一般工业固体废物贮存、处置场污染物控制标准》（GB 18599—2001）中含硫量________的煤矸石，必须采取措施防止自燃。

A．大于 1.0% B．小于 1.0% C．大于 1.5% D．小于 1.5%

答案：C

7．《一般工业固体废物贮存、处置场污染物控制标准》（GB 18599—2001）适用于新建、扩建、改建及已经建成投产的________贮存、处置场的建设、运行和监督管理。

A．危险废物 B．生活垃圾 C．一般工业固体废物 D．上述均可

答案：C

8．《一般工业固体废物贮存、处置场污染物控制标准》（GB 18599—2001）中渗透系数是指水力坡降为________时，水穿过土壤、岩石或其他防渗材料的渗透速度。

A．0.01 B．1 C．10 D．0.1

答案：B

9．《一般工业固体废物贮存、处置场污染物控制标准》（GB 18599—2001）中在运行过程中和封场后，地下水每年按________进行，每期一次。

A．枯水期 B．平水期 C．枯、平、丰水期 D．丰水期

答案：C

10．《一般工业固体废物贮存、处置场污染物控制标准》（GB 18599—2001）中渗滤液及其处理后的排放水应________监测一次。

A．每月 B．每周 C．每季 D．根据生产周期 E．上述均可

答案：A

11．《一般工业固体废物贮存、处置场污染物控制标准》（GB 18599—2001）中按照规定的方法进行浸出实验，测得某一固体废物 pH 值为 9.5，试问该固体废物的类型属于________。

A．Ⅰ类 B．Ⅱ类 C．还需进一步检验

答案：B

12．《一般工业固体废物贮存、处置场污染物控制标准》（GB 18599—2001）中规定渗滤液及其排水采样频率为________。

A．一周 B．半年 C．一个月

答案：C

13.《一般工业固体废物贮存、处置场污染物控制标准》（GB 18599—2001）中规定地下水监测在运行过程和封场后按________期进行监测。

A．枯水　　B．丰水　　C．平水　　D．枯、平、丰水

答案：D

14.《一般工业固体废物贮存、处置场污染物控制标准》（GB 18599—2001）中规定大气采样频率为________。

A．一周　B．半年　C．一个月

答案：C

四、多选题

1.《一般工业固体废物贮存、处置场污染物控制标准》（GB 18599—2001）中在贮存、处置场投入使用前，下列哪些因子是控制项目________。

A．氨氮　B．硝酸盐氮　C．亚硝酸盐氮　D．总氮

答案：A　B　C

2.《一般工业固体废物贮存、处置场污染物控制标准》（GB 18599—2001）中在贮存、处置场投入使用前，下列哪些因子是控制项目________。

A．COD　B．BOD_5　C．高锰酸盐指数　D．氰化物

答案：C　D

3.《一般工业固体废物贮存、处置场污染物控制标准》（GB 18599—2001）中在贮存、处置场投入使用前，下列哪些因子不是控制项目________。

A．石油类　B．BOD_5　C．高锰酸盐指数　D．总磷

答案：A　B　D

4.《一般工业固体废物贮存、处置场污染物控制标准》（GB 18599—2001）中在贮存、处置场投入使用前，下列哪些因子不是控制项目________。

A．挥发性酚类　B．硫酸盐　C．总氮　D．氨氮

答案：C

5.《一般工业固体废物贮存、处置场污染物控制标准》（GB 18599—2001）中在贮存、处置场投入使用前，下列哪些因子是控制项目________。

A．铅　B．铜　C．锌　D．镉

答案：A　D

6.《一般工业固体废物贮存、处置场污染物控制标准》（GB 18599—2001）中在贮存、处置场投入使用前，下列哪些因子不是控制项目________。

A．溶解性总固体　B．悬浮物　C．矿化度　D．大肠菌群

答案：B　C

7.《一般工业固体废物贮存、处置场污染物控制标准》（GB 18599—2001）中在贮存、处置场投入使用前，下列哪些因子是控制项目________。

A．铅　　B．锰　　C．铁　　D．镉

答案：A　　B　　C　　D

8.《一般工业固体废物贮存、处置场污染物控制标准》（GB 18599—2001）中在贮存、处置场投入使用前，下列哪些因子是控制项目________。

A．pH　　B．总硬度　　C．色度　　D．浊度

答案：A　　B

9.《一般工业固体废物贮存、处置场污染物控制标准》（GB 18599—2001）中自燃性煤矸石的贮存、处置场以________为控制项目。

A．PM_{10}　　B．$PM_{2.5}$　　C．颗粒物　　D．二氧化硫

答案：C　　D

10.《一般工业固体废物贮存、处置场污染物控制标准》（GB 18599—2001）中自燃性煤矸石的贮存、处置场以________为控制项目。

A．氮氧化物　　B．氟化物　　C．颗粒物　　D．二氧化硫

答案：C　　D

11.《一般工业固体废物贮存、处置场污染物控制标准》（GB 18599—2001）中Ⅰ类场应优先选用________。

A．洪泛区　　B．泥石流区　　C．采矿坑　　D．塌陷区　　E．蓄滞洪区

答案：C　　D

12.《一般工业固体废物贮存、处置场污染物控制标准》（GB 18599—2001）中贮存、处置场优先选用________。

A．江河　　B．水库　　C．滩地　　D．采矿坑　　E．塌陷区

答案：D　　E

13.《一般工业固体废物贮存、处置场污染物控制标准》（GB 18599—2001）中贮存、处置场________设施是必须建立的。

A．集排水系统　　B．渗滤液收集系统　C．地下水监控系统　D．防渗系统

答案：A　B　C

14.《一般工业固体废物贮存、处置场污染物控制标准》（GB 18599—2001）中贮存、处置场对环境的主要影响有________。

A．社会环境　　B．大气环境　　C．水环境　　D．生态环境

答案：B　C　D

15.《一般工业固体废物贮存、处置场污染物控制标准》（GB 18599—2001）中规定大气监测项目为________。

A．PM_{10}　　B．$PM_{2.5}$　　C．SO_2　　D．NO_2　　E．颗粒物

答案：C　　E

五、简答题

1．简述《一般工业固体废物贮存、处置场污染物控制标准》（GB 18599—2001）中第Ⅰ类一般工业固体废物的含义。

答案：按照 GB 5086 规定方法进行浸出试验而获得的浸出液中，任何一种污染物的浓度均未超过 GB 8978 最高允许排放浓度，且 pH 值在 6～9 范围之内的一般工业固体废物。

2．简述《一般工业固体废物贮存、处置场污染物控制标准》（GB 18599—2001）中第Ⅱ类一般工业固体废物的含义。

答案：按照 GB 5086 规定方法进行浸出试验而获得的浸出液中，有一种或一种以上的污染物浓度超过 GB 8978 最高允许排放浓度，或者是 pH 值在 6 至 9 范围之外的一般工业固体废物。

3．《一般工业固体废物贮存、处置场污染物控制标准》（GB 18599—2001）中处置场、贮存场根本区别是什么？

答案：处置场将一般工业固体废物置于永久性的集中堆放场所，而贮存场将一般工业固体废物置于非永久性的集中堆放场所。

4．简述《一般工业固体废物贮存、处置场污染物控制标准》（GB 18599—2001）中渗滤液的定义。

答案：一般工业固废物在贮存、处置过程中渗流出的液体。

5．《一般工业固体废物贮存、处置场污染物控制标准》（GB 18599—2001）中防渗工程是指什么？

答案：用天然或人工防渗材料构筑阻止贮存、处置场内外液体渗透的工程。

6．《一般工业固体废物贮存、处置场污染物控制标准》（GB 18599—2001）中什么样情况下可不设监测井？

答案：当地质和水文地质资料表明含水层埋藏较深，经论证认定地下水不会被污染时，可以不设置地下水质监测井。

7．《一般工业固体废物贮存、处置场污染物控制标准》（GB 18599—2001）中一般工业固体废物是指什么？

答案：指未被列入《国家危险废物名录》或者根据国家规定的 GB 5085 鉴别标准和 GB 5086 及 GB/T 15555 鉴别方法判定不具有危险特性的工业固体废物。

六、论述题

1．试述《一般工业固体废物贮存、处置场污染物控制标准》（GB 18599—2001）中Ⅰ类场和Ⅱ类场址选择的共同要求。

答案：（1）所选场址应符合当地城乡建设总体规划要求。

（2）应选在工业区和居民集中区主导风向下风侧，厂界距居民集中区 500m 以外。

（3）应选在满足承载力要求的地基上，以避免地基下沉的影响，特别是不均匀或局部下沉的影响。

（4）应避开断层、断层破碎带、溶洞区以及天然滑坡或泥石流影响区。

（5）禁止选在江河、湖泊、水库最高水位线以下的滩地和洪泛区。

（6）禁止选在自然保护区、风景名胜区和其他需要特别保护的区域。

2．试述《一般工业固体废物贮存、处置场污染物控制标准》（GB 18599—2001）中Ⅰ类场和Ⅱ类场关闭与封场的共同要求。

答案：（1）当贮存、处置场服务期满或因故不再承担新的贮存、处置任务时，应分别予以关闭或封场。关闭或封场前，必须编制关闭或封场计划，报请所在地县级以上环境保护行政主管部门核准，并采取污染防治措施。

（2）关闭或封场时，表面坡度一般不超过 33%。标高每升高 3～5m，须建造一个台阶。台阶应有不小于 1m 的宽度、2%～3%的坡度和能经受暴雨冲刷的强度。

（3）关闭或封场后，仍需继续维护管理，直到稳定为止。以防止覆土层下沉、开裂，致使渗滤液量增加，防止一般工业固体废物堆体失稳而造成滑坡等事故。

（4）关闭或封场后，应设置标志物，注明关闭或封场时间，以及使用该土地时应注意的事项。

3．试述《一般工业固体废物贮存、处置场污染物控制标准》（GB 18599—2001）中贮存、处置场地下水监测频率如何确定？

答案：贮存、处置场投入使用前，至少应监测一次地下水本底水平；在运行过程中和封场后，每年按枯、平、丰水期进行，每期一次。

4．试述《一般工业固体废物贮存、处置场污染物控制标准》（GB 18599—2001）中Ⅱ类场关闭与封场的其他要求。

答案：（1）为防止固体废物直接暴露和雨水渗入堆体内，封场时表面应覆土二层，第一层为阻隔层，覆 20～45cm 厚的黏土，并压实，防止雨水渗入固体废物堆体内；第二层为覆盖层，覆天然土壤，以利植物生长，其厚度视栽种植物种类而定。

（2）封场后，渗滤液及其处理后的排放水的监测系统应继续维持正常运转，直至水质稳定为止。地下水监测系统应继续维持正常运转。

参考文献

一般工业固体废物贮存、处置场污染物控制标准（GB 18599—2001）.

命题：陈黎军

审核：陈黎军

第十四节 环境保护图形标志－固体废物贮存（处置）场（GB 15562.2—1995）

一、填空题

1. 一般工业固体废物分为________类、________类工业固体废物。

答案： Ⅰ　Ⅱ

2.《环境保护图形标志－固体废物贮存（处置）场》（GB 15562.2—1995）固体废物贮存（处置）场标志牌应设在与之________相应的________处。

答案： 功能　醒目

3.《环境保护图形标志－固体废物贮存（处置）场》（GB 15562.2—1995）中各级环境保护行政主管部门对固体废物贮存（处置）场标志牌进行________实施。

答案： 统一监督

4.《环境保护图形标志－固体废物贮存（处置）场》（GB 15562.2—1995）标志牌必须保持________、________。

答案： 清晰　完整

5.《环境保护图形标志－固体废物贮存（处置）场》（GB 15562.2—1995）标志牌检查时间至少________。

答案： 每年一次

6.《环境保护图形标志－固体废物贮存（处置）场》（GB 15562.2—1995）标准中一般固体废物贮存、处置场图形符号分为________和________两种。

答案： 提示图形符号　警告图形符号

7.《环境保护图形标志－固体废物贮存（处置）场》（GB 15562.2—1995）中规定了固体废物和危险废物________、________环境保护图形标志及其功能。

答案： 贮存　处置场

8.《环境保护图形标志－固体废物贮存（处置）场》（GB 15562.2—1995）标志牌当发现________、________或有变化、________等不符合本标准的情况，应及时修复或更换。

答案： 形象损坏　颜色污染　褪色

9.《环境保护图形标志－固体废物贮存（处置）场》（GB 15562.2—1995）标准规定

了________和________贮存、处置场环境保护图形标志及其功能。

答案：一般固体废物　　危险废物

二、判断题

1.《环境保护图形标志－固体废物贮存（处置）场》（GB 15562.2—1995）标准中提示图形符号是用于提醒人们注意废物贮存、处置过程中可能造成危害的符号。（　）

答案：（×）

正确答案为：用于向人们提供某种环境信息的符号。

2.《环境保护图形标志－固体废物贮存（处置）场》（GB 15562.2—1995）警告图形符号本标准所指警告图形符号是用于向人们提供某种环境信息的符号。（　）

答案：（×）

正确答案为：用于提醒人们注意废物贮存、处置过程中可能造成危害的符号。

3.《环境保护图形标志－固体废物贮存（处置）场》（GB 15562.2—1995）警告标志形状为正方形边框。（　）

答案：（×）

正确答案为：警告标志形状为三角形边框。

4.《环境保护图形标志－固体废物贮存（处置）场》（GB 15562.2—1995）提示标志形状为三角形边框。（　）

答案：（×）

正确答案为：提示标志形状为正方形边框。

5.《环境保护图形标志－固体废物贮存（处置）场》（GB 15562.2—1995）警告标志图形颜色为黑色。（　）

答案：（√）

6.《环境保护图形标志－固体废物贮存（处置）场》（GB 15562.2—1995）提示标志图形颜色为绿色。（　）

答案：（×）

正确答案为：提示标志图形颜色为白色。

7.《环境保护图形标志－固体废物贮存（处置）场》（GB 15562.2—1995）警告标志背景颜色为白色。（　）

答案：（×）

正确答案为：警告标志背景颜色为黄色。

8.《环境保护图形标志－固体废物贮存（处置）场》（GB 15562.2—1995）提示标志背景颜色为黄色。（　）

答案：（√）

9.《环境保护图形标志－固体废物贮存（处置）场》（GB 15562.2—1995）环境保护

图形标志给出了一般工业固体废物和危险废物的图形标志。（ ）

答案：（√）

10.《环境保护图形标志－固体废物贮存（处置）场》（GB 15562.2—1995）中标志牌制作由国家环境保护局统一监制。（ ）

答案：（√）

11. 为《环境保护图形标志－固体废物贮存（处置）场》（GB 15562.2—1995）危险废物贮存、处置场提示图形符号。（ ）

答案：（×）

正确答案为：

12. 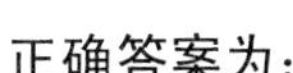为《环境保护图形标志－固体废物贮存（处置）场》（GB 15562.2—1995）一般固体废物贮存、处置场警告图形符号。（ ）

答案：（×）

正确答案为：

13. 为《环境保护图形标志－固体废物贮存（处置）场》（GB 15562.2—1995）为危险废物贮存、处置场警告图形符号。（ ）

答案：（√）

14.《环境保护图形标志－固体废物贮存（处置）场》（GB 15562.2—1995）在场地条件限制的基础上可以将一般固体废物贮存、处置场与危险废物贮存、处置场混用。（ ）

答案：（×）

正确答案为：场地条件限制的基础上不可以将一般固体废物贮存、处置场与危险废物贮存、处置场混用。

15.《环境保护图形标志－固体废物贮存（处置）场》（GB 15562.2—1995）提示标志一般固体废物为三角形边框。（ ）

答案：（×）

正确答案为：提示标志一般固体废物为正方形边框。

16.《环境保护图形标志－固体废物贮存（处置）场》（GB 15562.2—1995）警示标志危险废物为正方形边框。（ ）

答案：（×）

正确答案为：警示标志危险废物为三角形边框。

17.《环境保护图形标志－固体废物贮存（处置）场》（GB 15562.2—1995）中一般废

物和危险废物图形符号分为提示图形符号和警告图形符号两种。（ ）

答案：（√）

18.《环境保护图形标志－固体废物贮存（处置）场》（GB 15562.2—1995）标准规定了固体废物贮存、处置场环境保护图形标志及其功能。（ ）

答案：（√）

三、单选题

1.《环境保护图形标志－固体废物贮存（处置）场》（GB 15562.2—1995）一般固体废物警告图形标志为________。

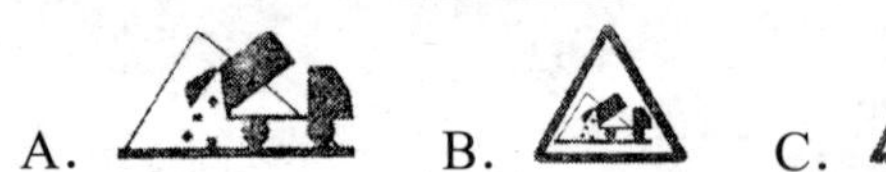

A. B. C.

答案：B

2.《环境保护图形标志－固体废物贮存（处置）场》（GB 15562.2—1995）危险废物警告图形标志为________。

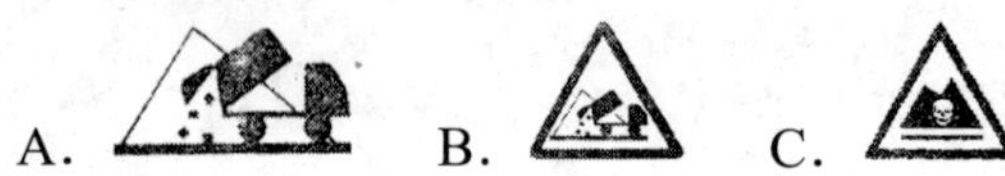

A. B. C.

答案：C

3.《环境保护图形标志－固体废物贮存（处置）场》（GB 15562.2—1995）警告标志背景颜色为________。

A. 黑色　B. 黄色　C. 绿色　D. 白色

答案：B

4.《环境保护图形标志－固体废物贮存（处置）场》（GB 15562.2—1995）警告标志图形颜色为________。

A. 黑色　B. 黄色　C. 绿色　D. 白色

答案：A

5.《环境保护图形标志－固体废物贮存（处置）场》（GB 15562.2—1995）提示标志背景颜色为________。

A. 黑色　B. 黄色　C. 绿色　D. 白色

答案：C

6.《环境保护图形标志－固体废物贮存（处置）场》（GB 15562.2—1995）提示标志图形颜色为________。

A. 黑色　B. 黄色　C. 绿色　D. 白色

答案：D

7.《环境保护图形标志－固体废物贮存（处置）场》（GB 15562.2—1995）提示标志图形为________。

A．三角形边框　B．正方形边框　C．长方形边框　D．圆形边框

答案：B

8．《环境保护图形标志－固体废物贮存（处置）场》（GB 15562.2—1995）警告标志标志图形为________。

A．三角形边框　B．正方形边框　C．长方形边框　D．圆形边框

答案：A

四、多选题

1．《环境保护图形标志－固体废物贮存（处置）场》（GB 15562.2—1995）中________警告标志形状均为三角形边框。

A．废气　B．废水　C．噪声　D．一般固体废物　E．危险固体废物

答案：D　E

2．《环境保护图形标志－固体废物贮存（处置）场》（GB 15562.2—1995）中________适合对________的管理。

A．废气排放口　B．废水排放口　C．噪声排放源　D．一般固体废物

E．危险固体废物

答案：D　E

五、简答题

1．简述《环境保护图形标志－固体废物贮存（处置）场》（GB 15562.2—1995）中贮存场的定义。

答案：将一般工业固体废物置于非永久性的集中堆放场所。

2．简述《环境保护图形标志－固体废物贮存（处置）场》（GB 15562.2—1995）中处置场的定义。

答案：将一般工业固体废物置于永久性的集中堆放场所。

3．简述《环境保护图形标志－固体废物贮存（处置）场》（GB 15562.2—1995）中Ⅰ类工业固体废物的含义。

答案：按照（GB 5086.1～5086.2—1977）规定方法进行浸出试验而获得的浸出液中，任何一种污染物的浓度均为超过（GB 8978—1996）最高允许排放浓度，且 pH 值在 6～9 的一般工业固体废物。

4．简述《环境保护图形标志－固体废物贮存（处置）场》（GB 15562.2—1995）中Ⅱ类工业固体废物的含义。

答案：按照（GB 5086.1～5086.2—1977）规定方法进行浸出试验而获得的浸出液中，一种或一种以上的污染物的浓度均为超过（GB 8978—1996）最高允许排放浓度，且 pH 值在 6～9 之外的一般工业固体废物。

5．简述《环境保护图形标志－固体废物贮存（处置）场》（GB 15562.2—1995）中提示图形符号的定义。

答案：本标准所指提示图形符号是用于向人们提供某种环境信息的符号。

6．简述《环境保护图形标志－固体废物贮存（处置）场》（GB 15562.2—1995）中警告图形符号的定义。

答案：本标准所指警告图形符号是用于提醒人们注意废物贮存、处置过程中可能造成危害的符号。

参考文献

环境保护图形标志－固体废物贮存（处置）场（GB 15562.2—1995）.

命题：陈黎军

审核：陈黎军

第六章　自动监测

第一节　国家地表水自动监测站运行管理办法

一、填空题

1.《国家地表水自动监测站运行管理办法》中规定，水站的运行维护原则由________环境监测站承担。采取________的原则，由总站委托，按年度签署委托协议。

答案：地市级　　自愿托管

2.《国家地表水自动监测站运行管理办法》中规定，负责水站维修工作的________按政府采购相关要求确定。总站与其按年度签订________合同，报总局审批执行。

答案：专业服务机构　　维护维修与风险保障

3.《国家地表水自动监测站运行管理办法》中规定，每个水站配备的技术人员必须具有________和相关专业知识，必须参加总站组织的技术培训；凡承担水站运行维护工作的技术人员均应参加________，考试合格后方可从事水站的运行与维护工作。

答案：环境监测　　上岗证考核

4.《国家地表水自动监测站运行管理办法》中规定，托管站对水站应实施"________"的日常运行管理制度；托管站对水站应实施"________"的质量管理制度。

答案：日监视、周巡检　　周检查、月比对

5.《国家地表水自动监测站运行管理办法》中规定，托管站应配备________，由专职人员负责管理和维护水站的监控软件与原始数据；任何人不得以任何理由________、修改监测的原始数据。

答案：专用计算机　　弄虚作假

6.《国家地表水自动监测站运行管理办法》中规定，托管站必须按时上报周报数据。每周一上午________之前必须完成上周的周报数据传输；水站仪器设备发生故障时上报________。

答案：12 点　　实验室分析数据

7.《国家地表水自动监测站运行管理办法》中规定，仪器设备备品备件采用________与________相结合的方式进行。根据备品备件的使用周期，总站委托专业服务机构定期发放。

答案：定期发放　　按需订购

8.《国家地表水自动监测站运行管理办法》中规定，水站运行费实行"________"的原则。

答案：专款专用、超支不补

9.《国家地表水自动监测站运行管理办法》中规定，水站仪器设备的使用年限一般为________；水站仪器设备的________，由总站负责向总局申请。

答案：8 年　　变更或报废

10.《国家地表水自动监测站运行管理办法》中规定，如果水站仪器设备发生故障，应采取实验室方法进行________，每周不少于________，直至系统或仪器设备恢复正常为止。周报上传线路故障时，可通过________上报《水质自动监测站水质周报》和《水质周报数据质量报告》。

答案：人工补测　　两次　　传真

二、判断题

1.《国家地表水自动监测站运行管理办法》中规定，省级监测中心站组织实施水站的质量保证和质量控制工作，定期对水站进行质量考核。（　）

答案：（×）

正确答案为：中国环境监测总站组织实施水站的质量保证和质量控制工作，定期对水站进行质量考核。

2.《国家地表水自动监测站运行管理办法》中规定，水站托管监测站（托管站）负责监测数据质量保证和质量控制工作，确保水站监测数据的完整性和准确性。（　）

答案：（√）

3.《国家地表水自动监测站运行管理办法》中规定，省级监测中心（站）负责水站的安全保卫，切实做好防盗、防火、防雷击以及防止其他人为或自然事故的发生。（　）

答案：（×）

正确答案为：水站托管监测站负责水站的安全保卫，切实做好防盗、防火、防雷击以及防止其他人为或自然事故的发生。

4.《国家地表水自动监测站运行管理办法》中规定，上岗证考核中实际样品分析是指按照规定的操作程序对现场所采水样进行分析测试。（　）

答案：（×）

正确答案为：实际样品分析是指按照规定的操作程序对发放的考核样品进行分析测试。

5.《国家地表水自动监测站运行管理办法》中规定，短时间停机（停机时间小于 24h）：一般关机即可，再次运行时仪器需重新校准。（　）

答案：（√）

6.《国家地表水自动监测站运行管理办法》中规定，按仪器说明书的要求定期更换试剂，试剂更换周期一般不应超过 30 天。（　）

答案：（×）

正确答案为：按仪器说明书的要求定期更换试剂，试剂更换周期一般不应超过 15 天。

7.《国家地表水自动监测站运行管理办法》中规定，自动监测系统的数据审核执行三级审核制度。技术人员应每日对数据进行检查，发现异常数据应及时判断和处理，并记录处理办法。经由技术人员、室主任以及主管业务站长审核上报的数据为有效数据。（　）

答案：（√）

8.《国家地表水自动监测站运行管理办法》中规定，水质自动监测系统控制的调整由总站负责，各托管站允许调整系统控制参数。（　）

答案：（×）

正确答案为：水质自动监测系统控制的调整由总站负责，各托管站不得随意调整系统控制参数。

9.《国家地表水自动监测站运行管理办法》中规定，每个托管站至少应有一名人员持证上岗。（　）

答案：（×）

正确答案为：每个托管站至少应有两名人员持证上岗。

10.《国家地表水自动监测站运行管理办法》中规定，当水站所在断面发生水污染事故时，托管站应每日对水站自动监测数据进行采集、分析，并以水污染快报的形式向所在地市、省环保局及总站上报。（　）

答案：（√）

三、单选题

1.《国家地表水自动监测站运行管理办法》中规定，每个工作日须有专人实时监视，发现数据异常应及时处理。每日至少________采集并存取数据，每周至少________到现场检查维护，记录远程监视及维护维修结果备查。

A. 1次　2次　　B. 2次　1次　　C. 1次　1次　　D. 2次　2次

答案：C

2.《国家地表水自动监测站运行管理办法》中规定，上岗证的有效期限为________年，期满后持证人员应进行换证。

A. 1　　B. 2　　C. 3　　D. 4

答案：C

3.《国家地表水自动监测站运行管理办法》中规定，所有使用的试剂必须为分析纯或优级纯级别，且未失效；标准溶液贮存期除有明确的规定外，一般不得超过________；标准溶液和试剂的配制按计量认证的要求进行。

A. 一个月　　B. 三个月　　C. 六个月　　D. 十二个月

答案：B

4.《国家地表水自动监测站运行管理办法》中规定，质控样（或标准溶液）测定的相对误差不大于推荐值的________；各托管站每月应进行一次比对实验，比对实验结果相对误差不大于________。

A．±10%，±20%　　B．±15%，±20%

C．±10%，±15%　　D．±15%，±15%

答案：A

5.《国家地表水自动监测站运行管理办法》中规定，水质周报各项指标日均值的计算至少需要________个有效数据；周均值的计算至少需要________个有效日均值。

A．4　4　　B．5　6　　C．5　5　　D．4　5

答案：D

四、多选题

1.《国家地表水自动监测站运行管理办法》中规定，水站运行考核形式包括________。

A．发放质控样品　　B．组织考核小组实地检查

C．委托相关省站实地考察　　D．向专业服务机构调查和远程监视水站运行状况

答案：A　B　C　D

2.《国家地表水自动监测站运行管理办法》中规定，水站监测数据的质量管理考核要求包括________。

A．仪器故障少、数据齐全　　B．比对实验满足要求

C．数据备份　　D．有效数据量

答案：A　B　D

3.《国家地表水自动监测站运行管理办法》中规定，托管站应于每周的星期一报送________。

A．水质自动监测站水质周报　　B．比对实验结果记录表

C．水质周报数据质量报告　　D．自动监测系统运行情况记录表

答案：A　C

4.《国家地表水自动监测站运行管理办法》中规定，技术人员取得上岗证书后，如发现________情况者，即取消上岗证书并在一定范围内给予批评。

A．未完成水站软件系统的改进、升级和完善工作

B．违反操作规程，造成重大安全和质量事故

C．对水站运行维护不负责任，弄虚作假

D．未按照水站运行管理相关规定建立完善的运行维护记录

答案：B　C　D

5.《国家地表水自动监测站运行管理办法》中规定，上岗证考核由________组成。

A．基本理论　　B．现场问答　　C．基本操作技能　　D．实际样品分析

答案：A　C　D

五、简答题

1.《国家地表水自动监测站运行管理办法》中规定，当出现什么情况时，总站将根据实际情况向总局申请移动或撤销该水站？

答案：当水站所在断面的代表性或水文条件发生变化，不能满足建站目的和条件时，或水站由于管理不善、长期不能正常运转时。

2.《国家地表水自动监测站运行管理办法》中规定，存在哪些行为之一时，总站将采取通报批评、暂停运行费用、申请撤销水站等措施？

答案：无正当理由未定期上报水质周报数据；无正当理由长期停止水站运行；擅自更改原始数据；避雷设施未年检或年检不合格且未采取改进措施；违反经费专款专用规定；对水站固定资产管理不善、造成重大损失。

3.《国家地表水自动监测站运行管理办法》中规定，水站的考核指标有哪些？

答案：水站有关规定的执行情况；水站的运行情况；周报监测数据的上报情况；质量保证与质量控制工作情况；经费管理与使用情况；档案保存与运行记录情况。

4．简述《国家地表水自动监测站运行管理办法》中定期巡检的作业内容。

答案：每周应巡视水站 1～2 次，主要作业内容包括：

（1）查看各台分析仪器及辅助设备的运行状态和主要技术参数，判断运行是否正常；

（2）检查水站电路系统、通讯线路是否正常；

（3）检查采水系统、配水系统是否正常，如采水浮筒固定情况，水泵运行情况等。

5.《国家地表水自动监测站运行管理办法》中规定，技术人员每天上午和下午两次通过中心站软件远程下载水站监测数据，并对站点进行远程管理和巡检，内容包括哪些？

答案：（1）根据仪器分析数据判断仪器运行情况；

（2）根据管路压力数据判断水泵运行情况；

（3）根据电源电压、站房温度、湿度数据判断站房内部情况。发现数据有持续异常值出现时，应立即前往现场进行调查和处理，必要时采集实际水样进行实验室分析。

参考文献

国家地表水自动监测站运行管理办法.

命题：韩福财

审核：陈黎军

第二节 环境空气质量自动监测技术规范（HJ/T 193—2005）

一、填空题

1.《环境空气质量自动监测技术规范》（HJ/T 193—2005）中规定，环境空气质量自动监测系统由________、________、________、________组成。

答案：监测子站 中心计算机室 质量保证实验室 系统支持实验室

2.《环境空气质量自动监测技术规范》（HJ/T 193—2005）中规定，在监测子站中，应对________单独采样，但为防止________沉积于采样管管壁，采样管应________，为防止采样管内冷凝结露，可采取加温措施，加热温度一般控制在________。

答案：PM_{10} 颗粒物 垂直 30～50℃

3.《环境空气质量自动监测技术规范》（HJ/T 193—2005）中规定，监测子站的监测仪器设备每年至少进行________预防性检修。

答案：1次

4.《环境空气质量自动监测技术规范》（HJ/T 193—2005）中规定，为使监测仪器正常工作，自动监测站房内应安装________设备，保持室内温度在________，相对湿度控制在________。

答案：温湿度控制 25℃±5℃ 80%以下

5.《环境空气质量自动监测技术规范》（HJ/T 193—2005）中规定，采样总管内径选择在________之间，采样总管内的气流应保持________状态，采样气体在总管的滞留时间应小于________。

答案：1.5～15cm 层流 20s

6.《环境空气质量自动监测技术规范》（HJ/T 193—2005）中规定，对于低浓度未检出结果和在监测分析仪器零点漂移技术指标范围内的________，取监测仪器最低检出限的________数值，作为监测结果参加统计。

答案：负值 1/2

7.《环境空气质量自动监测技术规范》（HJ/T 193—2005）中规定，重点城市空气质量日报数据格式中的DWCODE和DWNAME分别代表________和________。

答案：监测点位代码 监测点位名称

8.《环境空气质量自动监测技术规范》（HJ/T 193—2005）中规定，环境空气质量可吸入颗粒物自动监测仪的工作电压是________。

答案：AC 220V±10%

二、判断题

1.《环境空气质量自动监测技术规范》（HJ/T 193—2005）中规定，在大气自动监测系统中，为防止电噪声的相互干扰，宜采用二相供电，分相使用。（　）

答案：（×）

正确答案为：为防止电噪声的相互干扰，宜采用三相供电，分相使用。

2.《环境空气质量自动监测技术规范》（HJ/T 193—2005）中规定，环境空气自动监测仪输出的都是数字信号。（　）

答案：（×）

正确答案为：数字信号和模拟信号。

3.《环境空气质量自动监测技术规范》（HJ/T 193—2005）中规定，PM_{10} 监测仪的准确度审核可采用重量法比对方式进行。（　）

答案：（√）

4.《环境空气质量自动监测技术规范》（HJ/T 193—2005）中规定，环境空气自动监测子站临时停电或断电，恢复供电后仪器完成预热一般需要 0.5～1h。（　）

答案：（√）

5.《环境空气质量自动监测技术规范》（HJ/T 193—2005）中规定，监测仪器与支管接头连接的管线长度不能超过 3m。（　）

答案：（√）

6.《环境空气质量自动监测技术规范》（HJ/T 193—2005）中规定，气象杆、塔与站房顶的垂直高度不应大于 2m，且建筑结构应能承受 10 级以上风力。（　）

答案：（×）

正确答案为：气象杆、塔与站房顶的垂直高度大于 2m。

7.《环境空气质量自动监测技术规范》（HJ/T 193—2005）中规定，测定响应时间的标气体积分数不应大于满量程的 80%。（　）

答案：（×）

正确答案为：测定响应时间的标气体积分数大于满量程的 80%。

8.《环境空气质量自动监测技术规范》（HJ/T 193—2005）中规定，质量流量控制器进行流量标准传递的准确度在±1%范围内。（　）

答案：（√）

9.《环境空气质量自动监测技术规范》（HJ/T 193—2005）中规定，在空气质量自动监测系统中钢瓶标准气的标准传递有两种方法被使用。（　）

答案：（√）

10.《环境空气质量自动监测技术规范》（HJ/T 193—2005）中规定，环境空气质量自动监测系统所配置的 SO_2 监测仪的分析方法只有紫外荧光法。（　）

答案：（×）

正确答案为：环境空气质量自动监测系统所配置的 SO_2 监测仪的分析方法有紫外荧光法和差分吸收光谱法。

三、单选题

1.《环境空气质量自动监测技术规范》（HJ/T 193—2005）中规定，通常连接空气自动监测仪器的采样管的材质为________。

A．玻璃　　B．聚四氟乙烯　　C．橡胶管　　D．氯乙烯管

答案：B

2.《环境空气质量自动监测技术规范》（HJ/T 193—2005）的实施时间________。

A．2004 年 1 月 1 日　　B．2005 年 1 月 1 日

C．2006 年 1 月 1 日　　D．2007 年 1 月 1 日

答案：C

3.《环境空气质量自动监测技术规范》（HJ/T 193—2005）中规定，环境空气自动监测系统采用有线或无线通讯方式，数据传输速率应在________b/s 以上。

A．2 400　　B．2 500　　C．2 600　　D．2 800

答案：A

4.《环境空气质量自动监测技术规范》（HJ/T 193—2005）中规定，重点城市空气质量日报数据缺测时应填写________。

A．1　　B．0　　C．－1　　D．无效

答案：C

5.《环境空气质量自动监测技术规范》（HJ/T 193—2005）中规定，PM_{10} 监测分析仪器每________个月进行一次流量校准。

A．3　　B．1　　C．6　　D．2

答案：C

6.《环境空气质量自动监测技术规范》（HJ/T 193—2005）中规定，CO 自动监测仪的相应时间是________。

A．2min　　B．3min　　C．4min　　D．5min

答案：C

7.《环境空气质量自动监测技术规范》（HJ/T 193—2005）中规定，NO_2 自动监测仪转换效率是________。

A．96%以上　　B．98%以上　　C．95%以上　　D．99%以上

答案：A

8.《环境空气质量自动监测技术规范》（HJ/T 193—2005）中规定，环境空气自动监测仪器技术性能指标中 O_3 的 20%跨度漂移是________。

A．$\pm5\times10^{-9}$/24h　B．$\pm5\times10^{-6}$/24h　C．$\pm10\times10^{-6}$/24h　D．$\pm10\times10^{-9}$/24h

答案：A

9.《环境空气质量自动监测技术规范》（HJ/T 193—2005）中规定，可吸入颗粒物自动监测仪的最小显示单位是多少________。

A．0.001μg/m^3　B．0.001mg/m^3　C．0.000 1μg/m^3　D．0.000 1mg/m^3

答案：B

10.《环境空气质量自动监测技术规范》（HJ/T 193—2005）中规定，多气体校准装置中臭氧发生器的准确度是________。

A．±1%　B．±0.1%　C．±0.5%　D．±2%

答案：D

四、多选题

1.《环境空气质量自动监测技术规范》（HJ/T 193—2005）中规定，以下哪几项属于监测子站的组成部分________。

A．采样装置　B．校准设备　C．数据传输设备　D．数据采集仪

答案：A　B　C　D

2.《环境空气质量自动监测技术规范》（HJ/T 193—2005）中规定，空气质量自动监测仪器的性能审核分别为________。

A．精密度审核　B．零点漂移审核　C．跨度漂移审核　D．准确度审核

答案：A　D

3.《环境空气质量自动监测技术规范》（HJ/T 193—2005）中规定，多点校准所获得的校准曲线的检验指标有________。

A．测试数据　B．截距　C．相关系数　D．斜率

答案：B　C　D

4.《环境空气质量自动监测技术规范》（HJ/T 193—2005）中规定，质量流量计进行流量标准传递时，对所获校准曲线的斜率有何规定________。

A．≤0.999　B．≥0.99　C．≤1.01　D．≥1.01

答案：B　C

5.《环境空气质量自动监测技术规范》（HJ/T 193—2005）中规定，环境空气自动监测系统日常维护内容有________。

A．监测子站巡检　B．中心计算机室检查

C．仪器设备的定期维护　D．预防性检修

答案：A　B　C

五、简答题

1.《环境空气质量自动监测技术规范》（HJ/T 193—2005）中，环境空气自动监测系统监测的主要项目及其分析方法是什么？

答案：SO_2：紫外荧光法、差分吸收光谱法；

NO_2：化学发光法、差分吸收光谱法；

O_3：紫外吸收法、差分吸收光谱法；

CO：相关滤波红外吸收法、非分散红外吸收法；

PM_{10}：微量振荡天平法、β射线法。

2.《环境空气质量自动监测技术规范》（HJ/T 193—2005）中，监测子站和中心计算机室的主要任务是什么？

答案：监测子站的任务：对环境空气质量和气象状况进行连续自动监测；采集、处理和存储监测数据；按中心计算机指令定时或随时向中心计算机传输监测数据和设备工作状态信息。

中心计算机室的任务：通过有线或无线通讯设备收集各子站的监测数据和设备工作状态信息，并对所收取得监测数据进行判别、检查和存储；对采集的监测数据进行统计处理、分析；对监测子站的监测仪器进行远程诊断和校准。

3.《环境空气质量自动监测技术规范》（HJ/T 193—2005）中规定，环境空气质量自动监测系统验收时，PM_{10}分析仪的检查项目有哪些？

答案：（1）是否带有流量控制装置，并可调节流量；

（2）在仪器记录到错误信息时，仪器监测的不正常数据应带有相应的标志；

（3）停电复电后，分析仪能恢复到原来的工作状态；

（4）能否对校准时钟的频率进行手动调整。

4.《环境空气质量自动监测技术规范》（HJ/T 193—2005）中，怎样对单机零点漂移和跨度漂移进行测试？

答案：零点漂移测试：仪器开机后将零点校为零，仪器连续通零气工作 24h，用数据记录仪记录其零漂数值，将最大值与环境空气自动监测仪器技术性能指标中的零点漂移相应指标比较。零点漂移测试完成后仪器进行一次满量程 80%的跨度校准，然后仪器连续通满量程 80%以上体积分数的标气工作 24h，用数据记录仪记录其跨度漂移数值，与环境空气自动监测仪器技术性能指标中的跨度漂移相应指标比较。

5.《环境空气质量自动监测技术规范》（HJ/T 193—2005）中规定，什么是环境空气质量自动监测？

答案：在监测点位采用连续自动监测仪器对环境空气质量进行连续的样品采集、处理、分析过程。

六、论述题

细述《环境空气质量自动监测技术规范》（HJ/T 193—2005）中异常值取舍规定。

答案：（1）对于低浓度未检出结果和在监测分析仪器零点漂移技术指标范围内的负值，取监测仪器最低检出限的 1/2 数值，作为监测结果参加统计。

（2）有子站自动校准装置的系统，仪器在校准零/跨度期间，发现仪器零点漂移或跨度漂移超出漂移控制限，应从发现超出控制限的时刻算起，到仪器恢复到调节控制限以下这段时间内的监测数据作为无效数据，不参加统计，但对该数据进行标注，作为参考数据保留。

（3）对手工校准的系统，仪器在校准零/跨度期间，发现仪器零点漂移或跨度漂移超出漂移控制限，应从发现超出控制限的前一天算起，到仪器恢复到调节控制限以下这段时间内的监测数据作为无效数据，不参加统计，但对该数据进行标注，作为参考数据保留。

（4）在仪器校准零/跨度期间的数据作为无效数据，不参加统计，但应对该数据进行标注，作为仪器检查的依据予以保留。

（5）如子站临时停电或断电，则从停电或断电时起，至恢复供电后仪器完成预热为止时段内的任何数据都为无效数据，不参加统计。

七、计算题

某环境空气自动监测站安装调试完成后已运行 60 天，其中运行考核总时数为 1 398h，无效数据时数为 28h，请计算该站有效运行时数和有效数据获取率（%）。

答案： 有效运行时数= 运行考核总时数－无效数据时数=1 398－28=1 370

有效数据获取率=（有效运行时数÷运行考核总时数）×100%

=（1 370÷1 398）×100%=97.9%

参考文献

环境空气质量自动监测技术规范（HJ/T 193—2005）.

命题：张得发

审核：陈黎军

第七章　室内环境空气监测

第一节　室内环境空气质量监测技术规范（HJ/T 167—2004）

一、填空题

1.《室内环境空气质量监测技术规范》（HJ/T 167—2004）中规定，民用建筑工程分类为________、________。

答案： Ⅰ类民用建筑工程　　　　Ⅱ类民用建筑工程

2.《室内环境空气质量监测技术规范》（HJ/T 167—2004）中规定，室内空气质量定性要求是室内空气应________、________、________。

答案： 无毒　无害　无异常臭味

3.《室内环境空气质量监测技术规范》（HJ/T 167—2004）中规定，室内空气监测的采样布点原则有：________、________和________。

答案： 代表性　可比性　可行性

4.《室内环境空气质量监测技术规范》（HJ/T 167—2004）中规定，当民用建筑工程场地土壤氡浓度：________Bq/m^3 或土壤表面氡析出率不大于________$Bq/(m^3 \cdot s)$ 时，可不采取防氡工程措施。

答案： ≤10 000　0.05

5.《室内环境空气质量监测技术规范》（HJ/T 167—2004）中规定，I类民用建筑工程包括：________、________、________、________、________、________等民用建筑工程。

答案： 医院　学校　教室　老年建筑　居民住宅　幼儿园

6.《室内环境空气质量监测技术规范》（HJ/T 167—2004）中规定，采集室内环境样品时，须同时在________采集室外环境空气样品。

答案： 室外的上风向

7.《室内环境空气质量监测技术规范》（HJ/T 167—2004）中规定，民用建筑工程验收时，应抽检有代表性的房间室内环境污染物浓度，抽检数量不得少于________，并不得少于________；房间总数少于3间时，应________。

答案： 5%　3间　全数检测

8.《室内环境空气质量监测技术规范》（HJ/T 167—2004）中规定，新建、扩建的民用建筑工程设计前，应进行建筑工程所在城市区域________或________的调查。

答案：土壤中氡浓度　　土壤表面氡析出率

9.《室内环境空气质量监测技术规范》（HJ/T 167—2004）中规定，采样点的高度应距地面在________；采样点应避开通风口，离墙壁距离应大于________。

答案：0.8～1.5m　0.5m

10.《室内环境空气质量监测技术规范》（HJ/T 167—2004）中规定，房间使用面积小于 $50m^2$ 时，设________个检测点；房间使用面积 50～100 m^2 时，设________个检测点；房间使用面积 100～500 m^2 时，设不少于________个检测点。

答案：1　2　3

11.《民用建筑工程室内环境污染控制规范》（HJ/T 167—2004）中规定，适用于新建、扩建和改建的民用建筑工程室内环境污染控制。不适用于________、________、构筑物和有特殊净化卫生要求的房间。

答案：工业建筑工程　仓储性建筑工程

12.《室内环境空气质量监测技术规范》（HJ/T 167—2004）中规定，民用建筑工程室内环境中氡浓度检测时，对采用集中空调的民用建筑工程，应在空调正常运转的条件下进行；对采用自然通风的民用建筑工程，应在________进行。

答案：房间对外关闭门窗 24h 以后

13.《室内环境空气质量监测技术规范》（HJ/T 167—2004）中规定，民用建筑工程室内环境污染物控制执行________国家标准。

答案：《民用建筑工程室内环境污染控制规范》（GB 50325—2010）

14.《民用建筑工程室内环境污染控制规范》（HJ/T 167—2004）中规定，所称室内环境污染系指由________和________产生的室内环境污染。

答案：建筑材料　装饰材料

15.《民用建筑工程室内环境污染控制规范》（HJ/T 167—2004）中规定，民用建筑工程室内环境污染的浓度控制规定，II 类民用建筑工程中氡浓度限量应不大于__________ Bq/m^3。

答案：400

16.《民用建筑工程室内环境污染控制规范》（HJ/T 167—2004）中规定，当房间内有 2 个及以上检测点时，应取各点检测结果的________作为该房间的检测值。

答案：平均值

17.《民用建筑工程室内环境污染控制规范》（HJ/T 167—2004）中规定，室内空气中采样点的数量为：公共场所，$100m^2$ 设________个点。居室面积小于 $50m^2$ 设________个点，50～$100m^2$ 设________个点，$100m^2$ 以上至少设________个点。

答案：2～3　1～3　3～5　5

18.《室内环境空气质量监测技术规范》（HJ/T 167—2004）中规定，当民用建筑工程场地土壤氡浓度测定结果大于 20 000 Bq/m^3 且小于 30 000 Bq/m^3，或土壤表面氡析出率大于

0.05 Bq/（m^3·s）且小于 0.1 Bq/（m^3·s）时，应采取建筑物底层________的防氡处理措施。

答案：地面抗开裂

19.《室内环境空气质量监测技术规范》（HJ/T 167—2004）中规定，民用建筑工程室内环境污染的浓度控制规定，Ⅰ类民用建筑工程中 TVOC 浓度限量应不大于________ mg/m^3。

答案：0.5

20. GB/T 18883—2002 标准适用________，其他室内环境可参照本标准执行。

答案：住宅和办公建筑物

21.《室内环境空气质量监测技术规范》（HJ/T 167—2004）中规定，室内空气质量参数是指室内空气中与人体健康有关的________、________、________和________。

答案：物理　生物　放射性　化学参数

22.《室内环境空气质量监测技术规范》（HJ/T 167—2004）中规定，可吸入颗粒物，指悬浮在空气中，空气动力学当量直径小于等于________的颗粒物。

答案：10μm

23.《室内环境空气质量监测技术规范》（HJ/T 167—2004）中规定，筛选法采样：采样前关闭门窗________，采样时关闭门窗，至少采样________。

答案：12h　45min

24.《室内环境空气质量监测技术规范》（HJ/T 167—2004）中规定，民用建筑工程室内用水性涂料，应测定水性涂料中________、________的含量。

答案：总挥发性有机化合物（TVOC）　游离甲醛

25.（GB 503325—2010）规范适用于________、________和________的民用建筑工程室内环境污染控制。

答案：新建　扩建　改建

26.《室内环境空气质量监测技术规范》（HJ/T 167—2004）中规定，空气检测中 TVOC 和苯含量采用________方法进行检测。

答案：气相色谱

27.《室内环境空气质量监测技术规范》（HJ/T 167—2004）中规定，室内环境污染物浓度检测点数设置，房间使用面积≥500 且≤1 000m^2，检测点数应为不少于________个。

答案：5

28.《室内环境空气质量监测技术规范》（HJ/T 167—2004）中规定，空气采样点应距楼地面高度________，距内墙面不小于________m。

答案：0.8～1.5m　0.5

29.《室内环境空气质量监测技术规范》（HJ/T 167—2004）中规定，室内环境抽检的房间数量不得少于总数的________，并不得少于________间。

答案：5%　3

30.《室内环境空气质量监测技术规范》（HJ/T 167—2004）中规定，人造板及其制品中甲醛释放限量的试验方法分为________、________、________。

答案：穿孔萃取法　干燥器法　气候箱法

31.《室内环境空气质量监测技术规范》（HJ/T 167—2004）中规定，民用建筑工程室内空气中甲醛检测，也可采用________，当发生争议时，应以________的检测结果为准。

答案：气相色谱法　酚试剂分光光度法

二、判断题

1.《室内环境空气质量监测技术规范》（HJ/T 167—2004）中规定，I 类民用建筑工程包括住宅、老年公寓、幼儿园、学校教室、图书馆、医院等民用建筑。（ ）

答案：（×）

正确答案为：应含医院、学校教室、老年建筑居民住宅、幼儿园。

2.《室内环境空气质量监测技术规范》（HJ/T 167—2004）中规定，Ⅱ类民用建设工程的室内装修，可以采用 E1、E2 类人造木板及饰面人造木板装饰材料，这些材料都要进行检测。（ ）

答案：（×）

正确答案为：这些材料都要进行游离甲醛含量或游离甲醛释放量的检测。

3.《室内环境空气质量监测技术规范》（HJ/T 167—2004）中规定，质量厚度：物质的厚度与其密实度的乘积，即单位体积上的质量。（ ）

答案：（×）

正确答案为：试样下表面单位面积以上柱体中的质量。

4.《室内环境空气质量监测技术规范》（HJ/T 167—2004）中规定，民用建筑工程及室内装修工程的室内环境质量验收，可以在工程完工后立即进行。（ ）

答案：（×）

正确答案为：民用建筑工程及室内装修工程的室内环境质量验收，应在工程完工至少 7d 以后、工程交付使用前进行。

5.《室内环境空气质量监测技术规范》（HJ/T 167—2004）中规定，当民用建筑工程场地土壤氡浓度不大于 20 000Bq/m^3 或土壤表面氡析出率不大于 0.05 Bq/（m^3・s）时，可不采取防氡工程措施。（ ）

答案：（√）

6.《室内环境空气质量监测技术规范》（HJ/T 167—2004）中规定，环境测试舱法测定材料中游离甲醛释放量时，如果测试第 28 天仍然达不到平衡状态，可结束测试，以第 28 天的测试结果作为游离甲醛释放量测定值。（ ）

答案：（√）

7.《民用建筑工程室内环境污染控制规范》（GB 50325—2001）规定，竣工验收检测

的 5 项室内环境污染物指标，必须都要同步测定室外空气中的空白值。（ ）

答案：（×）

正确答案为： 氡不需测定室外空气中的空白值。

8．民用建筑工程竣工验收时，室外空气中的污染物浓度空白值有可能会比室内检测点的浓度高。（ ）

答案：（√）

9．《室内环境空气质量监测技术规范》（HJ/T 167—2004）中规定，民用建筑工程室内装修时，不应采用聚乙烯醇水玻璃内墙涂料、聚乙烯醇甲醛内墙涂料和树脂以硝化纤维素为主，溶剂以二甲苯为主的水包油型（O/W）多彩内墙涂料，不应采用聚乙烯醇缩甲醛胶黏剂。（ ）

答案：（√）

10．《室内环境空气质量监测技术规范》（HJ/T 167—2004）中规定，内照射指数是指建筑材料中天然放射性核素镭-226 的放射性比活度除以本标准规定的限量 260 而得到的商。（ ）

答案：（×）

正确答案为： 应除以本标准规定的限量 200 而得到的商。

11．《室内环境空气质量监测技术规范》（HJ/T 167—2004）中规定，民用建筑工程室内装修，当多次重复使用同一设计时，不宜先做样板间，并对其室内环境污染物浓度进行检测。（ ）

答案：（×）

正确答案为： 应对每次设计的室内环境污染物浓度进行检测。

12．《室内环境空气质量监测技术规范》（HJ/T 167—2004）中规定，环境测试舱法测定材料中应将被测材料垂直放在测试舱中心位置，板材与板材之间的距离不应小于 200mm，并与气流方向平行。（ ）

答案：（√）

13．《室内环境空气质量监测技术规范》（HJ/T 167—2004）中规定，当室内环境污染物浓度检测结果以单项评定，其中有单项符合规范要求时，可以判定该工程室内环境质量单项合格。（ ）

答案：（×）

正确答案为： 室内环境质量是否达标，不能以单项是否符合来判定。

三、单选题

1．《室内环境空气质量监测技术规范》（HJ/T 167—2004）中规定，环境测试舱法测定游离甲醛释放限量，级别（E_1）为________。

A．≤0.12　　B．≤1.5　　C．>1.5，≤ 5.0　　D．≤9.0

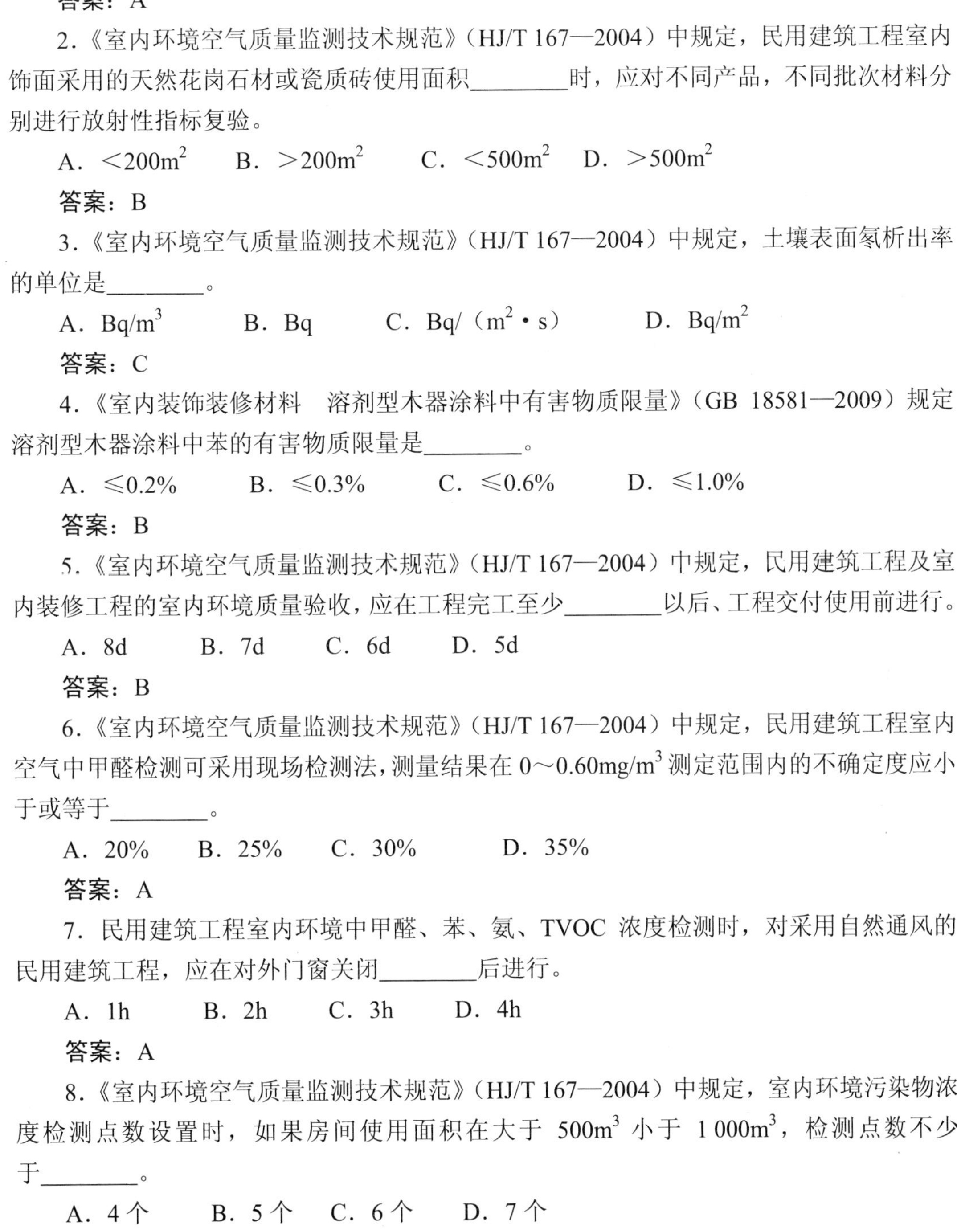

答案：A

2.《室内环境空气质量监测技术规范》（HJ/T 167—2004）中规定，民用建筑工程室内饰面采用的天然花岗石材或瓷质砖使用面积________时，应对不同产品，不同批次材料分别进行放射性指标复验。

A．$<200m^2$　B．$>200m^2$　C．$<500m^2$　D．$>500m^2$

答案：B

3.《室内环境空气质量监测技术规范》（HJ/T 167—2004）中规定，土壤表面氡析出率的单位是________。

A．Bq/m^3　B．Bq　C．$Bq/(m^2 \cdot s)$　D．Bq/m^2

答案：C

4.《室内装饰装修材料　溶剂型木器涂料中有害物质限量》（GB 18581—2009）规定溶剂型木器涂料中苯的有害物质限量是________。

A．≤0.2%　B．≤0.3%　C．≤0.6%　D．≤1.0%

答案：B

5.《室内环境空气质量监测技术规范》（HJ/T 167—2004）中规定，民用建筑工程及室内装修工程的室内环境质量验收，应在工程完工至少________以后、工程交付使用前进行。

A．8d　B．7d　C．6d　D．5d

答案：B

6.《室内环境空气质量监测技术规范》（HJ/T 167—2004）中规定，民用建筑工程室内空气中甲醛检测可采用现场检测法，测量结果在 $0 \sim 0.60mg/m^3$ 测定范围内的不确定度应小于或等于________。

A．20%　B．25%　C．30%　D．35%

答案：A

7. 民用建筑工程室内环境中甲醛、苯、氨、TVOC 浓度检测时，对采用自然通风的民用建筑工程，应在对外门窗关闭________后进行。

A．1h　B．2h　C．3h　D．4h

答案：A

8.《室内环境空气质量监测技术规范》（HJ/T 167—2004）中规定，室内环境污染物浓度检测点数设置时，如果房间使用面积在大于 $500m^3$ 小于 $1\,000m^3$，检测点数不少于________。

A．4 个　B．5 个　C．6 个　D．7 个

答案：B

9.《室内环境空气质量监测技术规范》（HJ/T 167—2004）中规定，室内环境污染物浓度检测结果不符合《民用建筑工程室内环境污染控制规范》规定时，应对不合格项进行再次检测，再次检测时，抽检数量应增加________倍，并应包含同类型房间及原不合格房间。

A. 1　　B. 2　　C. 3　　D. 4

答案：A

10.《室内环境空气质量监测技术规范》(HJ/T 167—2004) 中规定，下列哪种放射性同位素对人体的危害最大________。

A. 氡-222　　B. 镭-226　　C. 钾-40　　D. 氡-220

答案：A

11.《室内环境空气质量监测技术规范》(HJ/T 167—2004) 中规定，下列装饰装修材料中不属于室内环境污染物苯的主要来源的是________。

A. 木器涂料　　B. 天然砂　　C. 胶黏剂　　D. 有机稀释剂

答案：B

12.《室内环境空气质量监测技术规范》(HJ/T 167—2004) 中规定，下列民用建筑不属于《民用建筑工程室内环境污染控制规范》中规定的Ⅱ类建筑的是________。

A. 旅馆　　B. 商店　　C. 医院　　D. 图书馆

答案：C

四、多选题

1.《室内环境空气质量监测技术规范》(HJ/T 167—2004) 中规定，环境测试舱的运行条件应符合________规定。

A. 温度 23℃±1℃　　B. 被测样的表面附近空气流速 0.1～0.3m/s

C. 检测瓶、检测舱内洁净空气中的甲醛含量≤0.006mg/m^3

D. 空气交换率 1±0.5 次/h

答案：A　B　C

2. GB 50325—2001 (2006 年版) 规定民用建筑工程室内用水性涂料，应测定________的含量。

A. 游离甲苯二异氰酸酯　　B. 挥发性有机化合物

C. 游离甲醛　　D. 苯、甲苯、二甲苯

答案：B　C

3. 根据《民用建筑工程室内环境污染控制规范》(GB 50325—2001) (2006 年版) 规定，下列符合Ⅱ类民用建筑工程室内环境污染物浓度限量的是________。

A. 甲醛≤0.12mg/m^3　　B. 苯≤0.09mg/m^3　　C. 氨≤0.2mg/m^3

D. TVOC≤0.5mg/m^3　　E. 氡≤400Bq/m^3

答案：A　B　E

五、简答题

1. 简述《室内环境空气质量监测技术规范》(HJ/T 167—2004) 规定中，室内空气监

测选点要求。

答案：原则上小于 50 m^2 的房间应设 1～3 个点；50～100m^2 设 3～5 个点；100m^2 以上至少设 5 个点。在对角线上或梅花式均匀分布。采样点应避开通风口，离墙壁距离大于 0.5m。相对高度 0.8～1.5m。

2．简述《室内环境空气质量监测技术规范》（HJ/T 167—2004）规定中，室内空气采样时间和频率。

答案：年平均浓度至少采样 3 个月，日平均浓度至少采样 18h，8h 平均浓度至少采样 6h，1h 平均浓度至少采样 45min，采样时间应涵盖通风最差的时间段。

3．《室内环境空气质量监测技术规范》（HJ/T 167—2004）规定中，什么是气相色谱法原理？

答案：气相色谱是一种物理的分离方法。利用被测物质各组分在不同两相间分配系数（溶解度）的微小差异，当两相作相对运动时，这些物质在两相间进行反复多次的分配，使原来只有微小的性质差异产生很大的效果，而使不同组分得到分离。

4．简述《室内环境空气质量监测技术规范》（HJ/T 167—2004）规定中，TVOC 实验过程。

答案：热解析管采样：活性炭吸附管采样 10L（0.3～0.5L/min），两端密封，金属管密封后可保存 5d。用输液软管连接热解析装置出气口和吸附管，打开氮气（流量为 80ml/min）。然后在靠近吸附管的输液软管上，取 TVOC 标液插进输液软管，把标液注射到吸附管内壁。通氮气 5min。取下吸附管，清洗针筒 3 遍后套入热解析仪的出气口，关闭氮气，把吸附管套入热解析仪，于 300℃解析 10min。再通氮气（流量为 40ml/min）将样品吹放至满 100ml 的注射器中，拔下注射器，迅速用橡胶帽密封。进样 0.8ml 进行测试。

5．简述《室内环境空气质量监测技术规范》（HJ/T 167—2004）规定中，民用建筑工程的定义和分类。

答案：民用建筑工程是指新建、扩建和改建的民用建筑结构工程和装修工程的统称。Ⅰ类有住宅、医院、老年建筑、幼儿园、学校教室等；Ⅱ类有办公楼、商店、旅馆、文化娱乐场所、书店、图书馆、展览馆、体育馆、公共交通等候室、餐厅、理发店等。

6．请问《室内环境空气质量监测技术规范》（HJ/T 167—2004）规定中，民用建筑工程室内环境污染物甲醛浓度限量是多少？请简述采样要求和采样方法。

答案：甲醛浓度限量是（mg/m^3）：Ⅰ类≤0.08，Ⅱ类≤0.10。

（1）抽样时间应在工程完工 7 天以后交付使用前进行；采用集中空调的应在空调正常运转下进行；自然通风的氡应在对外关闭门窗 24h，其余在 1h 后进行；装修工程完成的固定式家具应保持正常使用状态；室内采样时，须同时在室外上风处采集室外环境空气样品。

（2）现场检测点应距内墙面不小于 0.5m，距楼地面高度 0.8～1.5m。

甲醛：用一个内装 5ml 酚试剂的大型气泡吸收管，以 0.5ml/min 流量，采样 20min，采气 10L，样品在室温下保存并于 24h 内分析。

7．根据《民用建筑工程室内环境污染控制规范》（GB 50325—2001）（2006 年版）规定，简要说明土壤中氡的检测过程和注意事项。

答案：①工程勘察范围内按方格网布点：点距 10m、但布点数不少于 16 个。②先用钢钎打孔，孔径 20～40cm，孔深 500～800cm；③根据测氡仪说明，设置合理的检测条件；④现场测试不应在雨天进行，如遇雨天，应在雨后 24h 进行；⑤处于地质构造断裂区域的氡浓度异常时，要测定非地质构造断裂区域的氡浓度；⑥现场测试要做好记录：测试点布设图、土壤类别、现场地表状况描述，测试前 24h 内工程地点气象状况等。

8.《室内环境空气质量监测技术规范》（HJ/T 167—2004）规定中，民用建筑工程根据控制室内环境污染的不同要求，是如何分类的（各列举不少于 5 种不同类型建筑）？

答案：分为两类：Ⅰ类民用建筑工程：住宅、医院、老年建筑、幼儿园、学校教室等。Ⅱ类民用建筑工程：办公楼、商店、旅馆、文化娱乐场所、书店、图书馆、展览馆、体育馆、公共交通等候室、餐厅、理发店等。

9.《室内环境空气质量监测技术规范》（HJ/T 167—2004）规定中，室内空气中的总挥发性有机化合物（TVOC）包括哪些物质？

答案：苯、甲苯、乙苯、对（间）二甲苯、邻二甲苯、苯乙烯、乙酸丁酯、十一烷。

10.《民用建筑工程室内环境污染控制规范》中规定的室内环境污染物浓度限量分别为多少？

答案：

污染物种类	Ⅰ类民用建筑工程	Ⅱ类民用建筑工程
氡/（Bq/m^3）	≤200	≤400
甲醛/（mg/m^3）	≤0.08	≤0.12
苯/（mgm^3）	≤0.09	≤0.09
氨/（mg/m^3）	≤0.2	≤0.5
TVOC/（mg/m^3）	≤0.5	≤0.6

11.《室内环境空气质量监测技术规范》（HJ/T 167—2004）规定中，室内环境质量验收应在什么时间进行？

答案：民用建筑工程及室内装修工程的室内环境质量验收，应在工程完工至少 7d 以后、工程交付使用前进行。

12.《室内环境空气质量监测技术规范》（HJ/T 167—2004）规定中，在民用建筑工程验收时，对环境污染物浓度现场检测点的布置，应注意什么？

答案：现场检测点应距内墙面不小于 0.5m，距楼层地面高度 0.8～1.5m。检测点应均匀分布，避开通风道和通风口。

13.《室内环境空气质量监测技术规范》（HJ/T 167—2004）规定中，什么是室内空气品质？

答案：室内空气品质是指居室空间的空气质量，包括空气的温度、湿度、洁净度、新鲜度，这其中又以洁净度为最重要的指标。

六、计算题

1．采得一个房间 TVOC 样品，检测数据如下表，计算出室内空气中的 TVOC 浓度。

	苯	甲苯	乙酸丁酯	乙苯	对、间二甲苯	苯乙烯	邻二甲苯	十一烷	TVOC
峰面积/（pA・s）	1031.6	500.0	20.0	80.2	223.4	42.4	38.5	10.2	10 444.5
校正因子 μg/（pA・s）	$8.788\,0\times10^{-5}$	$9.067\,1\times10^{-5}$	$1.875\,8\times10^{-4}$	$9.195\,6\times10^{-5}$	$9.156\,0\times10^{-5}$	$9.438\,5\times10^{-5}$	$9.101\,0\times10^{-5}$	$1.003\,7\times10^{-4}$	—
各组分含量/μg	0.090 66	0.045 34	0.003 75	0.007 37	0.020 45	0.004 00	0.003 50	0.001 02	0.946 6

采样流量 0.4L/min，采样时间 10min，采样现场温度 25℃，大气压力 101.0kPa。

答案：标准状态的采样体积：

$V_0=PVT_0/TP_0$ =101.0×0.4×10×273/[（273+25）×101.3]=3.7L

$C=m/V_0$ =0.946 6/3.7=0.26mg/m^3

TVOC 的浓度为 0.26mg/m^3。

2．一个花岗岩样品放射性测试结果为 C_{Ra}= 100.51Bq/kg、C_{Th}=305.43 Bq/kg、C_K=1 640.87Bq/kg，求出该样品的内照射指数 I_{Ra} 和外照射指数 I_r，并依据（GB 6566—2001）判定它属于哪一类装修材料？它的使用范围有何限制？

注：C_{Ra}、C_{Th}、C_K 分别为样品中天然放射性核素镭-226、钍-232 和钾-40 的放射性比活度。

答案：$I_{Ra}=C_{Ra}/200$=100.51/200=0.50

$I_r=C_{Ra}/370+C_{Th}/260+C_K/4\,200$=100.51/370+305.43/260+1 640.87/4 200 =1.84

属于 B 类装修材料。

不可以用在 I 类民用建筑的内饰面，但可以用在 I 类民用建筑的外饰面及其他一切建筑物的内、外饰面。

3．根据已知条例标准曲线斜率为 0.027 44mg/ml 待测液的吸光度为 0.020，蒸馏水的吸光度为 0.003，求该细木工板中甲醛释放量为多少 mg/L？

答案：$c=f\times(A_s-A_b)$ =0.027 44×（0.02－0.003）=0.5mg/L

该细木工板中甲醛释放量为 0.5mg/L。

4．在试验条件为 23℃下，测得空气比重瓶质量为 17.199 7g，将蒸馏水温度调到 23℃±2℃温度下，在此比重瓶中注满蒸馏水，塞住比重瓶，无气泡产生，称得其质量为 66.456 2g，用样品代替蒸馏水，重复上述操作步骤，称得比重瓶和试样的质量为 88.595g，求此样品的密度为多少？

答案：23℃下蒸馏水的密度为：0.997 567 4g/cm^3。

在定容的比重瓶下：$M_{水}/P_{水}=M_{物}/P_{物}$

66.456 2－17.199 7/0.997 567 4=88.595－17.199 7/$P_{物}$

所以：$P_{物}$= 1.445 93g/cm^3

此样品的密度为 1.445 93g/cm^3。

参考文献

室内环境空气质量监测技术规范（HJ/T 167—2004）.

命题：钱 勇

审核：陈黎军

第二节 室内空气质量标准（GB/T 18883—2002）

一、填空题

1．推荐性国家标准（GB/T 18883—2002）的名称是________。

答案：室内空气质量标准

2．《室内空气质量标准》（GB/T 18883—2002）中规定，室内空气质量参数的类别包括室内空气与人体健康有关的________、________、________。

答案：物理性 化学性 生物性和放射性指标

3．《室内空气质量标准》（GB/T 18883—2002）中规定，室内空气中的热环境参数主要指温度、________、________和 ________。

答案：相对湿度 空气流速 新风量

4．《室内空气质量标准》（GB/T 18883—2002）中规定，空气污染物按其存在的状态分为________、________两大类。

答案：气态 颗粒物

5．《室内空气质量标准》（GB/T 18883—2002）中规定，氡测定的主要方法有________、径迹蚀刻法、________和活性炭盒法。

答案：双滤膜法 闪烁瓶法

6．《室内空气质量标准》（GB/T 18883—2002）中规定，吸取 5.0ml 甲醛标准储备液，置于 250ml 碘量瓶中，加入 0.1mol/L 碘溶液 30.0ml，立即逐滴加入 30g/100ml NaOH 溶液至颜色________，静置 10min，加入（1+5）盐酸 5ml 酸化，空白应________。加入新配制的 1g/100ml 淀粉指示剂 1 ml，继续滴至________为终点，同时测定空白。

答案：退到淡黄色止 多加 2ml 蓝色刚消失

7．《室内空气质量标准》（GB/T 18883—2002）中规定，外照射指数（I_r）的计算公式为________。

答案：$I_r = C_{Ra}/370 + C_{Th}/2\,600 + C_K/42\,000$

8.《室内空气质量标准》(GB/T 18883—2002）中规定，英文缩写为 TDI 的物质是________。

答案：游离甲苯二异氰酸酯

9. 气相色谱流出曲线是以________为横坐标，以________为纵坐标的曲线。

答案：保留时间　　峰高或峰面积

10.《室内空气质量标准》(GB/T 18883—2002）中规定，靛酚蓝分光光度法测定空气中氨时，制标准斜率曲线 b 应为________，纳氏试剂分光光度法测定空气中氨时，制标准斜率曲线 b 应为________。

答案：0.081±0.003 吸光度/μg 氨　　0.014±0.002 吸光度/μg 氨

11.《室内空气质量标准》(GB/T 18883—2002）中，对测定空气中氨规定了________和________两种方法。

答案：靛酚蓝分光光度法　　纳氏试剂分光光度法

12.《室内空气质量标准》(GB/T 18883—2002）中规定，可见光的波长范围是______nm，可见光分光光度计的光源为钨丝灯，光的吸收定律（朗伯-比耳定律）为________。

答案：400～800　$A=\lg(1/T)=Kbc$

13.《室内空气质量标准》(GB/T 18883—2002）中规定，氨、游离甲醛采样样品在室温下______内分析完毕，苯、TVOC 采样样品在室温下存放于干燥器内，必须在_______内分析完毕。

答案：24h　　5 天

14.《室内空气质量标准》(GB/T 18883—2002）中规定，气相色谱法测定空气中的苯含量时，采用________采样管采样。

答案：活性炭

15.《室内空气质量标准》(GB/T 18883—2002）中规定，混凝土外加剂中释放氨的限量是________，测定方法是________。

答案：≤0.10%（质量分数）　蒸馏法滴定

16.《室内空气质量标准》(GB/T 18883—2002）中规定，分光光度法的标准曲线是以________为横坐标，以________为纵坐标的曲线。

答案：标准溶液含量（浓度）　　吸光度

17.《室内空气质量标准》(GB/T 18883—2002）中规定，用空气采样器采集样品时，为防止吸收瓶内的吸收液倒吸影响流量计流量，应在吸收瓶和流量计之间放置_________。现场采样时除记录采样流量外，还应记录_________和监测点的_________和________。标准状态下（273K、101.3kPa）的采样体积计算公式为：________。

答案：干燥剂　　采样时间　　气压　　气温　　$V_0=V\times\dfrac{273}{273+t}\times\dfrac{P}{101.3}$

18.《室内空气质量标准》(GB/T 18883—2002）中规定，纳氏试剂是用二氯化汞、碘化钾和氢氧化钾试剂配制而成，其中二氯化汞和碘化钾的比例对显色反应的________影响较大。配好的纳氏试剂要静置后取________，贮存于聚乙烯瓶中。

答案：灵敏度　上清液

19.《室内空气质量标准》(GB/T 18883—2002）中规定，气相色谱法分析样品时，进样量的选择是根据________、________和检测器的________来确定。

答案：样品浓度　色谱柱的容量　灵敏度

20.《室内空气质量标准》(GB/T 18883—2002）中规定，酚试剂，简称 MBTH，它的化学分子式是：________。

答案：[C_6H_4SN（CH_3）C：NNH_2•HCl]

21.《室内空气质量标准》(GB/T 18883—2002）中规定，室内空气中氨的检测方法有________分光光度法和________分光光度法。

答案：靛酚蓝　纳氏试剂

22.《室内空气质量标准》(GB/T 18883—2002）中规定，采集气态污染物的直接采样法常用的容器有________、________、________和________等。

答案：注射器　采样管　塑料袋　真空瓶

23.《室内空气质量标准》(GB/T 18883—2002）中规定，酚试剂分光光度法测定空气中甲醛含量时，采样流量应该设置为________L/min，采样时间为 ________min。

答案：0.5　20

24.《室内空气质量标准》(GB/T 18883—2002）中规定，室内空气质量标准中：甲醛标准值为________mg/m^3。

答案：0.10

25.《室内空气质量标准》(GB/T 18883—2002）中规定，氨样品采集后，应在室温下保存，于________内分析。

答案：24h

26.《民用建筑工程室内环境污染控制规范》中规定甲醛的检测方法应符合国家标准________的规定。

答案：GB/T 18204.26—2000 或《公共场所空气中甲醛测定方法》

27.《室内空气质量标准》(GB/T 18883—2002）中规定，气相色谱分析中，________部件是分离成败的关键。

答案：色谱柱

28.《室内空气质量标准》(GB/T 18883—2002）中规定，检测细菌总数用________培养基，主要成分包括________、________、________、________。

答案：营养琼脂　蛋白胨　牛肉浸膏　氯化钠琼脂　蒸馏水

29.《室内空气质量标准》(GB/T 18883—2002）中规定，细菌总数以________（克隆形成单位每立方米）(单位）报告结果。

答案：cfu/m^3

30.《室内空气质量标准》（GB/T 18883—2002）中规定，气相色谱的流动相为________，在气相色谱流出曲线中，根据色谱峰的__________可以进行定性鉴定；根据色谱峰的________可以进行定量测定。

答案：气相　位置　面积或高度

31.《室内空气质量标准》（GB/T 18883—2002）中规定，氡的闪烁瓶测量法，其闪烁瓶内层涂以________粉，氡及其子体衰变后放射出的粒子入射闪烁瓶后，使之发光。

答案：ZnS（Ag）

二、判断题

1.《室内空气质量标准》（GB/T 18883—2002）中规定，室内空气中污染物包括物理、化学和生物污染物三大类。（　）

答案：（√）

2.《室内空气质量标准》（GB/T 18883—2002）中规定，空气中颗粒物的采集主要是溶液吸收法。（　）

答案：（×）

正确答案为：空气中颗粒物的采集主要是重量法。

3.《室内空气质量标准》（GB/T 18883—2002）中规定，待测物呈红色，那么，入射光的波长选红光区域的波长。（　）

答案：（×）

正确答案为：不应该以待测物质的颜色来确定波长区域。

4.《室内空气质量标准》（GB/T 18883—2002）中规定，室内空气采样时大气采样器的高度一般是 1.5～2.0m。（　）

答案：（×）

正确答案为：0.8～1.5m

5.《室内空气质量标准》（GB/T 18883—2002）中规定，GB/T 18883—2002 中规定室内空气中甲醛的标准值是 $0.10mg/m^3$。（　）

答案：（√）

6.《室内空气质量标准》（GB/T 18883—2002）中规定，标准状态指温度 25℃、1atm。（　）

答案：（×）

正确答案为：标准状态是指温度为 273K，压力为 101.325 kPa。

7.《室内空气质量标准》（GB/T 18883—2002）中规定，室内空气检测应该在关闭门窗的条件下进行。（　）

答案：（√）

8.《室内空气质量标准》（GB/T 18883—2002）中规定，氨气主要来源于混凝土的外加剂。（ ）

答案：（√）

9.《室内空气质量标准》（GB/T 18883—2002）中规定，室内空气采样时，要求采样点离墙至少 2.0m。（ ）

答案：（×）

正确答案为：要求采样点离墙至少 0.5m。

10.《室内空气质量标准》（GB/T 18883—2002）中规定，标准系列溶液比色测定时，空白溶液的吸光度为零。（ ）

答案：（×）

正确答案为：以水或试剂作参比，空白不能为零。

11.《室内空气质量标准》（GB/T 18883—2002）中规定，室内空气中 TVOC 采样后吸附管密封后，样品最长可保存 5 天。（ ）

答案：（×）

正确答案为：样品最长可保存 14 天。

12.《室内空气质量标准》（GB/T 18883—2002）中规定，土壤表面氡析出率是指单位面积（m^2）上、单位时间（s）内析出的氡的放射性活度（Bq）。（ ）

答案：（√）

三、单选题

1.《室内空气质量标准》（GB/T 18883—2002）中规定，气候箱法测定材料中游离甲醛释放量前，测试舱内洁净空气中甲醛含量不应大于________。

A．0.002mg/m^3　　B．0.004 mg/m^3　　C．0.006 mg/m^3　　D．0.008mg/m^3

答案：C

2.《室内空气质量标准》（GB/T 18883—2002）中规定，测定内墙涂料时，下列哪种有机溶剂不能用作稀释溶剂________。

A．乙腈　　B．乙二醇　　C．甲醇　　D．四氢呋喃

答案：B

3．GB 18581—2009 规定溶剂型木器涂料中苯的有害物质限量是________。

A．≤0.2%　　B．≤0.3%　　C．≤0.6%　　D．≤1.0%

答案：B

4.《民用建筑工程室内环境污染控制规范》（GB 50325—2001）（2006 年版）规定氨的仲裁测定方法是________。

A．纳氏试剂分光光度法　　B．离子选择电极法

C．次氯酸钠-水杨酸分光光度法　　D．靛酚蓝分光光度法

答案：A

5.《室内空气质量标准》（GB/T 18883—2002）中规定，纳氏试剂比色法测定室内空气中氨时，在显色前加入酒石酸钾钠的作用是：________。

A．显色完全　　B．调节 pH 值

C．消除三价铁离子的干扰　　D．消除 Ca^{2+}、Mg^{2+}的干扰

答案：C

6.《室内空气质量标准》（GB/T 18883—2002）中规定，公共场所空气中氨测定方法中氨吸收液的浓度为________。

A．0.005mol/L　　B．0.000 5mol/L　　C．0.000 1mol/L　　D．0.001mol/L

答案：B

7.《室内空气质量标准》（GB/T 18883—2002）中规定，气相色谱法测定苯系列物方法中当空气中水蒸气和水雾量太大时，以致在炭管中凝结，空气湿度在________时，活性炭管的采样效率仍符合要求。

A．85%　　B．95%　　C．90%　　D．92%

答案：C

8.《室内空气质量标准》（GB/T 18883—2002）中规定，在酚试剂分光光度法测定甲醛浓度的检测标准中吸收液原液应放置冰箱中保存，可稳定________天。

A．2　　B．3　　C．4　　D．5

答案：B

9.《室内空气质量标准》（GB/T 18883—2002）中规定，在靛酚蓝分光光度法测定氨浓度的检测标准中要求采气________，及时记录采样点的温度及大气压强。

A．3L　　B．5L　　C．7L　　D．10L

答案：B

10.《室内空气质量标准》（GB/T 18883—2002）中规定，在靛酚蓝分光光度法测定氨浓度的检测标准中分光光度计的可测波长为________nm。

A．697.5　　B．698.5　　C．697.3　　D．698.3

答案：A

11.《室内空气质量标准》（GB/T 18883—2002）中规定，不可用于检测土壤中氡浓度的测定的试验方法是________。

A．电离室法　　B．静电收集法　　C．气相色谱法　　D．闪烁瓶法

答案：C

12.《室内空气质量标准》（GB/T 18883—2002）中规定，在酚试剂分光光度法中，所用试剂纯度一般为________。

A．化学纯　　B．分析纯　　C．光谱纯　　D．优级纯

答案：B

13.《室内空气质量标准》(GB/T 18883—2002)中规定，下列________不属于室内空气中总挥发性有机化合物(TVOC)中所包含的物质。

A．苯　B．甲苯　C．十一烷　D．甲基苯

答案：D

14.《室内空气质量标准》(GB/T 18883—2002)中规定，空气中的甲醛与酚试剂反应生成嗪，嗪在酸性溶液中被高铁离子氧化形成________化合物。

A．蓝绿色　B．蓝黑色　C．紫红色　D．亮黄色

答案：A

15.《室内空气质量标准》(GB/T 18883—2002)中规定，空气样品采集时，用溶液吸收法主要用来采集下列哪些物质________？

A．气态　B．颗粒物　C．气态和颗粒物　D．降尘

答案：A

16．空气中总悬浮颗粒物的空气动力学当量直径为小于________。

A．100μm　B．60μm　C．30μm　D．10μm

答案：A

17．标准状态的温度和压力分别是 ________。

A．0℃　101.325 kPa　B．20℃　101.325 kPa

C．25℃　101.325 kPa　D．25℃　1atm

答案：A

18.《室内空气质量标准》(GB/T 18883—2002)中规定，室内空气质量标准中，放射性参数氡的标准值为________。

A．400Bq/m^3　B．400cfu/m^3　C．250Bq/m^3　D．250cfu/m^3

答案：A

19.《室内空气质量标准》(GB/T 18883—2002)中规定，空气中二氧化硫测定常用的方法有________。

A．库仑确定　B．盐酸副玫瑰苯胺比色法

C．溶液电导法　D．盐酸萘乙二胺比色法

答案：B

20.《室内空气质量标准》(GB/T 18883—2002)中规定，下述方法中不属于常用的气相色谱定量测定方法的是________。

A．匀称线对法　B．标准曲线法　C．内标法　D．归一化法

答案：A

21.《室内空气质量标准》(GB/T 18883—2002)中规定，室内空气中甲醛采样的方法是________。

A．溶液吸收法　B．填充剂阻留法　C．固体吸附法　D．自然积聚法

答案：A

22.《室内空气质量标准》（GB/T 18883—2002）中规定，用于标定甲醛溶液的方法是________。

A．标准曲线法 B．工作曲线法 C．碘量法 D．恒重法

答案：C

23.《室内空气质量标准》（GB/T 18883—2002）中规定，室内空气质量标准中，细菌总数的标准值为________。

A．2 500 Bq/m^3 B．2 500 cfu/m^3 C．250Bq/m^3 D．250cfu/m^3

答案：B

24.《室内空气质量标准》（GB/T 18883—2002）中规定，下列污染物中能采用气相色谱法分析的是________。

A．氨气 B．苯 C．细菌总数 D．氡

答案：B

25.《室内空气质量标准》（GB/T 18883—2002）中规定，下列污染物中能采用撞击法分析的是________。

A．氨气 B．苯 C．细菌总数 D．氡

答案：C

26.《室内空气质量标准》（GB/T 18883—2002）中规定，室内空气中苯采样的方法是________。

A．溶液吸收法 B．填充剂阻留法 C．固体吸附法 D．自然积聚法

答案：C

27.《室内空气质量标准》(GB/T 18883—2002)中规定，标准溶液的浓度是 0.102 0mol/L 它的有效数字是________。

A．2 位 B．3 位 C．4 位 D．5 位

答案：C

28.《室内空气质量标准》（GB/T 18883—2002）中规定，TVOC 检测时，未识别峰可以________计。

A．苯 B．甲苯 C．正己烷 D．十六烷

答案：B

29.《室内空气质量标准》（GB/T 18883—2002）中规定，滴定管读数时，无论是在滴定管架上还是手持滴定管，都要保证滴定管________。

A．垂直向下 B．向下 C．水平 D．垂直向上

答案：A

四、多选题

1.《室内空气质量标准》(GB/T 18883—2002)中规定，人造板及其制品中甲醛释放量检测方法________。

A．穿孔萃取法　　B．干燥器法　　C．气候箱法　　D．蒸馏法

答案：A　B　C

2.《室内空气质量标准》(GB/T 18883—2002)中规定，气相色谱法测定苯、甲苯和二甲苯时，如出现拖尾峰是________原因造成的？

A．进样口温度过高　　B．柱温太低

C．色谱柱选用不当　　D．FID 检测器火焰熄灭

答案：A　B　C

3.《室内空气质量标准》(GB/T 18883—2002)中规定，甲醛经气体吸收后，在 pH=6 的乙酸-乙酸铵缓冲溶液中与乙酰丙酮作用，在________条件下，迅速生成黄色化合物，在波长 ________nm 处测定。

(1) A．沸水浴　　B．电炉直接加热　　C．25℃　　D．40℃

(2) A．413　　B．413.5　　C．412　　D．415

答案：(1) A　(2) A

五、简答题

1．简要说出《室内空气质量标准》(GB/T 18883—2002)规定中，气相色谱法测定苯、甲苯和二甲苯的原理。

答案：空气中苯、甲苯、二甲苯用活性炭管采集，然后用二硫化碳提取出来，用氢火焰离子化检测器的气相色谱仪分析，以保留时间定性，峰高定量。

2．简述《室内空气质量标准》(GB/T 18883—2002)规定中，纳氏试剂分光光度法测定氨的原理。

答案：氨吸收在稀硫酸溶液中，与纳氏试剂作用生成黄棕色化合物，根据颜色深浅，用分光光度法测定。

3.《室内空气质量标准》(GB/T 18883—2002)规定中，空气中微生物检验方法按采样方式分为哪几种？

答案：共分为 7 种，分别是：固体撞击法、气旋法、离心法、过滤法、液体冲击法、自然沉降法、大容量静电沉降法。

4．简述《室内空气质量标准》(GB/T 18883—2002)规定中，溶剂型涂料、溶剂型胶黏剂中苯含量测定中，样品测定的步骤。

答案：(1) 标样制备：取 5 只顶空瓶，将滤纸放入顶空瓶中，应密封，用微量注射器吸取苯 0μl、0.40μl、0.80μl、1.20μl、2.20μl，注射在瓶内的滤纸条上，含苯分别为 0mg、

0.351mg、0.703mg、1.054mg、1.933mg；

（2）样品制备：取装有滤纸条的顶空瓶称重，精确到 0.000 1g，应将样品约 0.2g，涂在滤纸条上，密封后称重，精确到 0.000 1g，两次称重的差值为样品质量；

（3）将上述标准品系列及样品，置于 40℃恒温箱中平衡 4h，并取 0.20ml 顶空气作 GC 分析，记录峰面积；

（4）应以峰面积为纵坐标，以苯质量为横坐标，绘制标准曲线图；

（5）应从标准曲线上查得样品中苯的质量。

5.《室内空气质量标准》（GB/T 18883—2002）规定中，穿孔法测定甲醛释放量基于哪两个步骤？

答案： 第一步：穿孔萃取——把游离甲醛从板材中全部分离出来，分为两个过程。首先将溶剂甲苯与试件共热，通过液-固萃取使甲醛从板材中溶解出来，然后将溶有甲醛的甲苯通过穿孔器与水进行液-液萃取，把甲醛转溶于水中。

第二步：测定甲醛水溶液的浓度。

6.《室内空气质量标准》（GB/T 18883—2002）规定中，气候箱法测定饰面人造板甲醛释放量的原理。

答案： 将 $1m^2$ 表面积的样品放入温度、相对湿度、空气流速和空气置换率控制在一定值的气候箱内。甲醛从样品中释放出来，与箱内空气混合，定期抽取箱内空气，将抽出的空气通过盛有蒸馏水的吸收瓶，空气中的甲醛全部溶入水中；测定吸收液中的甲醛量及抽取的空气体积，计算出每立方米空气中的甲醛量，以毫克每立方米（mg/m^3）表示，抽气是周期性的。

7. 简述《室内空气质量标准》（GB/T 18883—2002）规定中，WHO 对 VOC 的定义和室内空气质量标准（GB/T 18883）对 TVOC 的定义。

答案： 根据 WHO 定义，挥发性有机物（VOC）是指在常压下，沸点为 50～260°C 的各种有机化合物。室内空气质量标准（GB/T 18883）对 TVOC 的定义为从非极性柱流出的保留时间在正己烷至正十六烷之间的所有化合物。

8. 简述《室内空气质量标准》（GB/T 18883—2002）中，氡的检测要求为什么与其他污染物的检测要求不一样？

答案： 原因是氡浓度在室内累积过程较慢，并且氡释放到空气中后一部分会衰减，因此检测氡的时候应在房间的对外门窗关闭 24h 以后再进行检测。

9.《室内空气质量标准》（GB/T 18883—2002）中，酚试剂分光光度法测定室内空气中甲醛的方法原理。

答案： 空气中甲醛与酚试剂反应生成嗪，嗪在酸性溶液中被高铁离子氧化形成蓝绿色化合物，根据颜色深浅比色定量。

六、论述题

1.《室内空气质量标准》（GB/T 18883—2002）规定中，室内空气中甲醛的主要来源和危害有哪些？简述空气中甲醛的 AHMT 分光光度比色法和酚试剂分光光度法测定的原理。

答案：室内空气中甲醛的主要来源：（1）来自室外空气的污染：工业废气、汽车尾气、光化学烟雾等在一定程度上均可排放或产生一定量的甲醛，但是这一部分含量很少。（2）来自室内本身的污染：主要以建筑材料、装修物品及生活用品等化工产品在室内的使用为主，同时也包括燃料及烟叶的不完全燃烧等一些次要因素。甲醛具有较强的黏合性，同时可加强板材的硬度和防虫、防腐能力，因此目前市场上的各种刨花板、中密度纤维板、胶合板中均使用以甲醛为主要成分的脲醛树脂作为黏合剂，因而不可避免地会含有甲醛。另外新式家具、墙面、地面的装修辅助设备中都要使用黏合剂，因此凡是有用到黏合剂的地方总会有甲醛气体的释放，对室内环境造成危害。由于由脲醛树脂制成的脲-甲醛泡沫树脂隔热材料有很好的隔热作用，因此常被制成建筑物的围护结构使室内温度不受室外的影响。此外甲醛还可来自化妆品、清洁剂、杀虫剂、消毒剂、防腐剂、印刷油墨、纸张等。

甲醛污染对人体健康的危害：甲醛已经被世界卫生组织确定为致癌和致畸形物质，是公认的变态反应源，也是潜在的强致突变物之一。研究表明：甲醛具有强烈的致癌和促癌作用。大量文献记载，甲醛对人体健康的影响主要表现在嗅觉异常、刺激、过敏、肺功能异常、肝功能异常和免疫功能异常等方面。长期接触低剂量甲醛可引起慢性呼吸道疾病，引起鼻咽癌、结肠癌、脑瘤、月经紊乱等。在所有接触者中，儿童和孕妇对甲醛尤为敏感，危害也就更大。

空气中甲醛的 AHMT 分光光度比色法测定的原理：空气中甲醛与 AHMT 在碱性条件下发生反应，然后经高碘酸钾氧化成紫红色化合物，其色泽深浅与甲醛含量成正比，通过比色定量测定甲醛的含量。酚试剂分光光度法测定空气中甲醛的原理：空气中的甲醛与酚试剂反应生成嗪，嗪在酸性溶液中被高铁离子氧化成蓝绿色化合物，根据颜色深浅，比色定量。

2.《室内空气质量标准》（GB/T 18883—2002）规定中，室内空气中苯的主要来源和危害有哪些？简述用毛细管气相色谱法测定空气中苯的原理。

答案：室内环境中苯的主要来源：主要来自建筑装饰中使用大量的化工原料，如涂料，填料及各种有机溶剂等，都含有大量的有机化合物，经装修后挥发到室内。主要在以下几种装饰材料中较高：（1）油漆。苯、甲苯、二甲苯是油漆中不可缺少的溶剂。（2）各种油漆涂料的添加剂和稀释剂。（3）各种胶黏剂。特别是溶剂型胶黏剂在装饰行业仍有一定市场，而其中使用溶剂多数为甲苯。（4）防水材料，特别是一些用原粉加释料配制成的防水涂料。（5）一些低档的假冒的涂料，也是造成室内空气中苯含量超标的重要原因。

苯对人体的危害：（1）苯急性中毒是吸入高浓度苯蒸气后数分钟至几小时内突然发病。

主要引起中枢神经系统麻醉症状。(2) 慢性苯中毒主要是苯对皮肤、眼睛和上呼吸道有刺激作用。长期吸入苯能导致再生障碍性贫血。(3) 经常接触苯，皮肤可因脱脂而变干燥，脱屑，有的出现过敏性湿疹。(4) 女性对苯及其同系物危害较男性敏感，甲苯、二甲苯对生殖功能亦有一定影响。(5) 苯可导致胎儿的先天性缺陷。用毛细管气相色谱法测定空气中苯的原理： 空气中苯用活性炭管采集，然后用热解析或用二硫化碳提取出来。用氢火焰离子化检测器的气相色谱仪分析，以保留时间定性，峰高定量。

3.《室内空气质量标准》(GB/T 18883—2002) 规定中，室内空气中氡的主要来源和危害有哪些？简述用活性炭盒法测定室内空气中氡的原理。

答案：室内空气氡的来源：(1) 房屋的岩石和土壤是氡的最主要来源。土壤和岩石中含有一定浓度的镭，镭衰变释放出氡气。(2) 建筑材料是室内氡的重要来源。像花岗岩、炭质岩、浮石、明矾石和含磷的一些岩石中铀、镭的含量较高，另外，在环境保护的压力下，建筑工业越来越多地使用放射性含量较高的工业废渣。(3) 生活饮用水。一般的供用系统不会引起空气中氡浓度的增高，如果使用地下水或地热水情况就会有所不同。氡易溶于水中。地下水或地热水中往往含氡量较高。(4) 使用天然气也是室内氡的来源之一，但是，天然气中氡的浓度只占室内氡浓度的 1%。天然气在燃烧的过程中，氡气会全部释放在室内，所以在使用天然气的过程当中要注意通风换气。(5) 室外空气中氡含量一般很低，不会增加室内氡浓度。一般特殊地带，如：铀矿山、温泉附近的局部地区，氡浓度会比较高，通过通风可以从户外进入到室内，并在室内积聚。

氡的危害：(1) 高浓度氡会导致机体血细胞出现变化。氡对人体脂肪有很高的亲和力，特别是氡与神经系统结合后，危害更大。(2) 导致肿瘤。氡子体衰变时放出α射线，轰击肺细胞，使其受损，诱发肺癌。国际癌症研究机构以及美国国家毒理学规划把氡分类为一种人类致癌物质。世界上每年发生的肺癌病例中，6%到 15%是由氡气引起的，对吸烟者尤重。

活性炭盒法测定室内空气中氡的原理：采样盒用塑料或金属制成，内装活性炭。盒的敞开面用滤膜封住，固定活性炭且允许氡进入采样器。空气扩散进炭床内，其中的氡被活性炭吸收附，同时衰变，新生的子体便沉积在活性炭内。用γ能谱仪测量活性炭盒的氡子体特征γ射线峰（或峰群）强度。根据特征峰面积可计算出氡浓度。

七、计算题

1. 某试验人员按照酚试剂分光光度法要求，现场采集空气样本检测甲醛的浓度。已知采样流量是 0.5L/min，采样时间 20 min，采样点的温度 27℃，采样点的大气压力是 101.5kPa。又知其标准曲线的斜率为 0.355，空白溶液的吸光度是 0.054，样品溶液的吸光度是 0.186。请为该试验人员计算出检测点空气中的甲醛浓度是多少（要求列出计算公式并给出计算的结果）。

答案：第一步，计算采样体积：

V_t=采样流量（L/min）×采样时间（min）=0.5×20=10（L）

第二步，把采样体积换算成标准状态下采样体积：

$V_0=V_t\times T_0/$（273+t）$\times P/P_0$=10×273/（273+27）×101.5/101.3=9.12（L）

第三步，求出计算因子 B_g：

标准曲线斜率倒数为计算因子 B_g=1/0.355=2.82

第四步，计算甲醛浓度 C：

C=（$A-A_0$）$\times B_g/V_0$=（0.186－0.054）×2.82/9.12=0.04（mg/m^3）

答：甲醛浓度是 0.04mg/m^3。

2．已知某实验室做甲醛标准曲线 y=0.000 556+0.024x 在某次进行室内甲醛监测中，测得吸光度为 0.115，蒸馏水空白为 0.005，采样速率为 0.5L/min，采样时间为 45 min（大气压为 101.3 kPa，室温为 20℃），求室内甲醛的浓度？

答案：采样体积 V＝0.5L/min×45 min=22.5L

$$V_{nd}=22.5\times\frac{273}{293}\times\frac{101.3}{101.325}=20.9\text{L}$$

$$Y=0.115-0.005=0.11$$

$$X=4.56\mu\text{g}$$

室内甲醛浓度 C=4.56/20.9=0.22mg/m^3

室内甲醛浓度为 0.22mg/m^3。

3．采样体积转化为标准状况下的体积，计算公式是什么？并说明各符号的意义，如果采样时温度为 12℃，压力为 103.8kPa，采样体积是 10L，则标准状态下体积是多少？（精确到小数点后两位有效数字）

答案：$V=V_0\times\frac{T_0}{T}\times\frac{P}{P_0}=V_0\frac{273}{273+t}\times\frac{P}{101.325}=10\times\frac{273}{(273+12)}\times\frac{103.8}{101.325}=9.82(\text{L})$

由公式可得 V=9.82L。

V_0—— 标准状况下采集的体积 L 或 m^3；

T_0—— 标准状况下绝对温度，273K；

t—— 采样时的温度，℃；

P_0—— 标准状况下大气压力，101.325kPa；

P—— 采样时的大气压力，kPa。

4．配置 1mol/L 的盐酸溶液 1 000ml 需要 36.5%的盐酸多少毫升（密度为 1.18g/ml，盐酸摩尔质量为 36.46g/mol）？

答案：V=1×1 000×36.46/（1 000×36.5%×1.18）=84.65（ml）

5．空气中氨浓度的计算公式是什么？如果 A=0.236，A_0=0.044，计算因子为 12.09μg/吸光度，标准状态下采样体积为 10L，那么空气中氨浓度为多少？（精确至小数点后两位有效数字）

答案：公式为：C=（$A-A_0$）$\times B_S/V_0$

由公式可得：$C=(A-A_0)\times B_S/V_0=(0.236-0.044)\times 12.09/10=0.23$（$mg/m^3$）

6．用毛细管气相色谱法进行总挥发性有机化合物（TVOC）的测定时，以 0.5L/min 的速度抽取约 10L 空气，应该精确计时多长时间？

答案：空气采样体积 ＝ 采样速率 K ×采样时间

空气采样体积=10L

采样速率 K =0.5L/min

因此，采样时间 ＝20min。

7．在标准状态下，已知空气中 NO_2 的浓度为 0.18 mg/m^3，试换算成 ppm 浓度。

答案：在标准状态（0℃，101.325kPa）下 两种单位换算关系：

A（mg/m^3）=$M\times L$（ppb/22.4）

NO_2 的摩尔质量为 M=46g/mol

NO_2 的浓度为 A=0.18mg/m^3

代入公式得：E=0.088ppm

8．若某气体在现场的采样体积 20.0 L，温度 20.0℃，压力 100.0kPa，请将现场的采样体积换算到标准状态下的采样体积。

答案：$V_0=V\times T_0/T\times P/P_0=20.0\times 273.0/273.0+20.0\times 100.0/101.3=18.4$（L）

9．在标准状况下，已知空气中 SO_2 的浓度为 2ppm，试换算成以 mg/m^3 为单位的浓度。

答案：在标准状态（0℃，101.325kPa）下两种单位换算关系：

A（mg/m^3）=$M\times L$（ppb/22.4）

SO_2 的摩尔质量为 M=64g/mol

E= 2ppm

代入公式得：SO_2 的浓度为 A=5.71 mg/m^3。

10．分光光度法测定甲醛，以甲醛含量为横坐标，以校准吸光度 $A-A_0$ 为纵坐标，绘制标准曲线，得回归线方程为 $y=0.245\,4x+0.003\,6$，请计算样品测定的计算因子 B_s。

答案：由回归线方程可知斜率，b=0.245 4。

计算因子 $B_s=1/b=4.075$。

11．已知某实验室做甲醛标准曲线 $y=0.000\,556+0.024x$ 在某次进行室内甲醛监测中，测得吸光度为 0.115，蒸馏水空白为 0.005，采样速率为 0.5L/min，采样时间为 45 min（大气压为 101.3 kPa，室温为 20℃），求室内甲醛的浓度。

答案：采样体积 V＝0.5L/min×45 min=22.5L

$$V_{nd}=22.5\times\frac{273}{273+20}\times\frac{101.3}{101.3}=20.7\ (\text{L})$$

Y=0.115－0.005=0.11

$$X=\frac{Y-0.000\,556}{0.024}=\frac{0.11-0.000\,556}{0.024}=4.56(\mu\text{g})$$

室内甲醛浓度 $C=\frac{X}{V_{nd}}=\frac{4.56}{20.7}=0.22(mg/m^3)$

室内甲醛浓度为 $0.22mg/m^3$。

参考文献

室内空气质量标准（GB/T 18883—2002）.

命题：钱 勇

审核：陈黎军

第八章　质量管理及环境信息

第一节　标准环境管理体系 规范及使用指南（GB/T 24001—1996）

一、填空题

1.《标准环境管理体系 规范及使用指南》（GB/T 24001—1996）中环境管理体系文件应包括________、________、________和________。

答案：过程信息　组织机构图　内部标准与运行程序　现场应急计划

2.《标准环境管理体系 规范及使用指南》（GB/T 24001—1996）中环境方针是组织建立________和________的基础。

答案：目标　指标

3.《标准环境管理体系 规范及使用指南》（GB/T 24001—1996）中组织的最高管理者应按其规定的时间间隔，对环境管理体系进行评审，以确保体系的持续______、_______和________。

答案：适用性　充分性　有效性

4.《标准环境管理体系 规范及使用指南》（GB/T 24001—1996）中审核程序中应包括审核的________、________和________。

答案：范围　频次　方法

5.《标准环境管理体系 规范及使用指南》（GB/T 24001—1996）中最高管理者可以是对组织负有执行职责的________或________。

答案：个人　集体

6.《标准环境管理体系 规范及使用指南》（GB/T 24001—1996）中评审的适宜做法可包括使用________、________、________和________。

答案：调查表　面谈　直接检验　测量

7.《标准环境管理体系 规范及使用指南》（GB/T 24001—1996）中对于纠正与预防措施所引起对程序文件的________，组织均应遵照实施并予以________。

答案：任何更改　记录

8.《标准环境管理体系 规范及使用指南》（GB/T 24001—1996）中环境管理体系审核的人员都应做到________、________。

答案：公正　客观

9.《标准环境管理体系 规范及使用指南》（GB/T 24001—1996）中组织的管理者应按

规定的时间间隔对环境管理体系进行________与________。

答案：评审　评价

10.《标准环境管理体系 规范及使用指南》（GB/T 24001—1996）中环境方针须反映________对遵循有关法律和保证持续改进的承诺。

答案：最高管理者

二、判断题

1.《标准环境管理体系 规范及使用指南》（GB/T 24001—1996）中环境管理方案应包括实现目标和指标的方法和时间表。（ ）

答案：（√）

2.《标准环境管理体系 规范及使用指南》（GB/T 24001—1996）中文件控制应确保文件便于查找。（ ）

答案：（√）

3.《标准环境管理体系 规范及使用指南》（GB/T 24001—1996）中需要留存的失效文件可不标识。（ ）

答案：（×）

正确答案为：需要留存的失效文件必须标识。

4.《标准环境管理体系 规范及使用指南》（GB/T 24001—1996）中已实施环境管理体系的组织，可以不进行环境因素的评审。（ ）

答案：（√）

5.《标准环境管理体系 规范及使用指南》（GB/T 24001—1996）中所有文件应永久保存。（ ）

答案：（×）

正确答案为：应规定其保存期限并予记录。

6.《标准环境管理体系 规范及使用指南》（GB/T 24001—1996）中对于纠正与预防措施所引起对程序文件的任何更改，不必进行记录。（ ）

答案：（×）

正确答案为：对于纠正与预防措施所引起对程序文件的任何更改，组织均应遵照实施并予以记录。

7.《标准环境管理体系 规范及使用指南》（GB/T 24001—1996）中管理评审必须在一次评审中涉及环境管理体系的所有要素。（ ）

答案：（×）

正确答案为：评审范围应当全面，但不必在一次评审中涉及环境管理体系的所有要素。

三、多选题

1.《标准环境管理体系 规范及使用指南》（GB/T 24001—1996）中环境方针确保________。

A．适合于组织活动、产品或服务的性质、规模与环境影响

B．对遵守有关环境法律、法规和组织应遵守的其他要求的承诺

C．提供建立和评审环境目标和指标的框架

D．实施、保持并改进环境管理体系

答案：A B C

2.《标准环境管理体系 规范及使用指南》（GB/T 24001—1996）中环境方针确保________。

A．向外界展示符合性 B．持续改进和污染预防的承诺

C．形成文件，付诸实施，予以保持，并传达到全体员工 D．可为公众所获取

答案：B C D

3.《标准环境管理体系 规范及使用指南》（GB/T 24001 1996）中环境表现（行为）准则为________。

A．实施、保持并改进环境管理体系

B．使自己确信能符合所声明的环境方针

C．向外界展示符合性

D．寻求外部组织对其环境管理体系的认证/注册

答案：A B C D

4.《标准环境管理体系 规范及使用指南》（GB/T 24001—1996）中环境表现（行为）准则为________。

A．对符合本标准的情况进行自我鉴定和自我声明

B．对遵守有关环境法律、法规和组织应遵守的其他要求的承诺

C．可为公众所获取

D．向外界展示符合性

答案：A D

四、简答题

1．简述《标准环境管理体系 规范及使用指南》（GB/T 24001—1996）中环境因素的定义。

答案：一个组织的活动、产品或服务中能与环境发生相互作用的要素。

2.《标准环境管理体系 规范及使用指南》（GB/T 24001—1996）中环境影响是指什么？

答案：全部或部分地由组织的活动、产品或服务给环境造成的任何有害或有益的变化。

3.《标准环境管理体系 规范及使用指南》(GB/T 24001—1996)中环境管理体系是指什么?

答案: 整个管理体系的一个组成部分,包括为制定、实施、实现、评审和保持环境方针所需的组织机构、计划活动、职责、惯例、程序、过程和资源。

4.《标准环境管理体系 规范及使用指南》(GB/T 24001—1996)中环境管理体系审核是指什么?

答案: 客观地获取审核证据并予以评价,以判断组织的环境管理体系是否符合所规定的环境管理体系审核准则的一个以文件支持的系统化验证过程,包括将这一过程的结果呈报管理者。

5.《标准环境管理体系 规范及使用指南》(GB/T 24001—1996)中环境目标是指什么?

答案: 组织依据其环境方针规定自己所要实现的总体环境目的,如可行应予以量化。

6.《标准环境管理体系 规范及使用指南》(GB/T 24001—1996)中环境表现(行为)是指什么?

答案: 组织基于其环境方针、目标和指标,对它的环境因素进行控制所取得的可测量的环境管理体系结果。

7.《标准环境管理体系 规范及使用指南》(GB/T 24001—1996)中环境方针是指什么?

答案: 组织对其全部环境表现(行为)的意图与原则的声明,它为组织的行为及环境目标和指标的建立提供了一个框架。

8.《标准环境管理体系 规范及使用指南》(GB/T 24001—1996)中环境指标是指什么?

答案: 直接来自环境目标,或为实现环境目标所需规定并满足的具体的环境表现(行为)要求,它们可适用于组织或其局部,如可行应予以量化。

9.《标准环境管理体系 规范及使用指南》(GB/T 24001—1996)中污染预防是指什么?

答案: 旨在避免、减少或控制污染而对各种过程、惯例、材料或产品的采用,可包括再循环、处理、过程更改、控制机制、资源的有效利用和材料替代等。

五、论述题

1.《标准环境管理体系 规范及使用指南》(GB/T 24001—1996)中环境方针的内容包括哪些方面?

答案:(1)适合于组织活动、产品或服务的性质、规模与环境影响;

(2)包括对持续改进和污染预防的承诺;

(3)包括对遵守有关环境法律、法规和组织应遵守的其他要求的承诺;

(4)提供建立和评审环境目标和指标的框架;

(5)形成文件,付诸实施,予以保持,并传达到全体员工;

(6)可为公众所获取。

2.《标准环境管理体系 规范及使用指南》(GB/T 24001—1996)中环境管理体系审核

应包括哪几方面的内容？

答案：（1）待审核的活动与区域；

（2）审核的频次；

（3）管理与实施审核的职责；

（4）审核结果的通报；

（5）审核员的能力；

（6）如何实施审核。

3.《标准环境管理体系　规范及使用指南》（GB/T 24001—1996）中记录包括哪些方面的内容？

答案：（1）关于适用的环境法律与其他要求的信息；

（2）投诉记录；

（3）培训记录；

（4）过程信息；

（5）产品信息；

（6）检查、维护与校准记录；

（7）有关的供方与承包方信息；

（8）事故报告；

（9）应急准备与响应信息；

（10）重要环境因素信息；

（11）审核结果

（12）管理评审。

4.《标准环境管理体系　规范及使用指南》（GB/T 24001—1996）中管理评审审核的主要内容包括哪些方面？

答案：（1）审核结果；

（2）目标和指标的实现程度；

（3）面对变化的条件与信息，环境管理体系是否具有持续的适用性；

（4）相关方关注的问题。

5.《标准环境管理体系　规范及使用指南》（GB/T 24001—1996）中不符合、纠正和预防措施基本内容应包含哪些方面？

答案：（1）确定引起不符合的原因；

（2）确定并实行必要的纠正措施；

（3）实施或修改必要的控制措施，以防再度发生不符合；

（4）记录由纠正措施所导致的对书面程序的任何更改。

6.《标准环境管理体系　规范及使用指南》（GB/T 24001—1996）中评审范围应覆盖哪些关键方面？

答案：（1）法律、法规要求；

（2）重要环境因素的确定；

（3）对所有现行环境管理活动与程序的审查；

（4）对来自以往事件调查的反馈意见的评价。

7. 简述《标准环境管理体系 规范及使用指南》（GB/T 24001—1996）中环境因素的含义。

答案：组织应建立并保持一个或多个程序，用来确定其活动、产品或服务中它能够控制，或可望对其施加影响的环境因素，从中判定那些对环境具有重大影响，或可能具有重大影响的因素。组织应确保在建立环境目标时，对与这些重大影响有关的因素加以考虑。

8.《标准环境管理体系 规范及使用指南》（GB/T 24001—1996）中环境管理体系文件应包括哪几部分？

答案：（1）过程信息；

（2）组织机构图；

（3）内部标准与运行程序；

（4）现场应急计划。

9.《标准环境管理体系 规范及使用指南》（GB/T 24001—1996）中管理评审内容应包括哪些方面？

答案：（1）审核结果；

（2）目标和指标的实现程度；

（3）面对变化的条件与信息，环境管理体系是否具有持续的适用性；

（4）相关方关注的问题。

参考文献

标准环境管理体系 规范及使用指南（GB/T 24001—1996）.

命题：陈黎军

审核：陈黎军

第二节 环境监测质量管理技术导则（HJ 630—2011）

一、填空题

1.《环境监测质量管理技术导则》（HJ 630—2011）规定了环境监测质量体系基本要求以及环境监测过程的________与________方法。

答案：质量保证 质量控制

2. 根据《环境监测质量管理技术导则》（HJ 630—2011），质量体系指为实施质量管理所需的________、________、________和________。

答案：组织机构　　程序　　过程　　资源

3．根据《环境监测质量管理技术导则》（HJ 630—2011），________指为了达到质量要求所采取的作业技术或活动。

答案：质量控制

4．根据《环境监测质量管理技术导则》（HJ 630—2011），环境监测质量体系基本要求包括组织机构、质量体系、________、记录控制、质量管理计划、日常质量监督、内部审核、________、纠正措施、预防措施及改进、对外委托监测、人员、设施和环境、________和________14个方面的内容。

答案：文件管制　　管理评审　　监测方法　　仪器设备

5．根据《环境监测质量管理技术导则》（HJ 630—2011），环境监测机构应建立健全质量体系，使质量管理工作程序化、________、制度化和________，并保证其有效运行。

答案：文件化　规范化

6．根据《环境监测质量管理技术导则》（HJ 630—2011），环境监测机构应建立质量体系文件，包括质量手册、________、________和记录。

答案：程序文件　作业指导书

7．根据《环境监测质量管理技术导则》（HJ 630—2011），________是质量体系运行的纲领性文件，阐明质量________和目标，描述全部质量活动的要素，规定质量活动人员的________、________和相互之间的关系，明确________的使用、修改和控制等规定。

答案：质量手册　　方针　　责任　　权限　　质量手册

8．根据《环境监测质量管理技术导则》（HJ 630—2011），________是规定质量活动方法和要求的文件，是质量手册的支持性文件，应明确控制目的、适用范围、________、活动过程规定和相关质量技术要求，具有可操作性。

答案：程序文件　　职责分配

9．根据《环境监测质量管理技术导则》（HJ 630—2011），质量体系文件中的记录包括________和________。其中，________是质量体系活动所产生的记录，________是各项监测活动所产生的记录。

答案：质量记录　　技术记录　　质量记录　　技术记录

10．根据《环境监测质量管理技术导则》（HJ 630—2011），环境监测机构应建立并保持质量体系文件的控制程序，保证文件的编制、________、批准、标志、________、保管、________和废止等活动受控，确保文件现行有效。

答案：审核　发放　　修订

11．根据《环境监测质量管理技术导则》（HJ 630—2011），环境监测机构应建立适合本机构质量体系要求的记录程序，对所有________和监测过程的________及时记录，保证记录信息的完整性、________和________，为监测过程提供客观证据。

答案：质量活动　技术活动　充分性　可追溯性

12．根据《环境监测质量管理技术导则》（HJ 630—2011），环境监测机构应制定年度质量管理计划，将所有质量管理活动文件化，明确质量管理的________、________、________、职责和________。质量管理计划包括日常的各种质量监督活动、________、________、质量控制活动和________等。

答案：目标　任务　分工　进度安排　内部审核　管理评审　人员培训

13．根据《环境监测质量管理技术导则》（HJ 630—2011），日常质量监督应覆盖监测全过程，包括监测程序、________、监测结果、________和监测记录等。对于监测活动的关键环节、新开展项目和新上岗人员应加强质量监督。

答案：监测方法　数据处理及评价

14．根据《环境监测质量管理技术导则》（HJ 630—2011），________是最高管理者根据预定的计划和程序，对质量体系进行评审（每年至少一次），以确保其持续适用和有效。

答案：管理评审

15．根据《环境监测质量管理技术导则》（HJ 630—2011），对监测结果的准确性和有效性有影响的仪器设备，包括辅助测量设备，应有量值溯源计划并定期实施，量值溯源方式包括________和________。

答案：检定　校准

16．根据《环境监测质量管理技术导则》（HJ 630—2011），列入国家强制检定目录，且国家有检定规程的仪器应经有资质的机构________；未列入国家强制检定目录或没有国家检定规程的仪器可由有资质的机构进行________，也可________。

答案：检定　校准　自校准

17．根据《环境监测质量管理技术导则》（HJ 630—2011），对于稳定性差、易漂移或使用频繁的仪器设备，经常携带到现场检测以及在恶劣环境条件下使用的仪器设备，应在两次检定或校准间隔内进行________。

答案：期间核查

18．根据《环境监测质量管理技术导则》（HJ 630—2011），应当建立仪器设备（含自动在线等集成的仪器设备系统）的管理程序，确保其________、验收、使用和________的全过程均受控。

答案：购置　报废

19．根据《环境监测质量管理技术导则》（HJ 630—2011），所有仪器设备都应建立档案，并实行动态管理。档案包括购置合同、使用说明书、验收报告、________、使用记录、________、维护和维修记录、________等以及必要的基本信息。

答案：检定或校准证书　期间核查记录　报废单

20．根据《环境监测质量管理技术导则》（HJ 630—2011），仪器档案里应包含有必要的仪器设备基本信息，包括：名称、________、出厂编号、管理（或固定资产）编号、购置时间、________、使用部门、________和保管人等。

答案：规格型号　生产厂商　放置地点

21．根据《环境监测质量管理技术导则》（HJ 630—2011），应对监测任务制定监测方案，监测方案一般包括：________、监测点位、________、样品采集方法和要求、________、质量保证与质量控制要求、监测结果的评价标准、监测时间安排、提交报告日期和对外委托情况等。

答案：监测目的和要求　监测项目和频次　监测分析方法和依据

22．根据《环境监测质量管理技术导则》（HJ 630—2011），质量保证和质量控制要求应涉及监测活动全程序的________和________。

答案：质量保证措施　质量控制指标

23．根据《环境监测质量管理技术导则》（HJ 630—2011），监测人员应采取相应的内部质量控制措施，包括空白曲线、________、方法检出限和测定下限、________、加标回收率测定、标准样品/有证标准物质测定、________和方法比对或仪器比对。

答案：校准曲线　平行样测定　质量控制图

24．根据《环境监测质量管理技术导则》（HJ 630—2011），空白样品包括全程序空白、________、运输空白、现场空白和________等。

答案：采样器具空白　实验室空白

25．根据《环境监测质量管理技术导则》（HJ 630—2011），加标回收实验包括空白加标、________及________等。

答案：基体加标　基体加标平行

26．根据《环境监测质量管理技术导则》（HJ 630—2011），常用的质量控制图有________和________，在应用上分空白质控图、________和加标回收率控制图等。

答案：均值-标准差控制图　均值-极差控制图　平行样控制图

27．根据《环境监测质量管理技术导则》（HJ 630—2011），外部质量控制指本机构内质量管理人员对监测人员或行政主管部门和上级环境监测机构对下级机构监测活动的质量控制，可采取密码平行样、________、人员比对、实验室间比对、________等措施。

答案：密码质量控制样及密码加标样　留样复测

28．根据《环境监测质量管理技术导则》（HJ 630—2011），校准曲线相关系数只舍不入，保留到小数点后第一个非 9 数字。如果小数点后多余 4 个 9，最多保留________位。校准曲线斜率的有效位数，应与________的有效数字位数相等。校准曲线截距的最后一位数，应与________的最后一位数取齐。

答案：4　自变量　因变量

29．根据《环境监测质量管理技术导则》（HJ 630—2011），监测结果低于方法检出限时，用“________”表示，并注明其表示未检出，同时给出方法检出限值。

答案：ND

二、判断题

1.《环境监测质量管理技术导则》（HJ 630—2011）中，质量控制指为了提供足够的信任表明实体能够满足质量要求，而在质量体系中实施并根据需要进行证实的全部有计划和有系统的活动。（ ）

答案：（×）

正确答案为：质量保证指为了提供足够的信任表明实体能够满足质量要求，而在质量体系中实施并根据需要进行证实的全部有计划和有系统的活动。

2.《环境监测质量管理技术导则》（HJ 630—2011）中，量值溯源指测量结果通过具有适当准确度的中间比较环节，逐级往上追溯至国家计量基准或国家计量标准的过程。（ ）

答案：（√）

3.《环境监测质量管理技术导则》（HJ 630—2011）中，作业指导书是针对特定岗位工作或活动达到的要求和遵循的方法。（ ）

答案：（√）

4.《环境监测质量管理技术导则》（HJ 630—2011）中，质量体系文件中的记录应清晰明了，不得随意涂改，必须修改时可抹去原本文字修改，电子存储记录不必保留修改痕迹。（ ）

答案：（×）

正确答案为：记录必须修改时应采用杠改方法，电子存储记录应保留修改痕迹。

5.《环境监测质量管理技术导则》（HJ 630—2011）中，环境监测机构内部审核中发现的问题应按程序采取纠正或纠正措施，并对实施情况适时跟踪和进行有效性评价。对潜在的问题，应采取有效的预防措施。（ ）

答案：（√）

6.《环境监测质量管理技术导则》（HJ 630—2011）中，所有从事监测活动的人员应具备与其承担工作相适应的能力，接受相应的教育和培训，便可从事相应的监测工作。（ ）

答案：（×）

正确答案为：所有从事监测活动的人员应具备与其承担工作相适应的能力，接受相应的教育和培训，并按照国家环境保护行政主管部门的相关要求持证上岗。持有合格证的人员，方能从事相应的监测工作。

7.《环境监测质量管理技术导则》（HJ 630—2011）中，现场监测时，监测时段的气象等环境条件，水、电和气供给等工作条件，企业工况及污染物变化（稳定性）条件应满足监测工作要求。应有确保人员和仪器设备安全的措施。（ ）

答案：（√）

8.《环境监测质量管理技术导则》（HJ 630—2011）中，一般情况下，应该从样品测定结果中扣除全程序空白样品的测定结果。（ ）

答案：（×）

正确答案为：一般情况下，不应从样品测定结果中扣除全程序空白样品的测定结果。

9.《环境监测质量管理技术导则》（HJ 630—2011）中，校准曲线可长期使用。（ ）

答案：（×）

正确答案为：校准曲线不得长期使用，不得相互借用。

10.《环境监测质量管理技术导则》（HJ 630—2011）中，标准样品/有证标准物质可以与绘制校准曲线的标准溶液来源相同。（ ）

答案：（×）

正确答案为：标准样品/有证标准物质不应与绘制校准曲线的标准溶液来源相同。

三、单选题

1.《环境监测质量管理技术导则》（HJ 630—2011）中，环境监测机构应建立健全质量体系文件，包括质量手册、程序文件、作业指导书和记录，其中质量体系运行的纲领性文件是________。

A．质量手册　B．程序文件　C．作业指导书　D．记录

答案：A

2.《环境监测质量管理技术导则》（HJ 630—2011）中，应根据预定的计划和程序实施内部审核，内部审核的周期应为________。

A．每年一次　B．每年至少一次　C．每季度一次　D．半年一次

答案：B

3.《环境监测质量管理技术导则》（HJ 630—2011）中，空白样品测定结果一般应________于方法检出限。

A．高　B．低　C．保持不变　D．根据实际做样情况而定

答案：B

4.《环境监测质量管理技术导则》（HJ 630—2011）中，基体加标时加标量一般为样品浓度的________倍，且加标后的总浓度不应超过分析方法的测定上限。

A．1　B．1～3　C．0.5～3　D．2～3

答案：C

5.《环境监测质量管理技术导则》（HJ 630—2011）中，对检定合格的计量器具，有效数字位数可以记录到最小分度值，保留________位不确定数字。

A．一　B．两　C．三　D．四

答案：A

四、简答题

1．根据《环境监测质量管理技术导则》（HJ 630—2011）中的规定，简述什么是期间

核查？

答案：指实验室自身对其测量设备或参考标准、基准、传递标准或工作标准以及标准样品/有证标准物质（参考物质）在相邻两次检定（或校准）期间内进行核查，以保持其检定（或校准）状态的置信度，使测量过程处于受控状态，确保检（校）验结果的质量。

2．根据《环境监测质量管理技术导则》（HJ 630—2011）中的规定，简述什么是质量控制图？

答案：指以概率论及统计检验为理论基础而建立的一种既便于直观地判断分析质量，又能全面、连续地反映分析测定结果波动状况的图形。

3．根据《环境监测质量管理技术导则》（HJ 630—2011）中的规定，简述环境监测机构应有与其从事的监测活动相适应的专业技术人员和管理人员，关键岗位人。其中，关键岗位人员是指哪些人员？

答案：关键岗位人员指与质量体系有直接关系的人员，包括：最高管理者、技术负责人、质量负责人、质量监督员、内审员、特殊设备操作人员、仪器设备管理人员、样品管理人员、档案管理人员、报告审核和授权签字人等。

4．《环境监测质量管理技术导则》（HJ 630—2011）中，简述空白加标与基体加标或基体加标平行的不同。

答案：空白加标在与样品相同的前处理和测定条件下进行分析，基体加标和基体加标平行是在样品前处理之前加标，加标样品与样品在相同的前处理和测定条件下进行分析。

5．简述《环境监测质量管理技术导则》（HJ 630—2011）中，数据处理的原则。

答案：应保证监测数据的完整性，确保全面、客观地反映监测结果。不得利用数据有效性规则，达到不正当的目的；不得选择性地舍弃不利数据，人为干预监测和评价结果。

6．《环境监测质量管理技术导则》（HJ 630—2011）中，校核人员应校核的内容包括哪几方面？

答案：校核人员应检查数据记录是否完整、抄写或录入计算机时是否有误、数据是否异常等，并考虑以下因素：监测方法、监测条件、数据的有效位数、数据计算和处理过程、法定计量单位和质量控制数据等。

7．《环境监测质量管理技术导则》（HJ 630—2011）中，审核人员应审核的内容包括哪几方面？

答案：审核人员应对数据的准确性、逻辑性、可比性和合理性进行审核，重点考虑以下因素：监测点位；监测工况；与历史数据的比较；总量与分量的逻辑关系；同一监测点位的同一监测因子，连续多次监测结果之间的变化趋势；同一监测点位、同一时间（段）的样品，有关联的监测因子分析结果的相关性和合理性等。

五、论述题

1．根据《环境监测质量管理技术导则》（HJ 630—2011），监测报告应信息完整，应该包括哪些信息？

答案：监测报告应包含下列信息：

（1）报告标题及其他标志；

（2）监测性质（委托、监督等）；

（3）报告编制单位名称、地址、联系方式、编制时间，采样（监测）现场的地点（必要时）；

（4）委托单位或受检单位名称、地址、联系方式；

（5）报告统一编号（唯一性标志），总页数和页码；

（6）监测目的、监测依据（依据的文件名和编号）；

（7）样品的标志：样品名称、类别和监测项目等必要的描述，若为委托样，应特别予以注明；

（8）样品接收和测试日期；

（9）需要时，列出采样与分析人员，监测所使用的主要仪器名称、型号及品牌；

（10）监测结果：按监测方法的要求报出结果，包括监测值和计量单位等信息；

（11）报告编制人员、审核人员、授权签字人的签名和签发日期；

（12）监测委托情况（委托方、委托内容和项目等）；

（13）需要时，应注明监测结果仅对样品或批次有效的声明。

2.《环境监测质量管理技术导则》（HJ 630—2011），当需对监测结果做出解释时，监测报告中还应包括哪些信息？

答案：（1）对监测方法的偏离、增添或删节，以及特殊监测条件（如环境条件的说明）；

（2）当委托单位（或受检单位）有特殊要求时，应包括测量不确定度的信息；

（3）质量保证与质量控制：监测报告中应包含质量保证措施和质量控制数据的统计结果和结论；

（4）需要时，提出其他意见和解释；

（5）特定方法、委托单位（或受检单位）要求的附加信息。

3.《环境监测质量管理技术导则》（HJ 630—2011），对含采样结果在内的监测报告，还应包括哪些信息？

答案：（1）采样日期；

（2）采集样品的名称、类别、性质和监测项目；

（3）采样地点（必要时，附点位布置图或照片）；

（4）采样方案或程序的说明等；

（5）若采样过程中的环境条件（如生产工况、环保设施运行情况、采样点周围情况、天气状况等）可能影响监测结果时，应附详细说明；

（6）列出与采样方法或程序有关的标准或规范，以及对这些规范的偏离、增添或删节时的说明；

（7）需要时，增加项目工程建设、生产工艺、污染物的产生与治理介绍等；

（8）其他信息包括监测全过程质量控制和质量保证情况、有关图表和引用资料、必要的建议等。

参考文献

环境监测质量管理技术导则（HJ 630—2011）.

命题：王雅贞

审核：陈黎军

第三节 固定污染源监测质量保证与质量控制技术规范（HJ/T 373—2007）

一、填空题

1.《固定污染源监测质量保证与质量控制技术规范（试行）》（HJ/T 373—2007）中监测现场记录应由________或________的监测人员签字确认，必要时还须被监测的________一同签字确认。

答案：两名　两名以上　企业人员

2.《固定污染源监测质量保证与质量控制技术规范（试行）》（HJ/T 373—2007）中定电位电解法烟气测定仪和测氧仪的________寿命一般为1～2年。

答案：电化学传感器

3.《固定污染源监测质量保证与质量控制技术规范（试行）》（HJ/T 373—2007）中每台仪器与设备应备有专门的使用维护记录，记录要全面，应包含仪器与设备________、________、________、________等相关信息。

答案：检定　校准　使用　维护

4.《固定污染源监测质量保证与质量控制技术规范（试行）》（HJ/T 373—2007）中企业运行状况核查时，应记录________情况、________运行情况。

答案：企业生产　污染物治理设施

5.《固定污染源监测质量保证与质量控制技术规范（试行）》（HJ/T 373—2007）中企业生产情况包括一个季度（月）的________、________、________等。

答案：生产记录　产品产量　原材料使用量

6.《固定污染源监测质量保证与质量控制技术规范（试行）》（HJ/T 373—2007）中污染物治理设施运行情况主要包括________、________、________、________及________等。

答案：流量计使用　药剂存贮与使用　板框压滤机的使用　污泥存贮情况　处置记录

7.《固定污染源监测质量保证与质量控制技术规范（试行）》（HJ/T 373—2007）中监

测报告三级审核范围应包括________、________、________、________等方面。

答案：样品采集　交接　实验室分析原始记录　数据报表

8.《固定污染源监测质量保证与质量控制技术规范（试行）》（HJ/T 373—2007）中应对监测仪器与设备的________、________、________几方面进行检验。

答案：检定和校准　运行和维护　质量检验

9.《固定污染源监测质量保证与质量控制技术规范（试行）》（HJ/T 373—2007）中核定风量时，应在采样同时记录鼓风机和引风机的________、________等信息。

答案：风压　风量

10.《固定污染源监测质量保证与质量控制技术规范（试行）》（HJ/T 373—2007）中气态污染物采样时，应根据被测成分的状态及特性选择________、________、________措施。

答案：冷却　加热　保温

二、判断题

1.《固定污染源监测质量保证与质量控制技术规范（试行）》（HJ/T 373—2007）当采样管道为负压时，可用带有转子流量计的采样器采样。（　）

答案：（×）

正确答案为： 当采样管道为负压时，不可用带有转子流量计的采样器采样。

2.《固定污染源监测质量保证与质量控制技术规范（试行）》（HJ/T 373—2007）监测报告应执行三级审核制度。（　）

答案：（√）

3.《固定污染源监测质量保证与质量控制技术规范（试行）》（HJ/T 373—2007）监测现场记录应由两名或两名以上的监测人员签字确认。（　）

答案：（√）

4.《固定污染源监测质量保证与质量控制技术规范（试行）》（HJ/T 373—2007）定电位电解法烟气（SO_2、NO_x、CO）测定仪应在每次使用前进行校准。（　）

答案：（√）

5.《固定污染源监测质量保证与质量控制技术规范（试行）》（HJ/T 373—2007）规定不能同时采样时各运行参数及工况控制误差均不得大于±10%。（　）

答案：（×）

正确答案为： 不能同时采样时各运行参数及工况控制误差均不得大于±5%。

6.《固定污染源监测质量保证与质量控制技术规范（试行）》（HJ/T 373—2007）规定每次手工监测和在线监测比对监测数据：气态污染物不少于3对。（　）

答案：（×）

正确答案为： 每次手工监测和在线监测比对监测数据：气态污染物不少于6对。

7.《固定污染源监测质量保证与质量控制技术规范（试行）》（HJ/T 373—2007）规定

每次手工监测和在线监测比对监测数据：颗粒物、流速、烟温等样品不少于 6 对。（ ）

答案：（×）

正确答案为：每次手工监测和在线监测比对监测数据：颗粒物、流速、烟温等样品不少于 3 对。

8.《固定污染源监测质量保证与质量控制技术规范（试行）》（HJ/T 373—2007）规定采样后应重复测定废气流速，当采样前后流速变化大于±30%时，应重新采样。（ ）

答案：（×）

正确答案为：当采样前后流速变化大于±20%时，应重新采样。

9.《固定污染源监测质量保证与质量控制技术规范（试行）》（HJ/T 373—2007）规定用奥氏气体分析仪测定烟气成分时，应按 O_2、CO、CO_2 的顺序进行测定，不得反向操作。（ ）

答案：（×）

正确答案为：奥氏气体分析仪测定烟气成分时，应按 CO_2、O_2、CO 的顺序进行测定，不得反向操作。

10.《固定污染源监测质量保证与质量控制技术规范（试行）》（HJ/T 373—2007）规定温度测量时，监测点在距烟道不同位置处进行测量，求得平均值。（ ）

答案：（×）

正确答案为：温度测量时，监测点尽量位于烟道中心。

三、单选题

1.《固定污染源监测质量保证与质量控制技术规范（试行）》（HJ/T 373—2007）中每次监测时，手工监测与在线监测数据对不少于________对。

A. 3　　B. 4　　C. 2

答案：A

2.《固定污染源监测质量保证与质量控制技术规范（试行）》（HJ/T 373—2007）中定电位电解法烟气（SO_2、NO_x、CO）测定仪应在每次使用前校准，若仪器示值偏差不高于________，测定仪可以使用。

A. ±1%　　B. ±10%　　C. ±5%

答案：C

3.《固定污染源监测质量保证与质量控制技术规范（试行）》（HJ/T 373—2007）中吸收瓶应严密不漏气，多孔筛板吸收瓶发泡要均匀，在流量为 0.5L/min 时，其阻力应在________kPa。

A. 10±1.0　　B. 5±0.7　　C. 1.0±0.7

答案：B

4.《固定污染源监测质量保证与质量控制技术规范（试行）》（HJ/T 373—2007）中用奥氏气体分析仪测定烟气成分时，应按________的顺序进行测定，不得反向操作。

A. O_2、CO_2、CO　B. CO_2、O_2、CO　C. CO、O_2、CO_2　D. CO、CO_2、O_2

答案：B

5.《固定污染源监测质量保证与质量控制技术规范（试行）》（HJ/T 373—2007）中采用固定流量采样时，应随时检查流量，发现偏离应及时调整。采样后应重复测定废气流速，当采样前后流速变化大于________时，应重新采样。

A. ±10%　B. ±5%　C. ±15%　D. ±20%

答案：D

6.《固定污染源监测质量保证与质量控制技术规范（试行）》（HJ/T 373—2007）中测定去除效率不能同时采样时，各运行参数及工况控制误差均不得大于________。

A. ±5%　B. ±10%　C. ±15%　D. ±20%

答案：A

7.《固定污染源监测质量保证与质量控制技术规范（试行）》（HJ/T 373—2007）中使用吸收液采集气态污染物时，应定期对吸收瓶抽检。每批已清洗的吸收瓶抽取________检测其待测物质。

A. 15%　B. 10%　C. 5%　D. 20%

答案：C

8.《固定污染源监测质量保证与质量控制技术规范（试行）》（HJ/T 373—2007）中每次手工监测和在线监测比对监测数据：气态污染物对不少于________对，颗粒物、流速、烟温等样品不少于________对。

A. 3　6　B. 3　3　C. 6　3　D. 6　3

答案：D

9.《固定污染源监测质量保证与质量控制技术规范（试行）》（HJ/T 373—2007）中水深大于 1 m 时，应在表层下________深度处采样；水深小于或等于 1 m 时，应在水深的________处采样。

A. 1/4　1/2　B. 1/2　1/4　C. 1/2　1/2　D. 1/4　1/4

答案：A

10.《固定污染源监测质量保证与质量控制技术规范（试行）》（HJ/T 373—2007）采用平行样测定结果判定分析的精密度时，每批次监测应采集不少于________的平行样，样品数量少于________个时，至少做 1 份样品的平行样。

A. 5%　5　B. 20%　10　C. 10%　10　D. 5%　10

答案：C

11.《固定污染源监测质量保证与质量控制技术规范（试行）》（HJ/T 373—2007）温度测量时，监测点尽量位于烟道中心。温度计最小刻度应至少为________。

A. 0.5℃　B. 0.1℃　C. 0.2℃　D. 1℃

答案：D

12.《固定污染源监测质量保证与质量控制技术规范（试行）》（HJ/T 373—2007）采样后应重复测定废气流速，当采样前后流速变化大于________时，应重新采样。

A. ±10% B. ±20% C. ±5% D. ±15%

答案：B

13.《固定污染源监测质量保证与质量控制技术规范（试行）》（HJ/T 373—2007）测定去除效率时，处理设施前后应同时采样。不能同时采样时，各运行参数及工况控制误差均不得大于________。

A. ±10% B. ±20% C. ±5% D. ±15%

答案：C

四、多选题

1.《固定污染源监测质量保证与质量控制技术规范（试行）》（HJ/T 373—2007）采样人员定期抽检采样瓶并记录，质控人员随机核查。每批已清洗的采样瓶抽取 3%，检测其待测项目不包括________项目能否检出。

A. 挥发酚 B. 溶解氧 C. 细菌 D. 生化需氧量

答案：B C D

2.《固定污染源监测质量保证与质量控制技术规范（试行）》（HJ/T 373—2007）实验室分析准确度可采用分析________中的任意一种方法来控制。

A. 标准样品 B. 自配标准溶液 C. 实验室内加标回收 D. 做平行样品

答案：A B C

五、简答题

1. 简述《固定污染源监测质量保证与质量控制技术规范（试行）》（HJ/T 373—2007）中比对监测的含义。

答案：指为了验证水、气在线自动监测仪监测结果的准确性，采用手工监测方法与在线自动监测仪器法同步监测，用手工监测结果作为验证在线自动监测数据的依据。其手工监测方法应采用国家标准方法或其他现行有效方法。

2. 简述《固定污染源监测质量保证与质量控制技术规范（试行）》（HJ/T 373—2007）中现场实验室质控意义。

答案：指按照固定程序，质控样品与实际样品同步采集、同步分析的过程。其质控结果可以用来判断监测结果误差是否产生于现场采样或是实验室分析环节。

3. 简述《固定污染源监测质量保证与质量控制技术规范（试行）》（HJ/T 373—2007）中仪器与设备的检定和校准的意义。

答案：属于国家强制检定的仪器与设备，应依法送检，并在检定合格有效期内使用；属于非强制检定的仪器与设备应按照相关校准规程自行校准或核查，或送有资质的计量检定机构进行校准，校准合格并在有效期内使用。每年应对仪器与设备检定及校准情况进行核查，未按规定检定或校准的仪器与设备不得使用。

4．简述《固定污染源监测质量保证与质量控制技术规范（试行）》（HJ/T 373—2007）中质控检查的意义。

答案：每季度现场抽查仪器与设备使用情况和使用记录。检查仪器与设备运行状况是否正常，仪器与设备使用是否按操作规程要求执行，检查仪器与设备使用记录是否真实规范。抽查仪器与设备年度核查执行情况，确认仪器与设备核查使用的标准样品有效。仪器与设备年度核查方法应符合相关标准或检验规程的要求。

5．《固定污染源监测质量保证与质量控制技术规范（试行）》（HJ/T 373—2007）废气工况核查主要包括哪几方面的内容？

答案：工况核查应对核定风量、二氧化硫排放量、烟尘排放量、工业粉尘排放量、氮氧化物排放量、燃煤量测算、热工仪表核查、非燃烧工艺工况核查。

6．《固定污染源监测质量保证与质量控制技术规范（试行）》（HJ/T 373—2007）中质量保证与质量控制的定义。

答案：质量保证是环境监测过程的全面质量管理，包含保证环境监测数据准确可靠的全部活动和措施。质量控制指用以满足环境监测质量需求所采取的操作技术和活动。

六、计算题

1．某小区冬季燃气锅炉燃烧 1 800 万 m^3 燃气，计算二氧化硫的年排放量为多少？（燃烧 100 万 m^3 燃气约产生 630 kg 二氧化硫）

答案：根据燃烧 100 万 m^3 燃气约产生 630kg SO_2

$100:630=1\ 800:X$

$X=11.34\text{t/a}$

二氧化硫排放量约为 11.34t/a。

2．某一组测定水样硬度测定的 7 次结果为：6.46、6.80、6.12、6.35、6.23、6.45 和 6.08 德国度，试求出其平均值（$\bar{x}$）和测量值（x_i）6.12 的相对标准偏差（RSD）。

答案：平均值（$\bar{x}$）=（6.46+6.80+6.12+6.35+6.23+6.45+6.08）/7=6.35

$$\text{相对偏差（\%）}=\frac{x_i-\bar{x}}{\bar{x}}\times 100\%=\frac{6.12-6.35}{6.35}\times 100\%=-3.6\%$$

参考文献

固定污染源监测质量保证与质量控制技术规范（HJ/T 373—2007）.

命题：陈黎军

审核：陈黎军

第四节 环境信息网络管理维护规范（HJ 461—2009）

一、填空题

1.《环境信息网络管理维护规范》（HJ 461—2009）网络管理维护对象包括网络设备、________、终端计算机、机房空调系统、________、________、________等。

答案：服务器设备 UPS 设备 消防设备 软件系统

2.《环境信息网络管理维护规范》（HJ 461—2009）各级环境保护部门应建立软件系统________，记录软件系统维护、备份和升级情况。

答案：资产清单

3.《环境信息网络管理维护规范》（HJ 461—2009）中网络设备应提供基于________的网络管理接口。

答案：SNMP 协议

4.《环境信息网络管理维护规范》（HJ 461—2009）中网络设备运行正常情况下，告警平均响应时间不大于________s。在系统满负荷情况下，告警响应时间应不大于以上指标的________。

答案：20 150%

5.《环境信息网络管理维护规范》（HJ 461—2009）中各种日志文件应至少保存________个月的事件；原始告警信息保存时间不小于________个月，原始性能信息保存时间不小于3 个月，处理后的告警数据、性能数据保存时间不小于________个月，各类统计分析结果数据保存时间不小于________个月。

答案：12 1 3 6

6.《环境信息网络管理维护规范》（HJ 461—2009）中服务器应放置在________内，并安装固定在________中。

答案：专业机房 标准机柜

7.《环境信息网络管理维护规范》（HJ 461—2009）中检查服务器资源利用率是否满足要求，包括________、内存、________等。

答案：CPU 磁盘空间

8.《环境信息网络管理维护规范》（HJ 461—2009）中配置路由器设备的________口令，应为进入路由器特权模式配置密码。

答案：Enable

9.《环境信息网络管理维护规范》（HJ 461—2009）中机房管理制度至少应包括、________、________、________消防等方面内容。

答案：机房出入 值班及交接班 设备维护

10.《环境信息网络管理维护规范》（HJ 461—2009）中承载涉密信息系统的设备的________发射防护应依据 BMB 52000 进行防护。

答案：电磁泄漏

二、判断题

1.《环境信息网络管理维护规范》（HJ 461—2009）中网络管理维护周期应保证每 12h 对各设备循环检查一次，节假日除外。（　）

答案：（×）

正确答案为：网络管理维护周期应保证每 24 h 对各设备循环检查一次，节假日例行检查。

2.《环境信息网络管理维护规范》（HJ 461—2009）中网络管理信息与环境信息网络设备、运行的实际数据应保持一致。（　）

答案：（√）

3.《环境信息网络管理维护规范》（HJ 461—2009）中应定期检查服务器硬件状态，查看面板指示灯有无异常和告警，如出现告警，应立即关闭服务器。（　）

答案：（×）

正确答案为：如出现告警，应分析原因，并及时处理解决。

4.《环境信息网络管理维护规范》（HJ 461—2009）中机房周围环境要保持清洁和安全可靠，机房门前道路应保持畅通无阻；应保持机房环境卫生，定期打扫，定期清理；机房内的温度、湿度应符合 GB 50174 指标要求。（　）

答案：（√）

5.《环境信息网络管理维护规范》（HJ 461—2009）中当发现网络性能大幅下降时，应检查路由器情况，诊断问题原因；如路由器不能满足正常业务流量要求，可考虑升级交换机设备。（　）

答案：（×）

正确答案为：可考虑升级路由器设备。

6.《环境信息网络管理维护规范》（HJ 461—2009）中检查空调的制冷、供热、新风及电气控制等部分，发现问题及时排除，以满足机房对温度、湿度和空气含尘浓度的要求。（　）

答案：（√）

7.《环境信息网络管理维护规范》（HJ 461—2009）中 UPS 保持适当的负载，必要时可对 UPS 进行扩容。（　）

答案：（√）

8.《环境信息网络管理维护规范》（HJ 461—2009）中终端计算机维护应由网络管理维护人员填写维护记录。（　）

答案：（√）

9.《环境信息网络管理维护规范》（HJ 461—2009）中运行维护人员应熟悉交换机系统文件、配置文件的恢复和更新操作。（ ）

答案：（√）

10.《环境信息网络管理维护规范》（HJ 461—2009）中发生暂时或永久的网络拓扑改变时，应及时调整路由器配置，尽可能优化网络结构和网络性能。（ ）

答案：（√）

三、单选题

1.《环境信息网络管理维护规范》（HJ 461—2009）中缩略语 CPU 是指________。

A．核心单元 B．中央处理单元 C．机要单位 D．中间存储单元

答案：B

2.《环境信息网络管理维护规范》（HJ 461—2009）中以下哪一个是多业务传送平台的缩略语________。

A．MAC B．SDHP C．MSTP D．SNMP

答案：C

3.《环境信息网络管理维护规范》（HJ 461—2009）中以下哪一个是虚拟专用网的缩略语________。

A．VLAN B．VPN C．USP D．TCP

答案：B

4.《环境信息网络管理维护规范》（HJ 461—2009）中 MSTP 设备之间及 MSTP 设备与网络管理系统之间的通信接口采用________规定的无连接模式协议栈或 TCP/IP 协议栈。

A．ITU-T Q.811 和 Q.812 B．ITU-T Q.810 和 Q.811

C．ITU-T Q.810 和 Q.812 D．ITU-H Q.811 和 Q.812

答案：A

5.《环境信息网络管理维护规范》（HJ 461—2009）中网络设备应提供基于________协议的网络管理接口。

A．TCP/IP B．NetBEUI C．TCP/IPv4 D．SNMP

答案：D

四、多选题

1.《环境信息网络管理维护规范》（HJ 461—2009）中交换机基本配置包括下面________内容。

A．配置交换机设备名称

B．配置交换机设备的日志记录信息

C．设置交换机设备的 enable 口令，应为进入交换机特权模式配置密码

D．设置交换机设备的管理接口 IP 地址，关闭交换机上不使用的端口

答案：A B C D

2.《环境信息网络管理维护规范》（HJ 461—2009）中交换机维护应检查以下________内容。

A．资源利用率

B．网络接口带宽利用率

C．检查防病毒软件是否告警，病毒库是否更新

D．交换机系统软件运行状态

E．交换机及相连网络的状态和性能

答案：A B D E

3.《环境信息网络管理维护规范》（HJ 461—2009）中入侵检测系统 IDS（Intrusion Detection System）维护应检查以下________内容。

A．系统运行情况，检测误报率、漏报率

B．系统策略状态

C．系统资源状态

D．运行日志，日志备份及分析

答案：A B C D

4.《环境信息网络管理维护规范》（HJ 461—2009）中 VPN（Virtual Private Network）系统维护应检查以下________内容。

A．VPN 系统状态

B．VPN 策略

C．VPN 许可用户名单

D．VPN 连接数

答案：A B C D

5.《环境信息网络管理维护规范》（HJ 461—2009）中以下________不符合防火墙安全策略要求。

A．使用最小安全原则，即除非明确禁止，否则就允许

B．包含基于源 MAC 地址、目的 MAC 地址的访问控制

C．包含基于源端口、目的端口的访问控制

D．包含基于协议类型的访问控制

E．包含基于 IP 地址的访问控制

答案：A B E

五、简答题

1.《环境信息网络管理维护规范》（HJ 461—2009）中环境信息网络安全审计与监控

系统维护应检查哪些内容?

答案：安全审计与监控系统维护应检查以下内容：软件工作状态；受控端信息采集状态；备份恢复系统工作状态；数据库运行状态；系统数据信息。

2.《环境信息网络管理维护规范》（HJ 461—2009）中 UPS 系统管理维护包括哪些内容?

答案：UPS 系统管理维护包括 UPS 使用环境；UPS 电池组维护；UPS 充电电压、充电电流；UPS 放电深度；UPS 负载。

3. 简述《环境信息网络管理维护规范》（HJ 461—2009）中环境信息网路安全维护管理的内容。

答案：安全维护管理内容包括安全运行维护机构和安全运行维护机制的建立，环境、资产、设备、介质的管理，网络、系统的管理，密码、密钥的管理，运行、变更的管理，安全状态的监控和安全事件的处置，安全审计和安全检查等。

六、论述题

1.《环境信息网络管理维护规范》（HJ 461—2009）中试论述环境信息网络管理系统功能。

答案：网络管理系统应包括以下功能：

（1）配置管理：对设备配置和端口配置进行管理；

（2）性能管理：对设备的各种性能数据进行采集、存储和分析，并给出分析结果；

（3）网络拓扑管理：包括拓扑视图、网络浏览、网络监视和拓扑编辑等功能；

（4）故障管理：包括告警的监视与显示、告警过滤、告警信息定位、告警信息存储、告警信息查询统计等功能；

（5）业务管理：业务配置信息上报和查询、业务保护倒换状态查询等功能；

（6）安全管理：包括用户管理、权限控制和登录日志管理等；

（7）报表管理：根据用户需要生成报表，用于分析和保存；

（8）备份管理：应提供网络管理数据的备份功能，包括自动和手工备份，需要时可将备份数据恢复；

（9）用户管理：应限制未授权操作人员，支持分权分域管理。

2. 论述《环境信息网络管理维护规范》（HJ 461—2009）中环境信息网路机房环境要求。

答案：机房环境要求：

（1）温、湿度：机房内的温度、湿度应符合 GB 50174 指标要求；

（2）防尘：机房应具备防尘能力，保证机房内空气含尘浓度应符合 GB 50174 指标要求；

（3）噪声、电磁干扰及静电：机房应有良好的噪声控制、防电磁干扰、防静电等措施，应符合 GB 50174 指标要求；

（4）供配电：机房用电负荷等级及供电要求应符合 GB 50052—1995 标准；

（5）照明：机房照明应有应急备用设备，各种照明设备应有专人负责，定期检修。照明的照度标准应符合 GB 50174 指标要求；

（6）接地：机房接地装置的设置应满足人身的安全及计算机正常运行和系统设备的安全要求，符合 GB 50174 指标要求；

（7）给水排水：机房给排水条件应符合 GB 50174 要求；

（8）机房环境：机房周围环境要保持清洁和安全可靠，机房门前道路应保持畅通无阻；应保持机房环境卫生，定期打扫，定期清理。

参考文献

环境信息网络管理维护规范（HJ 461—2009）.

命题：毛富仁

审核：陈黎军

第五节　环境信息网络建设规范（HJ 460—2009）

一、填空题

1.《环境信息网络建设规范》（HJ 460—2009）中全国环境信息网络分为________级骨干网，________级节点。

答案：三　四

2.《环境信息网络建设规范》（HJ 460—2009）中全国环境信息广域网一级骨干网采用专线连接，带宽不低于________M。省级环境保护厅与其同城直属单位的网络互连可采用专线连接，带宽不低于________M。

答案：6　2

3.《环境信息网络建设规范》（HJ 460—2009）中在综合布线系统中，布线硬件主要包括：________、________、通信插座、插座板、________和管道等。

答案：配线架　传输介质　线槽

4.《环境信息网络建设规范》（HJ 460—2009）中综合布线包括六个子系统：________、________、管理子系统、________、________和建筑群主干子系统。

答案：工作区子系统　水平布线子系统　干线子系统　设备间子系统

5.《环境信息网络建设规范》（HJ 460—2009）中全国环境信息网络用户平台主要包括________、桌面操作系统、浏览器及________等。

答案：客户计算机　客户端应用软件

6.《环境信息网络建设规范》（HJ 460—2009）中环保系统电子政务外网安全域可以划分为三个大区域，分别是________、________和________，安全等级从低到高。

答案：外部域　共享域　内部域

7.《环境信息网络建设规范》（HJ 460—2009）中环保系统城域网是全国各级环境保护部门至同城直属单位的网络互连，为________结构。

答案：星型拓扑

8.《环境信息网络建设规范》（HJ 460—2009）中全国环境信息广域网一级骨干网络中，环境保护部为一级节点，应采用________。二级骨干网络中，各省级环境保护厅为二级节点，采用________；各地市级环境保护局采用中低端路由器。

答案：高端路由器　中高端路由器

9.《环境信息网络建设规范》（HJ 460—2009）中在全国环境信息广域网和城域网建设中网络安全设备主要是指________、________和网络脆弱性扫描系统。

答案：防火墙设备　入侵检测系统

10.《环境信息网络建设规范》（HJ 460—2009）中全国环境信息网络骨干网网际互连协议选择________协议。

答案：TCP/IP

11.《环境信息网络建设规范》（HJ 460—2009）中计算机机房最小使用面积不得小于________ m^2，除了系统安放之外，应预留足够的空间作安装、维修及操作之用。

答案：50

二、判断题

1.《环境信息网络建设规范》（HJ 460—2009）中电子政务内网为独立的网络，须与互联网和电子政务外网物理隔离。（　）

答案：（√）

2.《环境信息网络建设规范》（HJ 460—2009）中当一条链路具有高的利用率，如果优先级高的流量还可以被正常路由，业务应用质量尚可，Ping 测试时所经历的延迟也不显著，可不升级带宽。（　）

答案：（√）

3.《环境信息网络建设规范》（HJ 460—2009）中三级骨干网可采用专线连接，带宽不低于 2M，也可采用 VPN 技术，带宽不低于 1M。（　）

答案：（×）

正确答案为：采用 VPN 技术，带宽不低于 512K。

4.《环境信息网络建设规范》（HJ 460—2009）中高端路由器通常位于骨干网接入节点，为骨干网转发数据提供路由处理能力和传输带宽。（　）

答案：（√）

5.《环境信息网络建设规范》（HJ 460—2009）中防火墙等级分为一级、二级、三级、四级四个逐级提高的级别，功能强弱、安全强度和保证要求高低是等级划分的具体依据。（　）

答案：（×）

正确答案为：防火墙等级分为一级、二级、三级三个逐级提高的级别。

6.《环境信息网络建设规范》（HJ 460—2009）中全国环保系统网络的域名系统统筹规划，中央和地方分级管理。（ ）

答案：（√）

7.《环境信息网络建设规范》（HJ 460—2009）中域名必须以汉字、字母或数字开始，以汉字、字母或数字结束，内部可以使用汉字、字母、数字和连字符。（ ）

答案：（√）

8.《环境信息网络建设规范》（HJ 460—2009）中全国环保系统在全国环境信息网络中使用的域名均可从各级环境保护部门环境信息主管部门申请。（ ）

答案：（√）

9.《环境信息网络建设规范》（HJ 460—2009）中全国环境信息局域网须支持以太网协议，网络主干的传输速率不低于 1 000 Mbit/s，到桌面的传输速率不低于 100 Mbit/s。（ ）

答案：（√）

10.《环境信息网络建设规范》（HJ 460—2009）中网络综合布线信息点分布和数量应至少能满足未来 1～5 年内的应用和用户需求，避免短期内重复施工。（ ）

答案：（×）

正确答案为：满足未来 5～10 年。

三、单选题

1.《环境信息网络建设规范》（HJ 460—2009）中缩略语 FTP 是指________。

A．超文本传输协议　B．互联网协议　C．文件传输协议　D．邮局协议

答案：C

2.《环境信息网络建设规范》（HJ 460—2009）中省级环境保护厅（局）至其所属地市级（含计划单列城市和副省级城市）环境保护局的网络互连，以及直辖市环境保护局至其区、县级环境保护局的网络互连属于全国环境信息网络________级骨干网。

A．一　B．二　C．三　D．四

答案：B

3.《环境信息网络建设规范》（HJ 460—2009）中环境信息网络建设应建立网络建设工程质量保修制度。承建方应按合同，履行保修责任。保修期自工程竣工验收合格之日起不得少于________。

A．一年　B．两年　C．三年　D．五年

答案：B

4.《环境信息网络建设规范》（HJ 460—2009）中如果网络正常业务流量长时间达到整个互联网带宽的________，并且关键业务应用明显受到影响，在 Ping 测试时所经历的

延迟显著，并伴随一定的丢包率，应升级互联网带宽。

A. 5%　　B. 50%　　C. 70%　　D. 95%

答案：C

5.《环境信息网络建设规范》（HJ 460—2009）中全国环境信息广域网一级骨干网络中，环境保护部为一级节点，应采用________。

A. 高端路由器　　B. 极高端路由器　　C. 中高端路由器　　D. 低端路由器

答案：A

四、多选题

1.《环境信息网络建设规范》（HJ 460—2009）中入侵检测设备主要性能指标是________。

A. 误报率　　B. 丢包率　　C. 包转发率　　D. 漏报率

答案：A　D

2.《环境信息网络建设规范》（HJ 460—2009）中网络脆弱性扫描主要性能指标是：________。

A. 速度　　B. 稳定性　　C. 容错性　　D. 脆弱性

答案：A　B　C

3.《环境信息网络建设规范》（HJ 460—2009）中网络管理软件系统综合视图呈现须具备以下特点：________。

A. 灵活直观　　B. 集成　　C. 分权　　D. 易操作

答案：A　B　C

4.《环境信息网络建设规范》（HJ 460—2009）中全国环保系统 IP 地址规划原则是：________。

A. 全国环保系统网络地址统一规划，中央和地方分级管理，支持各部门、各地方网络的互连

B. IP 地址的分配应具有层次性、连续性，以提高 IP 地址利用率、减少路由表表项

C. 体现兼容性和可扩展性

D. 可靠性，易维护原则

答案：A　B

5.《环境信息网络建设规范》（HJ 460—2009）中局域网内计算机在 20 台以上的网络中应部署________防病毒系统，20 台以下的网络中可部署________防病毒软件。

A. 网络版　　B. 混合型　　C. 单机版　　D. 加强版

答案：A　C

五、简答题

1.《环境信息网络建设规范》（HJ 460—2009）中全国环境信息网络分为哪四级节点？

答案：环境保护部为一级节点，各省级环境保护厅（局）为二级节点，各地市级（含计划单列城市和副省级城市）环境保护局为三级节点，区、县级环境保护局为四级节点。

2.《环境信息网络建设规范》（HJ 460—2009）中网络建设主要依据哪些原则？

答案：（1）满足各级环境保护部门的业务应用系统的要求；

（2）利用已有的网络资源，与已有的专用政务网络兼容；

（3）网络体系结构应以 TCP/IP 互连技术组建，即三层及三层以上统一采用 TCP/IP 协议栈，各种物理传输媒体之上采用多种协议栈的形式支持统一的 IP 层协议；

（4）根据应用业务系统及安全保障的不同需求，满足可分级管理和控制等特殊需要，采用分布式组织架构进行分级、分权的管理；

（5）应是安全可靠、可管理、可控制和可扩展的网络，具有服务分类和服务质量保障能力。

3.《环境信息网络建设规范》（HJ 460—2009）中高端路由器和中端路由器在性能方面有何区别？

答案：两者区别如下：

性能名称	高端路由器	中端路由器
包转发率	≥80 Mpps（兆脉冲数/秒）	≥10 Mpps（兆脉冲数/秒）
交换容量	≥128 Gbit/s	≥64 Gbit/s
路由表容量	≥60 万条	≥60 万条
可靠性和可用性要求	系统必须达到或超过 99.999%的可用性 各组件均支持热插拔功能	支持接口模块的热插拔
安全性	支持用户分级管理和口令保护 支持标准和扩展 ACL，可以对报文进行过滤，防止网络攻击	支持标准和扩展 ACL

六、论述题

试论述《环境信息网络建设规范》（HJ 460—2009）中全国环境信息网络建设的基本流程。

答案：基本流程如下：

（1）立项阶段　该阶段需编制立项申请报告和项目可行性研究报告。

（2）确定监理机构　项目建设单位应按照信息系统工程监理的有关规定，委托具有信息系统工程相应监理资质的工程监理单位，对项目建设进行工程监理。

（3）招标投标阶段　环境信息网络建设工程、建设项目招标投标活动应满足相关规定。

（4）工程设计阶段　网络建设工程设计应当遵循国家标准、行业标准和地方标准，并符合网络建设工程招标合同的要求。

（5）工程实施阶段　环境信息网络建设工程实施应当符合国家标准、行业标准和地方标准，符合网络建设工程设计方案的要求。

（6）工程验收阶段　重大项目的竣工验收，必须有各级环境保护信息部门参与评审；其他项目的竣工验收，建设单位应当根据工程备案管辖邀请市或者区、县各级环境保护信息部门参加。

（7）运行及维护阶段　网络维护是环境信息网络正常运行的保证，必须给予充分的重视，并从人员、规章制度和资金等各个方面做好相应的安排。应建立网络建设工程质量保修制度。

七、计算题

某单位要建计算机机房，计算机系统设备尚未选型，据初步估算需购置设备12台(套)，包括机柜、电源、服务器、空调、文件柜、交换机等，试估算该主机房内使用面积。

答案：当计算机系统设备尚未选型时，可按下式计算：

$$A = KN$$

式中：A——计算机主机房内使用面积，m^2；

K——单台设备占用面积，可取4.5～5.5，m^2/台；

N——计算机主机房内所有设备的总台数，台。

所以，按上式计算后，答案范围应在54～66。

参考文献

环境信息网络建设规范（HJ 460—2009）.

命题：毛富仁

审核：陈黎军

第六节　环境信息化标准指南（HJ 511—2009）

一、填空题

1.《环境信息化标准指南》（HJ 511—2009）由________发布。

答案：环境保护部

2.《环境信息化标准指南》（HJ 511—2009）适用于指导________规划、建设、实施以及环境信息化标准的________工作。

答案：环境信息化　制修订

3.《环境信息化标准指南》（HJ 511—2009）中应用标准分体系主要包括__________、________和________三个二级类目。

答案：文件格式　业务流程　应用系统

4.《环境信息化标准指南》（HJ 511—2009）中环境保护核心业务应用系统包括环境监测管理、________、生态保护管理、________、________信息系统。

答案：污染监控管理　核安全与辐射管理　环境应急管理

5.《环境信息化标准指南》（HJ 511—2009）自________起实施。

答案：2010 年 1 月 1 日

6.《环境信息化标准指南》（HJ 511—2009）中信息安全标准分体系的层次结构包括信息安全________、信息安全________和信息安全________三个二级类目。

答案：总体标准　技术标准　管理标准

7.《环境信息化标准指南》（HJ 511—2009）中网络辅助设施标准主要包括________、________施工以及空调等相关标准。

答案：机房设计　　防静电

8.《环境信息化标准指南》（HJ 511—2009）中术语标准包括________术语、基础术语和________术语。

答案：环境信息　　专业

二、判断题

1.《环境信息化标准指南》（HJ 511—2009）中环境信息化标准体系由七个分体系组成。（　）

答案：（√）

2.《环境信息化标准指南》（HJ 511—2009）中术语标准的目的是统一环境信息化建设中遇到的主要名词、术语和技术词汇，避免引起对它们的歧义性理解。（　）

答案：（√）

3.《环境信息化标准指南》（HJ 511—2009）中环境信息资源共享平台建立在环境保护的基础数据库、中心数据库和共享数据库之下，它为信息资源提供共享交换机制。（　）

答案：（×）

正确答案为：建立在环境保护的基础数据库、中心数据库和共享数据库之上。

4.《环境信息化标准指南》（HJ 511—2009）中 PDCA 循环发展模式是螺旋上升的，每进行两次循环，标准体系就得到一次改进。（　）

答案：（×）

正确答案为：每进行一次循环，标准体系就得到一次改进。

5.《环境信息化标准指南》（HJ 511—2009）中环境信息化标准制修订原则中采用国际标准的程度分为等同采用、修改采用和非等效采用三种。（　）

答案：（×）

正确答案为：采用国际标准的程度分为等同采用、修改采用两种。

6.《环境信息化标准指南》（HJ 511—2009）中信息资源标准用于规范各类环保业务信息的数据类型，以实现跨部门、跨地区的信息资源共享。（　）

答案：（√）

7.《环境信息化标准指南》（HJ 511—2009）中信息化工作管理标准包括环境信息化主管部门为环境信息化建设工作制定的标准。（　）

答案：（√）

8.《环境信息化标准指南》（HJ 511—2009）中采用国际标准是指将国际标准的内容经过分析研究和试验验证，等同或修改转化为环境信息化标准，并按我国环境保护标准程序审批发布。（　）

答案：（√）

9.《环境信息化标准指南》（HJ 511—2009）中环境保护核心业务应用系统包括环境监测管理、污染监控管理、生态保护管理、核安全与辐射管理、环境应急管理信息系统。（　）

答案：（√）

10.《环境信息化标准指南》（HJ 511—2009）中数据元是指用一组属性描述定义、标识、表示和允许值的数据元。（　）

答案：（√）

三、单选题

1.《环境信息化标准指南》（HJ 511—2009）由环境保护部于________批准。

A．2010 年 1 月 1 日　　B．2010 年 11 月 16 日

C．2009 年 1 月 1 日　　D．2009 年 11 月 16 日

答案：D

2.《环境信息化标准指南》（HJ 511—2009）中环境信息化标准体系由________个分体系组成。

A．8　　B．7　　C．6　　D．5

答案：B

四、多选题

1.《环境信息化标准指南》（HJ 511—2009）规定了环境信息化标准体系的________和环境信息化标准________原则。

A．内容　　B．层次结构　　C．制修订　　D．制定

答案：B C

2.《环境信息化标准指南》（HJ 511—2009）中的应用支撑标准分体系的层次结构包括________。

A．信息交换 B．目录服务 C．描述技术 D．构件工具

答案：A B C D

3.《环境信息化标准指南》（HJ 511—2009）中环境信息化标准制修订原则中采用国际标准的程度分为________。

A．IDT B．MOD C．WOT D．NEQ

答案：A B

4.《环境信息化标准指南》（HJ 511—2009）总体标准分体系层次结构包括________两个二级类目。

A．总体框架 B．元数据 C．业务流程 D．术语

答案：A D

五、简答题

1．简述《环境信息化标准指南》（HJ 511—2009）环境信息化标准体系的定义。

答案：由环境信息化建设范围内的具有内在联系的标准组成的科学的有机整体。

2．简述《环境信息化标准指南》（HJ 511—2009）环境信息化标准体系由哪几个分体系组成？

答案：环境信息化标准体系由总体标准、应用标准、信息资源标准、应用支撑标准、网络基础设施标准、信息安全标准和管理标准七个分体系组成。

3．简述《环境信息化标准指南》（HJ 511—2009）中信息资源标准分体系的层次结构包括哪些二级类目？

答案：数据元、元数据、信息分类与编码、地理信息和数据库五个二级类目。

4．简述《环境信息化标准指南》（HJ 511—2009）中网络基础设施标准分体系的层次结构包括哪些二级类目？

答案：广域网、局域网、网络设备、网络安全、网络管理和网络辅助设施六个二级类目。

5．简述《环境信息化标准指南》（HJ 511—2009）中管理标准分体系的层次结构包括哪些二级类目？

答案：软件开发与管理标准、项目验收与监理标准、项目测试与评估标准、信息资源管理标准、信息化工作管理标准和 IT 服务管理标准六个二级类目。

六、论述题

1.《环境信息化标准指南》（HJ 511—2009）环境信息化标准体系的维护管理采用 PDCA

循环发展模式，论述该模式是如何运行的（画出运行图并解释）。

答案：

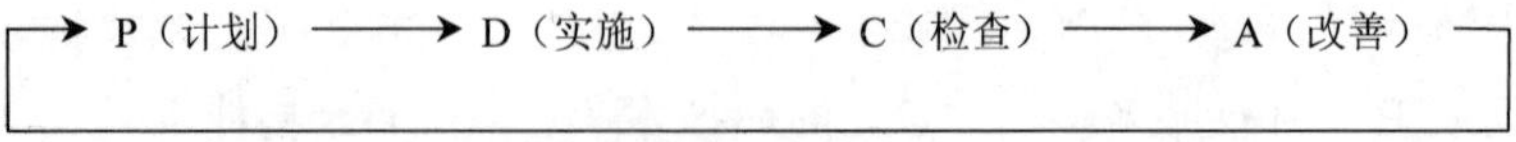

→ P（计划）——→ D（实施）——→ C（检查）——→ A（改善）（循环返回 P）

其中：

P（Plan）：为达到良好的目标，需要研究如何做好工作。对于第一次循环而言就是建立标准体系，之后的循环就是对其进行不断的改进。

D（Do）：贯彻执行体系。

C（Check）：定期或不定期检查、评审标准化工作的进展和实施情况。

A（Action）：如果检查的结果与预期的结果不一致，则进行分析研究，找出原因，并提出解决问题的计划 P（Plan）。

2．论述《环境信息化标准指南》（HJ 511—2009）环境信息化标准制修订工作遵循的基本原则。

答案：标准制修订工作应遵循下列基本原则：为贯彻落实国家环境保护有关法律、法规、规章、政策和规划，进行标准制修订项目；

标准制修订项目有助于形成完整、协调的环境保护标准体系，有利于保护生活环境、生态环境和人体健康，适应社会、经济、科学技术发展的需要；

根据我国环境保护工作的实际情况，在与经济、科技发展水平和相关单位的承受能力相适应的情况下，积极采用相应的国际标准；

标准之间应协调配套，当已经有相关标准或相关标准即将出台时，应将这些标准的有关部分作为制定环境保护标准的依据。

参考文献

环境信息化标准指南（HJ 511—2009）.

命题：毛富仁

审核：陈黎军

第九章　其　他

第一节　环境监测 分析方法标准制修订技术导则（HJ 168—2010）

一、填空题

1.《环境监测 分析方法标准制修订技术导则》（HJ 168—2010）中标准名称采用三段式表达方式，即分析方法标准所适用的所分析的指定成分或特性、________、________。

答案： 环境监测要素　　分析方法名称

2.《环境监测 分析方法标准制修订技术导则》（HJ 168—2010）中重复性指在同一实验室，使用_______由_______对同一被测对象使用相同的仪器和设备，在相同的_______下，所得测试结果之间的________。

答案： 同一方法　　同一操作者　　测试条件　　一致程度

3.《环境监测 分析方法标准制修订技术导则》（HJ 168—2010）中测定上限、测定下限是在限定误差能满足预定要求的前提下，用特定方法能够准确定量测定待测物质的________、________。

答案： 最低定量检测限　　最高定量检测限

4.《环境监测 分析方法标准制修订技术导则》（HJ 168—2010）中需自行制备的试剂和材料，应说明________、________等。

答案： 贮存时间　　注意事项

5.《环境监测 分析方法标准制修订技术导则》（HJ 168—2010）中方法验证前，参加验证的操作人员应熟悉和掌握________、________及流程。

答案： 方法原理　　操作步骤

6.《环境监测 分析方法标准制修订技术导则》（HJ 168—2010）中最终的________为各验证实验室所得数据的最高值。

答案： 方法检出限

7.《环境监测 分析方法标准制修订技术导则》（HJ 168—2010）中标准编制组除可以使用有证标准物质/标准样品外，还应提供实际样品进行方法验证，实际样品应________的适用范围。

答案： 尽量覆盖方法标准

8.《环境监测 分析方法标准制修订技术导则》（HJ 168—2010）中术语和定义应尽量采用________、________、行业标准和国际标准中的定义。

答案：国家环境保护标准　其他的国家标准

9．《环境监测 分析方法标准制修订技术导则》（HJ 168—2010）中标准制修订项目列入环境保护部计划的________及下达计划的文件号。

答案：年度

10．《环境监测 分析方法标准制修订技术导则》（HJ 168—2010）中对需要贮存的试剂和材料，应说明其________及环境条件等。

答案：制备方法

11．《环境监测 分析方法标准制修订技术导则》（HJ 168—2010）中方法验证过程中所用的________、________及分析步骤应符合方法的相关要求。

答案：试剂和材料　仪器和设备

12．《环境监测 分析方法标准制修订技术导则》（HJ 168—2010）中标准编制组根据方法验证数据及统计、分析、评估结果，最终形成________。

答案：方法验证报告

13．《环境监测 分析方法标准制修订技术导则》（HJ 168—2010）中方法特性指标包括：________、________、精密度和准确度。

答案：方法检出限　测定下限

14．《环境监测 分析方法标准制修订技术导则》（HJ 168—2010）中任务下达后标准编制组应对所开展的________和________进行简要说明。

答案：相关调查　研究工作

15．《环境监测 分析方法标准制修订技术导则》（HJ 168—2010）中准确度是测试结果与接受________间的一致程度。

答案：参照值

二、判断题

1．《环境监测 分析方法标准制修订技术导则》（HJ 168—2010）中一个数值，在重复性条件下，两次测试结果的绝对差值不超过此数的概率为90%。（　）

答案：（×）

正确答案为：一个数值，在重复性条件下，两次测试结果的绝对差值不超过此数的概率为95%。

2．《环境监测 分析方法标准制修订技术导则》（HJ 168—2010）中测定范围指测定下限和测定上限之间的范围。（　）

答案：（√）

3．《环境监测 分析方法标准制修订技术导则》（HJ 168—2010）中空白试验指对不含待测物质的样品用与实际样品同样的操作步骤进行的试验。（　）

答案：（√）

4.《环境监测 分析方法标准制修订技术导则》（HJ 168—2010）中采样应注意与现行的环境监测技术规范相衔接。（　）

答案：（√）

5.《环境监测 分析方法标准制修订技术导则》（HJ 168—2010）中在不具备获得方法精密度或准确度条件时，可采用统计等方式说明方法的可靠性。（　）

答案：（√）

6.《环境监测 分析方法标准制修订技术导则》（HJ 168—2010）中在方法验证前，操作人员应熟悉和掌握方法原理、操作步骤及流程，必要时应接受培训。（　）

答案：（×）

正确答案为：在方法验证前，参加验证的操作人员应熟悉和掌握方法原理、操作步骤及流程，必要时应接受培训。

7.《环境监测 分析方法标准制修订技术导则》（HJ 168—2010）中分析步骤中可不说明可能存在的安全隐患（如爆炸、着火、中毒等）。（　）

答案：（×）

正确答案为：分析步骤中应说明可能存在的安全隐患（如爆炸、着火、中毒等），以及必须采取专门的防护措施。

8.《环境监测 分析方法标准制修订技术导则》（HJ 168—2010）中需自行制备的试剂和材料，应说明其制备方法及环境条件等。（　）

答案：（√）

9.《环境监测 分析方法标准制修订技术导则》（HJ 168—2010）中方法的检出限和测定范围满足相关环保标准和环保工作的要求。（　）

答案：（√）

10.《环境监测 分析方法标准制修订技术导则》（HJ 168—2010）中标准编制组对各验证实验室的数据进行汇总统计分析，不用计算相对误差或加标回收率的均值及变动范围。（　）

答案：（×）

正确答案为：标准编制组对各验证实验室的数据进行汇总统计分析，应计算相对误差或加标回收率的均值及变动范围。

三、单选题

1.《环境监测 分析方法标准制修订技术导则》（HJ 168—2010）中方法检出限是用特定分析方法在给定的置信度内可从样品中定性检出待测物质的________。

A．最低浓度或最小量　　B．最高浓度或最小量

C．最高浓度或最大量　　D．最低浓度或最大量

答案：A

2.《环境监测 分析方法标准制修订技术导则》(HJ 168—2010)中标准主编单位在接到标准制修订项目计划后，应在________个月内成立（或召集各参加单位成立）标准编制组。

A. 1　　B. 2　　C. 3　　D. 4

答案：B

3.《环境监测 分析方法标准制修订技术导则》(HJ 168—2010)中国际标准化组织英文缩写为________。

A. ISO　　B. EPA　　C. ASTM　　D. CIS

答案：A

4.《环境监测 分析方法标准制修订技术导则》(HJ 168—2010)中量和单位的表达执行________的规定。

A. HJ 656　　B. HJ 545　　C. HJ 565　　D. HJ 585

答案：D

5.《环境监测 分析方法标准制修订技术导则》(HJ 168—2010)中在标准编制过程中参考过的文献应列入标准的“________”中。

A. 参考文献　　B. 附录　　C. 一般要求　　D. 注意事项

答案：A

四、多选题

1.《环境监测 分析方法标准制修订技术导则》(HJ 168—2010)中说明实验室样品和试样的准备方法，包括采样的特殊要求、样品量和________等。

A. 制备方法　B. 样品名称　C. 贮存时间　D. 贮存条件

答案：A　D

2.《环境监测 分析方法标准制修订技术导则》(HJ 168—2010)中方法检出限、测定范围的确定过程，包括记录的________等内容。

A. 试验数据　B. 统计分析方法　C. 计算公式　D. 统计结果

答案：A　B　C

3.《环境监测 分析方法标准制修订技术导则》(HJ 168—2010)中方法特性指标包括：________。

A. 测定下限　　B. 精密度　　C. 准确度　　D. 方法检出限

答案：A　B　C　D

五、简答题

1.《环境监测 分析方法标准制修订技术导则》(HJ 168—2010)中再现性又称什么？定义是什么？

答案：再现性又称“复现性”，指在不同的实验室，使用同一方法由不同的操作者对同一被测对象使用相同的仪器和设备，在相同的测试条件下，所得测试结果之间的一致程度。

2.《环境监测 分析方法标准制修订技术导则》（HJ 168—2010）中方法标准的基本要求有哪些？

答案：方法标准应能满足相关环境质量标准。污染物排放（控制）标准要求；应与相关的污染物采样方法标准等环境保护标准相衔接；采用的方法应稳定可靠，具有科学性、合理性、实用性；内容完整、表述准确、易于理解、便于实施；方法标准相关技术文件和数据资料完整。

3.《环境监测 分析方法标准制修订技术导则》（HJ 168—2010）中质量控制可以包括但不限于哪些内容？

答案：（1）仪器性能的检查方法和控制指标；（2）校准的控制指标要求；（3）空白试验的具体要求和具体指标；（4）准确性测量的控制方法和结果的控制范围；（5）重复性测量的控制方法和结果的控制范围；（6）质量控制图的绘制。

4．简述《环境监测 分析方法标准制修订技术导则》（HJ 168—2010）中标准制修订的基本原则。

答案：方法的检出限和测定范围满足相关环保标准和环保工作的要求；方法准确可靠，满足各项方法特性指标的要求；方法具有普遍适用性，易于推广使用。

5.《环境监测 分析方法标准制修订技术导则》（HJ 168—2010）中开题论证报告的内容要求拟开展的主要工作包括什么？

答案：介绍制定本标准的工作方法和主要工作内容，包括分阶段进行查阅相关文献、准备试验、开展试验、分析结果等；介绍方法验证的初步方案和工作方法；工作计划及时间进度安排。

参考文献

环境监测 分析方法标准制修订技术导则（HJ 168—2010）.

命题：朱卫平

审核：陈黎军

第二节 突发环境事件应急监测技术规范（HJ 589—2010）

一、填空题

1.《突发环境事件应急监测技术规范》（HJ 589—2010）中规定，突发环境事件发生后，对________、________和________进行监测。

答案：污染物　　污染物浓度　　污染范围

2.《突发环境事件应急监测技术规范》(HJ 589—2010)中规定，在以多种形式上报的应急监测结果中，应以最终上报的________为准。

答案：正式应急监测报告

3.《突发环境事件应急监测技术规范》(HJ 589—2010)中规定，应急监测中的定性监测结果可用________和________来表示，并尽可能注明监测项目的________。

答案：检出　　未检出　　检出限

4.《突发环境事件应急监测技术规范》(HJ 589—2010)中规定，应急监测样品，应该________，直至事故处理完毕。对含有剧毒或大量有毒、有害化合物的样品，不能随意处置，应作________。

答案：留样　　无害化处理

5.《突发环境事件应急监测技术规范》(HJ 589—2010)中规定，对地下水的监测应以事故地点为中心，根据本地区地下水流向采用________法或________法布设监测井采样，同时视地下水主要补给来源，在垂直地下水流的上方，设置________监测井采样；在以地下水为饮用水来源的________必须设置采样点。

答案：网格　　辐射　　对照　　取水处

6.《突发环境事件应急监测技术规范》(HJ 589—2010)中规定，对大气的监测应以事故地点为中心，在下风向按一定间隔的扇形或圆形布点，并根据污染物的特性在不同高度采样，同时在事故点的________适当位置布设对照点；在可能受污染影响的居民住宅区或人群活动区等________必须设置采样点，采样过程中应注意风向变化，及时调整采样点位置。

答案：上风向　　敏感点

7.《突发环境事件应急监测技术规范》(HJ 589—2010)中规定，在污染事故责任不清的情况下，可采用________和确定特征污染物的方法，追查确定污染来源或者事故责任者。

答案：逆向跟踪监测

8.《突发环境事件应急监测技术规范》(HJ 589—2010)中规定，凡具备现场测定条件的监测项目，应尽量________。必要时，另采集一份样品 ________，以确认现场的定性或定量分析结果。

答案：进行现场测定　　送实验室分析测定

9.《突发环境事件应急监测技术规范》(HJ 589—2010)中规定，样品管理的目的是为了保证样品的采集、保存、运输、接受、分析、处置工作有序进行，确保样品在传递过程中始终处于________。

答案：受控状态

10.《突发环境事件应急监测技术规范》(HJ 589—2010)中规定，突发环境事件由于其发生的突然性、形式的多样性、成分复杂性决定了应急监测项目往往一时难以确定，此时应通过多种途径尽快确定________和________。

答案：主要污染物　　监测项目

二、判断题

1.《突发环境事件应急监测技术规范》（HJ 589—2010）中规定，在应急监测中，如果现行监测分析标准方法不能满足要求时，可选用ISO、EPA、JIS等国际或国外分析方法。（　）

答案：（√）

2.《突发环境事件应急监测技术规范》（HJ 589—2010）中规定，对地下水的监测应以事故地点为中心，根据本地区地下水流向采用网格法或辐射法布设监测井采样。（　）

答案：（√）

3.《突发环境事件应急监测技术规范》（HJ 589—2010）中规定，应急监测中，如果遇到特殊紧急情况，人力资源不足时，可由一人单独进行取样监测。（　）

答案：（×）

正确答案为：应至少两人同行。

4.《突发环境事件应急监测技术规范》（HJ 589—2010）中规定，在应急监测中，除了根据已知的污染物确定监测项目外，还需要考虑污染物在环境中可能发生的反应，衍生成的其他有毒有害物质。（　）

答案：（√）

5.《突发环境事件应急监测技术规范》（HJ 589—2010）中规定，环境监测每批样品每个项目分析时均须做平行样品：当5个样品以下时，平行样不少于1个。（　）

答案：（√）

6.《突发环境事件应急监测技术规范》（HJ 589—2010）中规定，实验室原始记录要有统一编号，应随监测报告及时、按期归档。（　）

答案：（√）

7.《突发环境事件应急监测技术规范》（HJ 589—2010）中规定，实验室原始记录要真实及时，不应追记，记录要清晰完整，字迹要端正。（　）

答案：（√）

三、单选题

1.《突发环境事件应急监测技术规范》（HJ 589—2010）中规定，突发环境事故后，污染物在水体内流经一定距离而达到最大混合程度，因稀释、扩散和降解作用，其主要污染物浓度有明显降低的断面是________。

A．交界断面　　B．控制断面　　C．削减断面　　D．下游断面

答案：C

2.《突发环境事件应急监测技术规范》(HJ 589—2010) 中规定，对在区域之间（省与省、市与市之间）发生的突发环境事件，应由________负责协调、组织实施应急监测。

A. 上级环境监测站　B. 省级监测站　C. 市级监测站　D. 监测总站

答案：A

3.《突发环境事件应急监测技术规范》(HJ 589—2010) 中规定，应急监测时，对地下水的监测应以________为中心进行布点采样。

A. 事故发生地　B. 集中式饮用水井　C. 对照井　D. 有可能受污染的井

答案：A

4.《突发环境事件应急监测技术规范》(HJ 589—2010) 中规定，突发环境事件应急检测技术规范规定了突发环境事件应急监测的布点与采样、监测项目与相应的现场监测和实验室监测分析方法、________、监测的质量保证等的技术要求。

A. 人员配备　B. 监测数据的处理与上报　C. 经费来源　D. 组织机构

答案：B

5.《突发环境事件应急监测技术规范》(HJ 589—2010) 中规定，突发环境事件应急监测结果应以电话、传真、监测快报等形式立即上报，跟踪监测结果以监测简报形式在监测________报送，事故处理完毕后，应出具应急监测报告。

A. 当天　B. 次日　C. 三天内　D. 一周内

答案：B

6.《突发环境事件应急监测技术规范》(HJ 589—2010) 中规定，突发环境事件应急监测报告实行________级审核。

A. 一　B. 二　C. 三　D. 四

答案：C

7.《突发环境事件应急监测技术规范》(HJ 589—2010) 中规定，突发环境事件应急监测采样和现场监测，至少________人同行。

A. 1　B. 2　C. 3　D. 4

答案：B

8.《突发环境事件应急监测技术规范》(HJ 589—2010) 中规定，应急监测采样仪器应在校准周期内使用，进行日常的维护、保养，确保仪器设备始终保持良好的技术状态，仪器离开实验室前应进行必要的________。

A. 清洁　B. 受控　C. 维护　D. 检查

答案：D

9.《突发环境事件应急监测技术规范》(HJ 589—2010) 中规定，________指为掌控污染程度、范围及变化趋势，在突发环境事件发生后所进行的连续监测，直至地表水、地下水、大气和土壤环境恢复正常。

A. 连续监测　B. 跟踪监测　C. 应急监测　D. 持续监测

答案：C

10.《突发环境事件应急监测技术规范》（HJ 589—2010）中规定，对湖（库）的采样点布设应以事故发生地为中心，按水流方向在一定间隔的________布点。

A．扇形或圆形　B．距离　C．时间　D．长短

答案：A

四、多选题

1.《突发环境事件应急监测技术规范》（HJ 589—2010）中规定，突发环境事件的应急监测结果可用________监测结果来表示。

A．感官描述　B．定性　C．半定量　D．定量

答案：B　C　D

2.《突发环境事件应急监测技术规范》（HJ 589—2010）中规定，重大或特大突发环境事件的应急监测报告应上报________。

A．当地人民政府　B．当地环境保护行政主管部门

C．监测任务下达单位　D．上一级环境监测部门

答案：B　C　D

3.《突发环境事件应急监测技术规范》（HJ 589—2010）中规定，为及时上报突发环境事件应急监测的监测结果，可采用________等形式报送监测结果等简要信息。

A．电话　B．传真　C．电子邮件　D．监测快报、简报

答案：A　B　C　D

4.《突发环境事件应急监测技术规范》（HJ 589—2010）中规定，半定量监测结果可给出所测污染物的________。

A．测定结果　B．测定范围　C．检出限

答案：A　B　C

5.《突发环境事件应急监测技术规范》（HJ 589—2010）中规定，采样人员必须经过培训持证上岗能切实掌握环境污染事故采样布点技术，熟知________。

A．采样器具的使用　B．样品采集（富集）　C．样品固定　D．样品保存和运输

答案：A　B　C　D

五、简答题

1.《突发环境事件应急监测技术规范》（HJ 589—2010）中规定，应急监测的布点原则是什么？

答案：应急监测的布点应以突发环境事件发生地及其附近区域为主，同时注重人群和生活环境，重点关注对饮用水水源地、人群活动区域的空气、农田土壤等区域的影响，合理设置监测点，以掌握污染发生地状况，反映事故发生区域环境的污染程度和范围，以尽

量少的监测点获得有足够代表性的信息，并要考虑到采样的可行性和方便性。

2.《突发环境事件应急监测技术规范》（HJ 589—2010）中规定，应急监测时确定的采样频次的基本原则是什么？

答案：采样频次应根据现场污染状况来确定。事故刚发生时，采样频次可适当增加，待摸清污染物变化规律后，可减少采样频次。依据不同环境区域功能和事故发生地的污染实际情况，力求以最低的采样频次，取得最有代表性的样品，既满足反映环境污染的程度、范围的要求，又切实可行。

3. 简述《突发环境事件应急监测技术规范》（HJ 589—2010）中规定，突发环境事件监测报告报送范围。

答案：按当地突发性环境污染事件（故）应急预案要求进行报送。一般突发环境事件监测报告上级当地环境保护行政主管部门及任务下达单位，重大和特大突发环境事件除上报当地环境保护行政主管部门及任务下达单位外，还应报上级环境监测部门。

参考文献

突发环境事件应急监测技术规范（HJ 589—2010）.

命题：丁梅梅

审核：陈黎军

第三节 数字修约规则与极限数值的表示和判定（GB/T 8170—2008）

一、填空题

1.《数字修约规则与极限数值的表示和判定》（GB/T 8170—2008）中规定经过数值修约的数值称为________。

答案：修约值

2.《数字修约规则与极限数值的表示和判定》（GB/T 8170—2008）中规定修约值的最小数值单位称为________。

答案：修约间隔

3.《数字修约规则与极限数值的表示和判定》（GB/T 8170—2008）中规定测定值或其计算值与标准规定的极限数值比较方法有________、________。

答案：全数值比较法　修约数值比较法

二、判断题

1.《数字修约规则与极限数值的表示和判定》（GB/T 8170—2008）中规定修约数字可以连续修约。（　）

答案：（×）

正确答案为：修约数字不可以连续修约。

2.《数字修约规则与极限数值的表示和判定》（GB/T 8170—2008）中规定当标准或有关文件中若对极限数值无特殊规定时，均使用修约数值比较法。（ ）

答案：（×）

正确答案为：当标准或有关文件中若对极限数值无特殊规定时，均使用极限数值比较法。

3.《数字修约规则与极限数值的表示和判定》（GB/T 8170—2008）中规定使用一种比较方法，经确定后，可以改动。（ ）

答案：（×）

正确答案为：规定使用一种比较方法，经确定后，不可以改动。

4.《数字修约规则与极限数值的表示和判定》（GB/T 8170—2008）中对同样的极限数值全数值比较法比修约值比较法相对较严格。（ ）

答案：（√）

5.《数字修约规则与极限数值的表示和判定》（GB/T 8170—2008）中规定 97.46 修约成整数应为 98。（ ）

答案：（×）

正确答案为：应为 97。

6.《数字修约规则与极限数值的表示和判定》（GB/T 8170—2008）中规定 15.4546 修约成整数应为 15。（ ）

答案：（√）

7.《数字修约规则与极限数值的表示和判定》（GB/T 8170—2008）中规定 15.50^-表示实际值小于 15.50。（ ）

答案：（√）

8.《数字修约规则与极限数值的表示和判定》（GB/T 8170—2008）中规定 16.50^+表示实际值大于 16.50。（ ）

答案：（√）

9.《数字修约规则与极限数值的表示和判定》（GB/T 8170—2008）中规定 0.5 单位修约也称半个单位修约。（ ）

答案：（√）

10.《数字修约规则与极限数值的表示和判定》（GB/T 8170—2008）中规定从 79～82 mm 正确表述为 80_{+2}^{-1}。（ ）

答案：（×）

正确答案为：从 79～82 mm 正确表述为 80_{-1}^{+2}。

11.《数字修约规则与极限数值的表示和判定》（GB/T 8170—2008）中规定从 79～

81 mm 正确表述为80_{+1}^{-1}。（ ）

答案：（×）

正确答案为：从 79～81 mm 正确表述为80_{-1}^{+1}。

12.《数字修约规则与极限数值的表示和判定》（GB/T 8170—2008）中规定从 10±0.1（不含 0.1），是指从 9.9 到接近但不足 10.1。（ ）

答案：（√）

13.《数字修约规则与极限数值的表示和判定》（GB/T 8170—2008）中规定从 10±0.1（不含−0.1），是指接近但不足 9.9 到 10.1。（ ）

答案：（√）

14.《数字修约规则与极限数值的表示和判定》（GB/T 8170—2008）中规定拟舍去数值的最左一位等于 5，且其后无数字或皆为 0，若保留的末位数字为偶数（0、2、4、6、8）数字，则进一。（ ）

答案：（×）

正确答案为：拟舍去数值的最左一位等于 5，且其后无数字或皆为 0，若保留的末位数字为偶数（0、2、4、6、8）数字，则舍去。

15.《数字修约规则与极限数值的表示和判定》（GB/T 8170—2008）中规定拟舍去数值的最左一位等于 5，且其后无数字或皆为 0，若保留的末位数字为奇数（1、3、5、7、9）数字，则舍去。（ ）

答案：（×）

正确答案为：拟舍去数值的最左一位等于 5，且其后无数字或皆为 0，若保留的末位数字为奇数（1、3、5、7、9）数字，则进一。

16.《数字修约规则与极限数值的表示和判定》（GB/T 8170—2008）中规定拟舍去数值的最左一位等于 5，则进一。（ ）

答案：（×）

正确答案为：拟舍去数值的最左一位等于 5，且其后无数字或皆为 0，若保留的末位数字为奇数（1、3、5、7、9）数字，则进一；拟舍去数值的最左一位等于 5，且其后无数字或皆为 0，若保留的末位数字为偶数（0、2、4、6、8）数字，则舍去。

17.《数字修约规则与极限数值的表示和判定》（GB/T 8170—2008）中规定拟舍去数值的最左一位小于或等于 5，则舍去。（ ）

答案：（×）

正确答案为：拟舍去数值的最左一位等于 5，且其后无数字或皆为 0，若保留的末位数字为奇数（1、3、5、7、9）数字，则进一；拟舍去数值的最左一位等于 5，且其后无数字或皆为 0，若保留的末位数字为偶数（0、2、4、6、8）数字，则舍去。

18.《数字修约规则与极限数值的表示和判定》（GB/T 8170—2008）中规定 15.4546 修约成整数的正确做法为 15.4546→15.455→15.46→15.5→16。（ ）

答案：（×）

正确答案为：15.4546→15

19.《数字修约规则与极限数值的表示和判定》（GB/T 8170—2008）中规定 97.46 修约成整数的正确做法为 97.46→97.5→98。（　）

答案：（×）

正确答案为：97.46→97

三、单选题

1.《数字修约规则与极限数值的表示和判定》（GB/T 8170—2008）中规定拟舍去数值的最左一位________，则舍去。

A．小于 5　　B．大于 5　　C．等于 5

答案：A

2.《数字修约规则与极限数值的表示和判定》（GB/T 8170—2008）中规定拟舍去数值的最左一位________，则进一。

A．小于 5　　B．大于 5　　C．等于 5

答案：B

3.《数字修约规则与极限数值的表示和判定》（GB/T 8170—2008）中规定拟舍去数值的最左一位________，且其后有非 0 数字则进一。

A．小于 5　　B．大于 5　　C．等于 5

答案：C

4.《数字修约规则与极限数值的表示和判定》（GB/T 8170—2008）中规定拟舍去数值的最左一位________，且其后无数字或皆为 0，若保留的末位数字为奇数（1、3、5、7、9）数字，则进一。

A．小于 5　　B．大于 5　　C．等于 5

答案：C

5.《数字修约规则与极限数值的表示和判定》（GB/T 8170—2008）中规定拟舍去数值的最左一位________，且其后无数字或皆为 0，若保留的末位数字为偶数（0、2、4、6、8）数字，则舍去。

A．小于 5　　B．大于 5　　C．等于 5

答案：C

6.《数字修约规则与极限数值的表示和判定》（GB/T 8170—2008）中 10.502 修约为整数应为________。

A．10　　B．11

答案：B

7.《数字修约规则与极限数值的表示和判定》（GB/T 8170—2008）中 10.550 0 修约为

一位小数应为________。

A．10.5　　B．10.6

答案：B

四、简答题

1．简述《数字修约规则与极限数值的表示和判定》（GB/T 8170—2008）中数字修约的含义。

答案：《数字修约规则与极限数值的表示和判定》（GB/T 8170—2008）中规定通过省略原数值的最后若干位数字，使最后得到的值最接近原数值的值称为数字修约。

2．简述《数字修约规则与极限数值的表示和判定》（GB/T 8170—2008）中极限数值的含义。

答案：考核的以数量形式给出且符合该标准（或技术规范）要求的指标数值范围的界限值。

3．简述《数字修约规则与极限数值的表示和判定》（GB/T 8170—2008）中全数值比较法的含义。

答案：《数字修约规则与极限数值的表示和判定》（GB/T 8170—2008）中规定将测试所得的测定值或计算值不经修约处理（或虽经修约处理，但应标明它是经舍、进或未进未舍而得），用该数值与规定的极限数值作比较，只要超出极限数值规定的范围（不论超出程度大小），都判定为不合格。

4．简述《数字修约规则与极限数值的表示和判定》（GB/T 8170—2008）中修约值比较法的含义。

答案：《数字修约规则与极限数值的表示和判定》（GB/T 8170—2008）中规定将测定值或计算值进行修约，修约位数与规定的极限数值一致，修约后的数值与极限数值进行比较，只要超出极限数值规定的范围（不论超出程度大小），都判定为不合格。

五、计算题

1．按《数字修约规则与极限数值的表示和判定》（GB/T 8170—2008）规定对下列数字进行修约。

（1）修约至一位小数：

①12.149 8　②1.050　③0.35　④15.454 6　⑤3.55　⑥3.25

答案：①12.1　②1.0　③0.4　④15.4　⑤3.6　⑥3.2

（2）修约至整数：

①10.500 02　②1.050　③2.500　④3.500　⑤0.35　⑥2 500　⑦3 500

答案：①11　②1　③2　④4　⑤0　⑥$2\times10^3$　⑦$4\times10^3$

2．中碳钢抗拉强度极限数值≥14×100MPa，一组测定值为1 349、1 351、1 400和1 402，上述修约值分别为 13×100、14×100、14×100、14×100，按全数值比较法进行比较以上数值是否符合要求？

答案：按《数字修约规则与极限数值的表示和判定》（GB/T 8170—2008）规定，全数值比较法要求用该数值与规定的极限数值作比较，只要超出极限数值规定的范围（不论超出程度大小），都判定为不合格，因此 1 349 和 1 351 数据不符合，1 400 和 1 402 不符合要求。

3．中碳钢抗拉强度极限数值≥14×100MPa，一组测定值为 1 349、1 351、1 400 和 1 402，上述修约值分别为 13×100、14×100、14×100、14×100，按修约值比较法进行比较以上数值是否符合要求？

答案：按《数字修约规则与极限数值的表示和判定》（GB/T 8170—2008）规定，将测定值或计算值进行修约，修约位数与规定的极限数值一致，修约后的数值与极限数值进行比较，只要超出极限数值规定的范围（不论超出程度大小），都判定为不合格，1 349 的修约值为 13×100，因此不合格，其余 1 351、1 400 和 1 402 的修约值均为 14×100，因此 1 351、1 400 和 1 402 符合要求。

4．NaOH 的质量分数极限数值≥97.0%，一组测定值为 97.01、97.0、96.96 和 96.94，上述修约值分别为 97.0、97.0、97.0、96.9，按修约值比较法进行比较以上数值是否符合要求？

答案：按《数字修约规则与极限数值的表示和判定》（GB/T 8170—2008）规定，将测定值或计算值进行修约，修约位数与规定的极限数值一致，修约后的数值与极限数值进行比较，只要超出极限数值规定的范围（不论超出程度大小），都判定为不合格，97.01、97.0、96.96 符合要求，96.94 不符合要求。

5．NaOH 的质量分数极限数值≥97.0%，一组测定值为 97.01、97.0、96.96 和 96.94，上述修约值分别为 97.0、97.0、97.0、96.9，按全值比较法进行比较以上数值是否符合要求？

答案：按《数字修约规则与极限数值的表示和判定》（GB/T 8170—2008）规定，全数值比较法要求用该数值与规定的极限数值作比较，只要超出极限数值规定的范围（不论超出程度大小），都判定为不合格，97.01、97.0 为合格数据，96.96 和 96.94 不符合要求。

6．中碳钢硅的质量分数≤0.5%，一组测定值为 0.452、0.500、0.549 和 0.551，上述修约值分别为 0.5、0.5、0.5 和 0.6，按全值比较法进行比较以上数值是否符合要求？

答案：按《数字修约规则与极限数值的表示和判定》（GB/T 8170—2008）规定，全数值比较法要求用该数值与规定的极限数值作比较，只要超出极限数值规定的范围（不论超出程度大小），都判定为不合格，0.452、0.500 为合格数据，0.549、0.551 不符合要求。

7．中碳钢硅的质量分数≤0.5%，一组测定值为 0.452、0.500、0.549 和 0.551，上述修约值分别为 0.5、0.5、0.5 和 0.6，按修约比较法进行比较以上数值是否符合要求？

答案：按《数字修约规则与极限数值的表示和判定》（GB/T 8170—2008）规定，将测定值或计算值进行修约，修约位数与规定的极限数值一致，修约后的数值与极限数值进行比较，只要超出极限数值规定的范围（不论超出程度大小），都判定为不合格，0.452、0.500、0.549 为合格数据，0.551 为不合格数据。

8．中碳钢锰的质量分数≤1.2～1.6，一组测定值为 1.151、1.200、1.649 和 1.651，上述修约值分别为 1.2、1.2、1.6 和 1.7，按修约比较法进行比较以上数值是否符合要求？

答案：按《数字修约规则与极限数值的表示和判定》（GB/T 8170—2008）规定，将测定值或计算值进行修约，修约位数与规定的极限数值一致，修约后的数值与极限数值进行比较，只要超出极限数值规定的范围（不论超出程度大小），都判定为不合格，1.151、1.200、1.649 为合格数据，1.651 为不合格数据。

9．中碳钢锰的质量分数≤1.2～1.6，一组测定值为 1.151、1.200、1.649 和 1.651，上述修约值分别为 1.2、1.2、1.6 和 1.7，按全值比较法进行比较以上数值是否符合要求？

答案：按《数字修约规则与极限数值的表示和判定》（GB/T 8170—2008）规定，全数值比较法要求用该数值与规定的极限数值作比较，只要超出极限数值规定的范围（不论超出程度大小），都判定为不合格，1.200 为合格数据，1.151、1.649 和 1.651 为不合格数据。

10．盘条直径 10.0±0.1 一组测定值为 9.89、9.85、10.10 和 10.16，上述修约值分别为 9.9、9.8、10.1 和 10.2 按全值比较法进行比较以上数值是否符合要求？

答案：按《数字修约规则与极限数值的表示和判定》（GB/T 8170—2008）规定，全数值比较法要求用该数值与规定的极限数值作比较，只要超出极限数值规定的范围（不论超出程度大小），都判定为不合格，10.10 为合格数据，9.89、9.85 和 10.16 为不合格数据。

11．盘条直径 10.0±0.1 一组测定值为 9.89、9.85、10.10 和 10.16，上述修约值分别为 9.9、9.8、10.1 和 10.2 按修约比较法进行比较以上数值是否符合要求？

答案：按《数字修约规则与极限数值的表示和判定》（GB/T 8170—2008）规定，将测定值或计算值进行修约，修约位数与规定的极限数值一致，修约后的数值与极限数值进行比较，只要超出极限数值规定的范围（不论超出程度大小），都判定为不合格，9.89、10.10 为合格数据，9.85、10.16 为不合格数据。

12．将下列数值 60.25、60.38、60.28、-60.75 按 0.5 单位进行个位数修约。

答案：按《数字修约规则与极限数值的表示和判定》（GB/T 8170—2008）规定，0.5 单位进行修约先将数值乘以 2，分别得出 120.50、120.76、120.56 和-121.50，按整数位修约为 120、121、121 和-122，按指定的修约间隔对 120、121、121 和-122 所得的数值再除以 2，修约值即为 60.0、60.5、60.5 和-61.0。

13．将下列数值 830、842、832 和－930 按 0.2 单位进行百位数修约。

答案：按《数字修约规则与极限数值的表示和判定》（GB/T 8170—2008）规定，0.2 单位进行修约先将数值乘以 5，分别得出 4 150、4 210、4 160 和-4 650 按指定的修约间隔对 4 150、4 210、4 160 和-4 650 进行修约值分别为 4 200、4 200、4 200 和-4 600，所得的数再除以 5，修约值为 840、840、840、-920。

参考文献

数字修约规则与极限数值的表示和判定（GB/T 8170—2008）.

命题：陈黎军

审核：陈黎军

第四节 环境保护图形标志—排放口（源）（GB 15562.1—1995）

一、填空题

1.《环境保护图形标志—排放口（源）》（GB 15562.1—1995）中图形符号类型分为________、________和________图形三种符号。

答案：污水排放口 废气排放口 噪声排放源

2.《环境保护图形标志—排放口（源）》（GB 15562.1—1995）图形符号分为________和________两种。

答案：提示图形符号 警告图形符号

3.《环境保护图形标志—排放口（源）》（GB 15562.1—1995）图形标志牌应设在与之________相应的________处。

答案：功能 醒目

4.《环境保护图形标志—排放口（源）》（GB 15562.1—1995）中各级环境保护行政主管部门对排放口（源）标志牌进行________实施。

答案：统一监督

5.《环境保护图形标志—排放口（源）》（GB 15562.1—1995）中标志牌必须保持________、________。

答案：清晰 完整

6.《环境保护图形标志—排放口（源）》（GB 15562.1—1995）标志牌检查时间至少________。

答案：每年一次

7.《环境保护图形标志—排放口（源）》（GB 15562.1—1995）标志牌当发现________、或________有变化、________等不符合本标准的情况，应及时修复或更换。

答案：形象损坏 颜色污染 褪色

二、判断题

1.《环境保护图形标志—排放口（源）》（GB 15562.1—1995）标准中标志牌制作由国家环境保护局统一监制。（ ）

答案：（√）

2.《环境保护图形标志—排放口（源）》（GB 15562.1—1995）中规定了环境保护行政主管部门对污水排放口、废气排放口和噪声排放源三种图形。（ ）

答案：（√）

3.《环境保护图形标志—排放口（源）》（GB 15562.1—1995）中提示图形符号是用于提醒人们污染物排放可能造成危害的符号。（ ）

答案：（×）

正确答案为：用于向人们提供某种环境信息的符号。

4.《环境保护图形标志—排放口（源）》（GB 15562.1—1995）中警告图形符号用于向人们提供某种环境信息的符号。（ ）

答案：（×）

正确答案为：用于提醒人们注意污染物排放可能造成危害的符号。

5.《环境保护图形标志—排放口（源）》（GB 15562.1—1995）中警告标志形状正方形边框。（ ）

答案：（×）

正确答案为：警告标志形状为三角形边框。

6.《环境保护图形标志—排放口（源）》（GB 15562.1—1995）中提示标志形状三角形边框。（ ）

答案：（×）

正确答案为：提示标志形状为正方形边框。

7.《环境保护图形标志—排放口（源）》（GB 15562.1—1995）中警告标志图形颜色为黑色。（ ）

答案：（√）

8.《环境保护图形标志—排放口（源）》（GB 15562.1—1995）中提示标志图形颜色为绿色。（ ）

答案：（×）

正确答案为：图形颜色为白色。

9.《环境保护图形标志—排放口（源）》（GB 15562.1—1995）中警告标志背景颜色为白色。（ ）

答案：（×）

正确答案为：图形颜色为黄色。

10.《环境保护图形标志—排放口（源）》（GB 15562.1—1995）中提示标志背景颜色为黄色。（ ）

答案：（√）

11.《环境保护图形标志—排放口（源）》（GB 15562.1—1995）中 为污水排放口警示图形。（　）

答案：（√）

12.《环境保护图形标志—排放口（源）》（GB 15562.1—1995）  为废气排放口警示图形。（　）

答案：（√）

13.《环境保护图形标志—排放口（源）》（GB 15562.1—1995）  为噪声排放口提醒图形。（　）

答案：（×）

正确答案为：

14.《环境保护图形标志—排放口（源）》（GB 15562.1—1995）中警告标志污水排放口、废气排放口、噪声排放口图形形状可分为三角形边框和正方形边框。（　）

答案：（×）

正确答案为：警告标志污水排放口、废气排放口、噪声排放口图形形状为三角形边框。

15.《环境保护图形标志—排放口（源）》（GB 15562.1—1995）中提示标志污水排放口为三角形边框。（　）

答案：（×）

正确答案为：提示标志污水排放口为正方形边框。

16.《环境保护图形标志—排放口（源）》（GB 15562.1—1995）中提示标志噪声排放口为三角形边框。（　）

答案：（×）

正确答案为：提示标志噪声排放口为正方形边框。

17.《环境保护图形标志—排放口（源）》（GB 15562.1—1995）中警示标志废气排放口为正方形边框。（　）

答案：（×）

正确答案为：警示标志废气排放口为三角形边框。

18.《环境保护图形标志—排放口（源）》（GB 15562.1—1995）中污水排放口、废气排放口和噪声排放源图形符号分为提示图形符号和警告图形符号两种。（　）

答案：（√）

19.《环境保护图形标志—排放口（源）》（GB 15562.1—1995）标准规定了污水排放口、废气排放口、噪声排放源和固体废物贮存环境保护图形标志及其功能。（　）

答案：（×）

正确答案为：污水排放口、废气排放口、噪声排放源环境保护图形标志及其功能。

三、单选题

1.《环境保护图形标志—排放口（源）》（GB 15562.1—1995）中污水排放口警示图形的标志为________。

A. B. C. D.

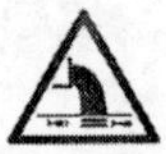

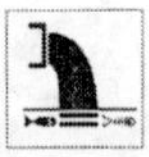

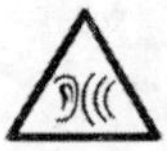

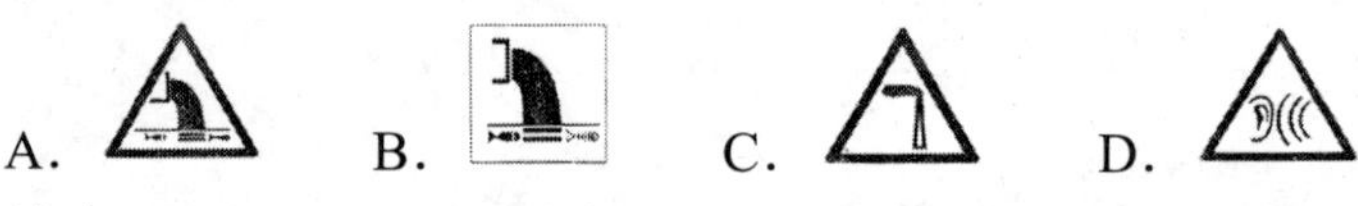

答案：A

2.《环境保护图形标志—排放口（源）》（GB 15562.1—1995）中污水排放口提示图形的标志为________。

A. B. C. D.

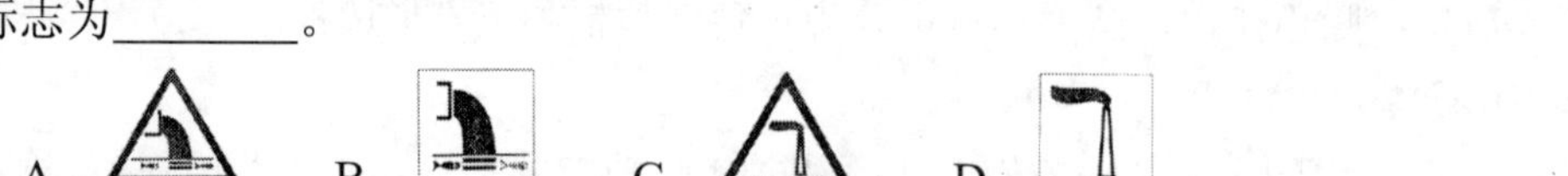

答案：B

3.《环境保护图形标志—排放口（源）》（GB 15562.1—1995）中废气排放口提示图形的标志为________。

A. B. C. D.

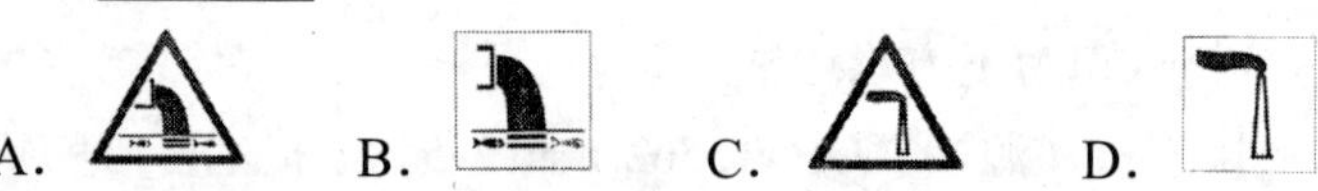

答案：D

4.《环境保护图形标志—排放口（源）》（GB 15562.1—1995）中废气排放口警示图形的标志为________。

A. B. C. D.

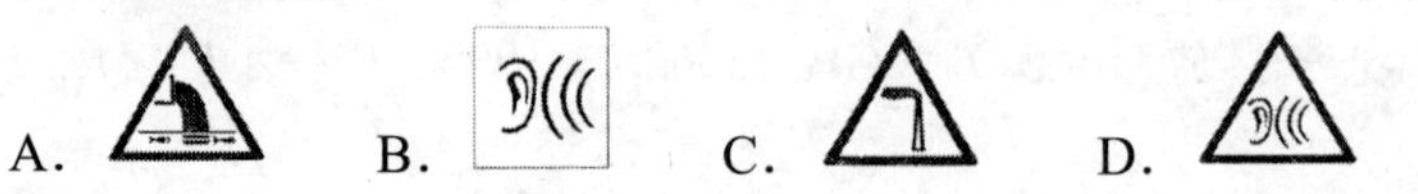

答案：C

5.《环境保护图形标志—排放口（源）》（GB 15562.1—1995）中噪声排放口警示图形的标志为________。

A. B. C. D.

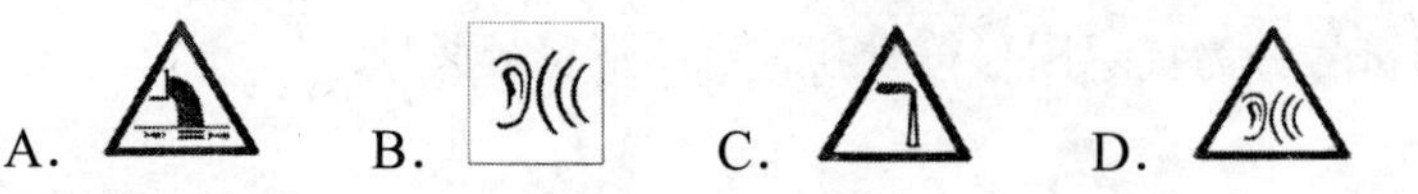

答案：D

6.《环境保护图形标志—排放口（源）》（GB 15562.1—1995）中噪声排放口提示图形的标志为________。

A. B. C. D.

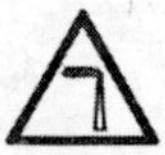

答案：B

7.《环境保护图形标志—排放口（源）》（GB 15562.1—1995）中废气、废水、噪声警告标志背景颜色为________。

A．黑色　　B．黄色　　C．绿色　　D．白色

答案：B

8.《环境保护图形标志—排放口（源）》（GB 15562.1—1995）中废气、废水、噪声警告标志图形颜色为________。

A．黑色　　B．黄色　　C．绿色　　D．白色

答案：A

9.《环境保护图形标志—排放口（源）》（GB 15562.1—1995）中废气、废水、噪声提示标志背景颜色为________。

A．黑色　　B．黄色　　C．绿色　　D．白色

答案：B

10.《环境保护图形标志—排放口（源）》（GB 15562.1—1995）中废气、废水、噪声提示标志图形颜色为________。

A．黑色　　B．黄色　　C．绿色　　D．白色

答案：D

11.《环境保护图形标志—排放口（源）》（GB 15562.1—1995）中废气、废水、噪声提示标志图形为________。

A．三角形边框　　B．正方形边框　　C．长方形边框　　D．圆形边框

答案：B

12.《环境保护图形标志—排放口（源）》（GB 15562.1—1995）中废气、废水、噪声警告标志图形为________。

A．三角形边框　　B．正方形边框　　C．长方形边框　　D．圆形边框

答案：A

四、多选题

1.《环境保护图形标志—排放口（源）》（GB 15562.1—1995）中________警告标志形状均为三角形边框。

A．废气　　B．废水　　C．噪声　　D．固体废物

答案：A　B　C

2.《环境保护图形标志—排放口（源）》（GB 15562.1—1995）适合对________的管理。

A．废气排放口　　B．废水排放口　　C．噪声排放源　　D．固体废物

答案：A　B　C

3.《环境保护图形标志—排放口（源）》（GB 15562.1—1995）中________提示标志形状均为正方形边框。

A．废气排放口　　B．废水排放口　　C．噪声排放源　　D．固体废物

答案：A　B　C

五、简答题

1. 简述《环境保护图形标志—排放口（源）》（GB 15562.1—1995）标准中提示图形符号的意义。

答案：本标准所指提示图形符号是用于向人们提供某种环境信息的符号。

2.《环境保护图形标志—排放口（源）》（GB 15562.1—1995）标准警告图形符号的意义。

答案：本标准所指警告图形符号本标准所指警告图形符号是用于提醒人们注意污染物排放可能造成危害的符号。

参考文献

环境保护图形标志—排放口（源）（GB 15562.1—1995）.

命题：陈黎军
审核：陈黎军

第五节　污染源编码规则（试行）（HJ 608—2011）

一、填空题

1.《污染源编码规则（试行）》（HJ 608—2011）适用于全国环境污染源管理工作中的信息________和信息交换。

答案：处理

2.《污染源编码规则（试行）》（HJ 608—2011）中规定，污染源编码在结构上分为A类码和________。

答案：B类码

3.《污染源编码规则（试行）》（HJ 608—2011）中规定，污染源编码应坚持________原则。若环境污染源实体消失，消亡，其污染源代码应予以废止，且不得重新赋予其他环境污染源。

答案：唯一性

4.《污染源编码规则（试行）》（HJ 608—2011）中规定，污染源编码的A类码，是具有独立法人资格的法人单位及二级单位，由12位码进行标志，结构为________组织机构代码加________数字顺序码。

答案：九位　三位

5.《污染源编码规则（试行）》（HJ 608—2011）中规定，污染源顺序码可采用递增赋码方式和________赋码方式。

答案：分段

6.《污染源编码规则（试行）》（HJ 608—2011）中规定，污染源编码采用的是________。

答案：组合码

7.《污染源编码规则（试行）》（HJ 608—2011）中规定，对于同一组织机构代码或同一地址码，不同污染源实体的编码，其数字顺序码也可由编码单位根据________分段赋码。

答案：管理属性

8.《污染源编码规则（试行）》（HJ 608—2011）中规定，污染源地址码表示赋码对象所在地的行政区划代码，执行________的规定，代码长度为 6 位。

答案：GB/T 2260

9.《污染源编码规则（试行）》（HJ 608—2011）中规定，污染源 A 类码中九位组织机构代码是由________赋码。

答案：技术监督部门

10.《污染源编码规则（试行）》（HJ 608—2011）中规定，污染源 B 类码中第十二位为小写英文字母码，是除去________和________之外的 24 个小写英文字母。

答案：o　i

二、判断题

1.《污染源编码规则（试行）》（HJ 608—2011）中规定，污染源编码的组织机构代码，执行 GB/T 11714 的规定，代码长度为六位。（ ）

答案：（×）

正确答案为：代码长度为九位。

2.《污染源编码规则（试行）》（HJ 608—2011）中规定，污染源编码对于同一组织机构代码或同一地址码，不同污染源实体的编码，其数字顺序码可集中统一赋码，预定递增数字为 0。（ ）

答案：（×）

正确答案为：预定递增数字为 1。

3.《污染源编码规则（试行）》（HJ 608—2011）中规定，污染源编码对于同一组织机构代码或同一地址码，不同污染源实体的编码，其数字顺序码也可由编码单位根据管理属性分段赋码。（ ）

答案：（√）

4.《污染源编码规则（试行）》（HJ 608—2011）中规定，污染源编码 B 类编码范围的污染源具备 A 类编码条件后，应按照 A 类编码原则重新赋码。（ ）

答案：（√）

5.《污染源编码规则（试行）》（HJ 608—2011）中规定，污染源编码的地址码，执行 GB/T 11714 的规定，代码长度为六位。（ ）

答案：（×）

正确答案为：污染源编码的地址码，执行 GB/T 2260 的规定，代码长度为六位。

6.《污染源编码规则（试行）》（HJ 608—2011）中规定，A 类码、B 类码均为 12 位码进行标志。（ ）

答案：（√）

7.《污染源编码规则（试行）》（HJ 608—2011）中规定，A 类码由 12 位码进行标志，结构为：6 位数字地址码+5 位数字顺序码+1 位英文字母顺序码。（ ）

答案：（×）

正确答案为：由 12 位码进行标志，结构为：九位组织机构代码+3 位数字顺序码。

8.《污染源编码规则（试行）》（HJ 608—2011）中规定，B 类码由 12 位码进行标志，结构为：由 12 位码进行标志，结构为：九位组织机构代码+3 位数字顺序码。（ ）

答案：（×）

正确答案为：由 12 位码进行标志，结构为：6 位数字地址码+5 位数字顺序码+1 位英文字母顺序码。

三、单选题

1.《污染源编码规则（试行）》（HJ 608—2011）中规定，污染源编码规则对于尚未领取组织机构代码或不属于法定赋码范围的单位由十二位码进行标志，结构为________。

A．六位数字地址码+五位数字顺序码+一位英文字母顺序码

B．四位数字地址码+七位数字顺序码+一位英文字母顺序码

C．五位数字地址码+五位数字顺序码+二位英文字母顺序码

答案：A

2.《污染源编码规则（试行）》（HJ 608—2011）中规定，组织机构代码长度为________。

A．三位 B．六位 C．九位 D．十二位

答案：C

3.《污染源编码规则（试行）》（HJ 608—2011）中规定，污染源地址码长度为________。

A．三位 B．六位 C．九位 D．十二位

答案：B

4.《污染源编码规则（试行）》（HJ 608—2011）中规定，地址码由________组成。

A．6 位数字 B．9 位数字 C．12 位数字 D．3 位数字

答案：A

5.《污染源编码规则（试行）》（HJ 608—2011）中规定，B 类码中数字顺序码由________组成。

A．6 位数字 B．9 位数字 C．12 位数字 D．5 位数字

答案：D

6.《污染源编码规则（试行）》（HJ 608—2011）中规定，B类码中英文字母顺序码由________组成。

A．2位数字 B．3位数字 C．1位数字 D．5位数字

答案：C

四、多选题

1.《污染源编码规则（试行）》（HJ 608—2011）中规定，污染源编码规则内容引用了下列文件中的条款________。

A．GB/T 11714 B．GB/T 2260 C．GB/T 1026

答案：A B

2.《污染源编码规则（试行）》（HJ 608—2011）中规定，污染源编码在结构上分为________。

A．A类码 B．B类码 C．C类码

答案：A B

五、简答题

1．简述《污染源编码规则（试行）》（HJ 608—2011）中规定，污染源编码规则的编码结构。

答案：污染源编码是组合码。污染源代码用于标识某一环境污染源实体，无任何其他意义。赋码应坚持唯一性原则。若环境污染源实体消失，消亡，其污染源代码应予以废止，且不得重新赋予其他环境污染源。污染源编码在结构上分A类码和B类码。

2.《污染源编码规则（试行）》（HJ 608—2011）中规定，什么是污染源编码A类码？

答案：对于具有独立法人资格的法人单位及二级单位，由12位码进行标志，结构为：9位组织机构代码+3位数字顺序码。

3.《污染源编码规则（试行）》（HJ 608—2011）中规定，什么是污染源编码B类码？

答案：对于尚未领取组织机构代码或不属于法定赋码范围的单位，由12位码进行标志，结构为：6位数字地址码+5位数字顺序码+1位英文字母顺序码。B类编码范围的污染源具备A类编码条件后，应按照A类编码原则重新赋码。

参考文献

污染源编码规则（试行）（HJ 608—2011）.

命题：解利平

审核：陈黎军

第六节 工业企业设计卫生标准（GB Z1—2002）

一、填空题

1.《工业企业设计卫生标准》（GB Z1—2002）中向大气排放有害物质的工业企业应布置在当地________的被保护对象的________。

答案：夏季最小频率风向　上风侧

2.《工业企业设计卫生标准》（GB Z1—2002）中严重产生________、________、________、________且目前尚无有效控制技术的工业企业，不得在________、________和________等其他人口密集的被保护区域内建设。

答案：有毒有害气体　恶臭　粉尘　噪声　居住区　学校　医院

3.《工业企业设计卫生标准》（GB Z1—2002）中________和________等工业应设在环境洁净，绿化条件好、水源清洁的区域。

答案：食品工业　精密电子仪表

4.《工业企业设计卫生标准》（GB Z1—2002）中属于________、________开放型同位素放射性工业企业严禁设在市区内。

答案：第一　二类

5.《工业企业设计卫生标准》（GB Z1—2002）中当需要采取卫生防护措施和配置卫生辅助设施时，要与主体工程________、________、________。

答案：同时设计　同时施工　同时投产使用

6.《工业企业设计卫生标准》（GB Z1—2002）中紧急救援站或有毒气体防护站、________、________、________、________、________、________、________及所需应急救援设施是必备的设施。

答案：采暖　通风　空调　给水排水　电器　采光　照明

7.《工业企业设计卫生标准》（GB Z1—2002）中高频辐射强度波型分为________、________。

答案：连续波　脉冲波

二、判断题

1.《工业企业设计卫生标准》（GB Z1—2002）排放工业废水的工业企业严禁在饮用水源上游建厂。（ ）

答案：（√）

2.《工业企业设计卫生标准》（GB Z1—2002）工业企业和居住区之间必须设置足够宽度的卫生防护距离。（ ）

答案：（√）

3.《工业企业设计卫生标准》（GB Z1—2002）固体废弃物堆放和填埋场必须可选在废弃物扬散、流失的场所以及饮用水源的近旁。（　）

答案：（×）

正确答案为：固体废弃物堆放和填埋场必须避免选在废弃物扬散、流失的场所以及饮用水源的近旁。

4.《工业企业设计卫生标准》（GB Z1—2002）空气中含有病原体、恶臭物质（例如毛类、破烂布分选、熬胶等）及有害物质浓度可能突然增高的工作场所，可采用循环空气作热风采暖和空气调节。（　）

答案：（×）

正确答案为：不得采用循环空气作热风采暖和空气调节。

5.《工业企业设计卫生标准》（GB Z1—2002）建设单位应避免在自然疫源地选择建设地点。（　）

答案：（√）

6.《工业企业设计卫生标准》（GB Z1—2002）向大气排放有害物质的工业企业应布置在当地夏季最小频率风向的被保护对象的下风侧。（　）

答案：（×）

正确答案为：向大气排放有害物质的工业企业应布置在当地夏季最小频率风向的被保护对象的上风侧。

7.《工业企业设计卫生标准》（GB Z1—2002）排放工业废水的工业企业采取必要的污染防治措施，可在饮用水源上游建厂。（　）

答案：（×）

正确答案为：排放工业废水的工业企业严禁在饮用水源上游建厂。

8.《工业企业设计卫生标准》（GB Z1—2002）固体废弃物堆放和填埋场可以选在废弃物扬散、流失的场所。（　）

答案：（×）

正确答案为：固体废弃物堆放和填埋场避免选在废弃物扬散、流失的场所。

9.《工业企业设计卫生标准》（GB Z1—2002）对振幅大、功率大的生产设备应设计隔振措施。（　）

答案：（√）

10.《工业企业设计卫生标准》（GB Z1—2002）具有生产性噪声的车间应尽量远离其他非噪声作业车间、行政区和生活区。（　）

答案：（√）

11.《工业企业设计卫生标准》（GB Z1—2002）封闭式车间操作人员所需的适宜新风量为 20～40m^3/h。（　）

答案：（×）

正确答案为：封闭式车间操作人员所需的适宜新风量为30～50m^3/h。

12.《工业企业设计卫生标准》（GB Z1—2002）规定当数种溶剂（苯及其同系物或醇类或醋酸酯类）蒸气，或数种刺激性气体（三氧化硫及二氧化硫或氟化氢及其盐类等）同时放散于空气中时，全面通风换气量应按需要空气量最大的有害物质计算。（ ）

答案：（×）

正确答案为：全面通风换气量应按各种气体分别稀释至规定的接触限值所需要的空气量的总和计算。

三、单选题

1.《工业企业设计卫生标准》（GB Z1—2002）中工作场所操作人员每天连续接触噪声8h，噪声声级卫生限值为________dB（A）。

A．80　B．85　C．90　D．88

答案：B

2.《工业企业设计卫生标准》（GB Z1—2002）中生产性噪声传播至会议室的噪声声级的卫生限制不得超过________dB（A）。

A．60　B．70　C．55　D．75

答案：A

3.《工业企业设计卫生标准》（GB Z1—2002）中夏季自然通风用的进气窗其下端距地面不应高于________，以便空气直接吹向工作地点。

A．1.0m　B．1.5m　C．1.2m　D．2.0m

答案：C

4.《工业企业设计卫生标准》（GB Z1—2002）中冬季自然通风用的进气窗其下端一般不低于________。

A．1.2m　B．2.0m　C．4m　D．1.5m

答案：C

5.《工业企业设计卫生标准》（GB Z1—2002）中能布置在车间外的高温热源，尽可能地布置在车间外当地________最小频率风向的________。

A．夏季　下风侧　　B．冬季　上风侧

C．冬季　下风侧　　D．夏季　上风侧

答案：D

6.《工业企业设计卫生标准》（GB Z1—2002）中不能布置在车间外的高温热源和工业窑炉应布置在天窗________或靠近车间________的外墙侧窗附近。

A．上方　上风侧　　B．下方　下风侧

C．下方　上风侧　　D．下方　上风侧

答案：B

7.《工业企业设计卫生标准》（GB Z1—2002）中当作业地点气温________时应采取局部降温和综合防暑措施，并应减少接触时间。

A. ≥37℃　B. ≤37℃　C. ≥35℃　D. ≤35℃

答案：A

8.《工业企业设计卫生标准》（GB Z1—2002）中凡近十年每年最冷月平均气温≤8℃的月份在三个月及三个月以上的地区应设________。

A. 集中采暖设施　B. 局部采暖设施　C. 无需设置采暖设施

答案：A

9.《工业企业设计卫生标准》（GB Z1—2002）中加工厂房的平面布置开口部分应位于________的________。

A. 冬季主导风向　迎风面　B. 夏季主导风向　背风面

C. 夏季主导风向　迎风面　D. 冬季主导风向　背风面

答案：C

10.《工业企业设计卫生标准》（GB Z1—2002）中按工业企业卫生设计标准的要求，将车间卫生特征分为________级。

A. 3　B. 2　C. 5　D. 4

答案：D

11.《工业企业设计卫生标准》（GB Z1—2002）中当机械通风系统采用部分循环空气时，送入工作场所空气中有害气体、蒸汽及粉尘的含量，不应超过规定的接触限值的________。

A. 30%　B. 20%　C. 50%　D. 70%

答案：A

12.《工业企业设计卫生标准》（GB Z1—2002）中噪声车间办公室噪声卫生限值应为________dB（A）。

A. 60　B. 75　C. 70　D. 55

答案：B

四、多选题

1.《工业企业设计卫生标准》（GB Z1—2002）中严重产生有毒有害气体、恶臭、粉尘、噪声且目前尚无有效控制技术的工业企业，不得在________和其他人口密集的被保护区域内建设。

A. 居住区　B. 学校　C. 医院　D. 商业区

答案：A　B　C

2.《工业企业设计卫生标准》（GB Z1—2002）中有害物理因素控制应包括________。

A．防暑 B．防寒 C．防噪声与振动 D．防非电离辐射（射频辐射）

答案：A B C D

3.《工业企业设计卫生标准》（GB Z1—2002）中规定主体工程与辅助工程应________。

A．同时建设 B．同时设计 C．同时施工 D．同时投产使用

答案：B C D

五、简答题

1.《工业企业设计卫生标准》（GB Z1—2002）中有害物理因素应控制哪些方面？

答案：防暑、防寒、防非电离辐射（射频辐射）、工频超高压电场的防护几方面进行控制。

2.《工业企业设计卫生标准》（GB Z1—2002）中工业企业厂区平面布置应遵循的原则是什么？

答案：应根据工业企业的性质、规模、生产流程、交通运输、环境保护等要求，结合场地自然条件，经技术经济比较后合理布局。

3.《工业企业设计卫生标准》（GB Z1—2002）中按工业企业卫生设计标准的要求，劳动强度应分为几级？

答案：按工业企业卫生设计标准的要求，劳动强度应分Ⅰ、Ⅱ、Ⅲ、Ⅳ四级。

4.《工业企业设计卫生标准》（GB Z1—2002）中按工业企业卫生设计标准的要求工作场所有害物理因素控制应包括哪些方面？

答案：（1）防尘与防毒；（2）防暑与防寒；（3）防噪声与振动；（4）防非电离辐射及电离辐射等方面。

5.《工业企业设计卫生标准》（GB Z1—2002）中按工业企业卫生设计标准的要求辅助场所应包括哪些？

答案：包括工作场所办公室、生产卫生室（浴室、存衣室、盥洗室、洗衣房），生活室（休息室、食堂、厕所），妇女卫生室。

参考文献

工业企业设计卫生标准（GB Z1—2002）.

命题：陈黎军

审核：陈黎军